**TRADUÇÃO
ARTUR RENZO**

DIPESH CHAKRABARTY

O GLOBAL E O PLANETÁRIO

A HISTÓRIA NA ERA DA CRISE CLIMÁTICA

A Rochona e Arko

Em memória de todos aqueles humanos e outros seres vivos que pereceram nas tempestades de fogo australianas de 2019-20 e no ciclone Amphan, na baía de Bengala, em 2020.

9   INTRODUÇÃO
    Intimações do planetário

PARTE I
O globo e o planeta

43 1 Quatro teses
82 2 Histórias conjugadas
112 3 O planeta: uma categoria humanista

PARTE II
A dificuldade de ser moderno

155 4 A dificuldade de ser moderno
183 5 Aspirações planetárias: lendo um suicídio na Índia
208 6 Nas ruínas de uma fábula duradoura

PARTE III
Encarando o planetário

239 7 Tempo do Antropoceno
281 8 Rumo a uma clareira antropológica

317 PÓS-ESCRITO
    O global revela o planetário: uma conversa com Bruno Latour

335 AGRADECIMENTOS
343 ÍNDICE ONOMÁSTICO
347 SOBRE O AUTOR

Introdução
Intimações do planetário

> Essas perturbações não me incitam nem ao riso nem a chorar, mas antes a filosofar e a observar melhor a natureza humana. Pois não estimo lícito a mim rir da natureza e muito menos deplorá-la, enquanto penso que os homens, como as demais coisas, são somente uma parte da natureza e que ignoro como cada parte da natureza convém com seu todo e como corre com os demais.
> — BENTO DE ESPINOSA a HENRY OLDENBURG, carta XXX, 1675

Se Hegel – um autodeclarado admirador de Espinosa – estivesse vivo para perscrutar as profundezas de nosso sentido do presente, perceberia algo se impregnando, silenciosa mas inexoravelmente, na consciência histórica cotidiana de quem consome sua dose diária de notícias: uma compreensão do planeta e de sua história geobiológica. Isso não está acontecendo no mesmo ritmo por toda parte, pois o mundo global permanece inegavelmente desigual. A pandemia de covid-19, a ascensão de regimes autoritários, racistas e xenófobos em todo o globo, e as discussões sobre energias renováveis, combustíveis fósseis, mudança climática, fenômenos meteorológicos extremos, escassez hídrica, perda de biodiversidade, o Antropoceno, e assim por diante – tudo isso sinaliza, por mais vago que seja, que há algo de errado com nosso planeta e que isso pode ter a ver com as ações humanas. Até agora, acontecimentos geológicos e fenômenos próprios à história da vida estiveram reservados a peritos e especialistas. Mas hoje o planeta, por mais rarefeita que possa ser essa percepção, está emergindo como uma questão de ampla e profunda preocupação humana ao lado de nossas apreensões mais familiares sobre capitalismo, injustiça e desigualdade. A pandemia de covid-19 é a ilustração mais recente e trágica de como os processos da globalização, em constante expansão e aceleração, podem desencadear mudanças em uma história de muito mais longo prazo, a da vida no planeta.[1] Este livro

---

[1] Ver meu "An Era of Pandemics? What Is Global and What Is Planetary about COVID-19". *In the Moment* (blog), *Critical Inquiry*, 16 out. 2020, disponível online.

trata dessa categoria-objeto de preocupação humana que agora está surgindo, o planeta, e de como ela afeta nossas histórias familiares da globalização. Essa mudança de concepção ocorreu durante o curso de minha vida; por isso, espero que vocês me perdoem por começar com algumas observações autobiográficas.

Tendo passado minha juventude em Calcutá na década de 1960, uma cidade desigual, turbulenta e de tendências progressistas, cresci – como tantos outros indianos de minha geração – aprendendo a valorizar e a desejar uma ordem social justa e igualitária. Os entusiasmos de minha adolescência mais tarde foram encontrar expressão acadêmica em meus primeiros trabalhos sobre a história da classe trabalhadora e em meu envolvimento com o projeto da *Subaltern Studies* na Índia, que tinha como objetivo reconhecer a agência que povos socialmente subordinados tinham na criação das próprias histórias. Nossas reflexões também eram profundamente influenciadas pela ascensão global dos estudos pós-coloniais, de gênero, culturais, de minorias e indígenas, entre outros que o acadêmico australiano Kenneth Ruthven reuniu no início da década de 1990 sob a rubrica "as novas humanidades".[2]

Enredado, como tantos outros, nas profundas transformações históricas que as correntes rodopiantes da globalização haviam introduzido na vida cotidiana de indianos de classe média, nessa época eu trabalhava como historiador e teórico social na Universidade de Melbourne. Mesmo depois de minha transferência para a Universidade de Chicago, em 1995, continuei preocupado com questões que marcaram as lutas populares de minha juventude: questões de direitos, modernidade e liberdade, e de uma transição para um mundo mais racional e democrático do que aquele que eu havia conhecido. Meu livro *Provincializing Europe: Postcolonial Thought and Historical Difference* [Provincializando a Europa: Pensamento pós-colonial e diferença histórica], de 2000, foi produto desses anos em que busquei desenvolver, por meio de um arcabouço pós-colonial, uma forma de compreender o que as elites anticoloniais e modernizadoras das ex-colônias fizeram e tinham condições de fazer, operando por vezes nos limites dos legados intelectuais europeus imperiais que elas haviam inevitavelmente herdado. Era com o que eu podia contribuir para a discussão sobre a história do globo que os impérios europeus, modernizadores anticoloniais e o

---

[2] Ken Ruthven (org.), *Beyond the Disciplines: The New Humanities*. Canberra: The Australian Academy of the Humanities, 1992.

capital global haviam forjado juntos, um tema que dominou disciplinas interpretativas como a história nas últimas décadas do século anterior e nas décadas iniciais do século atual.[3]

Algo aconteceu no começo deste século que forçou uma mudança em minha perspectiva. Em 2003, um incêndio florestal devastador no Território da Capital Australiana tirou algumas vidas humanas, bem como as de muitos seres não humanos, destruiu centenas de casas e arrasou todas as florestas e parques que cercam a famosa *bush capital* do país, Canberra. Eram lugares com os quais eu havia criado um forte vínculo afetivo durante o tempo em que lá desenvolvi meus estudos de doutorado. O sentimento de luto ocasionado por essas perdas trágicas despertou em mim uma curiosidade acerca da história desses incêndios particulares e, à medida que fui lendo sobre suas causas, logo trouxe ao mundo de pensamento humanocêntrico que eu habitava a notícia das mudanças climáticas antropogênicas. Os cientistas alegavam que os seres humanos, por meio de seu volume, na ordem dos bilhões, e de sua tecnologia, haviam se tornado uma força geofísica capaz de alterar, com consequências tenebrosas, o sistema climático do planeta *como um todo*. Também fui introduzido à florescente literatura científica sobre a hipótese do Antropoceno – a proposição de que o impacto humano sobre o planeta era tamanho a ponto de exigir uma mudança na cronologia geológica da história da terra,[4] de modo a reconhecer que o planeta havia cruzado os limites da época do Holoceno (cerca de 11 700 anos) e entrado em uma época que já merecia um novo nome, o Antropoceno.[5]

---

[3] Para duas discussões recentes e estimulantes sobre esse tema, ver Sebastian Conrad, *What Is Global History?*. Princeton: Princeton University Press, 2016; e Sumathi Ramaswamy, *Terrestrial Lessons: The Conquest of the World as Globe*. Chicago: University of Chicago Press, 2017.

[4] Ver nota 2, cap. 3, adiante, sobre a grafia do termo "terra".

[5] Jan Zalasiewicz et al., "A General Introduction to the Anthropocene", in Jan Zalasiewicz et al. (orgs.), *The Anthropocene as a Geological Time Unit: A Guide to the Scientific Evidence and Current Debate*, Cambridge: Cambridge University Press, 2019, pp. 2–11. Quatro outras introduções muito importantes ao problema do Antropoceno, discutido do ponto de vista das humanidades e das ciências sociais, são Simon Lewis & Mark Maslin, *The Human Planet: How We Created the Anthropocene*. London: Penguin Random House, 2018; Jeremy Davies, *The Birth of the Anthropocene*. Berkeley: University of California Press, 2018; Eva Horn & Hannes Bergthaller, *The Anthropocene: Key Issues for the Humanities*. London: Routledge, 2020; e Carolyn Merchant, *The Anthropocene and the Humanities: From Climate Change to a New Age of Sustainability*. New Haven: Yale University Press, 2020.

Com efeito, a figura do humano havia se duplicado durante o percurso de minha vida. Havia (e ainda há) o humano das histórias humanistas – o humano capaz de lutar com outros humanos por igualdade e justiça, enquanto cuida do meio ambiente e de certas formas de vida não humana. E havia também outro humano, o humano como agente geológico, cuja história não podia ser contada com base em visões puramente humanocêntricas (como ocorre com a maioria das narrativas do capitalismo e da globalização). O uso da palavra *agência* na expressão "agência geológica" era muito diferente do conceito de "agência" que havia sido desenvolvido e celebrado por meus historiadores-heróis da década de 1960 – E. P. Thompson, por exemplo, ou nosso professor Ranajit Guha. Essa agência não era autônoma e consciente, como nas histórias sociais de Thompson ou Guha, mas expressão de uma força geofísica impessoal e inconsciente, consequência da atividade humana coletiva.

A ideia de mudança climática antropogênica e planetária não enfrenta muitas contendas acadêmicas nos dias de hoje, mas a ideia do Antropoceno tem sido muito debatida por cientistas e estudiosos humanistas.[6] O debate também transformou o termo em uma categoria popular e – como geralmente acontece nesses debates – polissêmica nas ciências humanas de hoje. No entanto, mesmo que os geólogos acabem não concordando com a adoção formal do rótulo "Antropoceno", os dados acumulados e analisados ao longo de vários anos pelo Grupo de Trabalho sobre o Antropoceno criado pela Comissão Internacional sobre Estratigrafia em Londres deixam uma coisa clara: nossa era não é apenas uma era global; vivemos no limiar entre o global e o que pode ser denominado "o planetário".[7] Para pensar os últimos séculos de passados humanos e os futuros humanos ainda por vir, precisamos nos balizar tanto por aquilo que passamos a denominar globo como por uma nova entidade histórico-filosófica chamada planeta. Este último não equivale ao globo, à terra ou ao mundo, categorias que até agora usamos para organizar a história moderna. A intensificação da globalização capitalista e as crises de aquecimento global que dela decorreram, em conjunto com todos os debates travados em torno dos estudos desses

---

[6] Recupero alguns desses debates em "The Human Significance of the Anthropocene", in Bruno Latour (org.), *Modernity Reset!*. Cambridge: MIT Press, 2016.

[7] Para um conjunto de argumentos acerca da utilidade da formalização do termo, ver Jan Zalasiewicz et al., *The Anthropocene as a Geological Time Unit*, op. cit., pp. 31–40.

fenômenos, fizeram que o planeta – ou, mais propriamente, como eu uso aqui, o sistema Terra – adentrasse nossa órbita de questões, inclusive nos diversos horizontes intelectuais dos estudiosos das humanidades.

O globo, argumento, é uma construção humanocêntrica; já o planeta, ou o sistema Terra, descentra o humano. A figura duplicada do humano exige agora que pensemos em como as várias formas de vida, a nossa e as dos outros, podem estar enredadas em processos históricos que congregam o globo e o planeta, tanto como entidades projetadas quanto como categorias teóricas, e, assim, misturam a escala temporal limitada a partir da qual os humanos modernos e os historiadores humanistas contemplam a história com as escalas temporais desumanamente vastas da história profunda.

Capital, tecnologia e o planetário

O globo e o planeta – como categorias que representam, respectivamente, as duas narrativas da globalização e do aquecimento global – estão conectados. O que os conecta são os fenômenos do capitalismo (usando o termo de maneira mais frouxa) e da tecnologia modernos, ambos de alcance global. Afinal, o aumento nas emissões de gases de efeito estufa se deu quase exclusivamente por causa da busca de formas industriais e pós-industriais de modernização e prosperidade. Nenhuma nação chegou efetivamente a rejeitar esse modelo de desenvolvimento, quaisquer que sejam suas críticas umas às outras. Como resultado da expansão da industrialização, o século XX tornou-se, como apontou o historiador John McNeill, "um período de extraordinária mudança" na história da humanidade. "A população humana aumentou de 1,5 bilhão para 6 bilhões, a economia mundial cresceu quinze vezes, o uso de energia aumentou entre treze e catorze vezes, o uso de água doce passou a ser nove vezes maior e a quantidade de áreas irrigadas cresceu cinco vezes."[8] Dada essa empreitada global pela indústria e pelo desenvolvimento, é compreensível que os defensores da justiça climática vejam o aquecimento global como

---

[8] Apud Andrew S. Goudie & Heather A. Viles, *Geomorphology in the Anthropocene*. Cambridge: Cambridge University Press, 2016, p. 28. Ver também a discussão mais ampla desenvolvida em J. R. McNeill & Peter Engelke, *The Great Acceleration: An Environmental History of the Anthropocene since 1945*. Cambridge: Harvard University Press, 2014.

uma consequência do desenvolvimento capitalista desigual, com suas inflexões de classe, gênero e raça, e passem a ver com desconfiança até mesmo o tema da mudança climática planetária como uma tentativa de negar às nações menos desenvolvidas o "espaço de carbono" de que precisariam a fim de se industrializarem.

No entanto, a história do capitalismo por si só, tal como ela foi contada até agora, não basta para explicar a atual situação humana. Isso tem a ver com a constatação gradual de que muitos dos desastres "naturais" de hoje são consequências de mudanças que as instituições e as tecnologias socioeconômicas humanas provocam em processos que os cientistas do sistema Terra consideram planetários. Até agora, esses processos vinham operando em larga medida de maneira independente das atividades humanas, apesar de serem centrais para o florescimento da vida humana e de outras formas de vida. Quanto mais reconhecemos nossa agência planetária emergente, mais clara fica a necessidade de refletirmos sobre aspectos do planeta aos quais os humanos normalmente não dão o devido valor à medida que seguem tocando seus afazeres cotidianos. Tomemos o caso da atmosfera e da cota de oxigênio nela presente. A atmosfera é tão fundamental para nossa existência quanto o simples ato de respirar. Mas qual é a história dessa atmosfera? Precisamos refletir sobre essa história quando pensamos a respeito do futuro humano hoje? Sim, precisamos. Nos últimos 375 milhões de anos – isto é, desde a evolução das grandes florestas –, certos processos no planeta mantiveram a concentração de oxigênio em um patamar que garantia que os animais não sufocassem por falta dele, nem que as florestas queimassem por superabundância dele. Há uma diversidade de processos dinâmicos que sustenta a atmosfera em seu equilíbrio atual. Como o oxigênio é um gás reativo, o ar requer um fornecimento constante de oxigênio fresco. Parte desse oxigênio, inclusive, vem de criaturas marinhas minúsculas como plânctons. Se as atividades humanas que afetam o mar destruíssem completamente esses plânctons, destruiríamos, portanto, uma importante fonte de oxigênio. Em suma, os seres humanos adquiriram a capacidade de interferir em processos planetários, mas não necessariamente – ou pelo menos ainda não – a de corrigi-los.

Nossas habilidades de moldar o planeta são em larga medida tecnológicas, de modo que a tecnologia também é parte intrínseca dessa história em curso sobre os seres humanos. O geólogo Peter Haff introduziu recentemente o conceito de "tecnosfera" para caracterizar o sistema global de tecnologia humana:

A proliferação de tecnologia por todo o globo define a tecnosfera: o conjunto em larga escala de tecnologias em rede que subjazem e possibilitam a rápida extração de grandes quantidades de energia livre da Terra e a subsequente geração energética, a comunicação de longa distância quase instantânea, o transporte veloz e de longa distância de energia e massa, a existência de burocracias governamentais modernas e de outras burocracias, operações industriais e manufatureiras de alta intensidade, incluindo distribuição regional, continental e global de alimentos e outros bens, e uma miríade de outros processos "artificiais" ou "não naturais" sem os quais não poderiam existir a civilização moderna e seus atuais 7 × 10^9 constituintes humanos.[9]

De acordo com o argumento de Haff, a população humana em seu tamanho atual é "profundamente dependente da existência da tecnosfera", sem a qual ela "rapidamente encolheria na direção de seu patamar básico da Idade da Pedra, com não mais do que 10 milhões [...] de indivíduos".[10] Poderíamos, portanto, dizer, com Haff, que a tecnologia se tornou uma condição para a biologia, para a existência neste planeta de seres humanos em contingentes massivos como os nossos.[11]

A tese de Haff sobre a tecnosfera nos permite ver quão "desimpedida" [desencadeada], nos termos de Carl Schmitt, a tecnologia se tornou hoje – e como, dado o poder da tecnologia, os seres humanos já transformaram a Terra em uma nave espacial para si mesmos e para outras formas de vida cuja própria existência depende do florescimento humano. Em seu "Dialogue on New Space" [Diálogo sobre o novo espaço], de 1958, Schmitt articulou através da voz de um personagem fictício, o Sr. Altman (um velho historiador), uma distinção fundamental entre viver em terra firme e viver em um navio ao mar. No cerne de uma "existência terrestre", diz ele, há "casa e propriedade, casamento, família e direito hereditário", bem como animais domésticos e de outros tipos. A tecno-

---

[9] Peter Haff, "Technology as a Geological Phenomenon: Implications for Human Well-Being", in C. N. Waters et al. (orgs.), *A Stratigraphical Basis for the Anthropocene*. London: Geological Society, Special Publications, 2014, pp. 301–02.

[10] Ibid., p. 302.

[11] Para uma crítica do conceito haffiano de tecnosfera, ver Jonathan F. Donges et al., "The Technosphere in Earth System Analysis: A Coevolutionary Perspective". *Anthropocene Review*, n. 1, v. 4, 2017.

logia, quando presente nesse tipo de vida, estaria onerada com tudo o que tal vida implicasse. A tecnologia *per se* nunca estaria encarregada dessa vida. Com a conquista dos mares, no entanto, o navio passa a encarnar aquilo que Schmitt denominou "tecnologia desimpedida". Diferentemente da casa da "existência terrestre", a "existência marítima" trazia em seu âmago o navio, um "meio tecnológico muito mais intenso [...] do que a casa". No navio (assim como nos aviões hoje), a vida depende de maneira crucial do funcionamento da tecnologia.[12] Se a tecnologia fracassar, a vida enfrentará um desastre. Se o argumento de Haff estiver correto e a tecnosfera hoje, de fato, se tornou a condição primária para a sobrevivência de 7 (em breve 9) bilhões de seres humanos, poderíamos dizer que já transformamos a Terra em algo como o navio de Schmitt, na medida em que sua capacidade de suportar nossos bilhões de vidas agora depende da existência da própria tecnosfera. Em um artigo posterior, no qual traça uma distinção entre um "Antropoceno social" – "vinculado às condições, motivações e histórias dos povos do mundo, incluindo o papel da política" – e um "Antropoceno geológico", Haff reitera que é importante que "reconheçamos que a tecnosfera tem agência, e que essa agência não equivale à nossa".[13]

A tecnosfera se estende às profundezas da "massa rochosa subterrânea por meio de minas, perfurações, poços e outras construções subterrâneas" e também para a "esfera marinha" – não apenas por meio de embarcações e submarinos como também por intermédio de "plataformas petrolíferas e oleodutos, píeres, docas [e] estruturas de aquicultura".[14] Em terra firme, ela engloba nossas "casas, fábricas e fazendas", bem como nossos "sistemas de computação, *smartphones* e CDs" e "os resíduos em aterros e escombreiras". A tecnosfera "é de uma escala espantosa, com cerca de 30 trilhões de toneladas representando uma massa de mais de 50 quilos por metro quadrado da superfície da Terra". "A tecnosfera", observa o geólogo Mark Williams, "de certa forma brotou da biosfera e agora passou ao menos parcialmente a parasitá-la." E, em comparação com a biosfera, "se sai particularmente mal quando

---

12   Carl Schmitt, *Dialogues on Power and Space* [1958], orgs. Andreas Kalyvas & Frederico Finchelstein, trad. Samuel Garrett Zeitlin. Cambridge: Polity, 2015, pp. 72–74.
13   Peter Haff, "The Technosphere and Its Relation to the Anthropocene", in Jan Zalasiewicz et al., *The Anthropocene as a Geological Time Unit*, op. cit., p. 143.
14   Jan Zalasiewicz et al., "Scale and Diversity of the Physical Technosphere: A Geological Perspective". *Anthropocene Review*, n. 1, v. 4, 2017, p. 16.

se trata de reciclar os próprios materiais, como atestam nossos aterros sanitários cada vez maiores".[15]

Igualmente chocantes são os números que ilustram o papel que os seres humanos vêm desempenhando no redesenho da paisagem do planeta em um processo que atinge não só a superfície planetária como também as próprias plataformas continentais. Os humanos transformaram a superfície terrestre e o relevo oceânico do planeta. "No final do século XX, já eram cerca de 15 milhões de quilômetros quadrados por ano percorridos pela pesca de arrasto de fundo. Ela assola agora a maior parte das plataformas continentais do mundo, além de áreas significativas da encosta continental superior, junto com as superfícies das partes superiores dos montes submarinos."[16] De acordo com uma estimativa de 1994, "as práticas humanas de deslocamento de terra vinham provocando globalmente a movimentação de 30 bilhões de toneladas de solo por ano". Uma estimativa de 2001 indica a cifra de 57 bilhões de toneladas por ano. A título de comparação, a quantidade de sedimentação que os rios de todo o mundo deslocam anualmente para o oceano está entre 8,3 bilhões e 51,1 bilhões de toneladas.[17] Os seres humanos, dizem o geólogo Colin Waters et al., "deslocam hoje mais sedimentos dessa maneira [pedreiras e mineração] do que todos os processos naturais somados (26 gigatoneladas por ano)".[18] O fato de termos peso geomorfológico e biológico dessa dimensão é algo que não pode ser separado da história que vincula o capitalismo ao aquecimento global.

Se com esses dados, entre tantos outros, sobre o impacto humano no planeta os cientistas do sistema Terra passaram a sugerir que o planeta pode ter ultrapassado o limiar do Holoceno adentrando uma nova época geológica, podemos, então, dizer que, como seres humanos, hoje vivemos simultaneamente dois tipos diferentes de "tempo do agora" (o chamado *Jetztzeit*, em alemão): em nossa consciência de nós mesmos, o "agora" da história humana se emaranhou com o longo

---

15   University of Leicester, "Earth's 'Technosphere' Now Weighs 30 Trillion Tons, Research Finds". Phys.org, 30 nov. 2016, disponível online. As bases para os cálculos são apresentadas em Jan Zalasiewicz et al., "Scale and Diversity of the Physical Technosphere", op. cit., pp. 9-22.

16   Jan Zalasiewicz et al., *The Anthropocene as a Geological Time Unit*, op. cit., p. 105.

17   Andrew S. Goudie & Heather A. Viles, *Geomorphology in the Anthropocene*, op. cit., p. 33.

18   Jan Zalasiewicz et al., *The Anthropocene as a Geological Time Unit*, op. cit., p. 71.

"agora" das escalas temporais geológicas e biológicas, algo inédito na história humana.[19] É verdade que fenômenos de escala terrestre – terremotos, por exemplo – irromperam em nossas narrativas humanistas, sem dúvida, mas, no mais das vezes, acontecimentos geológicos como o soerguimento ou a erosão de uma montanha ocorreram de maneira tão gradual que as montanhas eram vistas como um pano de fundo constante e imutável das histórias humanas. Agora, no entanto, tornamo-nos conscientes durante nossa vida de que o pano de fundo não é mais simplesmente um pano de fundo. Fazemos parte dele, agindo como uma força geológica e contribuindo para a perda de biodiversidade, que pode, em poucas centenas de anos, tornar-se a sexta grande extinção. Mesmo que o termo não venha a ser oficialmente formalizado, o Antropoceno representa a extensão e a duração da modificação que nossa espécie imprime na geologia, na química e na biologia da terra.[20]

Pensar os seres humanos historicamente em uma época na qual a globalização capitalista intensa colocou na mesa a ameaça do aquecimento global e da extinção em massa exige combinar categorias conceituais que, no passado, geralmente tratamos como separadas e virtualmente desconectadas. Precisamos vincular a história profunda e a documentada e colocar o tempo geológico e o tempo biológico da evolução em diálogo com o tempo da história e da experiência humanas. E isso significa contar a história dos impérios humanos – de opressões coloniais, raciais e de gênero – em conjunto com a história mais ampla de como uma espécie biológica particular, a *Homo sapiens*, sua tecnosfera e outras espécies que evoluíram com ele ou eram dele dependentes vieram a dominar a biosfera, a litosfera e a atmosfera deste planeta. Precisamos fazer tudo isso, ademais, sem nunca perder de vista o ser humano individual que continua a negociar

---

19 Estou fundamentalmente de acordo com o argumento de Jeremy Davies segundo o qual a incorporação, nas humanidades, da discussão sobre a mudança climática e o Antropoceno envolve a questão sobre o que fazer – ao escrever a história ou a política humanas – com o tempo profundo. Jeremy Davis, *The Birth of the Anthropocene*, op. cit.

20 Naomi Oreskes, "Scaling Up Our Vision". *Isis*, n. 2, v. 105, jun. 2014, p. 388. Sobre a questão das extinções e o porquê de elas representarem um problema para a existência humana, ver a discussão desenvolvida em Peter F. Sale, *Our Dying Planet: An Ecologist's View of the Crisis We Face*. Berkeley: University of California Press, 2011, pp. 102, 148–49, 203–21, 233. Ver também Elizabeth Kolbert, *The Sixth Extinction: An Unnatural History*. New York: Henry Holt, 2014.

a própria experiência fenomenológica e cotidiana de vida, de morte e de mundo – experiência que já pressupõe a existência de um "mundo" que hoje, por ironia, não se apresenta mais como simplesmente dado.[21] A crise no nível planetário penetra nossa vida cotidiana de maneiras mediadas e, poderíamos argumentar, inclusive, deriva em parte de decisões que tomamos cotidianamente (como voar, comer carne ou usar, de outras formas, energia de combustíveis fósseis). Mas isso não significa que a experiência fenomenológica humana do mundo tenha acabado. É verdade, nunca estamos distantes do tempo e da história profundos. Eles atravessam nossos corpos e nossas vidas. As características evoluídas dos seres humanos podem passar ao largo de suas consciências cotidianas, mas a concepção de todos os artefatos humanos, por exemplo, sempre será baseada no pressuposto de que os humanos possuem visão binocular e polegares opositores. Ter cérebros grandes e complexos pode muito bem significar que nossas histórias amplas e profundas podem existir ao lado e através de nossos passados pequenos e rasos, que nossa percepção interna de tempo – estudado pelos fenomenólogos, por exemplo – nem sempre se alinhará com cronologias evolutivas ou geológicas.[22]

---

21 Frédéric Worms, *Pour un humanism vital: Lettres sur la vie, la mort, le moment present*. Paris: Odile Jacob, 2019.
22 Aqui registro – com respeito e admiração – uma pequena discordância conceitual em relação a algumas das proposições que Daniel Lord Smail apresentou em seu instigante livro *On Deep History and the Brain*. Berkeley: University of California Press, 2008. A obra abre com a seguinte afirmação: "Se a humanidade é propriamente o sujeito da história, como Lineu pode muito bem ter indicado, então faz sentido pensar que a Era Paleolítica, aquele extenso pedaço da Idade da Pedra anterior à guinada agrícola, integra nossa história" (p. 2). Concordo, mas em seguida Smail afirma, no que diz respeito aos genes ("de considerável antiguidade"), que são "responsáveis por construir o sistema nervoso autônomo", que "essa história é também a história mundial, visto que o equipamento é compartilhado por todos os seres humanos, embora seja construído, manipulado e modificado de diferentes formas por diferentes culturas" (p. 201). É verdade, mas a característica física do sistema nervoso autônomo é algo que compartilhamos com muitos outros animais, de modo que essa não poderia bem ser uma história mundial apenas dos seres humanos. Talvez devêssemos trabalhar na direção de escrever essas histórias compartilhadas entre diferentes espécies, porém essa é uma discussão à parte. No entanto, as especulações da filósofa Catherine Malabou, baseadas na história do cérebro humano e em sua plasticidade, são altamente relevantes e, caso sejam corroboradas por desenvolvimentos futuros, podem de fato desafiar algumas de minhas

Ser político nos limites da política

O encontro entre as escalas humana e não humana produz o político na forma de um paradoxo que põe em questão formas anteriores de pensar e usar essa categoria.[23] Meu uso da palavra *político* é tributário das reflexões de Hannah Arendt, modificadas por minha leitura de Carl Schmitt. A conexão inata entre o tempo intergeracional e a concepção arendtiana do político nos permite enxergar por que qualquer ação realizada com o objetivo de abordar a mudança climática ao longo de um período que abranja várias gerações é política (por mais que nenhuma solução seja satisfatória para todos).[24]

Os leitores de *A condição humana* lembrarão que Arendt identificou a fonte da "ação" na capacidade humana de utilizar as diferenças individuais – pluralidade, para falar nos termos dela – para criar o novo ou a novidade nos assuntos humanos. O conceito de "ação" é fundamental em sua definição do político. A ação, escreveu Arendt, "corresponde à condição humana da *pluralidade*, ao fato de que homens, e não o Homem, vivem na terra e habitam o mundo".[25] Ação é "a atividade política por excelência". A ideia de ação também estava ligada à condição de natalidade – ao fato de que todos nós nascemos como indivíduos novos e únicos. "A ação, na medida em que se empenha em fundar e preservar corpos políticos", escreve Arendt, "é a mais intimamente relacionada com a condição humana da natalidade; o novo começo inerente a cada nascimento pode fazer-se sentir no mundo somente

---

alegações. Catherine Malabou, "The Brain of History, or The Mentality of the Anthropocene". *South Atlantic Quarterly*, n. 1, v. 116, jan. 2017. Ver também, dela, *What Should We Do with Our Brain?*, trad. Sebastian Rand. New York: Fordham University Press, 2008.

23 Para pensamentos generativos sobre como o Antropoceno afeta nosso entendimento habitual da política e do pensamento político, ver Duncan Kelly, *Politics and the Anthropocene*. Cambridge: Polity, 2019.

24 Ver o excelente ensaio de Patchen Markell, "Arendt's Work: On the Architecture of The Human Condition". *College Literature*, n. 1, v. 38, 2011, pp. 36, 37n3, em que ele comenta a "interdependência" entre trabalho e ação. Note também o seguinte comentário de Vatter: "Ação e natalidade [...] estão postas em uma relação que poderíamos denominar 'mimética' uma com a outra: a ação só pode ser a intensificação da natalidade, e nunca sua limitação, controle ou dominação". Miguel Vatter, "Natality and Biopolitics in Hannah Arendt". *Revista de Ciência Política*, Santiago, n. 2, v. 26, 2006, p. 155.

25 Hannah Arendt, *A condição humana* [1958], trad. Roberto Raposo. Rio de Janeiro: Forense, 2007, p. 15.

porque o recém-chegado possui a capacidade de iniciar algo novo, isto é, de agir".[26] A possibilidade de novidade, ou seja, a natalidade – "e não a mortalidade", acrescenta Arendt –, permanece "a categoria central do pensamento político, em contraposição ao pensamento metafísico".[27] Arendt retomou a ideia da natalidade em *A vida do espírito*: "Todo homem, sendo criado singular [ao contrário dos animais ou do ser genérico, diz Arendt], é um novo começo em virtude de ter nascido".[28] O argumento é repetido em *A promessa da política*: "o homem é apolítico. A política surge *entre os homens*, e como tal de fato *fora* do *homem*. Não há, portanto, substância política. A política surge *entre os homens* e se estabelece na forma de relações".[29]

---

26   Ibid., p. 17. Arendt insistiu nesse mesmo ponto em *A vida do espírito*: "se Kant tivesse conhecido a filosofia da natalidade de Santo Agostinho provavelmente teria concordado que a liberdade da espontaneidade *relativamente* absoluta não é mais embaraçosa para a razão humana do que o fato de os homens *nascerem* continuamente recém-chegados a *um mundo que os precede no tempo*". Hannah Arendt, *A vida do espírito* [1977], trad. Antônio Abranches et al. Rio de Janeiro: Relume Dumará, 2000, p. 267. Miguel Vatter, "Natality and Biopolitics in Hannah Arendt", op. cit., pp. 137-59, oferece uma discussão penetrante acerca da gênese da categoria arendtiana de "natalidade" e de seu tratamento na literatura sobre a filósofa. Arendt supostamente sublinhava a natalidade como forma de distinguir seu pensamento da tradição heideggeriana de pensar com base no horizonte da mortalidade e da finitude. Para uma discussão ampliada sobre esse quesito, se a natalidade funciona como elemento de contraposição à ênfase heideggeriana na finitude e na mortalidade ou se ela no fundo deriva do tratamento heideggeriano do nascimento, ver Miguel Vatter, "Natality and Biopolitics in Hannah Arendt", op. cit., pp. 138-39. Vatter enfatiza a derivação independente desse conceito e oferece observações muito interessantes sobre as conexões entre Walter Benjamin e Arendt na questão da natalidade. A obra de Dana Villa, *Arendt and Heidegger: The Fate of the Political*. Princeton: Princeton University Press, 1995, apresenta uma discussão útil da apropriação que Arendt faz de Heidegger para os propósitos da filosofia dela mesma.
27   Hannah Arendt, *A condição humana*, op. cit., pp. 16-17.
28   Id., *A vida do espírito*, op. cit., v. 2, pp. 266-67. Ver também Id., "A mentira na política", in Hannah Arendt, *Crises da república* [1969], trad. José Volkmann. São Paulo: Perspectiva, 2013, p. 15: "Uma das características da ação humana é a de sempre iniciar algo novo, o que não significa que possa sempre partir *ab ovo*, criar *ex nihilo*".
29   Id., *A promessa da política* [2005], trad. Pedro Jorgensen Jr. Rio de Janeiro: Difel, 2009, apud Miguel Vatter "Natality and Biopolitics in Hannah Arendt", op. cit., p. 142.

As ideias de Arendt sobre o político foram, por vezes, criticadas por sua aparente falta de interesse nas relações de dominação, injustiça, desigualdade e, por extensão, democracia.[30] Mas sua concepção d'"o político" pode ser colocada em diálogo com suas ideias sobre "ação" e "trabalho" a fim de criar um espaço conceitual interessante precisamente no que diz respeito às questões que os críticos de Arendt pensavam que ela desprezava.[31] A tripla distinção entre trabalho, labor e ação com a qual Arendt abre *A condição humana* nos permite ver a questão com maior clareza.[32] "A condição humana do labor é a própria vida", escreve Arendt. Trata-se literalmente de consumo: do metabolismo de que precisamos para sustentar nossos corpos biológicos e seu eventual e inevitável desgaste. Aquilo que o labor sustenta – o corpo individual – não sobrevive para além do tempo de vida do indivíduo. Já o "trabalho" tem a ver com todos os tipos de artifício humano – da linguagem e das instituições às coisas feitas pelo homem –, que são necessariamente *intergeracionais*.[33] O trabalho produz "o mundo 'artificial' de coisas": "dentro de suas fronteiras habita cada vida individual, embora esse mundo se destine a sobreviver e a transcender todas as vidas individuais". O trabalho produz, assim, o tempo intergeracional como constitutivo de si mesmo. Essa ideia do tempo intergeracional é

---

[30] Ver, por exemplo, Sheldon S. Olin, "Hannah Arendt: Democracy and the Political". *Salmagundi*, n. 60, 1983; Hannah Fenichel Pitkin, "Justice: On Relating Private and Public". *Political Theory*, n. 3, v. 9, ago. 1981; Keith Breen, "Violence and Power: A Critique of Hannah Arendt on 'the Political'". *Philosophy and Social Criticism*, n. 3, v. 33, 2007; Jacques Rancière, "Ten Theses on Politics". *Theory and Event*, n. 3, v. 5, 2001.

[31] Ver, em particular, Patchen Markell, "Arendt's Work", op. cit. Ver também Steven Klein, "'Fit to Enter the World': Hannah Arendt on Politics, Economics, and the Welfare State". *American Political Science Review*, n. 4, v. 108, nov. 2014.

[32] O problema que os comentadores vêm tendo com essas distinções está resumido em Patchen Markell, "Arendt's Work", op. cit., pp. 15-44. Ver, em particular, a discussão feita nas pp. 15-17. Markell também traça conexões interessantes entre a interpretação que Arendt faz em 1951 do totalitarismo como um sistema que reduzia pessoas jurídicas a "seres meramente naturais" e a distinção que ela elabora posteriormente entre "labor" e "trabalho" (ver p. 19).

[33] "O trabalho [...] rompe com o tempo cíclico do labor: é a atividade por meio da qual os seres humanos fabricam um mundo de objetos duráveis." Patchen Markell, "Arendt's Work", op. cit., p. 22, grifo nosso. Ver também seus comentários nas pp. 27 e 32. A durabilidade, parece-me, precisa ir além do presente e atravessar gerações para que o "trabalho" retenha o caráter que Arendt lhe atribui.

encapsulada no argumento de que o trabalho gera coisas que perduram, embora reconhecidamente o uso "desgaste" sua durabilidade.[34] O mundo que nos precede no tempo e ainda nos lega suas instituições, ideias, práticas e coisas duradouras tem de ser intergeracional em termos de sua orientação. Arendt conecta isso com a ideia do habitar: "Para que venha a ser aquilo que o mundo sempre se destinou a ser – uma morada para os homens durante sua vida na terra –, o artifício humano deve ser um lugar adequado à ação e ao discurso".[35] Para que os artifícios funcionem como esse lugar, precisam ir além das lógicas do consumo e da utilidade puros.[36]

A ação política, nesse sentido, é aquela que ajuda os humanos a estarem em casa na terra para além do tempo dos vivos. Um capitalismo movido pelo consumo em que todos os artefatos estão sujeitos a serem consumidos no presente seria uma máquina antipolítica na medida em que acabaria por operar contra a lógica do habitar humano, uma vez que o morar exige que os artefatos durem para além do tempo de vida dos vivos. Seria semelhante à categoria arendtiana de "labor": a atividade na qual todos os animais precisam se envolver, a saber, encontrar comida para sustentar a vida biológica. As preocupações intergeracionais – por mais problemáticas que possam ser, dado o fato de que aqueles que ainda não nasceram não têm como apresentar suas reivindicações e fazer pressão entre os vivos – são, portanto, centrais para a concepção arendtiana do político.[37] Nessa perspectiva, questões

---

34 Hannah Arendt, *A condição humana*, op. cit., pp. 15, 150. Sobre a relação entre trabalho e ação, ver Patchen Markell, "Arendt's Work", op. cit., p. 20. A ideia arendtiana de natalidade não precisa ser lida como um argumento em favor de uma identidade ligada ao nascimento. Ver Miguel Vatter, "Natality and Biopolitics in Hannah Arendt", op. cit., pp. 151–52: "a natalidade essencialmente antecede o mundo comum". Uma interpretação um tanto semelhante da natalidade nos escritos de Arendt pode ser encontrada no livro de Peg Birmingham, *Hannah Arendt and Human Rights: The Predicament of Common Responsibility*. Bloomington: Indiana University Press, 2006, p. 76: "Ela [Arendt] está constantemente preocupada com o duplo milagre do evento da natalidade, tanto o milagre do dado como o milagre do início".

35 Hannah Arendt, *A condição humana*, op. cit., p. 187.

36 A discussão de Arendt (*A condição humana*, op. cit., pp. 180–87]) vai na direção de considerar a relação entre trabalho e arte. Markell ("Arendt's Work", op. cit.) fornece um comentário marcante acerca das complicações desse movimento.

37 Para um tratamento poderoso, ainda que pessimista, do problema da ética e da responsabilidade intergeracionais no contexto da mudança climática,

de justiça climática – não só entre os ricos e os pobres como também entre os vivos e os não nascidos – certamente se enquadram no campo do político. De que forma os seres humanos fariam a transição para energias renováveis, como fariam para desenvolver sociedades sustentáveis e outras importantes questões do tipo também seriam, por esse motivo, políticas. É desnecessário dizer que a palavra *política*, assim empregada, se referiria a *todas* as atividades empreendidas a fim de lidar com as consequências do – e, portanto, o futuro colocado pelo – aquecimento global, desde experimentos científicos, tecnológicos e de geoengenharia até o trabalho de elaboração de políticas públicas e o ativismo em todo o espectro de ideologias disponíveis.

Armados com essa concepção do político (em breve acrescentarei uma modificação schmittiana), como devemos conceber nossos tempos à medida que somarmos às preocupações pós-coloniais, pós-imperiais e globais do século passado questões como as das mudanças climáticas antropogênicas e do Antropoceno? O surgimento dessas últimas questões certamente não significa que as questões que pareciam importantes no mundo pós-colonial e no contexto da globalização tenham sumido. Afinal, ainda vivemos em tempos nos quais representar histórias de "pessoas sem história" continua a ser um assunto muito debatido, nos quais a questão da soberania daqueles que perderam suas terras e civilizações para ocupantes e invasores europeus permanece sem resposta (e talvez inquietantemente sem resposta), nos quais as desigualdades entre as classes se tornam mais agudas e a riqueza se concentra nas mãos do chamado 1%, e nos quais o número de refugiados ou apátridas no mundo continua inchando à medida que o capital global segue à procura de tecnologias que drasticamente alteram e ameaçam o futuro do trabalho humano. A mesma tecnologia digital que produz máquinas inteligentes também adquire uma presença de feições janianas na vida das democracias: aplicativos de mídia social como WhatsApp e Facebook podem ajudar na mobilização popular, mas não necessariamente produzem os debates e as discussões matizados que as deliberações democráticas igualmente exigem.

Falar sobre o planetário e sobre o Antropoceno não é negar esses problemas, mas acrescentar-lhes uma camada ao mesmo tempo

---

ver Stephen Gardiner, *A Perfect Moral Storm: The Ethical Tragedy of Climate Change*. New York: Oxford University Press, 2011.

figurativa e real. O tempo geológico do Antropoceno e o tempo de nossas vidas cotidianas à sombra do capital global estão entrelaçados. O tempo geológico atravessa e excede o tempo histórico-humano. Algumas consequências do impacto humano no planeta – cidades tornando-se ilhas de calor, aumento da frequência e na intensidade de furacões, acidificação dos mares – permanecem visíveis no tempo histórico. Outras não o são, tais como o impacto que a mudança climática antropogênica pode exercer sobre o ciclo glacial-interglacial que caracterizou a história deste planeta por mais de 2 milhões de anos. Alguns dos efeitos de nossa capacidade de deslocar terra são visíveis e, muitas vezes, nada bonitos de ver. Exemplo disso são as 31 colinas do estado do Rajastão, na Índia, que "sumiram" – quer dizer, que foram arrasadas ilegalmente por empresários criminosos à procura de "matérias-primas" para alimentar o *boom* de construção no país.[38] Mas, quando observo uma criança contornando, sem se dar conta, uma escavadeira em uma pracinha e depois a vejo deslocando areia com a ajuda de versões em miniatura daquele mesmo maquinário – brinquedos do Antropoceno! – em um tanque de areia, percebo quanto nossa agência geomorfológica foi "naturalizada" [figuras 1 e 2]. Não dá para separar artificialmente o tempo do Antropoceno do tempo humano de nossas vidas e história. Em vários aspectos, nossa capacidade de agir como uma força geofísica está ligada a muitas formas modernas de diversão.

---

[38] Reportagens de jornais indianos informam que 31 dos 128 morros na cordilheira Aravali, no estado do Rajastão, "desapareceram nos últimos cinquenta anos por causa de uma onda maciça de mineração ilegal". Amit Anand Choudhary, "A Fourth of Aravali Hills in Rajasthan Gone Forever", *Times of India*, 23 out. 2018, disponível online.

[FIGURA 1] Theo, dois anos de idade.

[FIGURA 2] Theo e amigos.

Seja como for, é certo que muitos dos problemas que identificamos como problemas da globalização de capital se intensificarão com o aumento do aquecimento global. Uma habitabilidade planetária cada vez menor, um aumento do número de refugiados climáticos e de "imigrantes ilegais", escassez de água, eventos climáticos extremos frequentes, perspectivas de geoengenharia, e assim por diante, não podem compor uma receita para a paz global.[39] Além disso, nosso fracasso global em conseguir criar um mecanismo de governança para as mudanças climáticas planetárias também sugere que não estamos lidando com o tipo de "problema global" que nosso aparato de governança global, a Organização das Nações Unidas [ONU], foi criado para enfrentar.

Há aqui um interessante problema de temporalidade. As negociações que as nações fazem no contexto da ONU geralmente assumem um calendário aberto e indefinido. Por exemplo, não sabemos quando haverá paz entre o Estado de Israel e a população palestina ou se o povo da Caxemira deixará de viver dividido entre dois países. São perguntas que pertencem a um calendário aberto e indefinido. Da mesma forma, não sabemos quando os humanos conseguirão estabelecer um mundo justo e equitativo. A luta contra o capitalismo pressupõe que há bastante tempo disponível para que nossas questões históricas de injustiça sejam resolvidas. O problema climático e todo o falatório sobre mudanças climáticas "perigosas", por outro lado, nos confrontam com calendários finitos de ação urgente. Ainda assim, poderosas nações têm procurado lidar com o problema por meio de um aparato projetado para encaminhar ações em calendários indefinidos. Com o sucesso do Protocolo de Montreal, de 1987, a ONU passou a tratar a mudança climática antropogênica como um problema "global" – e não planetário – a ser resolvido por meio de mecanismos próprios da organização. Foi por isso que a ONU criou, em 1988, o Painel Intergovernamental sobre Mudanças Climáticas (IPCC). Mas, curiosamente, a ação que o IPCC recomenda – sobre os orçamentos globais de car-

---

[39] Para o debate sobre geoengenharia, ver Clive Hamilton, *Earthmasters: The Dawn of the Age of Climate Engineering*. New Haven: Yale University Press, 2013; David Keith, *A Case for Climate Engineering*. Cambridge: MIT Press, 2013; e Holly Jean Buck, *After Geoengineering: Climate Tragedy, Repair, and Restoration*. London: Verso, 2019. Para alertas a respeito de uma possível rebarbarização do mundo, ver Bruno Latour, *Down to Earth: Politics in the New Climatic Regime* [2017], trad. Catherine Porter. Cambridge: Polity, 2018.

bono, por exemplo – pressupõe um calendário finito e definitivo que, em seguida, é submetido a negociações globais. A própria cifra dos 2°C, normalmente vista como limiar de mudança climática "perigosa", por exemplo, representa um compromisso negociado politicamente entre a tendência da ONU por um calendário indefinido de ação e o calendário finito elaborado pelos cientistas. É inteiramente possível que a mudança climática planetária seja um problema que a ONU não foi projetada para enfrentar. Porém no momento não dispomos de nenhuma alternativa democrática melhor. A mudança climática e o Antropoceno são, portanto, problemas profundamente políticos e que, ao mesmo tempo, desafiam nossos imaginários e instituições políticas.[40]

Ao nos guiarmos pelas ideias de Arendt sobre a política, é importante não perdermos de vista a sacada schmittiana de que, mesmo que os seres humanos consigam ser racionais e criativos, não há humanidade capaz de agir como portadora de um consenso único, racional. "O mundo político", escreve Schmitt, "é um pluriverso, e não um universo."[41] Não se sabe para onde, nem como, a história humana vai seguir. Nossos tempos também exigem que nos dirijamos a outro ponto que nem Schmitt nem Arendt chegaram a abordar. Os dois nos são úteis para oferecer uma compreensão ampliada do político, mas, como esse entendimento permanece focado apenas nos humanos, infelizmente não é amplo o bastante. Nos esquemas de Arendt e Schmitt, os animais e outros não humanos não podem fazer parte do político. No entanto,

---

[40] Duncan Kelly, *Politics and the Anthropocene*, op. cit.; Geoff Mann & Joel Wainwright, *Climate Leviathan: A Political Theory of Our Planetary Future*. London: Verso, 2018. O problema da temporalidade aqui descrito também enseja a ideia de "tempo do fim" que foi objeto de um tratamento bastante cuidadoso em François Hartog, *Chronos: L'Occident aux prises avec le Temps*. Paris: Gallimard, 2020 (Collection Bibliothèque des Histoires).

[41] Carl Schmitt, *O conceito do político/Teoria do partisan* [1996], trad. Geraldo de Carvalho. Belo Horizonte: Del Rey, 2009, pp. 57–58. Nesse sentido, permaneço cético em relação à dimensão prática de proposições que enxergam a solução para o impulso insaciável de acumulação do capital em um único princípio racional que todos os humanos aceitarão, voluntária ou involuntariamente. Ver John Bellamy Foster, Brett Clark & Richard York, *The Ecological Rift: Capitalism's War on the Earth*. New York: Monthly Review Press, 2010, pp. 417, 436. Nunca entendi muito bem por que tal estado de coisas, mesmo que alcançado por meio de alguma revolução, não poderia acabar sendo manipulado por certos humanos em nome de interesses paroquiais. Os seres humanos, parece-me, terão de enfrentar a realidade de seus conflitos de interesse, desejo, poder e imaginação.

a crise ambiental planetária nos convoca a estender ideias de política e justiça aos não humanos – incluindo nisso tanto os vivos como os não vivos. Quanto mais essa percepção se consolida, mais percebemos quão irrevogavelmente humanocêntricos são todas as nossas instituições e conceitos políticos. O ponto importante é que a crise climática e a hipótese do Antropoceno juntos representam um dilema intelectual e político para os seres humanos e justificam novas interpretações da importância e dos significados daquilo que eu certa vez denominei "modernidade política".[42] Assim, é relevante e significativo para este projeto o trabalho de pensadores pioneiros como Bruno Latour, Isabelle Stengers, Donna Haraway e Jane Bennett, entre outros que há muito estudam essa questão de estender a política para além do humano. Tecerei comentários sobre esse problema sem, de forma alguma, pretender tê-lo resolvido.

Como a esta altura já deve estar claro, é indiferente para meu argumento se o rótulo Antropoceno chegar ou não a ser formalmente aceito pelos geólogos como nome oficial de nossa atual época geológica. Como dizem Zalasiewicz et al., "como conceito", o "estatuto futuro" do termo pode "em geral ser considerado seguro, mas é incerto em termos formais".[43] Jeremy Davies, Eva Horn, Hannes Bergthaller e outros estão corretos em dizer que, para os humanistas, o principal benefício da discussão sobre o Antropoceno é que ele deu visibilidade à dimensão do geobiológico. Meu interesse particular tem sido descobrir as possíveis implicações da ciência das mudanças climáticas e da Ciência do Sistema Terra para os humanistas interessados em pensar o tempo histórico pelo qual estamos passando. Devo esclarecer, contudo, que minha abordagem da ciência não parte das tradições desenvolvidas em certos ramos de estudos da ciência que muitas vezes fazem, nas palavras de Bernard Williams, "a notável suposição de que a sociologia do conhecimento está em uma posição melhor para dizer a verdade sobre a ciência do que a ciência está para dizer a verdade sobre o mundo".[44]

---

[42] Ver a introdução de meu *Provincializing Europe: Postcolonial Thought and Historical Difference* [2000]. Princeton: Princeton University Press, 2008.

[43] Jan Zalasiewicz et al., *The Anthropocene as Geological Time Unit*, op. cit., p. 11.

[44] Bernard Williams, *Truth and Truthfulness*. Princeton: Princeton University Press, 2002, p. 3. O alvo imediato da afirmação de Williams é Bruno Latour. Em meu entender, Williams é injusto com Latour. Mas o argumento, infelizmente, de fato tem um fundo de verdade. Já deparei com escritos

Considero indiscutível que o empreendimento da ciência permanece envolto na política de classe, gênero, raça, regimes econômicos e instituições científicas. São totalmente legítimas, portanto, as preocupações com o poder real e a autoridade que determinados cientistas podem exercer em contextos históricos particulares. Não acredito, contudo, que tal imbricação torne as *descobertas* das disciplinas científicas mais arbitrárias, ou mais falsas, ou mais meramente políticas do que afirmações e análises empíricas feitas por um colega historiador ou cientista social.[45] Sem as ciências, ainda teria havido aquecimento atmosférico e clima errático, mas não teríamos um problema intelectual chamado "mudança climática planetária", ou "aquecimento global", ou mesmo Antropoceno. Isso não significa negar a necessidade de produzir, em determinados lugares, traduções práticas e de dupla via entre conhecimentos, costumes, tradições e práticas locais e uma ciência de escopo planetário; mas reconhecer claramente que "o local", por si só, nunca teria nos proporcionado alguma compreensão dos papéis que partes do mundo pouco ou nada habitadas pelos seres humanos – tais como as regiões que contêm o permafrost siberiano ou os próprios oceanos – desempenham em processos que determinam o resfriamento ou o aquecimento do planeta inteiro.[46]

A evolução e a estrutura deste livro

Atormentado por meus pensamentos sobre as mudanças climáticas planetárias, mas também estimulado pelos desafios metodológicos

---

    críticos em estudos de ciência que parecem trabalhar sob o pressuposto que Williams critica.
45 Afinal, se a ciência não é nada além de política (independentemente de como a entendermos), então qual é o estatuto cognitivo dessa própria afirmação? Dá para dizer que ela é mais certa do que a ciência ou a política?
46 Os antropólogos vêm documentando com frequência a necessidade prático-política existente em muitas partes do mundo de traduzir as ciências abstratas da mudança climática e do Antropoceno em termos e preocupações que sejam legíveis localmente. Ver, por exemplo, as discussões presentes em Sara de Wit, "To See or Not to See: On the 'Absence' of Climate Change (Discourse) in Maasailand, Northern Tanzania", e Vimbai Kwashirai, "Perspectives on Climate Change in Makonde District, Zimbabwe since 2000", in Ingo Haltermann & Julia Tischler (orgs.), *Environmental Change and African Societies*. Leiden: Brill, 2019, pp. 23–47, 48–70.

que o problema da agência geológica dos seres humanos impunha às minhas maneiras habituais de pensar como historiador humanista, publiquei um ensaio em 2009: "O clima da história: quatro teses". Eu me indagava sobre o que era a humanidade nesta época do Antropoceno. Somos uma humanidade dividida e ao mesmo tempo um parceiro dominante em um complexo tecnossocioeconômico-biológico que inclui outras espécies. É esse complexo que a está levando à extinção de espécies e que, portanto, faz parte da história da vida neste planeta. Isso faz desse complexo também um agente geológico. Com a sobreposição de múltiplas cronologias – a da história das espécies e a dos tempos geológicos – dentro de nossa memória viva, a condição humana mudou. Essa condição alterada não significa que as histórias, relacionadas mas diferentes, dos seres humanos como humanidade dividida, como espécie e como agente geológico tenham se fundido em uma única grande geo-história e que uma narrativa unívoca do planeta e da história da vida nele possa agora substituir as histórias humanistas. Argumentei que, na condição de seres humanos, não temos como experimentar de formas não mediadas esses outros modos de ser humano que conhecemos cognitivamente em um nível abstrato. Os seres humanos em sua pluralidade internamente diferenciada, os seres humanos como espécie e os seres humanos como os criadores do Antropoceno constituem três categorias conectadas, mas analiticamente distintas. Construímos seus arquivos de maneira diferente e empregamos diferentes tipos de treinamento, habilidades de pesquisa, ferramentas e estratégias analíticas para concebê-los como agentes históricos – e trata-se de agentes de tipos muito diversos.[47]

Essa conjunção consciente de cronologias de diferentes escalas produziu em mim um sentimento que muitas vezes associei ao do cair. Era como se, na condição de historiador humanista interessado em questões políticas de direitos, justiça e democracia, eu tivesse caído na história "profunda", no abismo do tempo geológico profundo. Essa queda na história "profunda" carrega consigo certo choque de reconhecimento da alteridade do planeta e de seus processos espaciais e temporais de grande escala dos quais os seres humanos, sem querer, se tornaram parte. Como sou do subcontinente indiano, onde a diabetes adquiriu proporções epidêmicas, às vezes explico essa experiência traçando uma

---

[47] Ver meu ensaio "Postcolonial Studies and the Challenge of Climate Change", em meu livro *The Crises of Civilization: Exploring Global and Planetary Histories*. New Delhi: Oxford University Press, 2018, pp. 223–43.

analogia com a forma pela qual a percepção que uma pessoa indiana tem sobre o próprio passado imediatamente se expande quando ela é diagnosticada como diabética. Você vai ao médico com uma visão (potencialmente) de historiador acerca do próprio passado, uma biografia que você poderia inserir em certos contextos sociais e históricos e que abarca duas ou três gerações. O diagnóstico, no entanto, abre passados completamente novos, impessoais e de longo prazo que não poderiam ser possuídos por uma única pessoa, no sentido do individualismo possessivo sobre o qual o teórico político C. B. Macpherson brilhantemente escreveu certa vez.[48] Uma pessoa subcontinental provavelmente será informada de que tem propensão genética para diabetes porque pertence a um povo que se alimenta de arroz (há pelo menos alguns milhares de anos). Se além disso ela ainda for de origem acadêmica e de família brâmane ou de casta superior, isso a insere em um estilo de vida sedentário por pelo menos algumas centenas de anos, de modo que talvez também lhe fosse explicado que a capacidade dos músculos humanos de reter e liberar açúcar tem relação com o fato de os humanos terem sido caçadores e coletores pela esmagadora maioria de sua história – de repente, evolução e história profunda![49] Não se tem acesso experiencial a nenhuma dessas histórias mais longas, mas uma consciência repentina delas recai sobre você.

Embora meu ensaio de 2009 tenha recebido muitas respostas elogiosas, também enfrentou um turbilhão de críticas. Os críticos afirmaram que minha referência aos humanos como uma "espécie dominante" e meu uso do termo Antropoceno (e não algo como o Capitaloceno) perigavam "despolitizar" o problema da mudança climática, desviando a atenção de questões acerca da responsabilidade e do papel do capitalismo, dos impérios, do desenvolvimento desigual e do impulso capitalista de acumulação nessa situação. Os ricos, eles insistiram com razão, eram muito mais responsáveis pela crise climática e seriam sempre menos vitimados por ela do que os pobres.

---

[48] Ver C. B. Macpherson, *A teoria política do individualismo possessivo: De Hobbes até Locke* [1962], trad. Nelson Dantas. Rio de Janeiro: Paz e Terra, 1979.

[49] A arqueóloga Kathleen D. Morrison afirma que a "codificação de diversas culinárias de elite baseadas em produção agrícola irrigada, em especial o arroz", pode ser documentada a partir do "primeiro milênio da E. C. no sul da Índia". Ver, dela, *The Human Face of the Land: Why the Past Matters for India's Environmental Future*. New Delhi: Nehru Memorial Museum and Library, 2013, p. 16 (NMML Occasional Paper, History and Society, New Series, n. 27).

Respondi a algumas das críticas específicas em outros lugares.[50] Sem repisar esse terreno em detalhes, permitam-me simplesmente dizer que concordo com a avaliação recente do estudioso de literatura Gillen D'Arcy Wood de que algumas das críticas talvez estivessem no fundo falando de coisas diferentes.[51]

No entanto, pode ser produtivo refletir sobre o mote das críticas que recebi pelo que isso nos revela acerca da história recente das disciplinas interpretativas nas ciências humanas. Os estudiosos do campo da história e da teoria pós-coloniais demoraram a responder à crise do aquecimento global, visto que a ciência sobre o tema já vinha pipocando nas bancas de jornal desde o fim da década de 1980. Tomemos o ano de 1988, por exemplo. Foi quando James Hansen, então diretor do Centro de Voos Espaciais Goddard da Nasa, falou ao Senado dos Estados Unidos e apresentou três conclusões principais:

---

[50] Robert Emmett & Thomas Lekan (orgs.), *Transformations in Environment and Society*, n. 2, 2016 (edição especial: *Whose Anthropocene? Revisiting Dipesh Chakrabarty's "Four Theses"*); e meu ensaio "The Politics of Climate Is More Than the Politics of Capitalism". *Theory, Culture, Society*, n. 2-3, v. 34, 2017. Há críticas feministas relevantes à minha posição na versão original do ensaio "O clima da história", in Richard Grusin (org.), *Anthropocene Feminism*. Minneapolis: University of Minnesota Press, 2017 – ver, em particular, a introdução de Grusin e os ensaios de Claire Colebrook e Stacy Alaimo. Ver também Tom Cohen & Claire Colebrook, "Vortices: On 'Critical Climate Change' as a Project". *South Atlantic Quarterly*, n. 1, v. 116, 2017. Para uma crítica recente à minha posição, ver Dan Boscov-Ellen, "Whose Universal? Dipesh Chakrabarty and the Anthropocene". *Capitalism, Nature, Socialism*, n. 1, v. 31, 2020, publicado online, 23 ago. 2018. A crítica até agora mais sustentada, generosa e, no entanto, resoluta a meu trabalho sobre mudança climática se encontra na obra de Ian Baucom, *History 4° Celsius: Search for a Method in the Age of the Anthropocene*. Durham: Duke University Press, 2020.

[51] "Em seu artigo de 2009 [...] 'O clima da história'", escreve Wood, "Dipesh Chakrabarty argumenta que a escala geológica da mudança climática altera os termos básicos da crítica [...]. Ademais, ao teorizar que a mudança climática exige uma categoria de agência humana no patamar da espécie e uma elucidação da história mundial que se dê no plano do 'tempo profundo', Chakrabarty insiste, na sequência, *tanto* em uma diferenciação histórica refinada *como* em uma consciência planetária, de tempo profundo; seus críticos, no entanto, [...] fizeram uma caricatura de seu argumento, pintando-o como algo binário caracterizado por uma escolha de soma-zero entre 'crítica' e 'ciência'". Gillen D'Arcy Wood, "Climate Delusion: Hurricane Sandy, Sea Level Rise, and 1840s Catastrophism". *Humanities*, n. 131, v. 8, 2019, pp. 3-4.

Número 1, a terra está mais quente em 1988 do que em qualquer momento na história das mensurações instrumentais. Número 2, o aquecimento global atingiu hoje um grau suficientemente elevado para que possamos lhe atribuir, com alto grau de confiança, uma relação de causa e efeito com o efeito estufa. E, número 3, as simulações climáticas de nossos computadores indicam que o efeito estufa já está grande o bastante para começar a [afetar] a probabilidade de ocorrerem eventos extremos, como ondas de calor de verão.[52]

No mesmo ano, foi criado o Painel Intergovernamental sobre Mudanças Climáticas (IPCC).

Pode-se dizer que o pensamento e a crítica pós-coloniais – um ramo das humanidades que influenciou profundamente a teoria crítica no fim do século XX – começaram sua jornada dez anos antes desses acontecimentos, com a publicação, em 1978, de *Orientalismo*, o polêmico clássico de Edward Said.[53] Muitas correntes de pensamento – teoria crítica da raça, crítica feminista, crítica anticolonial e pós-colonial, estudos culturais, estudos de minorias – se uniram a partir da década de 1980 para afastar as humanidades do temperamento aristocrático que por séculos vinha ancorando o estudo de textos, retórica, filologia, gramática, prosódia e afins.[54] As humanidades – outrora um ramo do conhecimento que girava em torno do cultivo da personalidade e do estabelecimento de legitimações culturais de dominação para elites (imperiais, entre outras) – transformaram-se nessas décadas em um ramo do conhecimento dedicado a estudar e produzir aquilo que James Scott certa vez chamou, memoravelmente, de "as armas dos fracos".[55]

---

[52] Transcrição do depoimento disponível em: sealevel.info/1988_Hansen_Senate_Testimony.html.

[53] Edward Said, *Orientalismo: O Oriente como invenção do Ocidente* [1978], trad. Tomás Rosa Bueno. São Paulo: Companhia das Letras, 1996.

[54] Para uma descrição mais antiga do que se entendia serem as humanidades na cena acadêmica estadunidense, ver Irving Babbit, *Literature and the American College: In Defense of the Humanities*. Boston: Houghton, Mifflin, 1908. Ver também meu ensaio "An Anti-Colonial History of Postcolonial Thought: A Tribute to Greg Dening", em meu *The Crises of Civilization*, op. cit., pp. 28–53, e alguns dos outros ensaios reunidos naquele livro para ter uma noção da transformação pela qual as humanidades passaram na segunda metade do século XX.

[55] James C. Scott, *Weapons of the Weak: Everyday Forms of Peasant Resistance*. New Haven: Yale University Press, 1985.

A *Subaltern Studies*, publicada pela primeira vez em 1983, foi concebida em larga medida nos marcos dessa nova orientação das humanidades.[56] Foi também no ano de 1988 que Gayatri Chakravorty Spivak publicou seu famoso ensaio "Pode o subalterno falar?".[57] E poucos anos depois, em 1995, Homi Bhabha, Stuart Hall e Kobena Mercer, entre outros, colaboraram na curadoria da primeira exposição pós-colonial e conferência sobre Frantz Fanon, que resultou na publicação de *The Fact of Blackness* [O fato da negritude].[58] A própria coletânea clássica de ensaios de Bhabha sobre questões de crítica e pensamento pós-coloniais, *O local da cultura*, saiu em 1994.[59]

Essas novas direções intelectuais nas humanidades produziram *insights* reveladores, mas permaneceram, em bom português, ambientalmente cegas. Essa pode parecer uma afirmação extrema, então me permitam explicar brevemente o que quero dizer com ela. O fim dos anos 1960 e a década de 1970 tinham, é claro, testemunhado uma explosão de movimentos ambientalistas em diversas partes do mundo. A Europa viu a ascensão de partidos verdes e da política verde. Em muitos casos os movimentos e pensamentos ambientalistas levaram a certas críticas dos modelos capitalistas de crescimento (como se vê nos escritos da conhecida ambientalista indiana Vandana Shiva). O alarme que Rachel Carson soou com seu *Primavera silenciosa*, de 1962, conduziu, graças em larga medida à imagem da *blue marble*, a fotografia da terra produzida por astronautas estadunidenses em 1972, à ideia de que os humanos tinham esse "único mundo" – uma única atmosfera, uma única massa grande da água oceânica, um único lar esférico – que era ao mesmo tempo frágil e finito, vulnerável às devastações do capitalismo

---

[56] O primeiro volume, editado por Ranajit Guha, foi publicado em 1982. *Subaltern Studies: Writings on Indian History and Society*. New Delhi: Oxford University Press, 1982.

[57] A história e as ramificações daquele ensaio são recontadas em Rosalind C. Morris (org.), *Reflections on the History of na Idea: Can the Subaltern Speak?*. New York: Columbia University Press, 2010. [ver Gayatri Chakravorty Spivak, *Pode o subalterno falar?* [1988], trad. Sandra Regina Goulart Almeida, Marcos Pereira Feitosa & André Pereira Feitosa. Belo Horizonte: Editora UFMG, 2010. N. T.]

[58] Alan Reed (org.), *The Fact of Blackness: Frantz Fanon and Visual Representation*. London: Institute of Contemporary Arts/Seattle: Bay Press, 1996.

[59] Homi K. Bhabha, *O local da cultura* [1994], trad. Myriam Ávila, Eliana Lourenço de Lima Reis & Glauce Renate Gonçalves. Belo Horizonte: Editora UFMG, 1998.

extrativista e do modo de vida pós-industrial. Uma das expressões mais proeminentes dessa visão da "terra finita" foi o relatório de 1972, *Limites do crescimento*, também conhecido como o Relatório do Clube de Roma, escrito por Donella e Dennis Meadows e colegas.[60]

Nas humanidades, no entanto, esse "uno-mundismo" não casou muito bem com as tradições das quais provinha a crítica pós-colonial. Os estudiosos nas humanidades (nas quais incluo os ramos interpretativos da história e da antropologia) eram fundamentalmente *splitters*, e não *lumpers*, da história humana, estudiosos que acreditavam que todas as afirmações sobre o caráter de "unicidade" do mundo precisavam ser radicalmente interrogadas ao testá-las contra a realidade de tudo o que de fato dividia os humanos e formava a base para diferentes regimes de opressão: colônia, raça, classe, gênero, sexualidade, ideologias, interesses, e por aí vai. Viam com ceticismo os argumentos que tendiam a subsumir as diversidades dos mundos humanos à "unicidade" de uma terra finita. Esse movimento unificador lhes parecia ideologicamente suspeito e sempre aparentava ocorrer em prol dos interesses do poder. Esses estudiosos acreditavam que não se podia encontrar o caminho para a emancipação de todos os seres humanos sem *antes* abordar e enfrentar os conflitos e as injustiças que essas divisões implicavam. De fato, daria para ver essa oposição entre *lumpers*/uno-mundistas e *splitters*/pós-coloniais atravessando muitas das demandas legítimas feitas atualmente em nome da justiça ambiental ou climática.[61] O reflexo *splitter* é hoje profundamente estabelecido e completamente compreensível: afinal, por mais de cinco décadas, os estudiosos das humanidades vêm sendo criados – e por bons motivos – para desconfiarem fortemente de todas as alegações de totalidade e universalismo. Eu mesmo fui filho dessa tradição.

Dada essa tensão entre *splitters* e *lumpers* à qual meu pensamento também já foi sujeito, passei os últimos dez anos tentando me entender

---

60   Donella H. Meadows et al., *Limites do crescimento: Um relatório para o projeto do Clube de Roma sobre o dilema da humanidade* [1972], trad. Inês M. F. Litto. São Paulo: Perspectiva, 1972.

61   O texto clássico é Anil Agarwal & Sunita Narain, *Global Warming in an Unequal World: A Case of Environmental Colonialism*. New Delhi: Centre for Science and Environment, 1991. O livro de Rob Nixon, *Slow Violence and the Environmentalism of the Poor* (Cambridge: Harvard University Press, 2011), é celebrado, e com razão, por ser um texto pós-colonial de humanidades que reúne preocupações acerca tanto de desigualdades humanas como da degradação ambiental causada pelas operações de empreendimentos capitalistas.

diante das implicações – e das controvérsias em torno – das quatro teses que apresentei no referido ensaio. É por isso que, por mais que já tenha sido muito discutido e criticado, aquele texto, "O clima da história: quatro teses", aqui revisado e renomeado de "Quatro teses", continua sendo o ponto de partida inescapável desse projeto e serve de capítulo inicial deste livro. Acrescentei-lhe um breve apêndice a fim de esclarecer meu uso de certas palavras e expressões, tais como espécie e "história universal negativa", que incomodaram alguns leitores do ensaio original em que o capítulo se baseia.

Em termos metodológicos, a forma pela qual este livro apresenta seu argumento é convidando o leitor a percorrer o caminho que eu mesmo trilhei para desenvolver e chegar a ele. Um momento-chave nesse caminho de descoberta foi quando me dei conta de que o conceito de *globo* na palavra *globalização* não equivalia ao conceito de *globo* na expressão *aquecimento global*. A palavra é a mesma, mas seus referentes eram diferentes. Essa é a ideia que eu eventualmente viria a desenvolver com a distinção globo/planeta. Não se trata de um binário, quero reforçar, e sim de dois termos relacionados mas analiticamente distintos. Quanto mais eu lia a respeito da Ciência do Sistema Terra e quanto mais eu refletia sobre a acusação de que minhas quatro teses livravam a barra do capitalismo, mais essa distinção me parecia importante. É disso que trata a primeira seção do livro. Meu segundo capítulo, sobre "Histórias conjugadas" – em que apresento algumas reflexões iniciais sobre por que a história de poucos séculos de capitalismo não nos forneceu uma compreensão suficientemente firme dos problemas da história humana revelados pela mudança climática antropogênica –, tece um movimento de acumulação teórica que culmina na distinção globo/planeta. É no capítulo 3, "O planeta: uma categoria humanista", que a distinção é plenamente desenvolvida. Esse capítulo fornece o fulcro intelectual em que o argumento deste livro se apoia. A categoria "planeta" me permitiu enxergar, e em última análise dizer, que contemplar estes tempos exigia que nós nos víssemos simultaneamente de duas perspectivas: a do planetário e a do global. O global é uma construção humanocêntrica; o planeta descentra o humano.

A segunda seção do livro, intitulada "A dificuldade de ser moderno", é composta de três capítulos que exploram, de maneiras variadas, a questão de como as ideias modernas de liberdade – projetadas para indivíduos, a nação ou a humanidade em geral – preservam sua capacidade de atração mesmo depois de muitas de suas suposições subjacentes terem sido, justificadamente, contestadas por diversos críticos da modernidade e da modernização. No primeiro deles (cap. 4), "A dificuldade de ser moderno", analiso a conexão íntima entre as concepções de liberdade das nações pós-coloniais e a crescente necessidade por energia, cujo fornecimento historicamente vem em larga medida de combustíveis fósseis e de uma variedade de projetos de "dominação da natureza" (tais como o represamento de rios). O segundo (cap. 5), "Aspirações planetárias: Lendo um suicídio na Índia", é uma leitura das ideias de humanidade e liberdade presentes na carta de suicídio deixada por um jovem identificado como *dalit* [intocável]. O capítulo lê a história do estigma e do nojo das castas superiores em torno do "corpo *dalit*" como algo que indica certos limites de como o corpo humano é imaginado nas concepções dominantes do político. O último capítulo (cap. 6) dessa seção, uma leitura do ensaio de 1786 de Kant, *Começo conjectural da história humana*, é, efetivamente, uma crítica antropocênica que procura demonstrar como a distinção, fundamental para a modernidade, feita pelo grande filósofo entre as vidas moral e animal dos seres humanos se desfez na atual crise da biosfera.

Denominei a seção final do livro "Encarando o planetário", em parte como homenagem ao livro homônimo do teórico político William Connolly. Ela abre com um capítulo chamado "Tempo do Antropoceno" (cap. 7), em que procuro explicar aquilo que o geólogo Jan Zalasiewicz chama de um modo de pensar centrado no planeta, a fim de distingui-lo das formas de pensamento que dão centralidade a interesses exclusivamente humanos. Na sequência, passo a desenvolver – em um capítulo intitulado "Rumo a uma clareira antropológica" (cap. 8) – algumas das implicações que nossa abertura recente às dimensões do planetário e do geológico tem para nossa compreensão da condição humana hoje. Debruço-me sobre a crise atual como uma oportunidade para trabalhar em direção à ideia, desenvolvida por Karl Jaspers, de uma "consciência epocal", isto é, uma forma de argumentação que busca criar um lugar conceitual para pensar a condição humana *antes* de se comprometer com qualquer versão particular de política prática ou ativista. O fato de o planeta – a categoria explicada na primeira seção – estar vindo à tona em nossas vidas cotidianas nos leva a questionar em que medida a relação de mutualidade entre seres humanos e terra/mundo que muitos pensadores do século XX herdaram, assumiram e celebraram não se tornou hoje insustentável. Como nos mover, diante da atual crise ecológica, na direção de compor uma nova concepção de "comum", uma nova antropologia, por assim dizer, em busca de uma redefinição das relações humanas ao não humano (incluindo nisso o planeta)? É aqui que este livro termina: com o começo, assim espero, de uma conclusão ainda não alcançada na história.

Acrescento, como pós-escrito, uma conversa com Bruno Latour em que discutimos muitos dos pontos apresentados neste livro.

Como fica evidente na descrição do livro feita até aqui, minha exposição dos mundos humanos e de sua relação com o planeta que os seres humanos habitam não visa contribuir, em nenhum sentido imediato e prático, com possíveis soluções para conflitos ligados ao clima no mundo. Esses conflitos, como disse, podem, inclusive, se aguçar com a crise ambiental planetária e as diferentes tensões – ligadas a fronteiras, água, comida, moradia – que ela provoca. Minha esperança é que narrativas que unam nossas histórias profunda e documentada possam ajudar a gerar novas perspectivas para nos debruçarmos sobre esses conflitos e, assim, contribuir indiretamente com sua mitigação. Quanto mais percebermos que, apesar de todas as nossas divisões e desigualdades, o que está em jogo é a sobrevivência da civilização tal como a conhecemos, tanto mais, espero eu, nós nos daremos conta da insuficiência de nossas visões necessariamente partidárias quando se trata de abordar aquilo que podemos denominar, para dialogar com Arendt, a condição humana hoje.

Em seu livro sobre o Antropoceno, o filósofo Sverre Raffnsøe nos lembra de que, em sua introdução à *Lógica*, Kant via quatro questões fundamentais como críticas para distinguir quatro domínios do conhecimento: a questão básica do "conhecimento, ciência, teoria e metafísica" era "O que posso saber?"; a questão básica do pensamento moral e prático era "O que devo fazer?"; e a questão em contextos religiosos e estéticos era "O que posso esperar?". Raffnsøe depois aponta que Kant considerava que essas três questões básicas "se sobrepunham e contribuíam mutuamente para uma quarta questão, seminal, [...] que, por sua vez, as esclarecia: 'O que é o homem? [*Was ist der Mensch?*]'".[62] A última questão, escreve Kant, haveria de ser respondida pela "antropologia".[63]

---

62 Sverre Raffnsøe, *Philosophy of the Anthropocene*. Houndmills: Palgrave Macmillan, 2016, p. 53n1.

63 Immanuel Kant, *Lógica* [1800], trad. Guido Antônio de Almeida. Rio de Janeiro: Tempo Brasileiro, 1992; e id., "A falsa sutileza das quatro figuras silogísticas" [1762], trad. Luciano Codato, in Immanuel Kant, *Escritos pré-críticos*, trad. Luciano Codato et al. São Paulo: Editora Unesp, 2005, pp. 25-49. Essas questões permaneceram com Kant por um bom tempo. Ver sua *Crítica da razão pura* [1781], trad. Fernando Costa Mattos. Petrópolis: Vozes, 2018, pp. 584-85.

O fenômeno do Antropoceno e a crise da mudança climática levantam todas essas questões. Os cientistas – e os cientistas sociais – são os mais bem posicionados para descobrir o que podemos saber; os políticos, ativistas e formuladores de políticas públicas são os mais bem equipados para encontrar o que podemos fazer. Cabe à religião, à estética e às suas esferas congêneres de pensamento sugerir o que podemos esperar. O dilema atual da humanidade renova para o humanista a questão da condição humana. Este humilde livro, portanto, se soma aos esforços de outros humanistas em pensar coletivamente nosso caminho rumo a uma nova antropologia filosófica.

PARTE I

O globo
e o planeta

1 Quatro teses

A crise planetária da mudança climática ou do aquecimento global suscita uma variedade de reações em indivíduos, grupos e governos, que vão desde a negação, a desconexão e a indiferença até um espírito de engajamento e ativismo de diversos tipos e graus. Essas respostas saturam nossa percepção do agora. O *best-seller* de Alan Weisman, *O mundo sem nós*, sugere um experimento mental como forma de vivenciar nosso presente: "Suponha que o pior aconteceu. A extinção humana é um *fait accompli* [fato consumado] [...]. Imagine um mundo de onde todos nós de repente desaparecemos [...]. Teremos deixado alguma marca tênue, duradoura no universo? [...] Seria possível que, em vez de exalar um enorme suspiro biológico de alívio, o mundo sem nós sinta nossa falta?".[1] A experiência de Weisman me atrai porque demonstra de maneira muito expressiva como a atual crise é capaz de precipitar uma percepção do presente que desconecta o futuro do passado ao colocá-lo para além do alcance da sensibilidade histórica. A disciplina da história parte do pressuposto de que nosso passado, presente e futuro estão conectados por certa continuidade da experiência humana. Normalmente, vislumbramos o futuro com a ajuda daquela mesma faculdade que nos ajuda a visualizar o passado. O experimento mental de Weisman ilustra o paradoxo historicista que habita os ânimos contemporâneos de ansiedade e preocupação em relação à finitude da humanidade. Para seguir o experimento de Weisman, temos de nos inserir em um futuro "sem nós" para que possamos visualizá-lo. Assim, nossas práticas históricas habituais para visualizar tempos passados e futuros, tempos que nos são pessoalmente inacessíveis – o exercício do entendimento histórico –, são lançadas em profunda contradição e confusão. O experimento de Weisman indica como tal confusão decorre de nossa percepção contemporânea do presente, na medida em que esse presente enseja preocupações sobre nosso futuro. Nosso senso histórico do presente, na versão de Weisman, tornou-se, portanto, profundamente destrutivo de nosso senso

---

[1] Alan Weisman, *O mundo sem nós* [2007], trad. Paulo Anthero S. Barbosa. São Paulo: Planeta, 2007.

geral da história. Por história, é claro, refiro-me aqui à arte humanista de escrever a história de maneira centrada nos seres humanos e ancorada em nosso sentido cotidiano de tempo.

Retornarei ao experimento de Weisman na última parte deste capítulo. Há muita coisa no debate sobre as mudanças climáticas que deve interessar às pessoas envolvidas nas discussões contemporâneas sobre história. Pois, à medida que ganha terreno a ideia de que os graves riscos ambientais do aquecimento global têm a ver com um acúmulo excessivo de gases do efeito estufa na atmosfera, produzidos principalmente pela queima de combustíveis fósseis e pela pecuária industrial, passaram a circular na esfera pública algumas proposições científicas que têm implicações profundas, e até transformadoras, em nossa maneira de pensar sobre a história humana ou sobre aquilo que o falecido C. A. Bayly certa vez denominou "o nascimento do mundo moderno".[2] De fato, o que os cientistas têm dito sobre a mudança climática coloca em xeque não só as ideias sobre o ser humano que geralmente sustentam a disciplina da história como também as estratégias analíticas que os historiadores pós-coloniais e pós-imperiais têm mobilizado, nas últimas duas décadas, em resposta ao cenário de descolonização e globalização do pós-guerra.

No que se segue, apresento algumas respostas à crise contemporânea do ponto de vista de um historiador. Antes, no entanto, talvez caiba um breve comentário sobre minha relação com a literatura sobre as mudanças climáticas – e, na verdade, com a própria crise em questão. Sou um historiador praticante com forte interesse pela natureza da história como forma de conhecimento, e minha relação com a ciência do aquecimento global provém, de certa forma, daquilo que cientistas e outros autores informados têm escrito visando instruir o público em geral (por vezes, correndo o risco de irritar seus pares especialistas por causa das simplificações que esse tipo de escrita necessariamente exige). Costuma-se dizer que os estudos científicos sobre o aquecimento global nasceram com as descobertas do cientista sueco Svante Arrhenius na década de 1890, mas as discussões mais autoconscientes sobre aquecimento global na esfera pública se iniciaram no fim da década de 1980 e começo da década de 1990, mesmo período em que humanistas e cientistas sociais começaram

---

[2] Ver C. A. Bayly, *The Birth of the Modern World, 1780–1914: Global Connections and Comparisons*. Malden: Blackwell, 2004.

a debater a globalização.[3] Essas discussões, entretanto, correram em paralelo. Enquanto a globalização, uma vez reconhecida, despertou imediatamente o interesse de humanistas e cientistas sociais, o aquecimento global, mesmo havendo uma safra considerável de livros publicados nos anos 1990, só foi se tornar questão de preocupação pública a partir da década seguinte. Não é difícil encontrar os motivos para tanto. Já em 1988, James Hansen, então diretor do Instituto Goddard para Estudos Espaciais da Nasa, falou sobre a questão do aquecimento global a uma comissão do Senado e depois a um grupo de jornalistas no mesmo dia: "Chegou a hora de parar de tergiversar [...] e dizer que o efeito estufa é uma realidade e está afetando nosso clima".[4] Mas os governos, reféns de certos *lobbies* e temerosos com os custos políticos, não deram ouvidos. George H. W. Bush, então presidente dos Estados Unidos, brincou que combateria o efeito estufa [*greenhouse*] com o "efeito Casa Branca [*White House*]".[5] A situação mudou nos anos 2000, quando os alertas adquiriram um tom mais sinistro e os sinais da crise – como a seca na Austrália, os ciclones e os incêndios florestais frequentes, as quebras de safra em muitas partes do mundo, o derretimento das calotas polares e das geleiras montanhosas, inclusive no Himalaia, o aumento na acidez dos mares e os danos à cadeia alimentar – tornaram-se política e economicamente inescapáveis. Para piorar, muitos passaram a vocalizar preocupações cada vez maiores com a rápida destruição de outras espécies e a pegada global de uma população humana prevista para ultrapassar a marca de 9 bilhões de pessoas até 2050.[6]

---

[3] A pré-história da ciência do aquecimento global, remontando a cientistas europeus do século XIX, como Joseph Fourier, Louis Agassiz e Arrhenius, consta em muitas publicações de grande circulação. Ver, por exemplo, o livro de Bert Bolin, diretor do Painel Intergovernamental sobre Mudanças Climáticas da ONU [1988-97], *A History of the Science and Politics of Climate Change: The Role of the Intergovernmental Panel on Climate Change*. Cambridge: Cambridge University Press, 2007, parte 1. Ver também David Archer & Raymond Pierrehumbert (orgs.), *The Warming Papers: The Scientific Foundation for the Climate Change Forecast*. Oxford: Wiley-Blackwell, 2011.

[4] Apud Mark Bowen, *Censoring Science: Inside the Political Attack on Dr. James Hansen and the Truth of Global Warming*. New York: Dutton, 2008, p. 1.

[5] Apud Mark Bowen, *Censoring Science*, op. cit., p. 228. Ver também "Too Hot to Handle: Recent Efforts to Censor Jim Hansen", *Boston Globe*, 5 fev. 2006, p. E1.

[6] Ver, por exemplo, Walter K. Dodds, *Humanity's Footprint: Momentum, Impact, and Our Global Environment*. New York: Columbia University Press, 2008, pp. 11-62.

À medida que a crise ganhou embalo nos últimos anos, fui me dando conta de que todas as minhas leituras dos últimos 25 anos – as teorias da globalização, as análises marxistas do capital, os estudos subalternos e a crítica pós-colonial –, apesar de incrivelmente úteis no estudo da globalização, não haviam me preparado, de fato, para entender a conjuntura planetária em que a humanidade se encontra hoje.[7] É possível constatar a mudança de tom nas análises da globalização comparando duas obras do falecido Giovanni Arrighi: *O longo século XX* [1994], sua magistral história do capitalismo mundial; e seu mais recente *Adam Smith em Pequim* [2007], que, entre outras coisas, procura dar conta das implicações da ascensão econômica da China. O primeiro livro, uma longa meditação sobre o caos interno às economias capitalistas, termina com a imagem do capitalismo possivelmente incinerando a humanidade "nos horrores (ou nas glórias) da escalada da violência que acompanhou a extinção da ordem mundial da Guerra Fria". É evidente que o calor que inflama o mundo na narrativa de Arrighi vem do motor do capitalismo, e não do aquecimento global. Mas, quando Arrighi escreve *Adam Smith em Pequim*, no entanto, mostra-se muito mais preocupado com a questão dos limites ecológicos do capitalismo. Esse é o tema que atravessa o movimento final do livro, indicando a distância que um crítico como Arrighi percorreu nos treze anos que separam a publicação dos dois livros.[8] Se, de fato, a globalização e o aquecimento global nascem de processos sobrepostos, a questão que se impõe é: como uni-los em nossa compreensão do mundo?

Eu que, por minha vez, não sou cientista, também faço uma suposição fundamental acerca da ciência das mudanças climáticas. Parto do pressuposto de que essa ciência, em suas linhas gerais, está correta. Assumo, portanto, que as posições expressas particularmente no Quarto Relatório de Avaliação do Painel Intergovernamental sobre Mudanças Climáticas (IPCC) da Organização das Nações Unidas, na *The Economics of Climate Change: The Stern Review* e nos diversos livros

---

[7] Quando da publicação original deste ensaio, essa afirmação provocou bastante ira entre meus amigos marxistas, compreensivelmente. Mas esse foi, de fato, o início da jornada que me levou a desenvolver a distinção, tão central para o argumento geral deste livro, entre globo e planeta.

[8] Giovanni Arrighi, "Epílogo", in *O longo século XX: Dinheiro, poder e as origens de nosso tempo* [1994], trad. Vera Ribeiro. Rio de Janeiro/São Paulo: Contraponto/Editora Unesp, 2006; id., *Adam Smith em Pequim: Origens e fundamentos do século XXI* [2007], trad. Beatriz Medina. São Paulo: Boitempo, 2008.

publicados por cientistas e estudiosos buscando explicar a ciência do aquecimento global fornecem-me uma base racional suficiente para aceitar, a não ser que o consenso científico dê alguma grande guinada, que as teorias antropogênicas da mudança climática contêm uma boa dose de verdade.[9] Para tanto, apoio-me em observações como a seguinte, registrada por Naomi Oreskes, então historiadora da ciência na Universidade da Califórnia, San Diego, e que hoje trabalha em Harvard. Tendo examinado os resumos de 928 artigos sobre aquecimento global publicados entre 1993 e 2003 em revistas científicas especializadas e com revisão por pares, Oreskes constatou que nenhum deles buscava refutar o "consenso" entre cientistas "a respeito da existência da mudança climática induzida pelos seres humanos". "Virtualmente todos os cientistas profissionais do clima", escreve Oreskes, "concordam que a mudança climática provocada pelos seres humanos é uma realidade, mas ainda se debatem seu ritmo e seus contornos."[10] De fato, de tudo o que li até agora, não encontrei nenhum motivo para me manter cético quanto ao aquecimento global.[11]

---

9   Uma indicação da crescente popularidade do assunto é a quantidade de livros publicados recentemente com o objetivo de instruir o público leitor em geral acerca da natureza da crise. Alguns dos títulos que originalmente informaram este capítulo são: Mark Maslin, *Global Warming: A Very Short Introduction*. Oxford: Oxford University Press, 2004; Tim Flannery, *The Weather Makers: The History and Future Impact of Climate Change*. Melbourne: Melbourne Text, 2005; David Archer, *Global Warming: Understanding the Forecast*. Malden: Blackwell, 2007; Kelly Knauer (org.), *Global Warming*. New York: Time, 2007; Mark Lynas, *Six Degrees: Our Future on a Hotter Planet*. Washington, DC: National Geographic, 2008; William H. Calvin, *Global Fever: How to Treat Climate Change*. Chicago: University of Chicago Press, 2008; James Hansen, "Climate Catastrophe", *New Scientist*, 28 jul.–3 ago. 2007; James Hansen et al., "Dangerous Human-Made Interference with Climate: A GISS ModelE Study". *Atmospheric Chemistry and Physics*, n. 9, v. 7, 2007; e James Hansen et al., "Climate Change and Trace Gases". *Philosophical Transactions of the Royal Society*, 15 jul. 2007. Ver também Nicholas Stern, *The Economics of Climate Change: The Stern Review*. Cambridge: Cambridge University Press, 2007. Referências bibliográficas mais recentes – científicas e de outro cunho – se encontram distribuídas ao longo deste livro.
10 Naomi Oreskes, "The Scientific Consensus on Climate Change: How Do We Know We're Not Wrong?", in Joseph F. C. Dimento & Pamela Doughman (orgs.), *Climate Change: What It Means for Us, Our Children, and Our Grandchildren*. Cambridge: MIT Press, 2007, pp. 73-74.
11 A proposição de que o atual episódio de aquecimento global tem origem antropogênica só ganhou mais terreno desde que escrevi este parágrafo.

O consenso científico em torno da proposição de que a atual crise de mudança climática é obra do homem constitui a base daquilo que tenho a dizer aqui. Visando maior clareza e foco, apresento minhas proposições na forma de quatro teses. As últimas três são desdobramentos da primeira. Começo com a proposição de que as explicações antropogênicas da mudança climática assinalam o colapso da antiga distinção humanista – prevalente no século XVII, mas que só se tornou realmente dominante no XIX – entre história natural e história humana, e acabam nos devolvendo à questão com que comecei: como a crise climática dialoga com nossa noção de universais humanos ao mesmo tempo que desafia nossa capacidade de entendimento histórico?[12]

TESE 1: Explicações antropogênicas das mudanças climáticas assinalam o colapso da distinção humanista entre história natural e história humana

Os filósofos e os estudiosos da história costumam apresentar uma tendência consciente de separar a história humana – ou a narrativa dos assuntos humanos, nas palavras de R. G. Collingwood – da história natural, chegando, por vezes, a negar que a natureza poderia ter

---

Hoje, a ciência é raramente questionada da maneira em que ela o era seis ou mesmo sete anos atrás. Significativamente, devo acrescentar, boa parte dos cientistas (se não todos) que até agora assumiram a tarefa de explicar aos leitores em geral o problema das mudanças climáticas planetárias é do assim chamado Ocidente. É certo que o IPCC tem cientistas do mundo todo participando da empreitada, mas boa parte deles faz contribuições de especialista. Os cientistas nos quais me apoio aqui são todos oriundos daquilo que geralmente entendemos por Ocidente. Isso pode muito bem dizer algo a respeito da capacidade histórica que o Ocidente, outrora imperial, tem de produzir "universais" e falar em nome deles. Também revela a natureza desigual da esfera pública no que diz respeito a discussões sobre aquecimento global. Não investigo esse problema aqui, mas é inegável que este livro provém da esfera pública em torno da questão do aquecimento global criada pela academia ocidental.

12 Embora meu argumento sobre Vico continue válido, havia claramente outra vertente intelectual, prevalente ainda em pleno século XVIII: as histórias bíblicas do mundo, que pensavam as histórias natural e humana como parte da mesma narrativa criacionista. A separação real entre as duas só foi ocorrer no século XIX com o surgimento das ciências sociais modernas. Ver Fabien Locher & Jean-Baptiste Fressoz, "Modernity's Frail Climate: A Climate History of Environmental Reflexivity". *Critical Inquiry*, n. 3, v. 38, 2012.

propriamente uma história no mesmo sentido em que os humanos a têm. Essa prática apresenta um longo e rico passado, do qual, por motivos de espaço e de limitação pessoal, só tenho condições de fornecer um esboço provisório, resumido e um tanto arbitrário.[13]

Poderíamos começar com a velha ideia viconiano-hobbesiana de que nós, humanos, podemos ter conhecimento propriamente dito somente das instituições civis e políticas, porque fomos nós que as criamos, ao passo que a natureza é obra de Deus e permanece, em última instância, inescrutável para o homem. "O verdadeiro é ele próprio o feito: *verum ipsum factum*", assim Croce resumiu o famoso adágio viconiano.[14] Os estudiosos de Vico às vezes levantam objeções, insistindo que ele não fazia uma distinção tão drástica entre ciências naturais e ciências humanas, como Croce e outros identificam em sua obra, mas mesmo eles não deixam de admitir que essa leitura é muito disseminada.[15]

Esse entendimento viconiano se tornaria parte do senso comum do historiador nos séculos XIX e XX. Aparece na famosa frase de Marx, segundo a qual "homens fazem a sua própria história; contudo, não a fazem de livre e espontânea vontade", e no título do conhecido livro do arqueólogo marxista V. Gordon Childe *Man Makes Himself* [O homem faz-se a si próprio].[16] Croce parece ter sido uma importante fonte dessa distinção na segunda metade do século XX, por meio da influência que exerceu em Collingwood, "o solitário historicista de Oxford", que, por sua vez, influenciou profundamente o livro de 1961 de E. H. Carr, *Que é história?*, até hoje um dos livros mais vendidos sobre o ofício

---

13 Paolo Rossi traça a longa história dessa distinção em *The Dark Abyss of Time: The History of the Earth and the History of Nations from Hooke to Vico* [1979], trad. Lydia G. Cochrane. Chicago: University of Chicago Press, 1984.
14 Benedetto Croce, *The Philosophy of Giambattista Vico* [1913], trad. R. G. Collingwood. New Brunswick: Transaction, 2002, p. 5. Carlo Ginzburg me alertou para alguns problemas na tradução de Collingwood.
15 Ver a discussão desenvolvida em Perez Zagorin, "Vico's Theory of Knowledge: A Critique". *The Philosophical Quarterly*, n. 134, v. 34, jan. 1984.
16 Karl Marx, *O 18 de brumário de Luís Bonaparte* [1852], trad. Nélio Schneider. São Paulo: Boitempo, 2011, p. 25. Ver V. Gordon Childe, *Man Makes Himself*. London: Watts, 1941. No fundo, a revolta de Althusser nos anos 1960 contra o humanismo em Marx foi em parte uma *jihad* contra os resquícios viconianos no texto do autor; Étienne Balibar, comunicação pessoal com o autor, 1º dez. 2007. Sou grato a Étienne Balibar e ao finado Ian Bedford por terem chamado a minha atenção para as complexidades das ligações entre Marx e Vico.

do historiador.[17] Poderíamos dizer que os pensamentos de Croce, mesmo sem o conhecimento de seus legatários e com modificações imprevisíveis, triunfaram em nossa compreensão da história na era pós-colonial. Por trás de Croce e de suas adaptações de Hegel, e escondida nas distorções criativas presentes na leitura que ele fez de seus predecessores, reside a figura mais distante e fundacional de Vico.[18] Também aqui as conexões são muitas, e complexas. Por ora, basta dizer que *La filosofia di Giambattista Vico* [A filosofia de Giambattista Vico], livro de 1911 que Croce dedica, significativamente, a Wilhelm Windelband, foi traduzido para o inglês em 1913 por ninguém menos do que Collingwood, admirador, se não seguidor, do mestre italiano.

Apesar de seguir linhas viconianas (conforme a interpretação crociana de Vico), o argumento que Collingwood desenvolveu para separar a história natural das histórias humanas apresenta inflexões próprias. A natureza, observava Collingwood, não tem "dentro". "No caso da natureza, não surge essa distinção entre fora e dentro de um acontecimento. Os acontecimentos da natureza são meros acontecimentos, não são atos de agentes cujo pensamento o cientista se dedica a tentar rastrear." Por isso, "toda história propriamente dita é a história dos assuntos humanos". A tarefa do historiador é "se colocar, através do pensamento, em [uma] ação, identificar o pensamento do agente dessa ação". Daí a necessidade de traçar uma distinção "entre ações históricas e não históricas [...]. Na medida em que a conduta do homem é determinada por aquilo que pode ser denominado sua natureza animal, seus impulsos e apetites, ela é não histórica; o processo de tais atividades é um processo natural". Assim, diz Collingwood, "o historiador não está interessado no fato de que os homens comem, dormem e fazem amor, satisfazendo, assim, seus apetites naturais; interessa-lhe os hábitos sociais que eles criam por meio de seu pensamento, na medida em que constituem um arcabouço no interior do qual tais apetites se realizam de maneiras sancionadas pelas convenções e pela moral". Somente

---

17 David Roberts descreve Collingwood como "o historicista solitário de Oxford [...], sob importantes aspectos, um discípulo de Croce". David D. Roberts, *Benedetto Croce and the Uses of Historicism*. Berkeley: University of California Press, 1987, p. 325.

18 Sobre a leitura equivocada que Croce faz de Vico, ver a discussão geral desenvolvida em Cecilia Miller, *Giambattista Vico: Imagination and Historical Knowledge*. Basingstoke: Macmillan, 1993, e James C. Morrison, "Vico's Principle of Verum Is Factum and the Problem of Historicism". *Journal of the History of Ideas*, n. 4, v. 39, out.–dez. 1978.

a história da construção social do corpo pode ser estudada, e não a história do corpo em si. Ao dividir o humano em natural e social ou cultural, Collingwood não viu necessidade de unir os dois.[19]

Em uma discussão sobre a intervenção de 1893 de Croce, *La storia ridotta sotto il concetto generale dell'arte* [A história subsumida ao conceito geral da arte], Collingwood escreve: "ao negar [a ideia alemã de] que a história nem sequer seria uma ciência, Croce rompeu em um só golpe com o naturalismo e passou a se orientar para uma ideia da história como algo radicalmente diferente da natureza".[20] David Roberts oferece uma síntese mais completa da posição mais madura em Croce. Este se valeu dos escritos de Ernst Mach e Henri Poincaré para defender que "os conceitos das ciências naturais são construções humanas elaboradas para finalidades humanas". "Quando nos debruçamos sobre a natureza", dizia ele, "encontramos apenas nós mesmos." Não "nos entendemos melhor como parte da natureza". Assim, nas palavras de Roberts, "Croce proclamou que não há mundo senão o mundo dos humanos, e então se apropriou da doutrina central de Vico segundo a qual podemos conhecer o mundo humano porque nós o fizemos". Para Croce, portanto, todos os objetos materiais foram subsumidos ao pensamento humano. Não existiriam, por exemplo, pedras por si só. O idealismo de Croce, explica Roberts, "não significa que as pedras, por exemplo, 'não existem' se não houver seres humanos para pensá-las. Desvinculadas das preocupações e da linguagem humanas, elas nem existem nem inexistem, visto que 'existir' é um conceito humano que só tem significado no interior de um contexto de questões e propósitos humanos".[21] Tanto Croce como Collingwood incorporam, assim, à ação humana intencional a história humana e a natureza – na medida em que se poderia dizer que esta última tem história. O que há para além disso, a rigor, não "existe" porque não se apresenta para os seres humanos em nenhum sentido significativo.

No século XX, no entanto, outros argumentos, mais sociológicos ou materialistas, coexistiram ao lado do viconiano. Também eles seguiram justificando a separação entre as histórias humana e natu-

---

19   R. G. Collingwood, *The Idea of History* [1946]. London: Oxford University Press, 1976, pp. 212–14, 216 [ed. port.: R. G. Collingwood, *A ideia da história*, trad. Alberto Freire. Lisboa: Presença, 1981, p. 330].
20   Ibid., p. 193.
21   David D. Roberts, *Benedetto Croce and the Uses of Historicism*, op. cit., pp. 59–60, 62.

ral. Um exemplo influente, embora talvez infame, seria o livreto sobre a filosofia marxista da história que Stálin publicou em 1938, *Sobre o materialismo dialético e o materialismo histórico*. Ele formula a questão da seguinte maneira:

> O meio geográfico é, indiscutivelmente, uma das condições constantes e necessárias do desenvolvimento da sociedade e influi, indubitavelmente, nele, acelerando-o ou amortecendo-o. Mas essa influência não é determinante, uma vez que as transformações e o desenvolvimento da sociedade se operam com uma rapidez incomparavelmente maior do que as que afetam o meio geográfico. No transcurso de três mil anos, a Europa viu desaparecer três regimes sociais: o do comunismo primitivo, o da escravidão e o do feudalismo [...] Pois bem, durante esse tempo, as condições geográficas da Europa não sofreram mudança alguma, ou, se sofreram, foi tão leve que a geografia não julga que mereça sequer registrá-la. E compreende-se que seja assim. Para que o meio geográfico experimente modificações de certa importância, são precisos milhões de anos, enquanto em algumas centenas ou em um par de milhares de anos podem operar-se, inclusive, mudanças da maior importância no regime social.[22]

Apesar do tom dogmático e formulaico, a passagem de Stálin captura um pressuposto talvez comum aos historiadores de meados do século XX: o ambiente do ser humano mudava sim, mas isso ocorria de maneira tão lenta a ponto de tornar a história da relação do homem com seu ambiente quase atemporal, excluindo-a, portanto, do domínio da historiografia. Mesmo quando Fernand Braudel se rebelou contra o estado da disciplina da história que ele constatou no fim dos anos 1930 e depois proclamou essa rebelião em 1949 em seu grande livro *O Mediterrâneo e o Mundo Mediterrâneo na Época de Filipe II*, ficou claro que ele estava se rebelando sobretudo contra historiadores que tratavam o ambiente simplesmente como um pano de fundo silencioso e passivo de suas narrativas históricas, algo que ele aborda no capítulo introdutório, mas depois não retoma mais. Nas palavras de Braudel: "como se as flores não voltassem a cada primavera, como se os rebanhos deixassem de se deslocar, como se os navios não nave-

---

[22] Joseph Stalin, *Dialectical and Historical Materialism* [1938], disponível online.

gassem num mar real, que muda com as estações". Com esse livro, Braudel queria escrever uma história na qual as estações do ano – "uma história [...] feita muitas vezes de insistentes retornos, de ciclos permanentemente reiniciados" – e outras recorrências da natureza desempenhassem um papel ativo na modelagem das ações humanas.[23] O meio ambiente, nesse sentido, tinha presença agentiva nas páginas de Braudel, mas a ideia de que a natureza seria, sobretudo, repetitiva tinha uma longa história no pensamento europeu, como demonstrou Gadamer em sua discussão sobre Johann Gustav Droysen.[24] A posição de Braudel foi sem dúvida um grande avanço em relação ao tipo de argumento de natureza-como-pano-de-fundo adotado por Stálin. Mas ela ainda partilhava com este último uma suposição fundamental: a história da "relação do homem com o meio ambiente" era tão lenta a ponto de ser "quase fora do tempo".[25] Nos termos dos climatologistas contemporâneos, poderíamos dizer que Stálin, Braudel e outros que pensavam dessa maneira ainda não tinham a ideia, hoje muito difundida na literatura sobre o aquecimento global, de que o clima, e portanto o meio ambiente em geral, pode às vezes atingir um ponto de virada em que esse pano de fundo lento e aparentemente fora do tempo das ações humanas se transforma a uma velocidade que só pode ser desastrosa para os seres humanos.

Se Braudel em alguma medida abriu uma fresta no binarismo história natural-história humana, poderíamos dizer que a ascensão da história ambiental no fim do século XX alargou essa brecha. Daria até para argumentar que os historiadores ambientais, por vezes, de fato avançaram a fim de produzir aquilo que poderíamos chamar de histórias naturais do homem. Mas há uma diferença muito importante entre a concepção de ser humano na qual essas histórias se basearam e a agência do ser humano proposta agora pelos cientistas que

---

23   Fernand Braudel, "Prefácio à primeira edição", in Fernand Braudel, *O Mediterrâneo e o Mundo Mediterrâneo na Época de Filipe II* [1949], trad. Gilson César Cardoso de Souza. São Paulo: Edusp, 2016, p. 63. Ver também Peter Burke, *The French Historical Revolution: The "Annales" School, 1929–89*. Stanford: Stanford University Press, 1990, pp. 32–64.
24   Ver Hans-Georg Gadamer, *Verdade e método: Traços fundamentais de uma hermenêutica filosófica* [1975], trad. Flávio Paulo Meuer. Petrópolis: Vozes, 1999, pp. 327–34. Ver também Bonnie G. Smith, "Gender and the Practices of Scientific History: The Seminar and Archival Research in the Nineteenth Century". *American Historical Review*, n. 4, v. 100, out. 1995.
25   Fernand Braudel, "Preface to the First Edition", op. cit., p. 20.

estão escrevendo sobre a mudança climática. Dito de maneira simples, a história ambiental – lá onde ela não era simplesmente uma história cultural, social ou econômica – se debruçava sobre os seres humanos como agentes biológicos. Alfred Crosby Jr., cujo livro *The Columbian Exchange* [O intercâmbio colombiano] foi um dos esforços pioneiros nas "novas" histórias ambientais no início dos anos 1970, formulou a questão da seguinte maneira no prefácio original dessa obra: "o homem é uma entidade biológica antes de ser católico romano ou capitalista ou qualquer outra coisa".[26] O livro recente de Daniel Lord Smail, *On Deep History and the Brain* [Sobre história profunda e o cérebro], faz uma tentativa audaciosa de tentar conectar histórias humanas ao conhecimento produzido pelas neurociências e pelas ciências evolutivas. Sempre sensível aos limites do raciocínio biológico, o livro de Smail investiga as possíveis conexões entre biologia e cultura – entre a história do cérebro humano e a história cultural, em particular. Mas o que interessa a Smail é a história da biologia humana, e não quaisquer teses recentes sobre a recém-adquirida agência geológica dos seres humanos.[27]

Os estudiosos da atual crise da mudança climática estão, de fato, dizendo algo significativamente diferente daquilo que vinham dizendo os historiadores ambientais. Ao destruírem involuntariamente a distinção artificial mas consagrada entre as histórias natural e humana, os cientistas do clima postulam que o ser humano se tornou algo muito maior do que o simples agente biológico que ele sempre foi. Os seres humanos agora exercem uma força geológica. Nas palavras de Oreskes:

> Negar a realidade do aquecimento global significa justamente negar que os seres humanos se tornaram agentes geológicos, passando a alterar os processos físicos mais básicos da terra.
>
> Por séculos, os cientistas pensaram que os processos da terra eram tão grandes e poderosos que nada que fizéssemos poderia modificá-los. Este era um princípio básico da ciência geológica: que as cronologias humanas eram insignificantes comparadas com a vastidão do tempo geológico; que as atividades humanas eram insignificantes comparadas à força dos processos geológicos. E de fato elas

---

[26] Alfred W. Crosby Jr., *The Columbian Exchange: Biological and Cultural Consequences of 1492* [1972]. London: Prager, 2003, p. xxv.
[27] Ver Daniel Lord Smail, *On Deep History and the Brain*. Berkeley: University of California Press, 2008, pp. 174–89.

assim eram. Mas não mais. Há tantos de nós derrubando tantas árvores e queimando tantos bilhões de toneladas de combustíveis fósseis que efetivamente nos tornamos agentes geológicos. Alteramos a química de nossa atmosfera, provocando a elevação no nível dos mares, o degelo e a mudança climática. Nada indica que deveríamos pensar de outra maneira.[28]

Agentes biológicos e agentes geológicos são dois nomes diferentes com consequências bastante diferentes. A história ambiental, ao menos segundo panorama magistral das origens e situação desse campo de estudo em 1995, tem muito a ver com biologia e geografia, mas praticamente nunca se dedicou a imaginar o impacto humano sobre o planeta em escala geológica. Ainda se tratava de uma visão do homem "como prisioneiro do clima", na formulação de Crosby citando Braudel, e não do homem como produtor do clima.[29] Chamar os seres humanos de agentes geológicos significa alçar nossa imaginação do ser humano a um novo patamar de escala. Os seres humanos são agentes biológicos, tanto coletiva como individualmente. Sempre foram. Nunca houve um ponto na história em que não fossem agentes biológicos. Mas as afirmações dos cientistas do clima sobre agência humana introduzem uma questão de escala. Porém só pudemos nos tornar agentes geológicos planetários histórica e coletivamente, isto é, somente a partir do momento em que atingimos determinado limiar populacional e inventamos tecnologias que operam em uma escala grande o suficiente para ter impacto sobre o próprio planeta. Dizer que somos uma força geofísica significa nos atribuir uma força da mesma escala que aquela liberada em tempos em que houve extinção em massa de espécies.[30] Ao que parece, esta-

---

28 Naomi Oreskes, "The Scientific Consensus on Climate Change", op. cit., p. 93.
29 Alfred W. Crosby Jr., "The Past and Present of Environmental History". *The American Historical Review*, n. 4, v. 100, out. 1995, p. 1185.
30 Recentemente, Jeremy Davies me criticou, com razão, por superfaturar a distinção entre agência biológica e agência geológica na versão original deste capítulo. Ver Jeremy Davies, "Noah's Dove: The Anthropocene, the Earth System and Genesis 8:8–12". *Green Letters: Studies in Ecocriticism*, n. 4, v. 23, 2019, disponível online. De fato, eu mesmo cheguei a reconhecer isso em uma publicação posterior: "não se pode separar a agência biológica dos seres humanos de sua agência geológica, da forma em que aparentemente fiz em meu ensaio 'O clima da história'". Dipesh Chakrabarty, "Whose Anthropocene? A Response". *Rachel Carson Center Perspectives: Transformations in Environment and History*, n. 2, Münich, 2016, p. 104

mos atualmente atravessando um período desse tipo. A atual "taxa de perda de diversidade das espécies", argumentam os especialistas, "se assemelha em intensidade ao acontecimento, ocorrido há cerca de 65 milhões de anos, que erradicou os dinossauros".[31] Nossas pegadas nem sempre foram tão grandes. Os seres humanos só começaram a adquirir essa agência a partir da Revolução Industrial, mas o processo realmente ganhou embalo na segunda metade do século XX. Nesse sentido, podemos dizer que foi só muito recentemente que a distinção entre as histórias humana e natural – preservada em larga medida até mesmo nas histórias ambientais que enxergavam as duas entidades em interação – começou a desmoronar. Pois não se trata mais simplesmente de uma questão de o homem ter uma relação interativa com a natureza. Isso os humanos sempre tiveram, ou ao menos é assim que o homem foi imaginado na maior parte daquilo que geralmente se denomina a tradição ocidental.[32] O que está se afirmando hoje é que os seres humanos são uma força da natureza no sentido geológico. Um pressuposto fundamental do pensamento político ocidental (e agora universal) acabou por se desfazer nessa crise.[33]

(edição especial: *Whose Anthropocene? Revisiting Dipesh Chakrabarty's 'Four Theses'*, orgs. Robert Emmett & Thomas Lekan). Há muito se admite que a própria vida opera como uma força geológica. Ver Peter Westbroek, *Life as a Geological Force: Dynamics of the Earth*. New York: W. W. Norton, 1991. A distinção globo/planeta sobre a qual este livro se volta suplanta a distinção entre as agências biológica e geológica que postulei inicialmente.

[31] Will Steffen, diretor do Centre for Resource and Environmental Studies na Australian National University, apud "Humans Creating New 'Geological Age'", *Australian*, 31 mar. 2008. A referência de Steffen era o relatório do Millennium Ecosystem Assessment de 2005. Ver também Neil Shubin et al., "The Disappearance of Species". *Bulletin of the American Academy of Arts and Sciences*, n. 3, v. 61, 2008, pp. 17-19.

[32] A implicação do argumento de Bill McKibben sobre o "fim da natureza" é de que a natureza seria uma "esfera separada que sempre serviu para nos fazer sentir menores". Bill McKibben, *The End of Nature* [1989]. New York: Random House, 2006, p. xxii.

[33] O livro *Políticas da natureza: Como associar a ciência à democracia*, escrito por Bruno Latour antes da intensificação do debate sobre o aquecimento global, coloca em questão toda a tradição de organizar a ideia da política em torno da premissa de que a natureza constituiria uma esfera separada, e aponta os problemas que essa pressuposição apresenta para as reflexões contemporâneas sobre democracia. Ver Bruno Latour, *Políticas da natureza: Como associar a ciência à democracia* [1999], trad. Carlos Aurélio Mota de Souza. São Paulo: Editora Unesp, 2019.

TESE 2: A ideia do Antropoceno, a nova época geológica na qual os humanos existem como força geológica, requalifica severamente as histórias humanistas da modernidade/globalização

Uma das questões centrais subjacentes às histórias humanas escritas a partir de 1750 até o atual período da globalização diz respeito a como combinar a diversidade cultural e histórica humana com a liberdade humana. A própria diversidade, como apontou Gadamer fazendo referência a Leopold von Ranke, era uma figura da liberdade na imaginação do historiador sobre o processo histórico.[34] A *liberdade*, é claro, teve diferentes significados em diferentes momentos, abarcando desde ideias de direitos humanos e do cidadão até ideias de descolonização e autodeterminação. Poderíamos dizer que a liberdade é uma categoria geral para designar diversas imaginações de autonomia e soberania humanas. Se considerarmos as obras de Kant, Hegel ou Marx, as ideias oitocentistas de progresso e de luta de classes, a luta contra a escravidão, as revoluções Russa e Chinesa, a resistência ao nazismo e ao fascismo, os movimentos de descolonização dos anos 1950 e 1960 e as revoluções Cubana e Vietnamita, a evolução e a explosão do discurso sobre direitos, a luta por direitos civis por parte dos afro-americanos, dos povos indígenas, dos *dalits* e de outras minorias, e o tipo de argumento que, digamos, Amartya Sen apresentou em seu livro *Desenvolvimento como liberdade*, poderíamos dizer que a liberdade tem sido o mais importante tema das narrativas escritas da história humana nestes 250 anos. Claro, a liberdade, como mencionado, nem sempre carregou o mesmo significado para todos. Francis Fukuyama tem uma compreensão de liberdade significativamente diferente da concepção de Sen. Mas essa amplitude da palavra só reforça seu poder retórico.

Desde o Iluminismo, em nenhuma discussão sobre liberdade houve qualquer consciência da agência geológica que os seres humanos estavam adquirindo ao mesmo tempo que conquistavam sua liberdade – e por meio de processos intimamente ligados. É compreensível que os filósofos da liberdade estivessem principalmente preocupados com a forma como os humanos escapariam da injustiça, da opressão, da

---

34 Hans-Georg Gadamer, *Verdade e método: Traços fundamentais de uma hermenêutica filosófica*, op. cit., p. 318. O historiador "sabe que tudo poderia ter sido diferente, que cada indivíduo que atua teria podido também atuar de outra maneira".

desigualdade ou mesmo da uniformidade impingida a eles por outros seres humanos ou por sistemas criados pelo homem. O tempo geológico e a cronologia das histórias humanas permaneciam desconexos. Essa distância entre os dois calendários, como vimos, é o que os cientistas do clima afirmam ter desmoronado. O período que mencionei, de 1750 até hoje, é também o momento em que os seres humanos substituíram a madeira e outros combustíveis renováveis pelo uso em larga escala de combustíveis fósseis – primeiro o carvão, depois o petróleo e o gás natural. A mansão das liberdades modernas está apoiada em uma fundação de consumo cada vez maior de combustíveis fósseis. Até agora, a maioria de nossas liberdades implicou intenso consumo energético. O período da história humana geralmente associado àquilo que hoje entendemos como as instituições da civilização – os primórdios da agricultura, a criação das cidades, a ascensão das religiões que conhecemos, a invenção da escrita – começou há cerca de 12 mil anos, quando o planeta passava de um período geológico para outro: da última idade do gelo, ou Pleistoceno, para o Holoceno, mais recente e calorífero. O Holoceno é o período em que supostamente nos encontramos, mas a possibilidade de uma mudança climática antropogênica levantou a questão de seu término. Agora que os seres humanos – graças a nosso volume populacional, nossa tecnologia, queima de combustíveis fósseis e outras atividades relacionadas – nos tornamos um agente geológico no planeta, alguns cientistas propuseram que reconheçamos o início de uma nova era geológica, na qual os seres humanos agem como um dos principais determinantes do meio ambiente. O nome que eles cunharam para designar essa nova idade geológica é Antropoceno. A proposta foi feita originalmente por Paul J. Crutzen, vencedor do Prêmio Nobel de Química, e seu colaborador Eugene F. Stoermer, especialista em ciência marinha. Em uma declaração curta publicada em 2000, a dupla afirmou: "Considerando [...] [os] impactos extensos e ainda crescentes das atividades humanas na terra e na atmosfera, e em todas as escalas, incluindo a global, parece-nos mais do que apropriado sublinhar o papel central da humanidade na geologia e na ecologia ao propor a adoção do termo 'antropoceno' para designar a atual época geológica".[35] Crutzen detalhou a proposta em um pequeno artigo publicado na *Nature*, em 2002:

---

35 Paul J. Crutzen & Eugene F. Stoermer, "The Anthropocene". *IGBP Newsletter*, n. 41, maio 2000, p. 17.

Os efeitos dos seres humanos sobre o meio ambiente global vêm se intensificando ao longo dos últimos três séculos. Por causa dessas emissões antropogênicas de dióxido de carbono, o clima global poderá se descolar significativamente do comportamento natural por muitos milênios por vir. Parece apropriado atribuir o termo "Antropoceno" à atual [...] época geológica, dominada pelos seres humanos, de modo a complementar o Holoceno – o período quente dos últimos dez-doze milênios. Poderíamos considerar que o Antropoceno teve início na segunda metade do século XVIII, quando as análises do ar preso em amostras de gelo polar evidenciaram o início das crescentes concentrações globais de dióxido de carbono e metano. Essa data também coincide com a elaboração do projeto de motor a vapor por James Watt, em 1784.[36]

É certo que o simples fato de Crutzen ter feito essa afirmação não torna o Antropoceno um período geológico oficialmente aceito. Como comenta Mike Davis, "na geologia, assim como na biologia ou na história, a periodização é uma arte complexa e controversa" que sempre envolve debates vigorosos e contestação.[37] O nome Holoceno, usado para designar "a época geológica pós-glacial dos últimos dez a doze mil anos"[38], por exemplo, não foi aceito de imediato quando de sua proposta – aparentemente feita por *sir* Charles Lyell – em 1833. O Congresso Geológico Internacional adotou oficialmente o nome em seu encontro em Bolonha cerca de cinquenta anos depois, em 1885.[39] O mesmo vale para o Antropoceno. Os cientistas travaram discussões com Crutzen e colegas em torno da questão de quando o Antropoceno teria começado. Mas o boletim de fevereiro de 2008 da Sociedade Geológica dos Estados Unidos, *GSA Today*, abre com uma declaração assinada pelos membros da Comissão de Estratigrafia da Sociedade Geológica de Londres, aceitando a definição e a datação do Antropoceno proposta por Crutzen.[40] Adotando uma abordagem "conserva-

---

36   Paul J. Crutzen, "Geology of Mankind". *Nature*, n. 23, v. 415, 3 jan. 2002, p. 23.
37   Mike Davis, "Living on the Ice Shelf: Humanity's Meltdown". *TomDispatch.com*, 26 jun. 2008, disponível online. Sou grato a Lauren Berlant por ter me indicado esse ensaio.
38   Paul J. Crutzen & Eugene F. Stoermer, "The Anthropocene", op. cit., p. 17.
39   Ibid., p. 17.
40   Ver William F. Ruddiman, "The Anthropogenic Greenhouse Era Began Thousands of Years Ago". *Climatic Change*, n. 3, v. 61, 2003; Paul J. Crutzen & Will Steffen, "How Long Have We Been in the Anthropocene Era?". *Cli-

dora", eles concluem: "Há indícios suficientes de uma mudança estratigraficamente significativa (tanto já decorrida como iminente) para que o Antropoceno – atualmente uma metáfora vívida mas informal da mudança ambiental global – seja reconhecido como uma nova época geológica a ser considerada para formalização por meio de discussões internas".[41] Como atesta este próprio livro, o termo adquiriu hoje uma vida vigorosamente disputada também nas humanidades.[42]

Então, será que o período que se estende de 1750 até hoje é um período da liberdade ou um período do Antropoceno? Seria o Antropoceno uma crítica às narrativas de liberdade? A agência geológica dos seres humanos é o preço a pagar pela busca da liberdade? Em certos aspectos, sim. Nas palavras de Edward O. Wilson, em seu *The Future of Life* [O futuro da vida]: "Até agora, a humanidade desempenhou o papel de assassina planetária, preocupada apenas com a própria sobrevivência de curto prazo. Comprometemos gravemente a biodiversidade [...]. Se a abada Emi, uma fêmea de rinoceronte-de-sumatra, falasse, ela talvez nos diria que o século XXI até agora não é exceção".[43] Mas a relação entre os temas iluministas de liberdade e a conjunção entre as cronologias humana e geológica parece mais complicada e contraditória do que um simples binarismo admitiria. É verdade que os seres humanos acabaram se tornando agentes geológicos por obra das próprias decisões.[44] Poderíamos dizer que o Antropoceno foi uma consequência não intencional das escolhas humanas – "não intencional" ao menos no que diz respeito ao período em que a ciência do aquecimento global não era amplamente conhecida, embora isso não absolva corporações como a Exxon por terem desenvolvido tecnologias

---

matic Change, n. 3, v. 61, 2003, pp. 251–57; e Jan Zalasiewicz et al., "Are We Now Living in the Anthropocene?". *GSA Today*, n. 2, v. 18, fev. 2008.

41 Jan Zalasiewicz et al., "Are We Now Living in the Anthropocene?", op. cit., p. 7. Davis descreve a Sociedade Geológica de Londres como "a associação de cientistas da Terra mais antiga do mundo, fundada em 1807"; Mike Davis, "Living on the Ice Shelf", op. cit.

42 Dois dos primeiros exemplos de adoção do termo nas ciências humanas são: Libby Robin & Will Steffen, "History for the Anthropocene". *History Compass*, n. 5, v. 5, 2007; e Jeffrey D. Sachs, *A riqueza de todos: A construção de uma economia sustentável em um planeta superpovoado, poluído e pobre* [2008], trad. Sergio Lamarão. Rio de Janeiro: Nova Fronteira: 2008.

43 Edward O. Wilson, *The Future of Life*. New York: Vintage, 2002, p. 102.

44 Aqui, uma obra que complexifica a narrativa, de maneira útil, é a de Christophe Bonneuil & Jean-Baptiste Fressoz, *The Shock of the Anthropocene*, trad. David Fernbach. London: Verso, 2016.

para a extração de petróleo "não convencional" mesmo depois de se tornarem cientes dos perigos do aquecimento global.[45] Mas também é evidente que, para os seres humanos, qualquer cogitação de saída de nosso atual impasse não pode deixar de remeter à ideia de mobilizar a razão na vida pública coletiva, global. Nas palavras de Wilson: "Agora temos mais conhecimento sobre o problema [...]. Sabemos o que fazer".[46] Ou, para citar Crutzen e Stoermer novamente:

> A humanidade continuará sendo uma força geológica maior por muitos milênios, talvez até por milhões de anos. Desenvolver uma estratégia mundialmente aceita que conduza à sustentabilidade dos ecossistemas contra estresses induzidos pelo ser humano será uma das grandes tarefas futuras da humanidade, o que exigirá intenso esforço de pesquisa e sábia aplicação do conhecimento adquirido até agora [...]. Há, diante da comunidade global de pesquisa e engenharia, uma tarefa instigante, mas também difícil e assustadora, de conduzir a humanidade para uma gestão ambiental global sustentável.[47]

Logicamente, portanto, na era do Antropoceno, precisamos do Iluminismo (isto é, da razão) ainda mais do que no passado. É preciso, no entanto, qualificar esse otimismo acerca do papel da razão remetendo à forma mais comum que a liberdade assume nas sociedades humanas: a política. A política nunca se baseou unicamente na razão.

---

[45] Como apontou James Hansen, na COP 35 (Madri), "em 1982, o presidente da Exxon Research and Engineering descreveu corretamente a ameaça climática: o sistema climático caracteriza-se por uma resposta defasada e por dispositivos amplificadores de retroalimentação. Juntas, essas características traduzem uma urgência para as ações antecipatórias. A medida crucial mais óbvia era desenvolver energia livre de carbono. Em vez disso, a Exxon optou por investir em *fracking* [fraturamento hidráulico] e na dependência continuada em combustíveis com pegadas climáticas ainda maiores. Eles complementaram isso com uma campanha de desinformação, incluindo a mentira de que estariam trabalhando duro no desenvolvimento de carbono limpo e de energias renováveis [...] quando sabiam muito bem que as emissões globais de combustíveis fósseis seguiriam subindo". James Hansen, "Wheels of Justice", 26 dez. 2019, disponível online. Ver também Geoffrey Supran & Naomi Oreskes, "Assessing ExxonMobil's Climate Change Communications (1977–2014)". *Environmental Research Letters*, n. 12, 23 ago. 2017, disponível online.

[46] Edward O. Wilson, *The Future of Life*, op. cit., p. 102.

[47] Paul J. Crutzen & Eugene F. Stoermer, "The Anthropocene", op. cit., p. 18.

E a política na era das massas e em um mundo complexificado por desigualdades agudas entre nações e no interior delas é algo que ninguém consegue controlar. Escreve Davis:

> O simples embalo demográfico já elevará a população urbana mundial em 3 bilhões de pessoas ao longo dos próximos quarenta anos (90% delas em cidades pobres), e ninguém – absolutamente ninguém [incluindo, poderíamos dizer, acadêmicos de esquerda] – tem ideia de como um planeta-favela, marcado cada vez mais por crises energéticas e alimentares, dará conta de acomodar a sobrevivência biológica dessas pessoas, muito menos suas inevitáveis aspirações à felicidade e à dignidade básicas.[48]

Não surpreende, portanto, que a crise da mudança climática gere ansiedades precisamente em torno de futuros que não somos capazes de visualizar. A esperança dos cientistas de que a razão nos guiará para fora do atual impasse lembra a oposição social, discutida por Bruno Latour em seu *Políticas da natureza*, entre o mito da ciência e a política efetiva das ciências.[49] Desprovido de qualquer senso de política, Wilson só pode articular sua noção de praticidade como uma esperança de filósofo misturada com ansiedade: "Talvez agiremos a tempo".[50] Mas a própria ciência do aquecimento global já gera uma necessidade de imperativos políticos. O livro de Tim Flannery, por exemplo, levanta a perspectiva sombria de um "pesadelo orwelliano" em um capítulo intitulado "2084: The Carbon Dictatorship?" [2084: A ditadura do carbono?].[51] Mark Maslin conclui seu livro com algumas considerações tenebrosas:

> É improvável que a política global resolva o aquecimento global. As soluções tecnológicas são perigosas ou, então, provocam problemas tão ruins quanto os que buscam consertar [...]. [O aquecimento global] exige que as nações e regiões planejem com vistas aos próximos cinquenta anos, algo que muitas sociedades são incapazes de fazer por causa do próprio caráter de curto prazo da política.

---

48   Mike Davis, "Living on the Ice Shelf", op. cit.
49   Ver Bruno Latour, *Políticas da natureza*, op. cit.
50   Edward O. Wilson, *The Future of Life*, op. cit., p. 102.
51   Tim Flannery, *The Weather Makers*, op. cit., p. XIV.

Somada às observações de Davis sobre a chegada do "planeta-favela", a recomendação de Maslin – "precisamos nos preparar para o pior e nos adaptar" – coloca a questão da liberdade humana sob a sombra do Antropoceno.[52]

TESE 3: A hipótese geológica do Antropoceno exige que coloquemos as histórias globais do capital em diálogo com a história dos seres humanos como espécie

Os arcabouços analíticos que tratam de questões de liberdade por meio de críticas da globalização capitalista não se tornaram de forma alguma obsoletos na era da mudança climática. Quase pelo contrário: como mostra Davis, se forem negligenciados os interesses dos pobres e vulneráveis, a mudança climática pode muito bem acabar acentuando todas as desigualdades da ordem mundial capitalista.[53] A globalização capitalista existe; também devem existir suas críticas. Mas, uma vez que admitimos que a crise da mudança climática já é uma realidade e pode continuar fazendo parte deste planeta por muito mais tempo do que o próprio capitalismo, ou muito depois que o capitalismo já tiver sofrido muitas outras mutações históricas, essas críticas perdem a capacidade de nos fornecer uma compreensão adequada da história humana. A problemática da globalização nos permite ler a mudança climática apenas como uma crise da gestão capitalista. É inegável que a mudança climática tem profunda relação com a história do capital. Mas, a partir do momento em que reconhecemos a crise da mudança climática e o Antropoceno começa a pairar sobre o horizonte de nosso presente, uma crítica que se resuma tão somente a uma crítica do capital não dá conta de abordar as questões ligadas à história humana. O agora geológico do Antropoceno tornou-se emaranhado com o agora da história humana.

Os acadêmicos que estudam as relações dos seres humanos com a crise da mudança climática e outros problemas ecológicos que estão surgindo em escala mundial traçam uma distinção entre a história

---

52   Mark Maslin, *Global Warming*, op. cit., p. 147. Para uma discussão sobre como os combustíveis fósseis criaram tanto possibilidades como limites para democracias no século XX, ver Timothy Mitchell, *Carbon Democracy: Political Power in the Age of Oil*. London: Verso, 2011.
53   Mike Davis, "Living on the Ice Shelf", op. cit.

documentada dos seres humanos e sua história profunda. A história documentada se refere, *grosso modo*, aos onze e tantos mil anos decorridos desde a invenção da agricultura, mas mais usualmente aos últimos quatro e tantos mil anos, dos quais existem registros escritos. Os historiadores da modernidade e da "idade moderna" geralmente trabalham com arquivos dos últimos quinhentos anos. A história dos seres humanos que vai além desses anos de registros escritos constitui aquilo que outros estudiosos de passados humanos – não historiadores profissionais – denominam pré-história, e, antes dela, história profunda. Nas palavras de Wilson, um dos principais proponentes dessa distinção: "O comportamento humano é visto como produto não apenas da história documentada, os últimos 10 mil anos, como também da história profunda, da combinação das mudanças genéticas e culturais que criaram a humanidade ao longo de centenas de [milhares de] anos".[54] É evidentemente mérito de Smail a tentativa de explicar aos historiadores profissionais o apelo intelectual da história profunda.[55]

Sem tal conhecimento da história profunda da humanidade, seria difícil chegar a uma compreensão secular do porquê de a mudança climática constituir uma crise para os seres humanos. Os geólogos e cientistas do clima podem explicar por que a atual fase do aquecimento global – para distingui-lo do aquecimento do planeta ocorrido anteriormente – tem caráter antropogênico, mas a crise que se segue para os humanos só pode ser compreendida uma vez depuradas as consequências desse aquecimento. As consequências só fazem sentido se pensarmos os seres humanos como uma forma de vida e nos debruçarmos sobre a história humana como parte da história da vida neste planeta. Pois, em última análise, o que o aquecimento do planeta ameaça não é o planeta geológico em si, mas as próprias condições, tanto biológicas como geológicas, das quais dependem a sobrevivência da espécie humana bem como a de outras formas de vida. A ameaça amplamente reconhecida de que a atual crise de biodiversidade pode, de fato, culminar em uma sexta grande extinção de espécies na história do planeta constitui um ponto de não retorno em diversas narrativas *mainstream* sobre as mudanças climáticas planetárias.

A palavra que estudiosos como Wilson ou Crutzen utilizam para designar a vida na forma humana – e em outras formas de vida – é

---

[54] Edward O. Wilson, *In Search of Nature*. Washington: Island Press, 1996, pp. IX-X.
[55] Ver Daniel Lord Smail, *On Deep History and the Brain*, op. cit.

espécie. Eles falam do ser humano como uma espécie e consideram essa categoria útil para pensar a natureza da atual crise. É uma palavra que jamais constará em qualquer análise histórica ou político-econômica convencional a respeito da globalização feita por estudiosos de esquerda, pois a análise da globalização se refere, por bons motivos, apenas à história recente e documentada dos seres humanos. O pensamento em termos de espécie, por outro lado, vincula-se à empreitada da história profunda. Além disso, Wilson e Crutzen consideram, inclusive, que esse tipo de pensamento é essencial para vislumbrar o bem-estar humano. Nas palavras de Wilson: "Precisamos dessa visão mais ampla [...] não apenas para compreender nossa espécie como também para melhor assegurar seu futuro".[56] A tarefa de situar historicamente a crise da mudança climática, portanto, exige que combinemos formações intelectuais que, de certo modo, estão em tensão uma com a outra: o planetário e o global; as histórias profunda e documentada; o pensamento em termos de espécie e as críticas do capital.

Essa minha afirmação vai de certa forma a contrapelo dos historiadores dedicados a pensar a globalização e a história mundial. Em "World History in a Global Age" [História mundial em uma era global], um ensaio de referência publicado em 1995, Michael Geyer e Charles Bright escreveram: "Ao final do século XX, deparamos não com uma única modernidade universalizante, mas sim com um mundo integrado de múltiplas modernidades em processo de multiplicação". "No que concerne à história mundial", prosseguem os autores, "não há espírito universalizante [...]. Há, em lugar disso, uma série de práticas muito específicas, muito materiais e pragmáticas a serem submetidas à reflexão crítica e ao estudo histórico". No entanto, graças às conexões globais forjadas pelo comércio, pelos impérios e pelo capitalismo, "estamos diante de uma condição nova e surpreendente: a humanidade, que por muitos séculos e civilizações ocupou o lugar de sujeito da história mundial, agora adentrou o escopo de todos os seres humanos. Essa humanidade está sujeita a uma polarização extrema entre ricos e pobres".[57] Fica implicado por Geyer e Bright, no espírito das filosofias da diferença, que essa humanidade não é una. "Ela não constitui", escrevem os autores, "uma única civilização homogênea [...] e já não é mais mera espécie ou condição natural. Pela primeira

---

56   Edward O. Wilson, *In Search of Nature*, op. cit., p. x.
57   Michael Geyer & Charles Bright, "World History in a Global Age". *American Historical Review*, n. 4, v. 100, out. 1995, pp. 1058–59.

vez", dizem os autores, com certo floreio existencial, "nós como seres humanos nos constituímos coletivamente, sendo, portanto, responsáveis por nós mesmos."[58] Claramente, os cientistas que promovem a ideia do Antropoceno estão dizendo quase o oposto disso. Eles argumentam que, por constituírem um tipo particular de espécie, os seres humanos podem, no processo de dominar outras espécies, adquirir o estatuto de força geológica. Em outras palavras, os seres humanos se tornaram hoje uma condição natural. Como estabelecer um diálogo entre essas duas posições?

É compreensível que toda essa conversa de fundo biológico sobre espécies gere preocupações entre os historiadores. O receio é de que o senso aguçado de contingência, diferença e liberdade que eles desenvolveram no trato dos assuntos humanos possivelmente tenha que ceder a uma visão de mundo mais determinista. Além do mais, como reconhece Smail, não faltam exemplos históricos perigosos do uso político da biologia.[59] Teme-se, ainda, que a ideia da espécie introduza um poderoso grau de essencialismo em nossa compreensão dos seres humanos. Retornarei à questão da contingência mais adiante nesta seção. Sobre a questão do essencialismo, no entanto, Smail oferece uma explicação útil de por que a espécie não pode ser pensada em termos essencialistas:

> As espécies, segundo Darwin, não são entidades fixas dotadas de essências naturais pelo Criador [...]. A seleção natural não homogeneíza os indivíduos de uma espécie [do contrário, a seleção natural não funcionaria] [...] Dado esse estado de coisas, a busca por uma natureza [...] e tipo corporal normais [de qualquer espécie particular] é fútil. O mesmo vale para a busca igualmente fútil de identificar a "natureza humana". Aqui, assim como em muitas áreas, a biologia e os estudos culturais são fundamentalmente congruentes.[60]

É evidente que cada disciplina acadêmica posiciona seus praticantes de maneira diferente no que diz respeito à questão de como enxergar o ser humano. Todas as disciplinas precisam criar seus objetos de estudo. Se a medicina ou a biologia reduzem o ser humano a determinada compreensão específica, os historiadores humanistas geral-

---

58   Ibid., p. 1059.
59   Ver Daniel Lord Smail, *On Deep History and the Brain*, op. cit., p. 124.
60   Ibid., pp. 124–25.

mente não percebem que os protagonistas de suas narrativas – as pessoas – também são reduções. Sem o estatuto de pessoa, não há sujeito humano da história. É por isso que Derrida provocou a ira de Foucault quando apontou que o "aspecto mais louco" do projeto de uma história da loucura seria justamente o desejo de possibilitar ou permitir que a própria loucura falasse.[61] Objeto de crucial importância para os humanistas de todas as tradições, a noção de pessoa não deixa de ser também uma redução ou abstração do ser humano completo e corporificado – assim como, digamos, o esqueleto humano discutido em uma aula de anatomia.

A crise da mudança climática convoca os acadêmicos a superarem seus preconceitos disciplinares, pois se trata de uma crise de múltiplas dimensões. Nesse contexto, é interessante observar o papel que a categoria espécie começou a desempenhar entre os estudiosos, incluindo economistas, que já saíram na frente dos historiadores no que diz respeito a investigar e explicar a natureza dessa crise. O livro do economista Jeffrey Sachs, *A riqueza de todos*, destinado ao público instruído, mas leigo, se vale da ideia de espécie como elemento central de seu argumento e dedica um capítulo inteiro ao Antropoceno.[62] Aliás, o estudioso que Sachs convidou para prefaciar seu livro não foi ninguém menos do que Edward Wilson. O conceito de espécie cumpre um papel quase hegeliano no prefácio de Wilson, da mesma forma que a multidão ou as massas nos escritos marxistas. Se marxistas de vários matizes pensaram em diferentes momentos que o bem da humanidade repousaria na perspectiva dos oprimidos ou da multidão realizarem a própria unidade global por meio de um processo de tomada de consciência de si, Wilson deposita sua esperança na unidade tornada possível por meio de nosso autorreconhecimento coletivo como espécie:

> A humanidade consumiu ou transformou uma quantidade suficiente de recursos insubstituíveis da Terra a ponto de estar em melhor forma do que nunca. Somos inteligentes o bastante e agora, assim esperamos, bem informados o bastante para atingirmos uma auto-

---

61 Jacques Derrida, "Cogito e História da Loucura" [1967], in Maria C. F. Ferraz (org.), *Três tempos sobre a história da loucura*. Rio de Janeiro: Relume Dumará, 2001.
62 Jeffrey Sachs, *Common Wealth*, op. cit., pp. 57–82.

compreensão como espécie unificada [...]. Seria sábio de nossa parte nos enxergar como espécie.[63]

No entanto, ainda há dúvidas sobre o uso da ideia de espécie no contexto da mudança climática, e seria bom lidar com uma das hesitações que pode facilmente surgir entre críticos de esquerda. Pode-se objetar, por exemplo, que todos os fatores antropogênicos que contribuem com o aquecimento global – a queima de combustíveis fósseis, a industrialização da pecuária, o desmatamento de florestas, como a tropical, e assim por diante – são, afinal, parte de uma história mais ampla: a do desenrolar do capitalismo no Ocidente e da dominação imperial ou quase imperial do Ocidente sobre o resto do mundo. Foi essa história recente do Ocidente que inspirou as elites de países como China, Japão, Índia, Rússia e Brasil em suas tentativas de desenvolver trajetórias próprias pautadas por uma política de superpotência e dominação global por meio do poderio econômico, tecnológico e militar capitalista. Se isso estiver de modo geral correto, o falatório sobre espécie ou humanidade não serviria, então, simplesmente para ocultar a realidade da produção capitalista e da lógica da dominação imperial – formal, informal ou maquínica, em um sentido deleuziano – que ela promove? Por que incluir os pobres do mundo – cuja pegada de carbono, aliás, é pequena – ao usar termos tão abrangentes e englobantes como *espécie* ou *humanidade*, quando a culpa pela atual crise deve ser colocada redondamente na conta das nações ricas, em primeiro lugar, e em seguida das classes mais ricas dos países mais pobres?

Precisamos nos deter um pouco mais nessa questão a fim de esclarecer bem a diferença entre a atual historiografia da globalização e a historiografia exigida pelas teorias antropogênicas da mudança climática. Embora alguns cientistas queiram datar o Antropoceno a partir da invenção da agricultura – e outros até antes disso: a partir do domínio do fogo pelos primeiros hominídeos, por exemplo –, minhas leituras tendem a sugerir que nossa entrada na atual fase do Antropoceno (quando começamos a nos enxergar conscientemente como agente geológico) não foi nem um acontecimento antigo nem um acontecimento inevitável. A civilização humana certamente não

---

[63] Edward Osborne Wilson, "Foreword", in Jeffrey Sachs, *Common Wealth*, op. cit., p. xii. Os leitores de Marx talvez se recordem aqui do uso da categoria de "ser genérico" [*Gattungswesen*] feito pelo jovem Marx.

começou com a condição de que, em determinado momento de sua história, o ser humano teria de passar da madeira ao carvão e do carvão ao petróleo e ao gás natural. Em seu seminal *The Great Divergence* [A grande divergência], Kenneth Pomeranz demonstrou poderosamente de que modo a transição da madeira para o carvão como principal fonte de energia foi marcada por elevado grau de contingência histórica.[64] Como em quaisquer outras histórias, a "descoberta" do petróleo, a história dos magnatas petrolíferos e a origem da indústria automotiva são igualmente repletas de coincidências e acidentes históricos.[65] As próprias sociedades capitalistas não permaneceram as mesmas desde o início do capitalismo.[66] A população humana também cresceu de maneira dramática desde a Segunda Guerra Mundial. A Índia, por exemplo, é hoje mais de quatro vezes mais populosa do que na época de sua independência, em 1947. É evidente que ninguém está em posição de afirmar que há algo inerente à espécie humana que teria nos conduzido fatalmente ao Antropoceno. Caímos nele aos tropeços. Esse caminho sem dúvida passou pela civilização industrial. (Não faço aqui uma distinção entre as sociedades capitalistas e socialistas que tivemos até agora, pois nunca houve nenhuma diferença de princípio no uso que elas fizeram dos combustíveis fósseis.)

Se foi o modo de vida industrial que nos jogou nessa crise, a questão que fica é: por que pensar em termos de espécie, uma categoria que por certo pertence a uma história muito mais extensa? Por que a narrativa do capitalismo – e, portanto, sua crítica – não bastaria como arcabouço teórico para interrogar a história da mudança climática e compreender suas consequências? Parece certo que a crise da mudança climática tem como condição necessária os modelos societais de elevado consumo

---

64 Ver Kenneth Pomeranz, *The Great Divergence: Europe, China, and the Making of the Modern World Economy*. Princeton: Princeton University Press, 2000 [ed. port.: *A grande divergência: A China, a Europa e a construção da economia mundial moderna*. Lisboa: Edições 70, 2013]; E. A. Wrigley, *Energy and the English Industrial Revolution*. Cambridge: Cambridge University Press, 2010; Fredrik Albritton Jonsson, "The Coal Question before Jevons". *Historical Journal*, n. 1, v. 63, 2020; Andreas Malm, *Fossil Capital: The Rise of Steam Power and the Roots of Global Warming*. London: Verso, 2016.

65 Ver Timothy Mitchell, *Carbon Democracy*, op. cit. Ver também Edwin Black, *Internal Combustion: How Corporations and Governments Addicted the World to Oil and Derailed the Alternatives*. New York: St. Martin's, 2006.

66 O livro de Arrighi, *O longo século XX*, é um bom guia para entender essas flutuações nas fortunas do capitalismo.

energético que a industrialização capitalista criou e promoveu; mas a atual crise trouxe à tona outras condições para a existência da vida na forma humana que não guardam nenhuma conexão intrínseca com as lógicas das identidades capitalistas, nacionalistas ou socialistas. Elas estão ligadas, na verdade, à história da vida neste planeta, ao modo pelo qual diferentes formas de vida se conectam umas às outras e à maneira pela qual a extinção em massa de uma espécie poderia significar perigo para outra. Sem essa história da vida, a crise da mudança climática não tem propriamente "significado" humano algum. Afinal, como afirmei anteriormente, do ponto de vista do planeta inorgânico, não faz nenhum sentido falar em crise.

Em outras palavras, o modo de vida industrial funcionou quase como a toca do coelho na história de Alice; acabamos escorregando em um estado de coisas que nos força a reconhecer algumas das condições paramétricas (isto é, limite) para a existência de instituições centrais para nossa ideia de modernidade e para os significados que delas derivamos. Explico. Tomemos o caso da assim chamada Revolução Agrícola de cerca de 11,7 mil anos atrás. Não se tratou simplesmente de uma expressão da inventividade e do engenho humanos. Ela foi possibilitada por um conjunto de condições sobre as quais os seres humanos não tinham nenhum controle: certas mudanças na quantidade de dióxido de carbono na atmosfera, determinada estabilidade climática e certo nível de aquecimento do planeta depois do fim da Era Glacial (a época do Pleistoceno). "Resta pouca dúvida", escreve um dos editores de *Humans at the End of the Ice Age* [Os seres humanos no final da Era do Gelo], "de que o fenômeno básico – o esmorecimento da Era Glacial – foi resultado dos fenômenos de Milankovitch: as relações orbitais e de inclinação axial entre a Terra e o Sol."[67] A temperatura do planeta se estabilizou no interior de uma zona que permitiu o crescimento de certos tipos de gramíneas, como a cevada e o trigo. Sem a sorte desse "longo verão", ou aquilo que certo climatologista descreveu como um "extraordinário fortúnio" da natureza na história do planeta, nosso modo de vida industrial-agrícola não teria sido possível.[68] Em outras palavras, quaisquer que sejam nossas escolhas socioeconômicas e tecnológicas, e independentemente dos direitos que quisermos celebrar

---

67 Lawrence Guy Straus, "The World at the End of the Last Ice Age", in Lawrence Guy Straus et al. (orgs.), *Humans at the End of the Ice Age: The Archaeology of the Pleistocene-Holocene Transition*. New York: Plenum, 1996, p. 5.
68 Tim Flannery, *The Weather Makers*, op. cit., pp. 63-64.

como nossa liberdade, não podemos nos dar ao luxo de desestabilizar essas condições (tais como a zona térmica no interior da qual sobrevivem a vida mamífera ou a vegetal), que operam como parâmetros-limite da existência humana. Esses parâmetros independem do capitalismo ou do socialismo. Eles se mantiveram estáveis por muito mais tempo do que as histórias dessas instituições e permitiram que os seres humanos se tornassem a espécie dominante na terra. Infelizmente, nos tornamos um agente geológico que, na atualidade, perturbando essas condições paramétricas necessárias para nossa existência.[69]

Isso não significa negar o papel histórico que as nações mais ricas e majoritariamente ocidentais do mundo desempenharam na emissão de gases do efeito estufa. Falar em um pensamento em termos de espécie não implica opor-se à política da "responsabilidade comum mas diferenciada" que China, Índia e outros países em desenvolvimento parecem ansiosos para adotar quando o assunto é a redução dessas emissões.[70] A decisão de responsabilizar pela mudança climática aqueles que são retrospectivamente culpados – isto é, cobrar o Ocidente por sua atuação pretérita – ou, então, aqueles que são prospectivamente culpados – a China acaba de ultrapassar os Estados Unidos como maior emissor de dióxido de carbono, ainda que em termos absolutos, e não *per capita* – é uma questão ligada sem dúvida às histórias do capitalismo e da modernização.[71] Mas a descoberta pelos cientistas de que, nesse processo, os seres humanos acabaram se tornando um agente geológico aponta para uma catástrofe compartilhada na qual todos nós caímos. Crutzen e Stoermer descrevem da seguinte maneira essa catástrofe:

> A expansão da humanidade [...] foi assombrosa [...]. Durante os três últimos séculos, a população humana decuplicou, ultrapassando o limiar de 6 bilhões de pessoas, acompanhada, por exemplo, por um crescimento na população bovina para 1,4 bilhão de cabeças de gado (cerca de uma vaca por família de tamanho médio) [...].

---

69 Escrevi essa frase há uma década. De lá para cá, foi apresentada por cientistas a ideia de "fronteiras planetárias" que os seres humanos não devem ultrapassar. Ver Johan Rockström et al., "Planetary Boundaries: Exploring the Safe Operating Space for Humanity". *Economy and Society*, n. 2, v. 14, 2009, artigo 32, disponível online.
70 Ashish Kothari, "The Reality of Climate Injustice", *Hindu*, 18 nov. 2007.
71 Peguei emprestada a ideia de culpa "retrospectiva" e "prospectiva" de uma discussão conduzida por Peter Singer no Franke Institute for the Humanities durante o Chicago Humanities Festival, em novembro de 2007.

> Em algumas gerações, a humanidade está exaurindo os combustíveis fósseis que foram gerados ao longo de muitas centenas de milhões de anos. A liberação de dióxido de enxofre [...] na atmosfera pela queima de carvão e petróleo é ao menos duas vezes maior do que o somatório de todas as emissões naturais [...]; mais da metade de toda água doce disponível está sendo usada pela humanidade; a atividade humana multiplicou entre mil e 10 mil vezes a taxa de extinção das espécies nas florestas tropicais. Além disso, a humanidade libera muitas substâncias tóxicas no meio ambiente [...]. Os efeitos documentados incluem a modificação do ciclo geoquímico de grandes sistemas de água doce e aparecem em sistemas distantes das fontes primárias.[72]

Explicar essa catástrofe exige um diálogo interdisciplinar e uma articulação das histórias documentada e profunda dos seres humanos; da mesma maneira que a revolução agrícola de 12 mil anos atrás só pôde ser explicada por meio de uma convergência de três disciplinas: geologia, arqueologia e história.[73]

Pode ser ingenuidade política da parte de cientistas como Wilson ou Crutzen não reconhecer que a razão talvez não seja o único fator que efetivamente guia nossas escolhas coletivas – quer dizer, podemos muito bem acabar fazendo algumas escolhas irracionais –, mas considero interessante e sintomático o fato de optarem por se expressar na linguagem do Iluminismo. Eles não são necessariamente acadêmicos anticapitalistas, mas também não são defensores do capitalismo *business-as-usual*. Para esses cientistas, o conhecimento e a razão oferecem aos seres humanos não apenas uma saída para a atual crise como também uma forma de nos manter longe do perigo no futuro. Wilson, por exemplo, fala em desenhar um "uso mais sábio de recursos", de uma forma que soa particularmente kantiana.[74] Mas o conhecimento em questão é o conhecimento dos seres humanos como espécie, uma espécie que depende de outras espécies para a própria existência, uma parte da história geral da vida. Mudar o clima – elevando não apenas a temperatura média do planeta como também o nível do oceano e a acidificação dos mares – e destruir a cadeia alimentar são coisas

---

72 Paul J. Crutzen & Eugene F. Stoermer, "The Anthropocene", op. cit., p. 17.
73 Ver Colin Tudge, *Neanderthals, Bandits, and Farmers: How Agriculture Really Began*. New Haven: Yale University Press, 1999, pp. 35-36.
74 Edward O. Wilson, *In Search of Nature*, op. cit., p. 199.

que definitivamente não beneficiam nossas vidas. A biodiversidade é importante para o florescimento humano, quaisquer que sejam nossas opções políticas. É, portanto, impossível compreender o aquecimento global como uma crise sem dialogar com as proposições apresentadas por esses cientistas. Ao mesmo tempo, o recurso à ideia de espécie não nega a história do capital, a história contingente de nossa entrada no Antropoceno, pois este nem sequer teria sido possível, mesmo como teoria, sem a história da industrialização. Como conectar as duas ao pensarmos a história do mundo desde o Iluminismo? Como nos aproximar de uma história universal da vida – isto é, ao pensamento universal – sem abrir mão daquilo que evidentemente tem valor em nossa suspeita pós-colonial diante do universal? A crise da mudança climática exige que pensemos nos dois registros simultaneamente, requer mesclar as cronologias imiscíveis da história do capital e da história da espécie. Essa combinação, no entanto, alarga de maneiras fundamentais a própria ideia de entendimento histórico.

TESE 4: O processo de entrecruzamento da história da espécie com a história do capital questiona os limites do entendimento histórico

Seguindo a tradição diltheyiana, poderíamos dizer que o entendimento histórico implica um pensamento crítico que recorre a certas ideias genéricas sobre a experiência humana. Como apontou Gadamer, Dilthey entendia "o mundo das vivências como mero ponto de partida de uma ampliação, que, em viva transposição, completa a estreiteza e a casualidade da própria vivência, através da infinitude daquilo que lhe é acessível revivendo o mundo histórico". Nessa tradição, portanto, "*A consciência histórica é uma forma do autoconhecimento*", obtido por meio de reflexões críticas sobre as experiências de si e dos outros (atores históricos).[75] As histórias humanistas do capitalismo sempre admitirão a existência de algo como a experiência do capitalismo. A tentativa brilhante que E. P. Thompson fez de reconstruir a experiência de classe do trabalho capitalista, por exemplo, não

---

75 Hans-Georg Gadamer, *Verdade e método: Traços fundamentais de uma hermenêutica filosófica*, op. cit., pp. 354, 358. Ver também Michael Ermarth, *Wilhelm Dilthey: The Critique of Historical Reason*. Chicago: University of Chicago Press, 1978, pp. 310–22.

faz sentido sem esse pressuposto.⁷⁶ As histórias humanistas produzem significado por meio de um apelo à nossa capacidade não apenas de reconstruir, mas, como teria dito Collingwood, também de reencenar em nossas mentes a experiência do passado.

Quando Wilson, portanto, recomenda que, pelo bem de nosso futuro coletivo, cheguemos a uma autocompreensão como espécie, a afirmação não corresponde a nenhuma forma histórica de entender e conectar passados e futuros por meio do pressuposto de que haveria um elemento de continuidade na experiência humana. (Ver o argumento de Gadamer mencionado acima.) Quem é o nós? Nós humanos nunca experimentamos nós mesmos como espécie. Só podemos compreender intelectualmente ou inferir a existência da espécie humana, mas nunca experimentá-la como tal. Não poderia haver nenhuma fenomenologia de nós mesmos como espécie. Mesmo que viéssemos a nos identificar emocionalmente com uma palavra como humanidade, não saberíamos o que é ser uma espécie, pois, na história das espécies, os seres humanos, assim como qualquer outra forma de vida, são apenas uma instância do conceito de espécie. Mas nunca se tem a experiência de ser um conceito. "O conceito de cão", disse certa vez Althusser, inspirado por Espinosa, "não pode ladrar!"⁷⁷

Talvez valha mencionar aqui, entre parênteses, uma objeção fecunda levantada por Ursula Heise contra minha afirmação de que "nunca se tem a experiência de ser um conceito [espécie]". "Está certo", ela escreveu, depois que este capítulo foi publicado em sua primeira versão como artigo, "os seres humanos talvez não sejam capazes de experimentar normalmente a si mesmos como espécie – do mesmo

---

76 Ver E. P. Thompson, *A formação da classe operária inglesa* [1963], trad. Denise Bottmann (v. 1 e 3), Renato Busatto Neto & Cláudia Rocha de Almeida (v. 2). Rio de Janeiro: Paz e Terra, 1987.

77 Louis Althusser, Étienne Balibar & Robert Establet, *Ler 'O capital'* [1968], trad. Nathanael C. Caixeiro. Rio de Janeiro: Zahar, 1980, p. 46. Essa era, é claro, uma das expressões favoritas de Althusser. Ele a repete em sua autobiografia, *O futuro dura muito tempo* [1992], trad. Rosa Freire d'Aguiar. São Paulo: Companhia das Letras, 1993. A afirmação original, em Espinosa, aparentemente se encontra em sua *Ética*. Ver *Ética* [1677], trad. Tomaz Tadeu. Belo Horizonte: Autêntica, 2009, Primeira Parte, Escólio da Proposição 17, Corolário 2, p. 28: "Com efeito, o intelecto e a vontade, que constituiriam a essência de Deus, deveriam diferir, incomensuravelmente, de nosso intelecto e de nossa vontade, e, tal como na relação que há entre o cão, constelação celeste, e o cão, animal que ladra, em nada concordariam além do nome".

modo que são incapazes de experimentar a si mesmos como nação: isto é, a não ser que comunidades produzam instituições, leis, símbolos e formas de retórica que estabeleçam tais categorias abstratas como arcabouços perceptíveis e viváveis de experiência."[78] É sem dúvida verdade, como apontaram autores como Derrida, que temos um senso cotidiano de sermos membros individuais da espécie "humana", construído por meio justamente daquilo que compartilhamos e não compartilhamos com outros animais à nossa volta.[79] Mas, quando digo que os seres humanos constituem certa formação de dominação – um complexo composto de humanos, nossas tecnologias e as espécies animais que florescem por meio de sua associação conosco –, estou falando de certa coletividade dominante que até contém o não vivo (por exemplo, a tecnologia) como parte de si mesma.[80] Essa coletividade, cognitivamente disponível para mim, ainda não está disponível para minha experiência fenomenológica do mundo. Heise tem razão: categorias abstratas como "nação" e "trabalho" entram em nossa vida cotidiana precisamente porque há instituições organizadas em torno dessas categorias, como a Organização das Nações Unidas, o Ministério do Trabalho ou os sindicatos. Se a história da terra tivesse atingido um ponto em que tivéssemos uma organização multiespécie de governança – digamos, algo como um parlamento mundial latouriano ou uma Organização Unificada de Governança Multiespécie – que permitisse aos ursos-polares, por exemplo, vocalizar suas queixas contra os seres humanos ou reivindicar que algo seja devidamente julgado, a categoria "espécie dominante" poderia, de fato, ser parte daquilo que Heise denomina "relações existenciais [e políticas] vividas" e carregar um significado em nossa experiência cotidiana.[81] Mas estamos muito longe de algo nesse sentido.

---

78   Ursula K. Heise, *Imagining Extinction: The Cultural Meanings of Endangered Species*. Chicago: University of Chicago Press, 2016, p. 224.
79   Jacques Derrida, *O animal que logo sou* [1999], trad. Fábio Landa. São Paulo: Editora Unesp, 2002. O último capítulo do livro de Heise, *Imagining Extinction*, também é bastante instrutivo nesse quesito.
80   Para uma tentativa refletida e notável de escrever uma história "neomaterialista" e coevolucionária que se passa no contexto dos Estados Unidos e do Japão modernos, ver Timothy J. LeCain, *The Matter of History: How Things Create the Past*. Cambridge: Cambridge University Press, 2017.
81   Heise, suponho, não discordaria disso, uma vez que escreve que "não há motivo coerente para que ela [a espécie] não possa ser traduzida para a esfera da percepção, da experiência e da autoidentificação coletiva por meio

A discussão a respeito da crise da mudança climática pode, assim – dada a natureza planetária e distante da experiência da agência humana como força geopolítica –, produzir afeto e saber a respeito de passados e futuros coletivos humanos que operam nos limites do entendimento histórico. Experimentamos efeitos específicos da crise, mas não o fenômeno como um todo. É este, muitas vezes, o desafio de comunicar a ciência das mudanças climáticas às comunidades locais: os impactos específicos são concretos e experimentáveis, ao passo que a ciência é demasiado abstrata e planetária. Diremos, portanto, com Geyer e Bright, que "a humanidade já não se constitui por meio do 'pensamento'"[82], ou diremos, com Foucault, "o ser humano não tem mais história"?[83] Geyer e Bright seguem em espírito foucaultiano: "Sua tarefa [a da história mundial] é tornar transparentes os contornos do poder, sustentados pela informação, que comprimem a humanidade em uma única humanidade".[84]

Essa crítica que enxerga a humanidade como um efeito do poder é, evidentemente, valiosa por causa de toda a hermenêutica da suspeita que ela legou aos estudos pós-coloniais. Trata-se de uma ferramenta crítica útil para lidar com as formações nacionais e globais da dominação. Mas não a considero adequada para encarar a crise do aquecimento global. Em primeiro lugar, nossa percepção da atual crise é invariavelmente assombrada por imagens pouco coesas de todos nós e por outras figurações da humanidade. De que outra maneira haveríamos de compreender o título do livro de Weisman, *O mundo sem nós*, ou o apelo de sua tentativa brilhante, embora impossível, de retratar a experiência de Nova York se "nós" desaparecêssemos![85] Em segundo lugar, a barreira entre história humana e história natural foi rompida. Por mais que não experimentemos a nós mesmos como agentes geológicos, tudo indica que é justamente isso que nós nos tornamos no nível de nossa

---

do próprio conjunto de estruturas retóricas, simbólicas, jurídicas, sociais e institucionais". Ursula K. Heise, *Imagining Extinction*, op. cit., p. 225.

82 Michael Geyer & Charles Bright, "World History in a Global Age", op. cit., p. 1060.

83 Michel Foucault, *As palavras e as coisas: Uma arqueologia das ciências humanas* [1966], trad. Salma Tannus Muchail. São Paulo: Martins Fontes, 2000, p. 509.

84 Michael Geyer & Charles Bright, "World History in a Global Age", op. cit., p. 1060.

85 Ver Alan Weisman, *O mundo sem nós* [2007], trad. Paulo Anthero S. Barbosa. São Paulo: Planeta, 2007.

existência como espécie, de nossa detenção de tecnologia global e de nossa dominação da vida no planeta. E, sem esse conhecimento que desafia o entendimento histórico (no sentido fenomenológico explicado acima), não há como dar sentido à atual crise que afeta a todos nós. A mudança climática, refratada pelo prisma do capital global, sem dúvida acentuará a lógica da desigualdade que atravessa o domínio do capital; algumas pessoas certamente arrancarão ganhos temporários à custa dos outros. Mas a crise como um todo não pode ser reduzida a uma história do capitalismo. Diferentemente do que ocorre nas crises do capitalismo, não há botes salva-vidas para os ricos e privilegiados (vejam-se os frequentes incêndios florestais na Austrália ou as recentes queimadas em bairros nobres da Califórnia).[86] À medida que escrevo esta frase, em dezembro de 2019, ambos os lugares estão sendo revisitados por incêndios.

A ansiedade que o aquecimento global desperta lembra os tempos em que muitos temiam uma guerra nuclear global. Mas há uma diferença bem importante. Uma guerra nuclear seria uma decisão consciente por parte dos poderes constituídos. A mudança climática tem sido em larga medida uma combinação de consequências intencionais e não intencionais em uma cascata de decisões e ações humanas, e ela revela, somente por meio de análise científica, os efeitos planetários de longo prazo provocados por nossas ações como espécie.[87] Em meu argumento, "espécie" pode muito bem ser o nome de um operador para uma nova e emergente história universal dos humanos que relampeja no momento

---

[86] Meu uso da metáfora do "bote salva-vidas" provocou a ira de muitos críticos na esquerda que queriam argumentar que, aconteça o que acontecer, os ricos sempre terão o equivalente de um "bote salva-vidas". Não nego que os ricos, por definição, terão à sua disposição mais recursos do que os pobres, em qualquer situação de crise. Mas o leitor há de perceber que o intuito de minha metáfora do bote salva-vidas no parágrafo acima era arrematar a distinção entre os ciclos usuais de *boom and bust* aos quais o capitalismo está propenso – algo que os ricos têm condições de suportar – e a crise climática, que, dependendo de sua gravidade, poderia tornar inabitáveis até mesmo aquelas partes do planeta em que os ricos adoram morar. Foi para reforçar esse ponto que trouxe a referência aos incêndios na Califórnia e na Austrália. Não faz muito sentido prático ficar discutindo, nos pormenores, uma leitura literal da metáfora de um bote salva-vidas.

[87] Ver David N. Stamos, *The Species Problem: Biological Species, Ontology, and the Metaphysics of Biology*. Lanham: Lexington Books, 2003; e Jody Hey, *Genes, Categories, and Species: The Evolutionary and Cognitive Causes of the Species Problem*. New York: Oxford University Press, 2001.

do perigo que é a mudança climática. Mas não podemos nunca *entender* (no sentido diltheyiano) esse universal. Não se trata de um universal hegeliano que surge dialeticamente do movimento da história nem de um universal do capital trazido à tona pela crise atual. Geyer e Bright têm razão em rejeitar essas duas modalidades do universal. No entanto, a mudança climática nos coloca diante da questão de uma coletividade humana, um nós que aponta para uma figura do universal que escapa à nossa capacidade de experimentar o mundo. Ela está mais para um universal que emerge de uma percepção compartilhada de catástrofe. E exige uma abordagem global da política que prescinda do mito de uma identidade global, pois, ao contrário do universal hegeliano, não pode subsumir as particularidades. Tomando emprestada a formulação de Adorno, poderíamos chamá-la de "história universal negativa".[88]

Adendo: Nota sobre espécie e história universal negativa

As observações com as quais concluí a primeira versão deste capítulo suscitaram um comentário interessante e afiado por parte de Ursula Heise. Vale a pena abordar suas críticas, pois a discussão, espero eu, iluminará o argumento mais amplo que estou buscando apresentar neste livro. Heise escreveu:

> A recusa de Chakrabarty ao conceito de espécie como conceito capaz de fundamentar a identidade coletiva ecoa a posição, citada e criticada aqui, de Dale Jamieson, que rejeita a espécie como uma categoria relevante na interação com não humanos [...]. O ceticismo de Chakrabarty diante do pensamento baseado na espécie torna seu argumento – que é essencialmente um apelo àquilo que em outros discursos teóricos teria o nome de um tipo de cosmopolitismo – desprovido de conteúdo positivo. No fim, o que ele imagina é um "uni-

---

[88] Ver Theodor W. Adorno, "Negative Universal History" [1964], in Theodor W. Adorno, *History and Freedom: Lectures 1964–1965* [2001], org. Rolf Tiedemann, trad. Rodney Livingstone. Cambridge: Polity, 2009. O artigo de Antonio Y. Vásquez-Arroyo, "Universal History Disavowed: On Critical Theory and Postcolonialism", *Postcolonial Studies*, n. 4, v. 11, dez. 2008, inspirou, originalmente, essa proposição. Ver também a discussão lúcida desenvolvida em Harriet Johnson, "The Anthropocene as a Negative Universal History". *Adorno Studies*, n. 1, v. 3, jul. 2019.

versalismo negativo" que não pode assumir um conteúdo concreto, que seria invariavelmente menos do que universal, pois estaria fadado a postular certas características de uma comunidade particular como paradigma para medir as demais comunidades.[89]

Heise tem razão quando observa que o "universal negativo" que tento invocar não tem conteúdo positivo "concreto". Ele é vazio na medida em que se trata de um conceito emergente, ainda desprovido de conteúdo específico e concreto. Mas, então, há um problema aqui. Quando pensamos na crise climática como um problema a ser resolvido no tempo histórico, pensamos em soluções que, em teoria, afetam, se não abraçam, humanos e não humanos, na medida em que todas as soluções imaginadas assumem certas relações estáveis e sustentáveis entre humanos e não humanos (incluindo os não vivos, como a terra). Essa é uma ambição por aquilo que Heise reconhece, com razão, como uma nova forma de cosmopolitismo.

É possível observar essa ambição legítima também em outros comentaristas da atual crise. Jason Moore, por exemplo, abre o seu *Capitalism in the Web of Life* [O capitalismo na teia da vida] quase com uma busca mística por uma "política de libertação para toda a vida".[90] Mas a ambição da imaginação de Moore é clara. Ela está apontando para um "todo" que é mais do que humano. Da mesma forma, os ecologistas marxistas John Bellamy Foster, Brett Clark e Richard York apresentam, no livro *The Ecological Rift* [A fenda ecológica], sua visão de um desenvolvimento sustentável que exige a substituição do "sistema capitalista" por um "todo humano novo", igualmente místico, que ajudaria a manter "as condições de vida para milhões de outras espécies na Terra".[91]

Como imaginar a totalidade desse "nós" que é mais amplo do que o humano? O motivo pelo qual alguém como Adorno teve de pensar em uma "história universal negativa" ao considerar questões de história e liberdade é que ele sabia que postular qualquer conteúdo positivo para "toda" a humanidade acabaria no fundo levando a uma situação em que uma seção particular da humanidade oprimisse outra seção particular em nome do universal, ou do todo. Em uma situação desse tipo, argumentou Adorno, não só aquilo que se coloca como totalidade mas

---

89 Ursula K. Heise, *Imagining Extinction*, op. cit., p. 224.
90 Jason Moore, *Capitalism in the Web of Life*. London: Verso, 2015, p. ix.
91 John Bellamy Foster, Brett Clark & Richard York, *The Ecological Rift: Capitalism's War on the Earth*. New York: Monthly Review Press, 2010, p. 395.

também aquilo que se coloca como diferença "torna-se mau e envenenado": quando assume a "forma daquilo que são mais ou menos categorias naturais" e ao mesmo tempo "não passa de relíquias de fases históricas mais antigas", o não idêntico "torna-se mau e envenenado, assim como o princípio universal confrontado com ele". O exemplo trazido por Adorno é o da guerra civil no (antigo) Congo Belga (Zaire a partir de 1971 [e hoje República Democrática do Congo]) em meados dos anos 1960, que contou com o envolvimento de tropas belgas. Adorno pensava que isso poderia ser examinado de perto "nos acontecimentos recentes na África – se conseguirmos reunir a coragem para nos dedicar a isso, o que não é tarefa fácil".

> Pois é mesmo verdade que, sob o domínio da totalidade, até mesmo o particular que a ela se opõe participa da trama do desastre. Ele o faz não apenas por se alojar na particularidade, mas por degenerar em algo envenenado e mau. Quer dizer, esses selvagens que estão correndo à solta na África pela última vez não estão acima [...] dos paraquedistas bárbaros que, no espírito do progresso da civilização, os colocam nos trilhos da maneira que todos vocês bem conhecem [...]. [Essa] grande tendência histórica suga a medula de tudo o que é não assimilado e recalcitrante.[92]

Uma "história universal negativa" é, portanto, uma história que permite que o particular exprima sua resistência à sua imbricação na totalidade, sem, contudo, negar estar assim imbricado.

Harriet Johnson conclui seu estudo sobre a ideia adorniana de "história universal negativa" afirmando:

> O Antropoceno nos desafia a decifrar uma nova história universal, pois deparamos com um conjunto de forças e escalas temporais planetárias que não têm como ser objeto direto da experiência em nossas vidas e, no entanto, serão fatores determinantes para elas. Adorno é importante porque ele procurou formas de contar essas histórias sem, no entanto, naturalizar as atuais relações de poder da história social.[93]

---

92 Theodor W. Adorno, "Negative Universal History" [1964], op. cit., p. 96.
93 Harriet Johnson, "Anthropocene as a Negative Universal History", op. cit., pp. 60–61.

Imagine levar essa proposição para além da província da história humana em que, no ensaio de Johnson, ela surge. Uma "história universal negativa" na idade do Antropoceno não pode dizer respeito apenas aos seres humanos. Ao mesmo tempo, não pode remeter a uma totalidade, pois, assim, ela simplesmente reproduziria todos os problemas que levaram Adorno a formular suas proposições em torno da figura do negativo. Assim como na história humana, também aqui o não idêntico precisa poder se exprimir por meio da resistência à sua incorporação completa à totalidade, mesmo sendo esses os termos de sua incorporação – daí o projeto de "provincializar a Europa". Da mesma forma, no caso da "história universal negativa" do Antropoceno, o não humano deveria poder fazer-se ouvir sem ter de ser antropomorfizado ou sem ter de falar a língua dos humanos.[94]

Ainda não estamos num ponto da história global em que tal perspectiva se apresenta como viável em termos práticos, embora possamos recorrer às histórias dos povos indígenas para aprender lições exemplares sobre alguns dos princípios envolvidos aqui.[95] A esta altura, a "história universal negativa" do Antropoceno – a história que acena para um "nós" que pode de fato ser mais que humano – pode apenas ser uma diretriz ética. Seu conteúdo empírico permanece, por ora, necessariamente vazio. Pois uma posição de "dever ser" não dita o efetivo desdobrar da história, por mais que possa nos dar uma perspectiva superveniente – algo como a "consciência epocal" de Karl Jaspers – sobre nossos debates contemporâneos, sem adiantá-los ou julgá-los previamente.[96] Talvez algum dia seja possível preencher o "nós" de uma história universal negativa do Antropoceno com identidades concretas de humanos e não humanos. Talvez não.

---

94 Esse é, efetivamente, o problema que Latour aborda em boa parte de sua obra.
95 Sobre tudo isso, ver Philippe Descola, *Beyond Nature and Culture* [2005], trad. Janet Lloyd. Chicago: University of Chicago Press, 2013; Eduardo Viveiros de Castro, *Metafísicas canibais: Elementos para uma antropologia pós-estrutural*. São Paulo: Ubu/ n−1, 2018; Deborah Bird Rose, *Dingo Makes Us Human: Life and Land in an Australian Aboriginal Culture*. Cambridge: Cambridge University Press, 2000.
96 Ver o último capítulo deste livro.

2 Histórias conjugadas

Como argumentei no capítulo anterior, o aquecimento global antropogênico traz à tona a colisão – ou o defrontar-se – de três histórias que, do ponto de vista da história humana, normalmente se supõe estarem funcionando em ritmos tão diferentes e distintos que, para todos os fins práticos, são tratadas como processos separados: a história do sistema Terra, a história da vida, incluindo a da evolução humana no planeta, e a história mais recente da civilização industrial (para muitos, o capitalismo). Os humanos agora se estribam involuntariamente nessas três histórias, que operam em escalas e velocidades diversas.

A linguagem cotidiana com a qual falamos da crise climática é atravessada por esse problema das escalas temporais humana e não humana. Tome a distinção mais onipresente que fazemos em nossa prosa diária entre fontes "renováveis" e não renováveis de energia. Em nossos termos, consideramos não renováveis os combustíveis fósseis, mas, como aponta Bryan Lovell – um geólogo que trabalhou como consultor da British Petroleum e foi presidente da Sociedade Geológica de Londres –, os combustíveis fósseis até são renováveis, contanto que pensemos neles em uma escala (nos termos dele) inumana: "Daqui a 200 milhões de anos, uma forma de vida que porventura precisar de petróleo abundante deverá descobrir que farta quantidade dessa matéria-prima terá se formado desde nossos tempos".[1] De fato, uma maneira de pensar a atual crise das mudanças climáticas antropogênicas é encará-la como um problema de descompasso de temporalidades. As instituições e as práticas humanas estão orientadas para um senso humano de tempo e de história. Mas agora temos de usar essas instituições para abordar processos que se desenrolam em escalas temporais muito mais amplas.

Os paleoclimatologistas, por exemplo, contam uma história muito extensa quando se trata de explicar o significado do aquecimento global antropogênico. Há, em primeiro lugar, a questão das evidências. Amostras de ar antigo – com mais de 800 mil anos de idade – extraídas de núcleos de gelo têm sido fundamentais para comprovar o caráter

---

[1] Bryan Lovell, *Challenged by Carbon: The Oil Industry and Climate Change*. New York: Cambridge University Press, 2010, p. 75.

antropogênico da atual onda de aquecimento.[2] Há, além disso, registros paleoclimáticos do passado em fósseis e outros materiais geológicos. Em seu livro lúcido sobre a resposta da indústria do petróleo à crise climática – nem sempre negativa (ou ao menos nem sempre uniformemente negativa), embora o exemplo da Exxon esteja aí –, Lovell escreve que as pessoas do setor que forneceram evidências fortes da gravidade da ameaça que as emissões de gases de efeito estufa representavam para o futuro da humanidade eram geólogos capazes de ler histórias climáticas profundas enterradas em rochas sedimentares a fim de enxergar os efeitos de "um evento dramático de aquecimento que ocorreu 55 milhões de anos atrás". Esse evento tem sido frequentemente citado para ilustrar os efeitos que o aquecimento da temperatura da superfície da terra pode ter na história da vida. Ele é conhecido como o Máximo Térmico do Paleoceno-Eoceno (MTPE).

> A comparação entre o volume de carbono liberado para a atmosfera [naquele momento] [...] e o volume que estamos liberando agora sugere fortemente que estamos de fato enfrentando um desafio global de primeira ordem. Corremos o risco de repetir aquele evento de aquecimento global ocorrido 55 milhões de anos atrás e que provocou uma perturbação da Terra ao longo de um período de 100 mil anos. Aquele evento se deu muito antes de o *Homo sapiens* aparecer para acender uma fogueira que fosse.[3]

Quanto o arco da história geológica que explica a atual crise climática se projeta no futuro é algo que pode ser rapidamente constatado no próprio subtítulo da obra de David Archer, *The Long Thaw: How Humans Are Changing the Next 100,000 Years of Earth's Climate* [O longo degelo: Como os seres humanos estão transformando os próximos 100 mil anos do clima da Terra]. "No que diz respeito a seu efeito sobre o clima, a humanidade está se tornando uma força comparável às variações orbitais que impulsionam os ciclos glaciais", escreve Archer.[4] Continua o autor:

---

2   Ver Intergovernmental Panel on Climate Change, *Climate Change 2007: The Physical Science Basis*, org. Susan Solomon et al. Cambridge: Cambridge University Press, 2008, p. 446, box 6.2.
3   Bryan Lovell, *Challenged by Carbon*, op. cit., p. xi.
4   David Archer, *The Long Thaw: How Humans Are Changing the Next 100,000 Years of Earth's Climate*. Princeton: Princeton University Press, 2009, p. 6.

A longa vida do dióxido de carbono dos combustíveis fósseis cria uma sensação de que o uso de combustíveis fósseis como fonte de energia não passa de uma loucura fugaz. Nossos depósitos de combustíveis fósseis têm 100 milhões de anos de idade e podem desaparecer em alguns séculos, deixando impactos climáticos que durarão centenas de milênios. O tempo de vida útil do dióxido de carbono dos combustíveis fósseis na atmosfera é de alguns séculos, fora os 25% que permanecem essencialmente para sempre.[5]

O ciclo de carbono da terra – como explica Archer e reforça Curt Stager – cuidará de limpar o excesso de dióxido de carbono que emitimos na atmosfera, mas ele funciona em uma escala temporal inumanamente extensa.[6]

A crise climática produz, portanto, problemas que ponderamos em escalas temporais bastante diferentes e muitas vezes incompatíveis. Os especialistas na elaboração de políticas públicas pensam em termos de anos, décadas, no máximo séculos, enquanto os políticos nas democracias pensam em termos de seus ciclos eleitorais. Compreender o que é a mudança climática antropogênica e quanto tempo seus efeitos podem durar exige pensar simultaneamente em escalas muito grandes e em escalas muito pequenas, incluindo escalas que desafiam as medidas usuais de tempo que informam os assuntos humanos. Esse é outro fator que dificulta o desenvolvimento de uma política abrangente para a mudança climática. Archer vai ao cerne do problema quando reconhece que a escala temporal do ciclo de carbono do planeta, na ordem dos milhões de anos, é "irrelevante para as considerações políticas a respeito das mudanças climáticas nas escalas temporais humanas". No entanto, insiste, ela continua sendo relevante para qualquer compreensão das mudanças climáticas antropogênicas porque, "em última análise, o evento climático do aquecimento global durará tanto quanto esses processos lentos precisarem para agir".[7]

Abrem-se, portanto, importantes lacunas entre cognição e ação na literatura existente sobre o problema climático: isto é, entre o que

---

5   Ibid., p. 11.
6   Ver Curt Stager, *Deep Future: The Next 100,000 Years of Life on Earth*. New York: St. Martin's, 2011, cap. 2.
7   David Archer, *The Global Carbon Cycle*. Princeton: Princeton University Press, 2010, p. 21.

sabemos cientificamente sobre ele – a vastidão de sua escala não humana, por exemplo – e a maneira pela qual o pensamos quando o tratamos como um problema a ser abordado pelos meios e instituições humanos de que dispomos. Estas últimas foram desenvolvidas para abordar os problemas que enfrentamos em escalas temporais familiares. Chamo de fendas essas lacunas ou aberturas na paisagem de nossos pensamentos porque elas são como falhas geológicas em uma superfície aparentemente contígua; precisamos continuar a atravessá-las ou a nos estribar nelas ao pensar ou falar sobre mudanças climáticas. Elas injetam certo grau de contradição em nosso pensamento, pois estamos sendo solicitados a pensar simultaneamente em diferentes escalas.

Quero discutir aqui três dessas fendas: os vários regimes de probabilidade que governam nossas vidas cotidianas nas economias modernas e que agora precisam ser acrescidos de nosso conhecimento a respeito da incerteza radical do clima; a história de nossas vidas humanas necessariamente divididas que precisam ser complementadas pela história de nossa vida coletiva como espécie, uma espécie dominante, no planeta; e a necessidade de abrir espaço, no interior de nosso pensamento inevitavelmente antropocêntrico, para formas de disposição diante do planeta que não colocam os humanos em primeiro lugar. Ainda não superamos esses dilemas a ponto de optarmos decididamente por qualquer um de seus lados. Eles permanecem como fendas.

No que se segue, construo uma elaboração com base nessas fendas, visando demonstrar que a analítica do capital (ou do mercado), embora necessária nas esferas da política e das políticas públicas independentemente de qual for sua posição diante do capitalismo, constitui um instrumental insuficiente no que diz respeito a atinar com o significado histórico das mudanças climáticas antropogênicas. Proporei, à guisa de conclusão, que a crise climática torna visível uma distinção emergente mas crítica entre as categorias globo e planeta que terá de ser explorada mais a fundo a fim de desenvolvermos uma perspectiva sobre o(s) significado(s) humano(s) do aquecimento global e do Antropoceno. O capítulo 3 se dedica à tarefa de desenvolver essa distinção.

Probabilidade e incerteza radical

A vida moderna é gerida por regimes de pensamento probabilístico. Desde a avaliação de vidas para fins atuariais até a operação de mercados monetários e de ações, gerimos nossas sociedades calculando riscos e lhes atribuindo valores probabilísticos.[8] A "economia", escreve Charles S. Pearson, "muitas vezes faz distinção entre risco, em que as probabilidades dos desfechos são conhecidas, e incerteza, em que elas não são conhecidas e talvez até sejam incognoscíveis".[9] Esse é certamente um dos motivos pelos quais a economia, como disciplina, despontou como a principal arte (ou "ciência", como alguns gostariam de concebê-la) da gestão social hoje.[10] Há, portanto, uma tendência compreensível, tanto na literatura de justiça climática como na literatura sobre políticas climáticas – sendo esta última dominada por economistas ou, então, juristas que pensam como economistas –, de se concentrar não tanto no que os paleoclimatologistas ou os geofísicos que estudam o clima planetário historicamente têm a dizer sobre a mudança climática, mas sim naquilo que poderíamos denominar a física do aquecimento global, que no mais das vezes apresenta um conjunto previsível, isolado, de relações de probabilidade e proporcionalidade: se a proporção de gases de efeito estufa na atmosfera subir x, então a probabilidade de a temperatura média da superfície terrestre se elevar tantos graus é de y.[11]

Essa forma de pensar pressupõe uma espécie de estabilidade ou previsibilidade (por mais probabilística que esta possa ser) de uma

---

[8] Uma série bem pensada de ensaios conectando percepções públicas de riscos com sua gestão por meio de análises estatísticas e regulações políticas e jurídicas se encontra em Cass R. Sunstein, *Risk and Reason: Safety, Law, and the Environment*. New York: Cambridge University Press, 2002.

[9] Charles S. Pearson, *Economics and the Challenge of Global Warming*. New York: Cambridge University Press, 2011, p. 25n6.

[10] Um texto clássico sobre esse tema é o de Frank H. Knight, *Risk, Uncertainty, and Profit* [1921]. London, Forgotten Books, 2012. Knight objetaria meu uso da palavra arte no que diz respeito à disciplina da economia, pois ele a considerava parte das ciências. Ele abre seu livro afirmando que "a economia, ou mais propriamente a economia teórica, é uma das ciências sociais que aspirou à distinção de uma ciência exata", ao mesmo tempo que elogia a física por assegurar "nossa maravilhosa maestria atual sobre as forças da natureza" (pp. 3, 5). Sobre a questão toda do papel da incerteza em diversos aspectos da vida moderna, ver Helga Nowotny, *The Cunning of Uncertainty*. Cambridge: Polity, 2016.

[11] Ver, por exemplo, o gráfico reproduzido em Nicholas Stern & Michael Jacobs, *The Economics of Climate Change: The Stern Review*. New York: Cambridge University Press, 2007, p. 200. Ver também Eric A. Posner & David Weisbach, *Climate Change Justice*. Princeton: Princeton University Press, 2010, cap. 2.

atmosfera em aquecimento – coisa que os paleoclimatologistas, por se concentrarem mais no perigo maior dos pontos de viragem, geralmente não fazem. Isso não se dá porque os formuladores de políticas públicas não se preocupam com os perigos da mudança climática, tampouco por desconhecerem o caráter profundamente não linear da relação entre gases do efeito estufa e a elevação na temperatura média da superfície do planeta. A questão é que seus métodos são tais que eles parecem postular ou isolar a mudança climática como uma variável amplamente conhecida (convertendo suas incertezas em riscos já reconhecidos e avaliados) ao calcularem as opções práticas que os humanos são capazes de criar, caso se empenhem em conjunto ou mesmo sigam em disputa interna. Em outras palavras, nos cálculos que realizam, o sistema climático mundial não possui capacidade significativa de irromper como um elemento imprevisível, visto que eles têm a capacidade de prescrever medidas de políticas públicas; ele está presente em uma forma relativamente previsível, para ser gerido pela engenhosidade e pela mobilização política humanas.[12]

Por outro lado, a julgar por aquilo que escrevem para persuadir o público, a retórica dos cientistas do clima é muitas vezes notavelmente vitalista. Ao explicarem o perigo das mudanças climáticas antropogênicas, eles frequentemente recorrem a uma linguagem que retrata o

---

12   Em uma série de ensaios, o falecido Martin Weitzman sublinhou como as análises usuais de custo-benefício sobre a perda de bem-estar em razão da mudança climática assumem as elevações de temperatura no lado inferior da margem de erro; as incertezas de calcular a função dano resultantes de uma elevação catastrófica de 10°–20°C na temperatura global média da superfície já desarticulam completamente os cálculos econômicos. Weitzman observa: "Simplesmente reconhecer de maneira mais aberta a incrível magnitude das profundas incertezas estruturais [...] envolvidas nas análises das mudanças climáticas – e explicar melhor para os responsáveis por desenvolver as políticas que a nitidez artificial transmitida pelas ACBs [análises de custo-benefício] convencionais baseadas em MIA [modelagem integrada de avaliação] [...] é especial e estranhamente passível de induzir ao erro se comparada com situações mais comuns de ACB, não envolvendo mudança climática – já elevaria o nível do discurso público no que diz respeito ao que fazer acerca do aquecimento global". Martin L. Weitzman, *Some Basic Economics of Extreme Climate Change*. Cambdrige: Harvard Environmental Economics Program, 19 fev. 2009, p. 26 (Discussion Paper 09–10), disponível online. Ver também Martin L. Weitzman, "GHG Targets as Insurance against Catastrophic Climate Damages". *Journal of Public Economic Theory*, n. 2, v. 14, mar. 2012.

sistema climático como um organismo vivo. Refiro-me não somente ao famoso caso de James Lovelock, que comparou a vida no planeta e um único organismo vivo batizado por ele de Gaia – proposição que até mesmo o "sóbrio" Archer acomoda em seu livro introdutório sobre o ciclo global de carbono como uma definição razoável mas "filosófica".[13] O próprio Archer chega a falar do "ciclo de carbono da Terra" como algo "vivo".[14] A imagem do clima como um animal temperamental também permeia a linguagem de Wallace (Wally) Broecker, que, com a ajuda de Robert Kunzig, descreve do seguinte modo seus estudos, enfatizando a importância da história como um método no estudo do clima:

> De tempos em tempos [...] a natureza decidiu dar um belo de um pontapé na besta do clima. E a besta tem respondido – como é de esperar em se tratando de uma besta – de maneira violenta e um tanto imprevisível. Os modelos de computador [...] [são] certamente uma abordagem válida. Mas estudar como a besta respondeu no passado sob estresse é outra forma de nos preparar para o que pode acontecer agora que somos nós que estamos lhe dando uma paulada. Essa é a ideia que tem deixado Broecker obcecado pelos últimos 25 anos, e a cada ano que passa ela parece mais urgente.[15]

Ou repare como Hansen se vale da imagem vitalista da "letargia" ao explicar a mudança climática:

> A velocidade da mudança glacial-interglacial é ditada por escalas temporais de 20 mil, 40 mil e 100 mil anos, conforme as alterações

---

13 David Archer, *Global Carbon Cycle*, op. cit., p. 22. O próprio Lovelock defende o conceito de Gaia ao menos como uma metáfora; ver James Lovelock, *Gaia: Alerta final* [2009], trad. Jesus de Paula Assis & Vera de Paula Assis. Rio de Janeiro: Intrínseca, 2020, p. 25. O recente trabalho colaborativo de Bruno Latour e Tim Lenton sobre Gaia aprofunda e desenvolve esse aspecto vitalista do problema. É por isso que os autores fazem uma distinção crucial entre Gaia e a Ciência do Sistema Terra. Ver Bruno Latour & Timothy N. Lenton, "Extending the Domain of Freedom, or Why Gaia Is So Difficult to Understand". *Critical Inquiry*, n. 3, v. 45, 2019. Ver também Timothy M. Lenton, Sébastien Dutreuil & Bruno Latour, "Life on Earth Is Hard to Spot". *The Anthropocene Review*, n. 3, v. 7, 26 maio 2020.
14 David Archer, *Global Carbon Cycle*, op. cit., p. 1.
15 Wallace S. Broecker & Robert Kunzig, *Fixing Climate: What Past Climate Changes Reveal about the Current Threat – and How to Counter It*. New York: Hill and Wang, 2008, p. 100.

na órbita da Terra – mas isso não significa que o sistema climático seja tão inerentemente letárgico assim. Pelo contrário. O forçamento climático humano é, pelos padrões paleoclimáticos, de grande magnitude, e sua alteração se dá em uma escala de décadas, e não de dezenas de milhares de anos.[16]

Essa linguagem vitalista não deriva do fato de que os cientistas do clima seriam menos "científicos" do que os economistas e formuladores de políticas. Ela provém da ansiedade de comunicar e sublinhar dois pontos a respeito do clima da Terra: que suas muitas incertezas não podem nunca ser completamente domadas pelo conhecimento humano existente e que seus pontos de viragem exatos são inerentemente incognoscíveis. Nas palavras de Archer,

> A previsão do IPCC para as mudanças climáticas no próximo século é de uma elevação térmica, no geral, suave [...]. Contudo, no passado as mudanças climáticas efetivas tenderam a ser abruptas [...]. Os modelos climáticos [...] são, na maioria das vezes, incapazes de simular muito bem as reviravoltas presentes nos registros climáticos do passado.[17]

É, de fato, esse sentido de "besta climática" temperamental que carece tanto à literatura inspirada na economia como aos compromissos políticos da esquerda. John Broome, um dos principais autores do Grupo de Trabalho III do relatório de 2007 do IPCC e ele próprio um economista tornado filósofo, espera ver um futuro em que os modelos climáticos continuem a "tornar cada vez mais precisas" as probabilidades que "devem ser atribuídas às várias possibilidades". Para que o raciocínio econômico tenha uma compreensão mais firme do mundo, são necessárias "informações detalhadas sobre probabilidades" e, acrescenta Broome, "estamos esperando que isso nos seja fornecido pelos cientistas".[18] Mas essa talvez seja uma compreensão equivocada do caráter do clima do planeta e dos modelos que os humanos fazem dele. As incertezas climáticas talvez nem sempre sejam como riscos

---

16   James Hansen, *Storms of My Grandchildren: The Truth about the Coming Climate Catastrophe and Our Last Chance to Save Humanity*. New York: Bloomsbury, 2009, p. 71.
17   David Archer, *The Long Thaw*, op. cit., p. 95.
18   John Broome, *Climate Matters: Ethics in a Warming World*. New York: W. W. Norton, 2012, pp. 128–29.

mensuráveis. "Será mesmo que ainda precisamos saber mais do que já sabemos sobre quanto a Terra vai aquecer? *Nem sequer dá* para saber mais?", pergunta Paul Edwards de maneira retórica. "Agora é virtualmente certo que as concentrações de dióxido de carbono atingirão 550 partes por milhão (ponto de duplicação) ainda em meados deste século" e o planeta "quase com certeza ultrapassará o limiar de duplicação de dióxido de carbono". Ele conta que os cientistas do clima especulam "que *nós provavelmente nunca teremos uma estimativa mais exata do que a que já temos*".[19]

O raciocínio por trás da afirmação dele é relevante para meu argumento. "Se os engenheiros são sociólogos", escreve Edwards, "então os cientistas do clima são historiadores." Tal como os historiadores, "cada geração de cientistas do clima revisita os mesmos dados, os mesmos acontecimentos – vasculhando os arquivos para desenterrar novas evidências, corrigir alguma interpretação anterior", e assim por diante. E, "do mesmo modo como ocorre na história humana, nunca chegaremos a uma única e inabalável narrativa do passado do clima global. Em vez disso, o que se tem são versões da atmosfera, [...] convergentes mas nunca idênticas".[20] Além disso, "todas as análises de hoje se baseiam no clima que experimentamos no tempo histórico". "Uma vez que o mundo tiver aquecido 4°C", ele insiste, citando os cientistas Myles Allen e David Frame, "as condições serão tão diferentes de qualquer coisa atualmente observável (e mais diferente ainda do que foi a última era glacial) que há uma dificuldade inerente em afirmar quando o aquecimento pararia." O argumento deles, explica Edwards, é o seguinte: não só não sabemos se "há algum nível 'seguro' de gases de efeito estufa que 'estabilizaria' o clima" para os seres humanos; graças ao aquecimento global antropogênico, é possível que "nunca" estejamos em posição para descobrir se tal ponto de estabilização pode existir em escalas temporais humanas.[21]

A primeira fenda de que falo se organiza, portanto, em torno da questão do ponto de viragem do clima, um ponto a partir do qual o aquecimento global poderia ser catastrófico para os seres humanos. Não há dúvida de que essa possibilidade existe. Os paleoclimatolo-

---

19 Paul N. Edwards, *A Vast Machine: Computer Models, Climate Data, and the Politics of Global Warming*. Cambridge: MIT Press, 2010, pp. 438–39, grifo nosso.
20 Ibid., p. 431.
21 Ibid., p. 439.

gistas sabem que o planeta já passou por esse tipo de aquecimento em seu passado geológico (como no caso do MTPE). Mas não temos condições de prever a rapidez com que chegaríamos a um ponto desses. Ele continua sendo uma incerteza refratária às análises habituais de custo-benefício, que são uma parte necessária das estratégias de gestão de risco. Como explica Pearson, "a ACB [análise de custo-benefício] não é uma abordagem adequada para traçar políticas de catástrofe"; e ele reconhece que as "características especiais que distinguem a incerteza no aquecimento global são a presença de não linearidades, limiares e potenciais pontos de viragem, irreversibilidade e horizonte temporal extenso", que tornam "cada vez mais questionável qualquer projeção para daqui a cem anos de variáveis como tecnologia, estrutura econômica e preferências, entre outras".[22] "A implicação de haver incerteza, limiares, pontos de viragem", escreve ele, "é que devemos assumir uma abordagem preventiva", ou seja, "evitar tomar medidas hoje que levem a mudanças irreversíveis."[23] Mas "o princípio da precaução", como explica Cass Sunstein, também envolve uma análise de custo-benefício e certa estimativa probabilística: "Devemos certamente reconhecer que uma pequena probabilidade (digamos, uma em 100 mil) de haver danos graves (digamos, 100 mil mortes) merece ser encarada com extrema seriedade".[24] Mas simplesmente não sabemos qual é a probabilidade de o ponto de viragem ser alcançado nas próximas décadas, ou mesmo em 2100, visto que ele seria uma função da elevação da temperatura global e de múltiplos circuitos de retroalimentação amplificadores e imprevisíveis trabalhando em conjunto. Sob essas circunstâncias, o único princípio que James Hansen recomenda aos responsáveis por planejar políticas diz respeito ao uso do carvão como combustível. Ele escreve: "Se quisermos resolver o problema climático, devemos eliminar gradativamente as emissões de carvão. Ponto-final".[25] Não é bem um "princípio de precaução", e sim aquilo que na literatura sobre riscos seria denominado "princípio maximin": "escolha a política que tenha o melhor pior desfecho possível".[26] Mas isso pareceria inaceitável para governos e empresas em todo o mundo; sem carvão, do qual a China e a Índia

---

22 Charles S. Pearson, *Economics and the Challenge of Global Warming*, op. cit., pp. 26, 31.
23 Ibid., p. 30.
24 Cass R. Sunstein, *Risk and Reason*, op. cit., p. 103.
25 James Hansen, *Storms of My Grandchildren*, op. cit., p. 176.
26 Cass R. Sunstein, *Risk and Reason*, op. cit., p. 129, n40.

ainda dependem em larga medida (68%–70% de seu fornecimento de energia), como retirar da pobreza nas próximas décadas a maioria dos pobres do mundo e, assim, deixá-los equipados para se adaptarem ao impacto das mudanças climáticas? Ou será que o mundo, ao se engalfinhar para evitar o ponto de viragem do clima, não acabaria fazendo que a própria economia global atingisse um ponto de colapso, provocando uma miséria humana de proporções inauditas? Surge, assim, a seguinte questão: será que a própria tentativa de evitar "danos" não resultaria em um estrago ainda maior, especialmente dado que não sabemos qual é a probabilidade de atingir o ponto de viragem nas próximas décadas? Esse é o dilema que corresponde à aplicação do princípio de precaução ou princípio maximin, como explicam tanto Sunstein como Pearson.[27] Não é à toa que o capítulo de Stephen Gardiner sobre as análises de custo-benefício no contexto das mudanças climáticas seja intitulado "Cost-Benefit Paralysis" [Paralisia de custo-benefício].[28]

No cerne dessa fenda reside a questão da escala. No quadro muito mais amplo em que situam a história do planeta, os paleoclimatologistas veem os pontos de viragem climáticos e a possibilidade correspondente de extinção generalizada de espécies – como aconteceu durante o MTPE – como fenômenos perfeitamente repetíveis, independentemente de conseguirmos ou não criar modelos para eles. Nossas estratégias de gerenciamento de riscos, contudo, derivam de cálculos mais humanos dos custos e de suas probabilidades mensuradas em escalas temporais humanas plausíveis. A crise climática exige que desloquemos constantemente nosso enfoque de modo a pensar nessas diferentes escalas ao mesmo tempo.

---

[27] Ver Charles S. Pearson, *Economics and the Challenge of Global Warming*, op. cit. Sunstein reconhece que "o pior cenário envolvendo aquecimento global" exige aplicar o princípio maximin e, no entanto, recomenda o "sistema *cap-and-trade*" – que assume uma transição gradual às energias renováveis –, pois "parece ser o mais promissor e, em parte, porque é muito menos custoso do que as alternativas". Cass R. Sunstein, *Risk and Reason*, op. cit., p. 129. Isso culmina na substituição do princípio maximin pelo princípio de precaução. Só dá para inferir quão pouco os estudiosos que assumiram que as estratégias comuns de gestão de risco seriam uma resposta adequada ao problema compreendiam o desafio da "incerteza" ligada ao aquecimento global.

[28] Ver Stephen M. Gardiner, "Cost-Benefit Paralysis", in Stephen M. Gardiner, *A Perfect Moral Storm: The Ethical Tragedy of Climate Change*. New York: Oxford University Press, 2011, cap. 8.

Nossas vidas divididas como humanos e nossa vida coletiva como espécie dominante

As mudanças climáticas induzidas pelos humanos ensejam questões amplas e diversificadas sobre justiça: justiça entre gerações, entre pequenas nações insulares e os países poluentes (tanto os do passado como os prospectivos), e entre nações desenvolvidas, industrializadas (historicamente responsáveis pela maioria das emissões) e os países que estão se industrializando mais recentemente. Peter Newell e Matthew Paterson expressam certo incômodo diante do uso do termo *humano* na expressão "mudança climática induzida pelos humanos". "Por trás da linguagem acolhedora usada para descrever a mudança climática como uma ameaça comum a toda a humanidade", escrevem, "é evidente que algumas pessoas e países contribuem com ela de maneira desproporcional, ao passo que são outras que arcam com o ônus dos efeitos desse processo. O que torna a questão particularmente complicada de abordar", prosseguem os autores, "é que as pessoas que mais sofrerão são as que menos contribuem com o problema, isto é, os pobres dos países em desenvolvimento. Apesar de muitas vezes ser tratada como uma questão científica, a mudança climática é *antes de mais nada* uma questão profundamente política e moral."[29] Em seu comentário de endosso ao livro da dupla, a ambientalista indiana Sunita Narain observa: "A mudança climática, sabemos, está intrinsecamente ligada ao modelo de crescimento econômico no mundo".[30] A crise climática – escrevem John Bellamy Foster, Brett Clark e Richard York, em seu importante livro *The Ecological Rift* [A fenda ecológica] – é, "no fundo, o produto de uma fenda social: a dominação do ser humano pelo ser humano. A força motriz é uma sociedade baseada em classe, desigualdade e aquisição sem fim".[31]

Uma posição muito semelhante foi proposta em 2009 quando o Departamento de Assuntos Econômicos e Sociais das Nações Unidas

---

29 Peter Newell & Matthew Paterson, *Climate Capitalism: Global Warming and the Transformation of the Global Economy*. New York: Oxford University Press, 2010, p. 7, grifo nosso.

30 Sunita Narain, comentário de endosso para Peter Newell & Matthew Paterson, *Climate Capitalism*, op. cit., quarta capa.

31 John Bellamy Foster, Brett Clark & Richard York, *The Ecological Rift: Capitalism's War on the Earth*. New York: Monthly Review Press, 2010, p. 47.

publicou um relatório intitulado *Promoting Development and Saving the Planet* [Promover o desenvolvimento e salvar o planeta].[32] Ao assinar o relatório, Sha Zukang, subsecretário-geral de assuntos econômicos e sociais da ONU, escreveu:

> A crise climática é produto do próprio padrão desigual de desenvolvimento econômico que imperou ao longo dos últimos dois séculos. Foi isso que permitiu que os países ricos de hoje atingissem seus atuais níveis de renda, em parte por não terem de se preocupar com os danos ambientais que hoje ameaçam as vidas e os meios de subsistência dos demais.[33]

Caracterizando a mudança climática como um "desafio de desenvolvimento", Sha assinalou a existência de certo déficit de confiança marcando a atitude dos países não ocidentais diante do Ocidente.[34] O relatório aprofunda esse aspecto:

> Estas se tornaram algumas das principais questões para formuladores de políticas nos níveis nacional e internacional: de que maneira as nações em desenvolvimento poderiam recuperar o atraso de crescimento e atingir a convergência econômica em um regime mundial de restrições nas emissões de carbono e o que os países avançados precisam fazer para aliviar as preocupações delas?[35]

A formulação original dessa posição, até onde sei, remonta ao ano de 1991, quando dois conhecidos e respeitados ativistas ambientais indianos, Sunita Narain e o hoje falecido Anil Kumar Agarwal, escreveram um livreto intitulado *Global Warming in an Unequal World: A Case of Environmental Colonialism* [Aquecimento global em um mundo desigual: um caso de colonialismo ambiental], publicado pela organização da dupla, o Centre for Science and Environment, de

---

32 Ver Sha Zukang, "Overview", in United Nations, Department of Economic and Social Affairs, *World Economic and Social Survey 2009: Promoting Development, Saving the Planet*. New York, United Nations Publishing Section, 2009, disponível online.
33 Ibid., p. viii.
34 Ibid., p. xviii.
35 Ibid., p. 3.

Délhi.[36] A publicação contribuiu muito para gerar a ideia de *responsabilidades comuns mas diferenciadas* e a tendência de discutir baseando-se sempre nos números *per capita* de emissões de gases do efeito estufa, algo que se tornou popular com o Protocolo de Quioto.[37]

Há bons motivos para surgirem questões de justiça. Até agora, somente algumas poucas nações (cerca de doze ou catorze, incluindo a China e a Índia a partir mais ou menos da última década) e uma pequena fração da humanidade (aproximadamente um quinto) são historicamente responsáveis pela maioria das emissões de gases do efeito estufa. É verdade. Mas não seríamos capazes de diferenciar entre os seres humanos como atores e o planeta em si como ator nesta crise se não reconhecêssemos que – deixando de lado a questão da ética intergeracional, que concerne ao futuro – a mudança climática antropogênica não é inerentemente (isto é, logicamente) uma questão de injustiça intra-humana passada ou acumulada.

Meu ponto aqui depende da validade de uma distinção com frequência traçada entre uma relação necessária e lógica entre duas entidades e uma relação contingente e histórica entre elas. Fazer essa distinção me permite abrir espaço no interior de meu arcabouço teórico para processos planetários que funcionam independentemente da maneira pela qual as sociedades humanas são estruturadas internamente. A temperatura da superfície do planeta depende da quantidade de gases do efeito estufa emitidos na atmosfera. Para a atmosfera, não importa se esses gases provenham de uma enorme erupção vulcânica ou de sociedades humanas internamente injustas. Dizer isso não significa negar o papel *histórico* desempenhado por aquilo que chamamos capitalismo global. Em termos históricos, é sem dúvida verdade que as nações mais ricas são responsáveis pela maior parte das emissões de gases do efeito estufa, na medida em que elas implementaram modelos de desenvolvimento que produziram um mundo desigual. Mas imagine a realidade contrafactual de um mundo mais uniformemente prós-

---

36 Ver Anil Agarwal e Sunita Narain, *Global Warming in an Unequal World: A Case of Environmental Colonialism* [1991]. New Delhi: Centre for Science and Environment, 2003.

37 Report of the United Nations Conference on Environment and Development (Rio de Janeiro, 3-14 June 1992), 12 ago. 1992, Annex I: Rio Declaration on Environment and Development, Principle 7, disponível online; Protocolo de Quioto à Convenção-Quadro das Nações Unidas sobre Mudança do Clima, 10 dez. 1997, artigo 10, disponível online.

pero e justo que seja composto do mesmo número de pessoas de hoje e se baseie na exploração de energia barata extraída de combustíveis fósseis. Um mundo desses seria indubitavelmente mais justo e igualitário – ao menos em termos de distribuição de renda e riqueza –, mas a crise climática poderia até ser pior! Nossa pegada coletiva de carbono poderia ser ainda maior do que ela é hoje – afinal, a população pobre do mundo não consome tanto e contribui pouco para a produção de gases do efeito estufa. A crise climática teria nos atingido bem antes e de maneira muito drástica. Ironicamente, é graças aos pobres – isto é, ao fato de que o desenvolvimento é desigual e injusto – que não estamos liberando na atmosfera quantidades ainda maiores de gases do efeito estufa. Em termos lógicos, portanto, a crise de aquecimento é no fundo uma questão da quantidade de gases do efeito estufa que emitimos na atmosfera. Quem vincula de maneira mais imediata a mudança climática às origens/formações históricas das desigualdades econômicas do mundo moderno levanta questões válidas a respeito de desigualdades históricas, mas enxergar essa como a única causa em jogo não só reduz o problema da mudança climática ao problema do capitalismo (subsumindo-a às histórias da expansão europeia moderna e seus impérios) como também nos impede de ver a ação – ou agência, se quiser – dos processos do sistema Terra e suas temporalidades inumanas. No fim, perdemos de vista o caráter de nosso presente, definido pelo encontro dos processos de prazo relativamente curto da história humana, com outros processos de bem mais longo prazo que pertencem à história dos sistemas Terra e à história da vida no planeta.

Contudo, ao insistirem que os sumidouros naturais de carbono (como os oceanos) fazem parte dos comuns globais e que, por isso, deveriam ser distribuídos entre as nações conforme um princípio de acesso igualitário *per capita*, caso o mundo almeje estar à altura de "ideais elevados como justiça, equidade e sustentabilidade globais", Agarwal e Narain levantam, por implicação, uma questão muito importante: o problema populacional, ao mesmo tempo reconhecido e renegado.[38] A questão populacional é muitas vezes o elefante na sala nas discussões sobre a mudança climática. Trata-se de uma questão complexa que não precisa evocar o bicho-papão do malthusianismo com o qual ela tem sido frequentemente associada, uma associação que dificulta qualquer

---

38   Anil Agarwal & Sunita Narain, *Global Warming in an Unequal World*, op. cit., pp. 4–9 (citação 9).

discussão sobre o assunto.[39] Não dá para falar genericamente em um único "problema populacional". A questão populacional é complexa porque a questão da "superpopulação" também não é simples. Por exemplo, é possível argumentar de maneira plausível que os países desenvolvidos são "superpovoados" se considerarmos simplesmente os números do consumo, ao passo que os animais selvagens perdendo seu hábitat para uma população pobre em acelerado processo de urbanização pode ser um problema característico de um lugar como a Índia. A quantidade atualmente elevada de seres humanos no planeta – embora certamente devida em parte à medicina moderna, a medidas de saúde pública, à higiene pessoal, à erradicação de epidemias, ao uso de fertilizantes artificiais, e assim por diante – não pode ser atribuída de qualquer maneira mais direta e imediata à lógica de um Ocidente predatório e capitalista, pois nem a China nem a Índia se pautavam por um capitalismo desenfreado nas décadas em que suas populações explodiram. Se a Índia tivesse sido mais bem-sucedida no controle populacional ou no desenvolvimento econômico, suas cifras de emissões *per capita* teriam sido mais elevadas (o fato de que as classes mais ricas na Índia querem emular estilos e padrões de consumo ocidentais é evidente para qualquer observador). De fato, o ministro indiano encarregado do meio ambiente e das florestas, Jairam Ramesh, disse exatamente isso em um discurso ao Parlamento indiano em 2009: "o *per capita* é um acidente da história. Ocorreu que não conseguimos controlar nossa população".[40]

No entanto, a população permanece um fator muito importante na forma como a crise climática se desenrola. Os governos chinês e indiano seguem construindo usinas termelétricas a carvão e justificam essa escolha apelando para o número de pessoas que precisam urgente-

---

39   Para uma história generativa da questão da "população global", ver Alison Bashford, *Global Population: History, Geopolitics, and Life on Earth*. New York: Columbia University Press, 2014.
40   Jairam Ramesh et al., "Climate Change and Parliament", in Navroz K. Dubash (org.), *Handbook of Climate Change and India: Development, Politics, and Governance*. New York, Earthscan, 2012, p. 238. D. Raghunandan defende que essa posição de "justiça climática" que a Índia promoveu em muitos fóruns internacionais sobre mudança climática era informada mais por "avaliações geopolíticas" do que por qualquer "compreensão científica profunda". D. Raghunandan, "India's Official Position: A Critical View Based on Science", in Navroz K. Dubash (org.), *Handbook of Climate Change and India*, op. cit., pp. 172–73.

mente ser retiradas da pobreza; o carvão continua sendo a opção mais barata para realizar isso. O governo indiano adora citar as palavras de Gandhi para tratar da atual crise ambiental: "A Terra [*prithvi*] é capaz de proporcionar o suficiente para satisfazer as necessidades de todos os homens, mas não o suficiente para alimentar a ganância de todos".[41] No entanto, "ganância" e "necessidade" tornam-se indistinguíveis nos argumentos em defesa do uso continuado de carvão, o mais danoso dos combustíveis fósseis. A Índia e a China querem carvão; a Austrália e outros países querem exportá-lo. Ele continua sendo o tipo mais barato de combustível fóssil. Em 2011, "o carvão correspondia a 30% da energia mundial", e aquela era "a maior percentagem que ele representara desde 1969".[42] Esperava-se que seu uso aumentasse em 50% até 2035, apresentando enormes oportunidades de exportação para empresas situadas na América do Sul. "As indústrias americanas de carvão", observou uma reportagem do *New York Times*, "estão doidas para exportar carvão das minas mais produtivas do país na bacia do rio Powder, em Wyoming e em Montana", pois percebiam que, no longo prazo, graças à China e à Índia, o futuro desse combustível fóssil parecia "alvissareiro – principalmente por ser mais barato do que seus concorrentes".[43] Esse vasto mercado de carvão não teria despontado se a China e a Índia não tivessem aparecido para justificar o uso dele apelando para as necessidades de suas populações mais pobres. Assim, como observa Amitav Ghosh em seu *The Great Derangement* [A grande desordem],

---

[41] Apud Y. P. Anand & Mark Lindley, "Gandhi on Providence and Greed". *Mainstream*, n. 15, v. 6, 31 mar. 2007, pp. 21–22, disponível online. Ghandi teria proferido essa frase em híndi em 1947 a seu secretário Pyarelal Nayyar, que a reproduziu em seu *Mahatma Gandhi: The Last Phase*. Ahmedabad, Navajivan, 1958, parte 2, p. 552. Anand e Lindley dizem que Ghandi era influenciado pela obra de J. C. Kumarappa, por sua vez um economista ghandiano para cujo livro *Economia da permanência* [1945] contribuiu com um prefácio. É interessante notar que o Plano Nacional de Ação sobre a Mudança Climática do governo indiano parafraseia incorretamente o ditado de Ghandi: "a Terra tem recursos suficientes para atender às necessidades das pessoas, mas jamais terá o bastante para satisfazer a ganância das pessoas". Nessa formulação, perde-se a ênfase que Ghandi tipicamente colocava sobre o senso de responsabilidade moral do indivíduo. Government of India & Prime Minister's Council on Climate Change, National Action Plan on Climate Change, [200-], p. 1, disponível online.

[42] Peter Galuszka, "With China and India Ravenous for Energy, Coal's Future Seems Assured", *The New York Times*, 12 nov. 2012, disponível online.

[43] Ibid.

é o tamanho das populações dessas duas nações que confere à crise climática um futuro distintamente asiático.[44] "Mais é diferente", para citar a famosa formulação de 1972 do físico P. W. Anderson.[45] O crescimento populacional acelerado em sociedades já populosas, como vem ocorrendo no mundo desde 1900, altera a relação entre as sociedades humanas e a biosfera. Como muitos já apontaram, o próprio crescimento exponencial da população humana no século XX está muito ligado aos combustíveis fósseis, por meio do uso de fertilizantes artificiais, pesticidas e bombas de irrigação.[46]

Há também outro sentido em que a população aparece como problema. O tamanho total da humanidade e sua distribuição geográfica pesam na definição da forma em que a crise climática se desenrolará, particularmente no que diz respeito à extinção de espécies. Há o ponto amplamente aceito de que os humanos vêm exercendo pressão sobre outras espécies há algum tempo; nem preciso me alongar sobre isso. De fato, a guerra (apesar das tradições de relação interespécie) entre humanos e animais como rinocerontes, elefantes, macacos e grandes felinos pode ser constatada todos os dias em muitas cidades e aldeias indianas.[47] Também há certo consenso geral de que erradicamos, por nosso consumo, muitas espécies de vida marinha. A acidificação dos mares ameaça a vida de diversas espécies.[48]

Mas há outro motivo pelo qual a história da evolução humana e a atual quantidade de seres humanos importam no que diz respeito à questão da sobrevivência das espécies com o aquecimento do planeta.

---

44   Amitav Ghosh, *The Great Derangement: Climate Change and the Unthinkable*. Chicago, University of Chicago Press, 2016, parte 3: "Politics".
45   P. W. Anderson, "More Is Different: Broken Symmetry and the Nature of the Hierarchical Structure of Science". *Science*, n. 4047, v. 177, 4 ago. 1972. Agradeço a Sabyasachi Bhattacharya por ter me indicado esse artigo enormemente perspicaz e discutido suas implicações.
46   Ver Vaclav Smil, *Harvesting the Biosphere: What We Have Taken from Nature*. Cambridge, MIT Press, 2013, p. 221; e Thomas Butler, Daniel Lerch & George Wuerthner, "Introduction: Energy Literacy", in Thomas Butler, Daniel Lerch & George Wuerthner (orgs.), *The Energy Reader: Overdevelopment and the Delusion of Endless Growth*. Sausalito: Watershed Media, 2012, pp. 11–12.
47   Algumas das complexidades desse problema foram bem capturadas no capítulo "Outsider Monkey, Insider Monkey" do livro de Radhika Govindrajan, *Animal Intimacies: Interspecies Relatedness in India's Central Himalayas*. Chicago: The University of Chicago Press, 2018, cap. 4. Sou grato a Sneha Annavarapu por ter chamado a minha atenção para esse estudo pioneiro.
48   James Hansen, *Storms of My Grandchildren*, op. cit.

Uma das maneiras pelas quais as espécies ameaçadas pelo aquecimento global tentarão sobreviver é por meio da migração para áreas mais propícias à sua existência. Foi assim que elas sobreviveram, no passado, a mudanças nas condições climáticas do planeta. Mas agora há tantos de nós, e em tal grau espalhados pela superfície do planeta, que estamos efetivamente no caminho delas. Curt Stager resume bem:

> Mesmo que trilharmos um caminho relativamente modesto quanto às nossas futuras emissões e, com sorte, evitarmos destruir os últimos refúgios polares e alpinos, o aquecimento na escala [esperada] [...] ainda assim forçará muitas espécies a se deslocarem para latitudes e altitudes mais elevadas. No passado, as espécies podiam simplesmente migrar [...] mas, desta vez, elas vão ficar presas dentro dos limites dos hábitats que estão, em sua maioria, imobilizados por nossa presença [...]. À medida que o aquecimento do Antropoceno sobe em direção a seu pico ainda não especificado, nossos vizinhos bióticos que sofrem há muito tempo enfrentam uma situação para eles inédita na longa e dramática história das eras glaciais e interglaciais.[49]

Eles não conseguem se deslocar porque os humanos estamos no caminho deles.

A ironia desse ponto é ainda mais profunda. A disseminação de grupos humanos por todo o mundo – as ilhas mais remotas do Pacífico foram as últimas a serem povoadas por volta de 3000 AP[50] – e o crescimento populacional da era industrial dificultam muito o deslocamento dos refugiados climáticos humanos para climas mais seguros e habitáveis. Haverá outros humanos em seu caminho. Burton Richter resume da seguinte maneira a questão:

> Nós [humanos] fomos capazes de nos adaptar às mudanças [climáticas] no passado [...], mas cada oscilação levava dezenas de milhares de anos e, desta vez, a terra deve levar apenas algumas centenas de anos para aquecer. Graças ao ritmo lento da mudança, a população

---

49 Curt Stager, *Deep Future: The Next 100,000 Years of Life on Earth*. New York, St. Martin's, 2011, pp. 62–66. Ver também a discussão desenvolvida em James Hansen, *Storms of My Grandchildren*, op. cit., pp. 145–46.

50 Ver Michael Denny & Lisa Matisoo-Smith, "Rethinking Polynesian Origins: Human Settlement of the Pacific", LENScience: Senior Biology Seminar Series, [2011], disponível online.

relativamente pequena daquela época teve tempo para se deslocar, e foi exatamente isso que ela fez durante as muitas oscilações de temperatura do passado, incluindo as eras glaciais. A população é hoje grande demais para se deslocar em massa; então, é melhor fazermos tudo o que for possível para limitar os danos que estamos causando.[51]

A história da população pertence, portanto, a duas histórias ao mesmo tempo: à história de curtíssimo prazo do modo de vida industrial – da medicina e da tecnologia modernas, dos combustíveis fósseis (fertilizantes, pesticidas, irrigação) – que acompanhou e possibilitou nosso aumento populacional e a elevação de nossa expectativa de vida; e à história evolutiva ou profunda de muito, muito mais longo prazo de nossa espécie, a história através da qual evoluímos para sermos a espécie dominante do planeta, nos espalhando por toda a sua superfície e agora ameaçando a existência de muitas outras formas de vida. Os pobres participam dessa história compartilhada da evolução humana tanto quanto os ricos. Some-se a isso o argumento de Peter Haff sobre a tecnosfera discutido na introdução deste livro. Ele defende que, sem a rede de conexões que a tecnosfera representa, a população humana total na terra sofrerá um colapso dramático. A "tecnosfera" tornou-se a condição de possibilidade que permite que tanto ricos como pobres vivam neste planeta e atuem como sua espécie dominante.[52]

Apesar de serem úteis para introduzir uma polêmica necessária e corretiva na economia política das mudanças climáticas, os números de emissões *per capita* ocultam a história mais ampla da espécie, da qual ricos e pobres participam, embora de maneiras diferentes. A população é claramente uma categoria que combina a história de curto prazo das modernizações iníquas e a história de muito mais longo prazo de nossa relação (como *Homo sapiens*) com outras espécies.

---

51   Burton Richter, *Beyond Smoke and Mirrors: Climate Change and Energy in the Twenty First Century*. New York, Cambridge University Press, 2010, p. 2. A longa história da adaptação humana a uma variedade de climas desde o advento do *Homo sapiens* foi registrada, com maestria, em John L. Brooks, *Climate Change and the Course of Global History: A Rough Journey*. Cambridge, Cambridge University Press, 2014.

52   Ver P. K. Haff, "Technology as a Geological Phenomenon: Implications for Human Well-Being", *Geological Society of London*, v. 395, 2014, edição especial: *A Stratigraphical Basis for the Anthropocene*, orgs. C. N. Waters et al., disponível online.

Os seres humanos são especiais?
A fenda moral do Antropoceno

A crise climática revela a junção repentina – o *enjambement*, se quiserem – das ordens sintáticas geralmente separadas das histórias documentada e profunda da humanidade, da história da espécie e da história dos sistemas Terra, revelando as profundas conexões através das quais se dão as interações entre os processos planetários e a história da vida biológica. Dessa constatação não decorre, contudo, que os seres humanos deixarão de perseguir, com vigor e vingança, nossas ambições e disputas demasiado humanas que ao mesmo tempo nos unem e nos dividem. Will Steffen, Paul Crutzen e John McNeill chamaram a nossa atenção para aquilo que eles denominam – nas trilhas de Polanyi – o período da "grande aceleração" na história humana *circa* 1945–2015, quando as cifras globais de população, PIBs reais, investimento estrangeiro direto, barragem de rios, uso de água, consumo de fertilizantes, população urbana, consumo de papel, veículos motorizados de transporte, telefones, turismo internacional e restaurantes McDonald's (sim!) começaram a subir de maneira dramática e exponencial.[53] Esse período, sugerem os autores, pode ser um forte candidato para responder à questão sobre quando começou o Antropoceno. Este pode muito bem representar uma miríade de problemas ambientais que enfrentamos hoje coletivamente, mas me é impossível, como historiador dos assuntos humanos, não notar que esse período de chamada grande aceleração é também um período de grande descolonização dos países que haviam sido dominados pelas potências imperiais europeias e que, ao longo das décadas seguintes, deram uma guinada modernizadora (o represamento de rios, por exemplo) e se aproximaram, com a globalização dos últimos vinte anos, de certo grau de democratização do consumo também. Não posso ignorar o fato de que "a grande aceleração" incluiu a produção e o consumo de bens de consumo duráveis – tais como a geladeira e a máquina de lavar – que foram considerados "emancipatórios" para as mulheres em certos domicílios ocidentais.[54] Tampouco posso deixar de lembrar o

---

[53] Ver Will Steffen, Paul J. Crutzen & John R. McNeill, "The Anthropocene: Are Humans Now Overwhelming the Great Forces of Nature?". *Ambio*, n. 8, v. 36, dez. 2007.

[54] Para um exemplo australiano disso, ver Lesley Johnson, *The Modern Girl: Girlhood and Growing Up*. St. Leonards, New South Wales: Allen and Unwin, 1993.

orgulho que hoje o cidadão indiano mais comum e pobre tem por possuir o próprio *smartphone* ou equivalente barato.[55] Em termos globais, a arrancada do Antropoceno tem sido igualmente a história de uma justiça social há muito esperada, ao menos na esfera do consumo.

Essa justiça entre os seres humanos, no entanto, tem um preço. O resultado do consumo humano crescente tem sido uma apropriação quase completa da biosfera pela humanidade. Jan Zalasiewicz cita algumas estatísticas preocupantes extraídas das pesquisas de Vaclav Smil:

> Smil tirou nossa medida do critério mais objetivo de todos: nosso peso coletivo. Considerados simplesmente como massa corporal [...] avolumamos hoje cerca de um terço da massa corporal vertebrada na Terra. Boa parte dos dois terços restantes, pela mesma medida, compreende aquilo que criamos para nos alimentar: vacas, porcos, ovelhas e similares. Os animais genuinamente selvagens – os guepardos, elefantes, antílopes e afins [...] – representam pouco menos de 5% dessa massa, talvez até mesmo só 3%. No início do Quaternário [os últimos 2 milhões de anos], [...] os humanos eram apenas uma entre as cerca de 350 grandes [...] espécies de vertebrados.

"Dada a queda repentina no número de vertebrados selvagens, era de imaginar que a biomassa de vertebrados como um todo teria diminuído", escreve Zalasiewicz. "Pois é, só que não", continua ele:

> Nós seres humanos nos tornamos excelentes em, primeiro, conseguir elevar a taxa de crescimento dos vegetais, conjurando nitrogênio do ar e fósforo do solo, e, na sequência, saber direcionar esse crescimento extra a um breve ponto de parada, nossas bestas em cativeiro, antes de chegar a nós [...]. A biomassa total de vertebrados aumentou em algo que se aproxima a uma ordem de magnitude para além dos níveis "naturais" (surpreendente, não é [...]).[56]

---

55 Ver Assa Doron & Robin Jeffrey, *The Great Indian Phone Book: How the Cheap Cell Phone Changes Business, Politics, and Daily Life*. Cambridge: Harvard University Press, 2013.

56 Jan Zalasiewicz, "The Human Touch". *Paleontology Newsletter*, n. 82, mar. 2013, p. 24, disponível online. Embora o resumo que Zalasiewicz faz das pesquisas de Smil seja extremamente útil, vale assinalar que boa parte dos esforços desse cientista são dirigidos a lembrar o leitor dos desafios metodológicos envolvidos em mensurar as mudanças aqui reportadas e do caráter aproximativo e provisório dos números relevantes. As cifras de

Smil conclui seu *Harvesting the Biosphere* [A colheita da biosfera], livro fruto de uma pesquisa maciça, com as seguintes palavras de advertência: "Se bilhões de pessoas pobres em países de baixa renda resolvessem reivindicar metade que seja das atuais colheitas *per capita* prevalecentes em economias ricas, pouquíssimo da produção primária da Terra sobraria em seu estado mais ou menos natural e restaria muito pouco para espécies de mamíferos além da nossa".[57]

Isso levanta um problema que tem uma semelhança espantosa com a questão que os europeus frequentemente se colocavam quando tomavam, muitas vezes à força, as terras de outros povos: com que direito, ou com base em quê, nós nos arrogamos as pretensões quase exclusivas de nos apropriarmos da biosfera do planeta para as necessidades humanas? John Broome confronta essa questão em seu livro sobre "ética em um mundo em aquecimento". Em uma seção intitulada "What Is Ultimately Good?" [O que é, em última instância, bom?], Broome reconhece que as mudanças climáticas levantam, "em particular, a questão de se a natureza – espécies, ecossistemas, áreas selvagens, paisagens – tem valor em si mesma". Essa pergunta, para ele, seria "grande demais" para seu livro. Ainda assim, ele passa a oferecer as seguintes considerações sobre o valor da natureza:

> A natureza é, sem dúvida, valiosa porque é boa para as pessoas. Ela proporciona bens e serviços materiais. O rio nos traz água limpa e leva embora nossa água suja. As plantas silvestres fornecem muitos de nossos remédios [...]. A natureza também proporciona um bem emocional para as pessoas. Mas a grande questão levantada pelas mudanças climáticas é se a natureza tem valor em si mesma [...]. Tal pergunta é grande demais para este livro. Vou me concentrar naquilo que é bom para as pessoas.[58]

Mas será que esse "bom para as pessoas" é um bem inquestionável? Somos especiais? Archer também começa seu livro *The Long Thaw* [O longo degelo] abordando essa mesma questão. A ciência, pensa Archer, desassoberba os humanos, pois não corrobora a tese da espe-

---

Zalasiewicz estão baseadas em Vaclav Smil, "Harvesting the Biosphere: The Human Impact". *Population and Development Review*, n. 4, v. 37, dez. 2011.
[57] Vaclav Smil, "Harvesting the Biosphere", op. cit., p. 252.
[58] John Broome, *Climate Matters: Ethics in a Warming World*. New York: W. W. Norton, 2012, pp. 112-13.

cialidade humana. No fundo, o que ela nos diz é que não somos "biologicamente 'especiais'" – "somos descendentes de macacos que, por sua vez, descenderam de origens ainda mais humildes". Além disso, acrescenta o autor, as evidências geológicas "nos dizem que o mundo é muito mais antigo do que a gente, e não há nada que indique que ele tenha sido criado especialmente para nós [...]. Tudo isso é muito desassoberbante".[59] Mas a questão traiçoeira da presumida especialidade dos humanos nos conduz a um passado muito mais extenso do que o do capital e a territórios que nunca tivemos de atravessar ao refletir sobre as desigualdades e as injustiças do domínio do capital.

A ideia de que os humanos seriam especiais tem, é claro, uma longa história. Aqui talvez devêssemos, inclusive, falar em antropocentrismos, no plural. Há, por exemplo, uma longa linha de pensamento – que remonta às religiões que surgiram bem depois de os seres humanos estabelecerem os primeiros centros urbanos da civilização e criarem a ideia de um Deus transcendental, e se estende às ciências sociais modernas – que coloca os seres humanos em oposição à parte natural do mundo. Essas religiões posteriores estão em forte contraste, ao que parece, com as religiões muito mais antigas dos povos caçadores-coletores (penso aqui nos aborígenes australianos e em suas histórias) que em geral viam os humanos como parte da vida animal (como se fizéssemos parte do *Animal Planet* e não estivéssemos simplesmente assistindo a seus programas do lado de fora do aparelho televisivo). Os seres humanos não eram necessariamente especiais nessas religiões antigas. Lembremo-nos da posição de Émile Durkheim sobre o totemismo. Ao determinar "o lugar do homem" no esquema das crenças totemistas, Durkheim deixou claro que o totemismo apontava para um humano duplamente concebido ou aquilo que ele chamava de "dupla natureza" do homem: "Nele coexistem dois seres, um homem e um animal". E novamente: "deve-se evitar, pois, ver no totemismo uma espécie de zoolatria. [...] Suas relações [entre os homens e seus totens] são antes as de dois seres situados no mesmo nível e de igual valor".[60]

A própria ideia de um Deus transcendental já coloca os seres humanos em uma relação especial com o Criador e sua criação, o mundo. Esse ponto requer uma discussão à parte e mais extensa, mas, para citar um exemplo completamente aleatório e arbitrário – arbitrário porque eu

---

59 David Archer, *The Long Thaw*, op. cit., p. 2.
60 Émile Durkheim, *As formas elementares da vida religiosa* [1912], trad. Paulo Neves. São Paulo: Martins Fontes, 1995, pp. 130, 134.

poderia ter escolhido exemplos de outras tradições religiosas, incluindo o hinduísmo –, considere as seguintes observações de Fazlur Rahman. Ao explicar o termo *qadar* – que significa ao mesmo tempo "poder e mensurar" – que o Alcorão usa em estreita associação com outra palavra, *amr*, que significa "comando", para expressar a natureza de Deus, Rahman faz o seguinte comentário a respeito da relação de Deus com o homem, mediada pela natureza:

> O Deus todo-poderoso, resoluto e misericordioso, [...] "dá a medida" de tudo, conferindo a tudo o alcance correto de suas potencialidades, suas leis de comportamento, em suma, seu caráter. Essa mensuração, por um lado, assegura a ordem da natureza e, por outro, expressa a diferença mais fundamental e intransponível entre a natureza de Deus e a natureza do homem: a mensuração do Criador implica uma infinitude da qual nenhuma criatura mensurada [...] pode literalmente partilhar.

É por isso que "a natureza não desobedece, nem pode desobedecer, aos mandamentos [*amr*] de Deus; tampouco pode violar as leis naturais".[61] Embora a injunção aqui seja muito clara de que o homem não deve brincar de Deus, isso não significa, como esclarece Rahman, que "o ser humano não pode descobrir essas leis e aplicá-las para o bem da humanidade".[62] Deus é bondoso porque nos abasteceu o mundo de provisões![63] Os ambientalistas, da mesma forma, há muito citam um versículo do *Gênesis* em que "Deus diz aos homens: 'dominai sobre os peixes do mar, as aves do céu e todos os animais que ras-

---

[61] Fazlur Rahman, *Major Themes of the Qur'an*. Chicago: University of Chicago Press, 2009, pp. 12–13.

[62] Ibid., p. 13.

[63] Um texto interessante que reivindica – com base em uma mistura de perspectivas hindu e budista – uma relação especial entre homem e Deus é a série de Palestras Hibbert ministradas em Oxford por Rabindranath Tagore em 1930, publicadas como "The Religion of Man" [A religião do homem] [1931], em que Tagore reconhece a posição teológica hindu que concebe Deus como indiferente aos assuntos humanos, mas a rejeita em favor de uma compreensão budista da infinidade que "não era a ideia de um espírito de uma atividade cósmica irrestrita, mas o infinito cujo significado reside no ideal positivo da bondade e do amor, que não pode ser outra coisa que não humano". Rabindranath Tagore, "The Religion of Man", in Sisir Kumar Das (org.), *The English Writings of Rabindranath Tagore*, v. 3: *Miscellany*. New Delhi: Sahitya Akademi, 1999, p. 111.

tejam sobre a terra'. Ele os convoca: 'Sede fecundos, multiplicai-vos, enchei a terra e submetei-a'".[64]

A literatura sobre a mudança climática, portanto, reconfigura um debate mais antigo sobre antropocentrismo e o chamado não antropocentrismo que há muito mobiliza filósofos e estudiosos interessados em ética ambiental, a saber: valorizamos o não humano por si só ou apenas na medida em que ele é bom para nós?[65] O não antropocentrismo, contudo, pode muito bem ser uma quimera, pois, como aponta Feng Han em outro contexto, "os valores humanos sempre serão de um ponto de vista humano (ou antropocêntrico)".[66] Embora os filósofos ecologicamente conscientes da década de 1980 fizessem distinção entre versões "fracas" e "fortes" do antropocentrismo, eles defendiam as versões mais fracas. O antropocentrismo forte tinha a ver com o uso ou a exploração não reflexiva e instintiva da natureza para interesses puramente humanos; o antropocentrismo fraco era visto como uma posição alcançada por meio de uma reflexão racional sobre a importância do não humano para o florescimento humano.[67]

O trabalho de Lovelock sobre as mudanças climáticas, no entanto, produz uma posição radicalmente diferente, situada por assim dizer do outro lado da fenda. Ele a encapsula em uma formulação arrojada que

---

[64] Ernest Partridge, "Nature as a Moral Resource". *Environmental Ethics*, n. 2, v. 6, 1984, p. 103 [e Bíblia de Jerusalém, coord. Gilberto da Silva Gorgulho, Ivo Storniolo & Ana Flora Anderson, trad. Euclides Martins Balancin et al. São Paulo: Paulus, 2012, p. 35. N. E.]

[65] Ver, por exemplo, Lawrence Buell, "The Misery of Beasts and Humans: Nonanthropocentric Ethics versus Environmental Justice", in Lawrence Buell, *Writing for an Endangered World: Literature, Culture, and Environment in the US and Beyond*. Cambridge: Belknap Press of Harvard University Press, 2001, pp. 224-42.

[66] Feng Han, "The Chinese View of Nature: Tourism in China's Scenic and Historic Interest Areas" (tese de PhD, Queensland University of Technology, 2008), pp. 22-23, disponível online. Sou grato a Ken Taylor por ter chamado a minha atenção para essa tese. Han, é claro, está ecoando Eugene Hargrove; ver Eugene C. Hargrove, "Weak Anthropocentric Intrinsic Value". *The Monist*, n. 2, v. 75, abr. 1992; e Karyn Lai, "Environmental Concern: Can Humans Avoid Being Partial? Epistemological Awareness in the Zhuangzi", in Carmen Meinert (org.), *Nature, Environment, and Culture in East Asia: The Challenge of Climate Change*. Leiden: Brill, 2013, p. 79.

[67] Ver, por exemplo, Bryan G. Norton, "Environmental Ethics and Weak Anthropocentrism". *Environmental Ethics*, n. 2, v. 6, 1984. Norton foi o primeiro a propor a ideia de um antropocentrismo fraco, que desde então foi adotado por muitos.

funciona quase como lema de seu livro *Gaia: Alerta final*: "considerar a saúde da Terra sem a limitação de que o bem-estar da humanidade vem em primeiro lugar".[68] E enfatiza: "considero a saúde da Terra primordial, pois nossa sobrevivência depende inteiramente de um planeta sadio".[69] O que significa para os seres humanos, dado seu inescapável antropocentrismo, considerar "a Terra como primordial" ou contemplar as implicações da afirmação de Archer de que o mundo não foi "criado especialmente para nós"? Debruço-me sobre essa questão na próxima e derradeira seção deste capítulo e a retomo nos capítulos subsequentes deste livro.

Clima e capital, o global e o planetário

Todas as fendas que discuti aqui giram em torno da diferença entre o tempo humano e os ritmos temporais mais profundos e mais demorados dos processos geobiológicos que contribuem para a construção da história do sistema Terra. Será que devemos ficar com essa diferença? Ou devemos tentar reinseri-la na temporalidade das instituições humanas e sua história? Eis a questão que constitui o cerne do debate em que este livro está situado. Em *Vivendo no fim dos tempos*, Slavoj Žižek criticou os argumentos que apresentei quando começava a trabalhar neste projeto. Alguns de seus comentários dizem respeito a questões sobre a "verdadeira" natureza da dialética hegeliana, que não discutirei aqui. Mas ele também fez uma observação sobre a relação entre a mudança climática antropogênica e "o modo de produção capitalista" que me permite entrar em meu passo final aqui. Respondendo a meus argumentos de que haveria "parâmetros naturais" para nossa existência como espécie que seriam relativamente independentes de nossas escolhas entre capitalismo e socialismo e de que, por isso, precisávamos pensar a história profunda da espécie em conjunto com a história muito mais breve do capital, Žižek observou:

> É claro que os parâmetros naturais de nosso meio ambiente são "independentes do capitalismo e do socialismo"; eles são uma ameaça a todos nós, qualquer que seja o desenvolvimento econômico, o sistema político etc. No entanto, o fato de sua estabilidade ainda assim ser

---

68   James Lovelock, *Gaia: Alerta final* [2009], trad. Jesus de Paula Assis & Vera de Paula Assis. Rio de Janeiro: Intrínseca, 2020, pp. 45-46.
69   Ibid., p. 46.

ameaçada pela dinâmica do capitalismo global tem uma consequência mais grave do que aquela que Chakrabarty admite: de certo modo, temos de admitir que o todo está contido em sua parte, que o destino do todo (a vida na terra) depende do que acontece no que é, formalmente, uma de suas partes (o modo de produção socioeconômico de uma das espécies da terra).

Dada essa premissa, ele apresenta sua conclusão:

> [Nós também] temos de aceitar o paradoxo de que [...] a luta fundamental é a particular: só podemos resolver o problema universal (a sobrevivência da espécie humana) se resolvermos primeiro o impasse particular do modo de produção capitalista. [...] a chave da crise ecológica não reside na ecologia como tal.[70]

A proposição de Žižek a respeito do papel do modo de produção capitalista no drama das mudanças climáticas vai muito além daquilo que me propus neste capítulo. Não há dúvida de que a civilização capitalista ou industrial, dependente da disponibilidade em larga escala de energia barata de combustíveis fósseis, é uma causa próxima ou eficiente da crise climática. Estou de acordo com a maioria dos estudiosos a respeito desse ponto. Mas Žižek coloca apenas o capitalismo no banco do motorista; é a "parte" que agora determina "o todo".

Ursula Heise apontou de maneira afiada por que a dialética de Žižek simplesmente não ajuda a lidar com a crise do aquecimento global. O aquecimento planetário, escreve ela,

> não vai ser interrompido amanhã: mesmo que surgisse uma vontade coletiva de desenvolver um regime econômico alternativo em algumas das nações dominantes do planeta, a transição para tal regime quase certamente levaria décadas (ou mesmo um século ou mais, o que é mais provável) – tarde demais para afetar a crise climática atual de forma decisiva. O pressuposto de Žižek de que a superação do capitalismo é um pré-requisito para enfrentar a crise climática, na prática, simplesmente nega a possibilidade de enfrentá-la.[71]

---

70 Slavoj Žižek, *Vivendo no fim dos tempos* [2010], trad. Maria Beatriz de Medina. São Paulo: Boitempo, 2012, p. 226. Ver também o capítulo 1 acima.
71 Ursula K. Heise, *Imagining Extinction: The Cultural Meanings of Endangered Species*. Chicago: University of Chicago Press, 2016, p. 223.

Há, além disso, um problema maior com o próprio entendimento de Žižek: dizer que a história e a lógica de determinada instituição humana acabaram se enredando nos processos muito maiores dos sistemas Terra e na história evolutiva (enfatizando a vida de diversas espécies, incluindo nós mesmos) não equivale a dizer que a história humana seria a condutora desses processos de larga escala. Estes continuam ao longo de escalas de espaço e de tempo muito maiores do que as do capitalismo – daí as fendas que discutimos. Como apontam Stager e Archer, independentemente da quantidade de dióxido de carbono que emitamos hoje, os processos de longo prazo do sistema terrestre, seu ciclo de carbono da ordem dos milhões de anos, por exemplo, provavelmente cuidarão de "limpar" esse "excesso" algum dia, com ou sem humanos.[72] É por isso que parece mais coerente, em termos lógicos, enxergar tais processos como coatores no drama do aquecimento global. Vai nessa mesma direção a constatação de que, ao contrário dos problemas de acumulação de riqueza, ou de desigualdades de renda, ou mesmo das questões postas pela globalização, o problema das mudanças climáticas antropogênicas não poderia ter sido previsto com base nos quadros habituais usados para estudar as lógicas do capital. Os métodos de investigação e análise político-econômica geralmente não implicam a escavação de amostras de núcleos de gelo com 800 mil anos de idade ou a realização de observações via satélite de alterações na temperatura média da superfície do planeta. A mudança climática é um problema definido e construído por cientistas do clima cujos métodos de pesquisa, estratégias analíticas e conjuntos de habilidades diferem daqueles dos estudantes de economia política.

Uma vez que concedemos aos processos pertencentes às histórias mais profundas da Terra e da vida o papel de coatores na crise atual, enxergando seu desenrolar tanto na escala humana como na não humana, vem à tona a presciência de uma frase escrita por Gayatri Chakravorty Spivak um bom tempo atrás: "O planeta pertence à espécie da alteridade, faz parte de outro sistema; e ainda assim nós o habitamos".[73] Spivak percebeu algo ali. Sua formulação dá um passo na direção de ponderar as implicações humanas dos estudos planetários que informam e sustentam a ciência das mudanças climáticas.

---

72   Ver Curt Stager, *Deep Future*, op. cit., cap. 2.
73   Gayatri Chakravorty Spivak, *An Aesthetic Education in the Era of Globalization*. Cambridge: Harvard University Press, 2012, p. 338.

Essa ciência nos ajuda a desenvolver uma concepção emergente do planetário que está ligada às concepções existentes do global, mas difere delas. Pois ainda que a atual fase de aquecimento da atmosfera terrestre de fato seja antropogênica, isso é apenas uma contingência; os seres humanos não desempenham nenhum papel intrínseco na ciência do aquecimento planetário como tal. A ciência nem sequer é específica a este planeta; ela faz parte daquilo que é chamado ciência planetária. Ela não pertence a uma imaginação fundamentalmente terrena. Um livro didático usado em muitos departamentos de geofísica para ensinar aquecimento planetário chama-se simplesmente *Principles of Planetary Climate* [Princípios do clima planetário].[74] Nosso aquecimento atual é uma instância do aquecimento planetário – algo que ocorreu tanto neste planeta como em outros, com ou sem humanos e com consequências diferentes. Ocorre que a onda de aquecimento em curso na terra desta vez foi provocada pelos seres humanos.

O problema científico da mudança climática emerge, portanto, daquilo que poderiam ser chamados estudos planetários comparativos e envolve um grau de pesquisa e reflexão interplanetários. A imaginação em operação aqui não é centrada no ser humano. Ela responde a uma crescente divergência em nossa consciência entre o global – uma história singularmente humana – e o planetário, uma perspectiva para a qual os seres humanos são incidentais.[75] A crise climática implica um despertar para o choque brusco da alteridade do planeta. Este, para falar novamente com Spivak, "pertence à espécie da alteridade, faz parte de outro sistema". E "no entanto", diz ela, "nós o habitamos". Para que haja qualquer política abrangente da mudança climática, é preciso partir dessa perspectiva. A percepção de que os seres humanos – todos os humanos, ricos ou pobres – chegam tarde na vida do planeta e o habitam mais na posição de hóspedes passageiros do que de anfitriões possessivos tem de integrar a perspectiva da qual tocamos nossa busca demasiado humana mas legítima por justiça em questões ligadas ao impacto iníquo da mudança climática antropogênica.

---

74   Ver Raymond T. Pierrehumbert, *Principles of Planetary Climate*. Cambridge: New York University Press, 2010.
75   Falo da crescente divergência entre o planetário e o global porque há uma tradição estabelecida de usar as duas palavras para se referir à mesma coisa. Ver, por exemplo, Carl Schmitt, *O nomos da Terra no direito das gentes do jus publicum europaeum* [1950], trad. Alexandre Franco de Sá et al. Rio de Janeiro: Contraponto/ Editora PUC-Rio, 2014, e o capítulo 3 adiante.

3 O planeta: uma categoria humanista

A Ciência do Sistema Terra (CST), a ciência que, entre outras coisas, explica o aquecimento e o resfriamento planetários, atribui aos seres humanos um passado muito longo, multicamada e heterotemporal, situando-os na conjuntura de três histórias (agora interdependentes de várias maneiras) cujos eventos são definidos por escalas temporais muito distintas: a história do planeta, a história da vida no planeta e a história do globo criado pelas lógicas dos impérios, do capital e da tecnologia. É possível, portanto, ler os cientistas do sistema Terra como historiadores escrevendo no interior de um regime emergente de historicidade. Poderíamos chamá-lo de um regime planetário ou antropocênico de historicidade, para distingui-lo do regime global de historicidade que permitiu a muitos historiadores humanistas e das ciências sociais lidar com o tema das mudanças climáticas e a ideia do Antropoceno. Neste último regime, no entanto, os historiadores buscam relacionar o Antropoceno às histórias dos impérios e colônias modernos, à expansão da Europa e ao desenvolvimento da navegação e de outras tecnologias de comunicação, à modernidade e à globalização capitalista e às histórias globais e interconectadas da ciência e da tecnologia.[1]

O que defendo é que, quando lemos juntas – como devemos fazer – as histórias produzidas nesses dois registros, a categoria *planeta* emerge como uma categoria do pensamento humanista, de preocupação existencial e, portanto, filosófica para os seres humanos. Martin Heidegger declarou a palavra *planeta* como desprovida de interesse

---

[1] A frase "regimes de historicidade" registra minha dívida com François Hartog, de cujo trabalho empresto a ideia. A palavra *regime* implica algum tipo de ordenamento, o ordenamento do tempo histórico. "Por que 'regime', e não 'forma'?", indaga Hartog. Ele responde remetendo-nos à associação que no francês a palavra tem com "uma noção de graus [...] de misturas e composições, e de um equilíbrio sempre provisório ou instável" e, portanto, a um estado de ordem provisório. François Hartog, *Regimes of Historicity: Presentism and Experiences of Time*, trad. Saskia Brown. New York: Columbia University Press, 2015, p. xv.

para os filósofos quando introduziu a *terra* como categoria filosófica em 1936, cuidadosamente distinguindo-a da palavra *planeta*. "Do que esta palavra [terra] aqui diz há que excluir não só a imagem de uma massa de matéria depositada, mas também a imagem puramente astronômica de um planeta."[2] Sua palestra sobre "A origem da obra de arte", proferida originalmente em Frankfurt naquele ano, explicava a "terra" como aquilo que tornava a vida possível. Ela constitui o chão sobre o qual os humanos ensaiam seu habitar: "Na e sobre a terra, o homem histórico funda o seu habitar no mundo".[3] Ou, como ele formulou em outro ensaio, "A terra é o sustento de todo gesto de dedicação. A terra dá frutos ao florescer. A terra concentra-se vasta nas pedras e nas águas, irrompe concentrada na flora e na fauna".[4] Quando os mortais habitaram na terra, eles a "salvaram". "Salvar", explicou Heidegger, "não diz apenas erradicar um perigo. [...] Salvar a terra é mais do que explorá-la ou esgotá-la. Salvar a terra não é assenhorar-se da terra e nem tampouco submeter-se à terra, o que constitui um passo quase imediato para a exploração ilimitada."[5] Os mundos humanos e a terra estão em uma relação de contenda – isto é, a relação nunca é simplesmente de harmonia e pode ensejar ansiedades, por exemplo, como parte do habitar – e, no entanto, estão mutuamente vinculados. "Mundo e terra", escreve Heidegger, "são essencialmente diferentes um do outro e, todavia, inseparáveis. O mundo funda-se na terra e a terra irrompe através do mundo. [...] O confronto de mundo e terra é um combate [*Streit*]."[6]

---

[2] Martin Heidegger, "The Origin of the Work of Art", in Martin Heidegger, *Poetry, Language, Thought*, trad. Albert Hofstadter. New York: Harper and Row, 1975, p. 42 [ed. port.: *A origem da obra de arte*, trad. Maria da Conceição Costa. Lisboa: Edições 70, 2007, p. 33]. Devo esclarecer que uso a palavra *Terra* em caixa-alta (a não ser que esteja dentro de uma citação) para designar uma entidade abstrata e *não visualizável* concebida por profissionais da Ciência do Sistema Terra. Em todos os outros casos, incluindo a ideia da terra como um globo – digamos, a fotografia de 1972 da *blue marble* –, uso a palavra *terra* em caixa-baixa.

[3] Ibid., p. 46 [ed. port.: p. 36].

[4] Id., "Construir, Habitar, Pensar" [1951], trad. Marcia Sá Cavalcante Schuback, in Martin Heidegger, *Ensaios e conferências*. Petrópolis: Vozes, 2002, p. 129, disponível online.

[5] Ibid., p. 150.

[6] Id., "The Origin of the Work of Art", op. cit., pp. 48-49 [ed. port.: p. 38]. Devo deixar claro que meu emprego de termos heideggerianos como *terra* ou *mundo* é conceitual, e não filológico. Em outras palavras, assumo que

A guinada que Heidegger dá quando passa a filosofar sobre a terra produziu um pequeno rebuliço intelectual entre seus seguidores. Em "A verdade da obra de arte" [1960], Hans-Georg Gadamer nos lembra de como "a coisa nova e surpreendente" era ver o conceito heideggeriano de "mundo" ganhando assim um contraconceito com a introdução da categoria "terra".[7] Catorze anos depois, escrevendo por ocasião do 85º aniversário de Heidegger, Gadamer retomou o assunto e mencionou como era "um tanto incomum [...] ouvir falar da terra e dos céus, e de uma luta entre os dois – como se estes fossem conceitos de pensamento com os quais se pudesse lidar da mesma forma como a tradição metafísica lidara com os conceitos de matéria e forma".[8]

As distinções terra/mundo e terra/planeta evocam outras linhas de corte para os leitores contemporâneos de Heidegger. Se a distinção terra/mundo o ajudou a formular suas ideias sobre o habitar humano, a distinção terra/planeta, por outro lado, corresponde aproximadamente à divisão que alguns cientistas do sistema Terra fazem entre a zona do planeta que é crucial para a manutenção da vida – a chamada zona crítica – e seu interior rochoso, quente e magmático. A "zona crítica" é "a camada da Terra próxima da superfície, que vai desde a copa das árvores até as águas subterrâneas profundas, na qual ocorre a maioria das interações humanas com a superfície terrestre e [que constitui] o lócus de boa parte da atividade geomorfológica".[9] Usando uma linguagem heideggeriana, poderíamos dizer que, quanto mais duro trabalhamos a terra em nossa crescente busca por lucro e poder, mais encontramos o planeta. O *planeta* surgiu do projeto da globalização, da "destruição" e do fútil projeto humano de assenhoreamento (o que Heidegger chamaria de "impotência da vontade").[10] No entanto, ele não é nem o globo, nem o mundo, nem, definitivamente, a terra. Ele pertence a um domínio

---

nossa capacidade de entender os conceitos de Heidegger nunca fica fatalmente comprometida pelo fato de que talvez nem todas as línguas possuam palavras que correspondam exatamente às que ele utilizou.

7   Hans-Georg Gadamer, "The Truth of the Work of Art" [1960], in Hans-Georg Gadamer, *Heidegger's Ways* [1984], trad. John W. Stanley. Albany: State University of Nova York Press, 1994, p. 99.

8   Id., "Martin Heidegger: 85 Years", in Hans-Georg Gadamer, *Heidegger's Ways*, op. cit., p. 117.

9   Andrew S. Goudie & Heather A. Viles, *Geomorphology in the Anthropocene*. New York: Cambridge University Press, 2016, p. 7.

10   Martin Heidegger, "The Origin of the Work of Art", op. cit., p. 47 [ed. port.: p. 37].

em que este planeta se revela como objeto de estudos astronômicos e geológicos, e como um caso muito especial que contém a história da vida – todas essas dimensões ultrapassam vastamente a escala das realidades humanas do espaço e do tempo.

Uma diferença profunda separa o planeta das três categorias de pensamento que usamos até agora para refletir sobre a história mundial ou global: mundo, terra e globo (às vezes tratado como sinônimo de planeta). Todas essas são categorias que, de diversas maneiras, fazem referência ao humano. Elas têm essa orientação em comum. Vemos o globo como algo criado por instituições humanas e tecnologia. Os seres humanos e a terra se encontram, na perspectiva de Heidegger, em uma relação face a face.[11] No pensamento heideggeriano, a terra teve de esperar, por assim dizer, a chegada da linguagem, pois foi somente quando evoluiu uma criatura capaz de usar a linguagem que a questão do ser – o significado do precisar ser – pôde a ela ser outorgada.[12] Já o planeta é diferente. Não podemos colocá-lo em uma relação comunicativa com os seres humanos. Ele não se dirige como tal aos seres humanos, ao contrário, digamos, da "terra" heideggeriana – ou mesmo da Gaia de James Lovelock ou Bruno Latour –, que o faz.[13] Encontrar

---

[11] Heidegger escreve: "Apresentamo-nos defronte a uma árvore, diante dela, e a árvore nos defronta, ela se apresenta a nós. Quem está se apresentando aqui? A árvore ou nós? Ou ambos? Ou nenhum dos dois? Apresentamo-nos tal como somos, e não meramente com nossa cabeça ou consciência, defronte à árvore florida, e a árvore nos defronta, ela se apresenta a nós tal como é". Martin Heidegger, *What Is Called Thinking?* [1954], trad. J. Glenn Gray. New York: Harper and Row, 2004, p. 42.

[12] Heidegger postula uma relação didática de mutualidade entre o mundo e os humanos (só depois que estes últimos entraram na linguagem; sem a linguagem, presume-se, os seres humanos seriam iguais aos outros animais) na qual a linguagem, na expressão de Heidegger, torna-se "a morada do Ser" e os seres humanos, aqueles para os quais se outorga a presentificação do Ser. Assim, a essência do Ser – isto é, a questão do Ser – torna-se amarrada ao ser humano, "porque sua essência é ser aquele que espera, aquele que espera a presentificação do Ser, no sentido de que ao pensar ele a guarda". Martin Heidegger, "The Turning" [A viragem], in Martin Heidegger, *The Question Concerning Technology and Other Essays*, trad. William Lovitt. New York: Harper Torchbooks, 1977, p. 42. A crise dessa presumida relação de mutualidade é o que discuto mais detalhadamente no capítulo 8.

[13] Poética e politicamente, Latour atribui a Gaia uma persona e um rosto a fim de permitir que os seres humanos a encarem; ver Bruno Latour, *Diante de Gaia: Oito conferências sobre a natureza no Antropoceno* [2015], trad. Maryalua Meyer. São Paulo: Ubu Editora, 2020, pp. 434-35.

o planeta no pensamento significa encontrar algo que é a condição da existência humana e, entretanto, permanece profundamente indiferente a essa existência.

Ao longo de sua história, os seres humanos sempre travaram contato com o planeta (a terra profunda) empiricamente – na forma de terremotos, erupções vulcânicas e *tsunamis* – sem necessariamente tomar contato com ele como uma categoria do pensamento humanista. Eles chegaram a lidar com o planeta – como mostra o debate que Voltaire travou com o finado Gottfried Wilhelm Leibniz depois do terremoto de 1755 em Lisboa ou o debate entre Mahatma Gandhi e Rabindranath Tagore depois do terremoto de 1934 em Bihar –, sem com isso ter de chamá-lo por esse nome.[14] O planeta esteve embutido em debates humanos sobre moralidade, teodiceia e, mais recentemente, sobre a ideia de desastre natural.[15] No entanto, à medida que foram se acumulando indícios de que a distinção natureza/humano é, em última análise, insustentável e de que as atividades humanas em todo o mundo podem até contribuir para a frequência cada vez maior de terremotos, tsunâmis e outros desastres "naturais", o planeta *como tal* emergiu como um local de preocupação existencial para aqueles que o historiam no interior daquilo que venho denominando regime planetário ou antropocênico de historicidade. Refiro-me a ninguém

---

[14] Os ensaios que Kant escreve em 1756 sobre terremotos são fascinantes neste sentido. Immanuel Kant, "On the Causes of Earthquakes on the Occasion of the Calamity That Befell the Western Countries of Europe towards the End of Last Year", "History and Natural Description of the Most Noteworthy Occurrences of the Earthquake that Struck a Large Part of the Earth at the End of the Year 1755" e "Continued Observations on the Earthquakes that Have Been Experienced for Some Time" [1756], todos traduzidos por Olaf Reinhardt in Immanuel Kant, *Natural Science*, org. Eric Watkins. Cambridge: Cambridge University Press, 2012, pp. 330–36, 339–64, 367–73. Ver também Edgar S. Brightman, "The Lisbon Earthquake: A Study in Religious Valuation". *The American Journal of Theology*, n. 4, v. 23, out. 1919; José Oscar de Almeida Marques, "The Paths of Providence: Voltaire and Rousseau on the Lisbon Earthquake". *Cadernos de História e Filosofia da Ciência*, n. 1, v. 15, Campinas, jan.–jun. 2005; e Dipesh Chakrabarty, "The Power of Superstition in Public Life in India". *Economic and Political Weekly*, n. 20, v. 43, 17–23 maio 2008.

[15] Ver Andrea Westermann, "Disciplining the Earth: Earthquake Observation in Switzerland and Germany at the Turn of the Nineteenth Century", e Frank Oberholzner, "From an Act of God to an Insurable Risk: The Change in the Perception of Hailstorms and Thunderstorms since the Early Modern Period". *Environment and History*, n. 1, v. 17, fev. 2011, pp. 53–77, 133–52.

menos do que os próprios cientistas do sistema Terra. Suas avaliações mostram que o sistema Terra corre o risco de sofrer graves perturbações – essas histórias revelaram o planeta como uma entidade com a qual é preciso se haver na hora de debater os futuros humanos. *Planeta* não é uma palavra qualquer nessas narrativas. Ela designa um conjunto dinâmico de relações – assim como faziam os termos *Estado*, em G. W. F. Hegel, ou *capital*, em Karl Marx –, um conjunto que constitui o sistema Terra. É em momentos como este, em que os cientistas manifestam sua preocupação diante do estado do sistema Terra, que o planeta (isto é, o sistema Terra) emerge como uma categoria do pensamento humanista. A postura de Heidegger contra a ciência e sua suposição de que o caráter do habitar humano pode ser imaginado sem pensar no objeto "astronômico", nosso planeta, são posições que já não podemos sustentar no tempo do Antropoceno.

Parece-me que a melhor maneira de explorar a natureza dessa nova categoria de *planeta* é distinguindo-a da ideia de globo com a qual ela foi frequentemente identificada no passado. Começo examinando um pouco essa distinção entre o globo e o planeta. A categoria *terra* – relevante para este exercício, mas não abordada diretamente aqui – contém uma distinção adicional entre a terra e o mar, que, como veremos, se manteve central nas reflexões de Carl Schmitt sobre o habitar humano das quais quero me valer aqui para enquadrar meu argumento geral.[16] Não sou, é claro, a primeira pessoa a dar uma guinada planetária. Minhas reflexões sobre a distinção globo/planeta tiveram início no capítulo anterior, em um encontro com a evocação que Gayatri Chakravorty Spivak fez da planetaridade, embora, como os leitores poderão constatar, eu agora as conduzi em uma direção particular.[17]

---

16   Ver Carl Schmitt, *Dialogues on Power and Space*, orgs. Frederico Finchelstein & Andreas Kalyvas, trad. Samuel Garrett Zeitlin. Cambridge: Polity, 2015. Agradeço a Bruno Latour por ter chamado a minha atenção para esse texto.

17   Spivak elabora suas reflexões sobre a planetaridade em *Death of A Discipline*. New York: Columbia University Press, 2003. Para mais sobre os *insights* de Spivak a respeito da planetaridade, ver Elizabeth M. DeLoughrey, "Planetary Militarized Radiations", in Elizabeth M. DeLoughrey, *Allegories of the Anthropocene*. Durham, NC: Duke University Press, 2019, pp. 63–97; Benjamin Morgan, "Fin du Globe: On Decadent Planets". *Victorian Studies*, n. 4, v. 58, 2016. Ver também Eugene Thacker, *In the Dust of This Planet*. Washington: Zero Books, 2011, para outras ideias estimulantes sobre a planetaridade.

O global e o planetário: o globo da globalização

A palavra *globo*,[18] tal como comparece na literatura sobre a globalização, não é a mesma que a palavra *globo* contida na expressão *aquecimento global*.[19] A história da globalização conta com os seres humanos em seu centro e narra como eles, historicamente, se conectaram conforme um sentido humano do globo. Campos como a história mundial e a história global, apesar de todas as suas diferenças, contribuíram para nossa compreensão desse processo. Consideremos dois textos separados por mais de trezentos anos: O *Leviatã* [1651], de Thomas Hobbes, e *A condição humana* [1958], de Hannah Arendt. O primeiro inaugurou o pensamento político moderno; o segundo renovou a filosofia política em um momento marcado pelas primeiras viagens espaciais. Repare quanto a noção que esses autores tinham do que era a terra para os seres humanos ("conhecimento da face da terra") foi condicionada, mesmo nesse arco de três séculos, pela história da expansão europeia, do comércio, pelo mapeamento e a navegação dos mares (e eventualmente dos céus), em conjunto com o desenvolvimento de instrumentos de navegação e mobilidade – em outras palavras, processos e instituições que criaram o sentido moderno do globo.[20] É como se as referências históricas que Hobbes mobiliza em uma de suas passagens mais lembradas, a que descreve como a condição dos seres humanos mudou com a ascensão do Estado – "Numa tal condição [ausência de Estado] não há lugar para o trabalho, pois o seu fruto é incerto; consequentemente, não há cultivo da terra [terra entendida aqui como *solo a ser cultivado*]; nem navegação, nem uso das mercadorias que podem ser importadas pelo mar; [...] nem instrumentos para mover e remover as coisas que precisam de grande força; não há conhecimento da face da terra, nem cômputo do tempo" –, se repetissem *verbatim* quando Arendt se posicionou no fim dos anos 1950, observando o mesmo processo

---

[18] Esta seção expande e elabora mais a fundo uma proposição que apresentei originalmente em "Planetary Crises and the Difficulty of Being Modern". *Millennium: Journal of International Studies*, n. 3, v. 46, 2018.

[19] Registro aqui minha dívida com Catherine Malabou por ter articulado essa formulação. Ver Dipesh Chakrabarty, "Afterword". *South Atlantic Quarterly*, n. 1, v. 116, jan. 2017, p. 166.

[20] Ver Joyce E. Chaplin, *Round about the Earth: Circumnavigation from Magellan to Orbit*. New York: Simon and Schuster, 2013.

histórico que o filósofo inglês havia testemunhado em uma fase anterior de seu desenvolvimento.[21] "Na verdade", ela escreveu,

> A descoberta do planeta, o mapeamento de suas terras e o levantamento cartográfico de seus mares [mais uma vez, a distinção terra/mar] levaram muitos [séculos] e só agora estão chegando ao fim. Só agora o homem tomou plena posse de sua morada mortal e enfeixou os horizontes infinitos [...] para formar um globo cujos majestosos contornos e detalhes geográficos ele conhece como as linhas da própria mão. Precisamente no instante em que se descobriu a imensidão do espaço terrestre, começou o famoso apequenamento do globo, até que, em nosso mundo [...], cada homem é tanto habitante da Terra como habitante do seu país. Os homens vivem agora num todo global e contínuo [...]. É verdade que nada poderia ter sido mais alheio ao propósito dos exploradores e circum-navegadores do início da era moderna que este processo de avizinhamento; eles se fizeram ao mar para ampliar a Terra, não para reduzi-la a uma bola [...]. Só agora, com o nosso conhecimento retrospectivo, podemos ver o óbvio: nada que possa ser medido pode permanecer imenso.[22]

Essas citações de dois pensadores fundamentais da tradição europeia mostram a centralidade da história da expansão europeia para suas narrativas sobre a criação do globo.

O nomos da Terra, de Schmitt, embora relativamente antigo, ainda é presciente o bastante para nos dar uma noção da história dessa versão particular do globo. Schmitt conta uma história de como a ideia do direito se desalojou de sua associação com a terra, entendida como solo e morada, quando os mares se abriram para uma Europa imperial e em expansão. O *nomos* (a lei) era originalmente vinculado à terra e dizia respeito a uma *apropriação* de terras, um processo que Schmitt argumentava estar profundamente ligado a uma orientação humana fundamental para a terra e o território (como visto mais claramente no caso dos aborígenes australianos, por exemplo) e, portanto, à disputa e à guerra entre os

---

21   Thomas Hobbes, *Leviatã, ou matéria, forma e poder de uma república eclesiástica e civil* [1651], trad. João Paulo Monteiro e Maria Beatriz Nizza da Silva. São Paulo, Martins Fontes: 2003, p. 109.
22   Hannah Arendt, *A condição humana* [1958], trad. Roberto Raposo. Rio de Janeiro: Forense; 2007, p. 262.

humanos por sua apropriação.[23] O mar era simplesmente uma superfície extensa que não comportava fronteiras; todas as ideias humanas sobre o *nomos* eram firmemente enraizadas na ocupação de pedaços específicos de terra e, portanto, na prática de erguer fronteiras. Schmitt até cita uma passagem bíblica que retrata a imaginação humana de um planeta ideal desprovido de mares.[24] Foi só quando a apropriação de terra ficou assegurada – por "migrações, colonizações e conquistas" – que os humanos puderam se engajar nos processos que a formação social exigia: "distribuição", que para Schmitt significava a instauração de uma ordem, e "produção", que dizia respeito à organização da vida econômica de uma sociedade.[25] No esquema schmittiano, a cadeia lógica funcionava assim: apropriação → distribuição → produção. A sensação de estar em casa em um lugar específico só poderia acontecer depois que o processo de apropriação tivesse sido concluído. A tomada de terra estava, portanto, ligada à ideia do habitar. De todo modo, como escreve Schmitt, "a distribuição permanece mais forte na memória do que a apropriação, mesmo que a segunda fosse pré-condição da primeira".[26] No entanto, acrescenta ele, esse senso terreno do "primeiro *nomos* do mundo foi destruído cerca de quinhentos anos atrás, quando se abriram os grandes oceanos".[27]

O *nomos* foi gradualmente deixando de ser algo baseado na terra e orientado para os seres humanos. Ele perdeu sua ligação com o habitar. Com isso ocorre uma separação, no nível intelectual do pensamento jurisprudencial, entre ser e dever ser, entre *physis* e *nomos* (sendo essa separação a precondição para, entre outras coisas, o direito internacional). A chegada das viagens aéreas e depois o advento da era espacial só ampliariam ainda mais essa separação entre *nomos* e *physis*, deixando os humanos com duas alternativas no futuro: ou nos sentimos "desabrigados" (já que o globo é o lar de ninguém) ou trabalhamos em direção a uma unidade na qual todos os humanos passem a considerar o globo sua morada.

---

23   Ver Carl Schmitt, *O nomos da Terra no direito das gentes do jus publicum europaeum* [2003], trad. Alexandre Franco de Sá et al. Rio de Janeiro: Contraponto/Editora PUC-Rio, 2014.
24   Ver também a discussão desenvolvida em Carl Schmitt, *Dialogues on Power and Space*, op. cit.
25   Carl Schmitt, "Part V – Appendix: Three Concluding Corollaries" in *The Nomos of the Earth: In the International Law of the Jus Publicum Europaeum*, trans. G. L. Ulman. New York: Telos, 2003, p. 328.
26   Ibid., p. 329.
27   Ibid., p. 352.

A maioria das histórias de globalização pressupõe – para ficar no esquema de Schmitt – que a luta entre os seres humanos pela apropriação de terras, do mar ou do espaço já acabou. Os seres humanos agora estão espalhados por todo o globo; já não há mais para onde ir; controlamos os céus e as águas. Conforme essa narrativa, estamos em uma era pós-imperial, o que significa que nossa luta está na esfera daquilo que Schmitt denominou "distribuição" – isto é, uma luta para estabelecer uma ordem justa para que a ideia de *nomos* continue a permanecer desvinculada da *physis*. Muitos argumentos de justiça climática, por exemplo, dizem respeito a uma distribuição justa de um espaço global e abstrato de carbono. As sutilezas do argumento de Schmitt me interessam menos aqui – apenas o fato de que um mundo assolado pelo clima, com migrantes e refugiados, pode reabrir argumentos sobre apropriação. O ponto relevante é que, nas histórias de autores como Schmitt sobre a formação do globo, as palavras *planeta* e *globo* permanecem sinônimas, como revela o próprio uso que ele faz delas:

> Com base na nova e abrangente representação geográfica da Terra, as primeiras tentativas de dividi-la de acordo com o direito das gentes começam logo após 1492. Assim, as repartições foram as primeiras adaptações à nova imagem planetária do mundo.[28]
>
> A expressão "concepção de linhas globais" [...] também é melhor que "planetário" ou semelhantes denominações, concernentes apenas à Terra em sua totalidade, mas não ao seu modo peculiar de partição.[29]
>
> A ilha inglesa [no tempo do Tratado de Utrecht em 1713] permaneceu parte dessa Europa que constituía o centro da ordem planetária.[30]
>
> Falo de um novo *nomos* da terra. Isso significa que considero a terra, o planeta no qual vivemos, como um todo, como um globo, e busco compreender sua divisão e ordenamento globais.[31]

Essa forma de equiparar planeta e globo permaneceu com Schmitt mesmo em seus textos posteriores, como *Terra e mar*: "Como observou [o geógrafo oitocentista Ernst] Kapp, a bússola emprestava ao navio uma dimensão espiritual que permitiu ao homem desenvolver um forte

---

[28] Carl Schmitt, *O nomos da Terra no direito das gentes do jus publicum europaeum*, op. cit., p. 88.
[29] Ibid., p. 89.
[30] Ibid., p. 184.
[31] Carl Schmitt, "Part V – Appendix: Three Concluding Corollaries", op. cit., p. 351.

vínculo com sua embarcação, uma espécie de afinidade ou parentesco. A partir daí, as terras oceânicas mais remotas podiam entrar em contato com si mesmas, e o planeta se abriu para o homem".[32] Aqui, "planeta" é simplesmente sinônimo de globo; refere-se ao planeta em que vivemos, a terra tomada "como um todo".

O mesmo vale, aliás, para o uso que Heidegger faz das palavras *planeta* ou *planetário* – quando ele efetivamente as empregou. A expressão "imperialismo planetário" aparece logo no final de "The Age of the World Picture" [O tempo da imagem de mundo], que influenciou boa parte das reflexões recentes sobre as imagens da terra produzidas do espaço.[33] Ele escreve: "No imperialismo planetário do homem organizado tecnicamente, o subjetivismo do homem atinge o seu mais elevado cume, a partir do qual ele se estabelecerá na planície da homogeneidade organizada, e aí se instalará. Esta homogeneidade torna-se o mais seguro instrumento do domínio completo, isto é, do domínio técnico sobre a Terra".[34] O termo "planetário" refere-se aqui à terra como um único planeta *tomado por si só*, não estudado em comparação com outros planetas. Isso fica evidente também pela maneira como Heidegger, em outro ensaio, atribui ao "globo terrestre" uma "história mundial" em desenvolvimento.[35] Uma vez que tanto o imperialismo como a história mundial são categorias da história humana, a palavra *planeta* no uso heideggeriano não se refere a nada além do globo. Na verdade, é a conexão que ele faz entre o "imperialismo planetário" do "homem", "seu" domínio tecnológico e a chegada a um ápice do subjetivismo "do homem" que lhe permite desenvolver uma crítica a esse "imperialismo planetário" de uma maneira que gera, por sua vez, uma poderosa crítica a certa "antropologia" dominante (o termo é do próprio Heidegger):

---

32   Carl Schmitt, *Land and Sea* [1954], trad. Simona Draghici. Washington: Plutarch Press, 1997, p. 11.

33   Ver Benjamin Lazier, "Earthrise; or, The Globalization of the World Picture". *American Historical Review*, n. 3, v. 116, jun. 2011; e Kelly Oliver, "The Earth's Refusal: Heidegger", in Kelly Oliver, *Earth and World: Philosophy after the Apollo Missions*. New York: Columbia University Press, 2015, pp. 111–62.

34   Martin Heidegger, "The Age of the World Picture" [1938], in Martin Heidegger, *The Question Concerning Technology and Other Essays*, trad. William Lovitt. New York: Harper and Row, 1977, p. 152 [ed. port.: "O tempo da imagem de mundo", trad. Alexandre Franco de Sá, in Martin Heidegger, *Caminhos de floresta*, trad. Irene Borges-Duarte et al. Lisboa: Calouste, 1998, p. 136].

35   Martin Heidegger, "A doutrina de Platão sobre a verdade" [1967], trad. Claudia Drucker, disponível online.

Onde o mundo se torna imagem, o ente na totalidade está estabelecido como aquilo para o que o homem se prepara, como aquilo que, por isso, correlativamente, ele quer trazer para e ter diante de si e, assim, pôr diante de si num sentido decisivo [...]. O ser do ente é procurado e encontrado no estar-representado [*Votgestelltheit*] do ente.[36]

O globo da globalização encarna essa prática antropocêntrica e antropológica de representação.

O global e o planetário: o globo do aquecimento global

O aquecimento global antropogênico está, sem dúvida, ligado à história da globalização. Pode-se até argumentar que certo período na história da globalização hoje conhecido como "a grande aceleração" (1950 em diante) contribuiu de maneira esmagadora para forjar essa conexão, tanto é que alguns estudiosos se valem dele como marco para datar o início do Antropoceno.[37] Mas a ciência do aquecimento global nos conduz para além de uma imaginação ancorada na terra e no humano. Por essa razão, ela também provoca uma profunda desestabilização da narrativa da globalização. A Ciência do Sistema Terra (CST) é um modo de olhar para este planeta que, em contraste com o globo da globalização, *necessariamente tem outros planetas em vista* para criar modelos de como o nosso funciona (e os princípios de representação envolvidos são diferentes daqueles em jogo quando se evoca a ideia de globo). Ao contrário do que poderíamos imaginar, a ciência do aquecimento global nem sequer é específica a este planeta – ela faz parte da chamada ciência planetária.[38] De fato,

---

36 Martin Heidegger, "The Age of the World Picture", op. cit., pp. 129–30 [ed. port.: p. 112]. Ver o aditamento 10 (p. 153 [ed. port.: p. 137]) desse ensaio para a glosa de Heidegger sobre "antropologia". Para mais a respeito da discussão em torno do uso que Heidegger faz das palavras *terra*, *mundo* e *planeta*, ver Kelly Oliver, "Earth's Refusal", op. cit. Ver também Dana R. Villa, "The Critique of Modernity", in Dana R. Villa, *Arendt and Heidegger: The Fate of the Political*. Princeton: Princeton University Press, 1996, pp. 171–208.
37 Ver J. R. McNeill e Peter Engelke, *The Great Acceleration: An Environmental History of the Anthropocene since 1945*. Cambridge: Belknap Press of Harvard University Press, 2014.
38 Ver Raymond T. Pierrehumbert, *Principles of Planetary Climate*. New York: Cambridge University Press, 2010. Assim, como apontam colegas geólogos,

nosso atual aquecimento é simplesmente uma instância daquilo que se denomina aquecimento planetário. Esses tipos de aquecimento já aconteceram tanto neste planeta como em outros, e com consequências amplamente diferentes. Ocorre que o atual aquecimento da terra resulta principalmente de ações humanas.

Não é por acaso que dois dos cientistas fundamentais associados a essa ciência – James Lovelock e James Hansen – começaram suas carreiras envolvidos no estudo de Marte e de Vênus, respectivamente. Hansen era um estudioso do aquecimento planetário em Vênus e só foi transferir seus interesses para a terra mais tarde, por preocupação e curiosidade. "Em 1978, eu ainda estava estudando Vênus", escreve Hansen. Ele passou a estudar a terra porque, em suas palavras,

> A atmosfera de nosso planeta natal estava mudando diante de nossos olhos, e estava mudando cada vez mais rapidamente [...]. A mudança mais importante era no nível de dióxido de carbono, que estava sendo adicionado ao ar com a queima de combustíveis fósseis. Sabíamos que o dióxido de carbono determinava o clima em Marte e em Vênus. Decidi que seria mais útil e interessante tentar ajudar a entender como o clima de nosso planeta mudaria, em vez de estudar o véu de nuvens que recobria Vênus.

Ele conta, com um óbvio toque de ironia, que deslocou o foco de sua pesquisa para este nosso planeta pensando que essa seria uma "obsessão temporária".[39]

A CST foi um produto da Guerra Fria e da concorrência militar e civil que ela produziu na frente espacial. Essa história foi documentada por Joshua Howe, Spencer Weart e, mais recentemente, por Ian Angus e Clive Hamilton, e não precisa ser retomada em seus pormenores aqui.[40]

---

há departamentos universitários dedicados a estudar "Ciências Planetárias e da Terra" como forma de incluir pesquisas sobre outros planetas feitas seguindo métodos da ciência da Terra (e não os da astronomia).

39   James Hansen, *Storms of My Grandchildren: The Truth about the Coming Climate Catastrophe and Our Last Chance to Save Humanity*. New York: Bloomsbury, 2009, pp. xiv-xv.

40   Ver Spencer R. Weart, *The Discovery of Global Warming*. Cambridge: Harvard University Press, 2008; Joshua P. Howe, *Behind the Curve: Science and the Politics of Global Warming*. Seattle: University of Washington Press, 2014; Clive Hamilton, *Defiant Earth: The Fate of Humans in the Anthropocene*. Malden: Polity, 2017; e Ian Angus, *Enfrentando o Antropoceno: Capita-*

Enquanto algumas das ideias básicas relacionadas à CST remontam ao século XIX e ao início do XX, foi em 1983, ao se dar conta de que o planeta precisava ser estudado como um todo por diferentes tipos de cientistas, que a Nasa originalmente criou seu comitê de CST.[41] É uma ciência profundamente interdisciplinar que sintetiza "elementos da geologia, biologia, química, física e matemática".[42] O Programa Internacional Geosfera-Biosfera, lançado em 1987, definiu da seguinte forma o *sistema Terra*:

> O termo "sistema Terra" refere-se aos processos físicos, químicos e biológicos da Terra que interagem entre si. O sistema abarca a terra, os oceanos, a atmosfera e os polos. Inclui os ciclos naturais do planeta – os ciclos de carbono, água, nitrogênio, fósforo e enxofre, entre outros – e processos profundos da Terra. A vida também integra o sistema Terra. A vida afeta o carbono, o nitrogênio, a água, o oxigênio e muitos outros ciclos e processos. O sistema Terra hoje inclui a sociedade humana. Nossos sistemas sociais e econômicos agora estão incorporados ao sistema Terra. Em muitos casos, os sistemas humanos constituem os principais motores da mudança no sistema Terra.[43]

Will Steffen, um cientista do sistema Terra, descreveu da seguinte maneira o âmbito intelectual dessa ciência emergente:

> Foi crucial para o surgimento dessa perspectiva o despertar para dois aspectos fundamentais da natureza do planeta. O primeiro é que a Terra é um sistema único, do qual a biosfera é componente ativo e essencial. [...] O segundo é que as consequências da atividade humana são hoje tão disseminadas e intensas que afetam a Terra em escala global de forma complexa, interativa e acelerada [ameaçando]

---

lismo fóssil e a crise do sistema terrestre, trad. Glenda Vicenzi e Pedro Davoglio. São Paulo: Boitempo, 2023. Ver também Joseph Masco, "Bad Weather: On Planetary Crisis". *Social Studies of Science*, n. 1, v. 40, fev. 2010; Elizabeth M. DeLoughrey, "Planetarity Militarized Radiations", op. cit.; e Perrin Selcer, *The Postwar Origins of the Global Environment: How the United Nations Built Spaceship Earth*. New York: Columbia University Press, 2018.

41 Ver Spencer R. Weart, *The Discovery of Global Warming*, op. cit., pp. 144-45.
42 Tim Lenton, *Earth System Science: A Very Short Introduction*. New York: Oxford University Press, 2016, p. 1.
43 The International Geosphere-Biosphere Programme, "Earth System Definitions", disponível online.

os próprios processos e componentes, tanto bióticos quanto abióticos, dos quais os seres humanos dependem.[44]

Sistema é usado no singular na CST para sublinhar o caráter sistêmico dos processos planetários estudados.

Recentemente Bruno Latour e Tim Lenton levantaram a questão sobre o estatuto do chamado sistema Terra: se ele seria, de fato, um sistema ou se nem sequer devemos pensar nele como algo que configura "um todo".[45] A meus ouvidos leigos, a pergunta certamente soa legítima. Não sei dizer se os fluxos e os circuitos de retroalimentação – múltiplos e diversos, mas que ainda assim interagem entre si – dos processos terrestres efetivamente constituem um *único* sistema. Mas há de notar que há certa tensão entre essa posição e a afirmação de Lenton e Andrew Watson de que "os muitos processos que interagem entre si para definir as condições de vida na superfície do planeta" constituem "um sistema muito coerente".[46] Há claramente acordos de trabalho muito amplamente compartilhados entre os cientistas nessa área, da mesma forma que há divergências consideráveis – o que indica, possivelmente, quão jovem essa ciência interdisciplinar ainda é. Em seu livro introdutório sobre a CST, Lenton, por exemplo, escreve sobre o "limite inferior difuso do sistema Terra":

> A tentação é incluir todo o interior do planeta no sistema Terra – e isso foi exatamente o que o relatório de 1986 da Nasa fez quando passou a considerar as escalas temporais mais extensas [...]. No entanto, para muitos cientistas do sistema Terra, o planeta Terra é no fundo composto de dois sistemas – o sistema da superfície terrestre, que dá suporte à vida, e por baixo dele a grande massa do interior da Terra.

Lenton concentra-se deliberadamente na "fina camada de um sistema na superfície da Terra – e suas notáveis propriedades", a zona crítica

---

44   Apud Ian Angus, *Enfrentando o Antropoceno*, op. cit., pp. 33-34.
45   Ver a discussão fascinante que Bruno Latour faz desse problema na "Terceira conferência – Gaia: Uma figura (enfim profana) da natureza", in Bruno Latour, *Diante de Gaia*, op. cit., pp. 126-80. Ver também Bruno Latour & Tim M. Lenton, "Extending the Domain of Freedom, or Why Gaia Is So Hard to Understand". *Critical Inquiry*, n. 45, 2019.
46   Timothy Lenton & Andrew Watson, *Revolutions that Made the Earth*. New York: Oxford University Press, 2011, p. vii.

que mencionei anteriormente.[47] Por outro lado, *The Earth System* [O sistema Terra], de Lee R. Kump, James F. Kasting e Robert G. Crane, trata daquilo que os autores consideram as "quatro partes" desse sistema: a atmosfera, a hidrosfera, a biota e a terra sólida. O que o texto deles ajuda a esclarecer é que essa nova ciência trata não só de adotar uma abordagem sistêmica para o estudo de como a terra "funciona" como também de observar de que forma "os processos ativos na superfície da Terra estão *operando juntos* para regular o clima, a circulação do oceano e da atmosfera e a reciclagem dos elementos [tais como carbono, nitrogênio e oxigênio, entre outros]", sendo que a biota – a vida – desempenha "um papel importante em todos esses processos".[48]

É certo que as partes mais profundas do planeta afetam a biosfera (assim como o fazem a tectônica de placas, por exemplo, ou as erupções vulcânicas) e são de importância fundamental para fornecer paisagens geoquimicamente renovadas; a questão é se fazem parte do sistema Terra.[49] Independentemente de como se resolva essa questão, não há como negar que os processos planetários que operam em diferentes escalas e envolvem as ações tanto dos vivos como dos não vivos estão

---

[47] Timothy Lenton, *The Earth System Science*, op. it., p. 17. "Devemos reconhecer que Gaia não é de forma alguma um globo, mas um fino biofilme, uma superfície, uma película com menos de alguns quilômetros de espessura e que não estendeu tanto seu alcance para as partes superiores da atmosfera nem tanto para baixo na terra profunda – isso independentemente de quanto você considerar ser a extensão da história das formas de vida. Por isso é importante abandonar a visão global de Gaia em prol daquilo que alguns cientistas agora denominam a 'zona crítica'." Bruno Latour & Tim M. Lenton, "Extending the Domain of Freedom, or Why Gaia Is So Hard to Understand", op. cit., p. 676.

[48] Lee R. Kump, James F. Kasting e Robert G. Crane, *The Earth System*. Upper Saddle River: Prentice Hall, 2004, pp. 3, xi, grifo nosso. Jan Zalasiewicz escreve: "É verdade que é na superfície da Terra que ocorrem os processos mais imediatos e significativos (para nós, agora), mas boa parte dos ciclos químicos incluem desvios e modificações mais ou menos amplos no interior da superfície da Terra, em alguns casos chegando certamente às profundezas do manto inferior e talvez até mais do que isso. É possível que boa parte da água da Terra seja oriunda do manto da Terra (e a maior parte de nossos oceanos parece estar sendo lentamente subduzida de volta para lá, ainda que muito vagarosamente, em uma escala temporal de bilhões de anos). Zonas mais rasas no interior da crosta/litosfera são ativas em escalas temporais mais curtas, embora ainda geológicas". Jan Zalasiewicz, email para o autor, 6 out. 2018.

[49] Ver Jan Zalasiewicz, email para o autor, 6 out. 2018. Zalasiewicz pensa que as partes mais profundas do mundo definitivamente integram o sistema Terra.

muitas vezes interligados de maneiras complicadas, complexas e precárias – e é esse seu caráter imbricado e interativo que o uso do termo *sistema Terra* assinala. Para Erle C. Ellis, as observações e a modelagem computacional desse sistema documentaram com clareza na década de 1990 que "as atividades humanas estavam mudando *pari passu* com as mudanças na atmosfera, litosfera, hidrosfera, biosfera e no clima terrestres", o que levou cientistas e outros especialistas associados ao Programa Internacional Geosfera-Biosfera a anunciar em uníssono em 2001 – e essa ficou conhecida como a Declaração de Amsterdã sobre Mudança Global – que "o sistema Terra se comporta como um sistema regulador único composto de componentes físicos, químicos, biológicos e humanos".[50] É um tanto estranho que a declaração tenha separado o "componente humano" dos componentes físicos, químicos e biológicos, mas essa separação tinha evidentemente um sentido político.

As raízes imediatas dessa ciência interdisciplinar, como mencionei anteriormente, remontam aos anos 1960 da Guerra Fria, quando Lovelock, que trabalhava na equipe de Carl Sagan na Nasa, desenvolveu suas hoje famosas ideias sobre Gaia ao propor que a vida na Terra teria criado as condições para sua manutenção continuada, como se a terra se comportasse como um único superorganismo, batizado por ele (seguindo a indicação de William Golding) de Gaia.[51] Na década de 1970, Lynn Margulis seguiu desenvolvendo o conceito mais a fundo. A visão homeostática inicial de Lovelock sobre o planeta não sobreviveu ao ceticismo científico, mas sua questão fundamental sobre o que tornava a terra tão continuamente habitável para a vida, qualidade que

---

50   Apud Erle C. Ellis, *Anthropocene: A Very Short Introduction*. New York: Oxford University Press, 2018, pp. 31–32.

51   O próprio Lovelock escreve: "A ideia de uma ciência do sistema Terra [...] entrou em minha mente no Laboratório de Propulsão a Jato da Califórnia, em setembro de 1965. O primeiro artigo a mencioná-la foi publicado no periódico *Proceedings of the American Astronautical Society*, em 1968. [...] A hipótese de Gaia [nasceu] antes de ela ter recebido esse nome". James Lovelock, *Gaia: Alerta final*, trad. Jesus de Paula Assis e Vera de Paula Assis. Rio de Janeiro: Intrínseca, 2020, p. 157. Mas ele considerava "anódino" o nome dessa ciência, pois, embora visse como "amistosas" as relações entre a Ciência do Sistema Terra e a teoria de Gaia, na ótica dele, "entender Gaia exige uma familiaridade *instintiva* com a dinâmica dos sistemas em ação, e isso não é uma parte normal da ciência da Terra ou da vida" (grifo nosso). Ver, também, James Lovelock, "O que é Gaia?", in James Lovelock, *A vingança de Gaia*, trad. Ivo Korytowski. Rio de Janeiro: Intrínseca, 2006, cap. 2.

os dois planetas vizinhos de Marte e Vênus não tinham, teve sobrevida na CST na forma do chamado problema da habitabilidade, que hoje é central, por exemplo, em disciplinas como a astrobiologia ou na busca de exoplanetas semelhantes à Terra no Universo.

O ponto importante para nossa discussão é que o protagonista da história que a CST conta não é o ser humano nem a vida humana, mas sim a vida multicelular e complexa em geral. Diferentemente da história da globalização capitalista, essa forma de abordagem estabelece uma perspectiva sobre os seres humanos e sobre outras formas de vida que não coloca os primeiros no centro da história. Simplesmente aparecemos tarde demais na história para querermos ser seus protagonistas. Essa ciência é evidentemente produzida por humanos e, portanto, pratica uma versão humana de não antropocentrismo, uma tentativa feita pelos humanos de entender a própria história, colocando-se, por assim dizer, do lado de fora dessa história (como fazem, rotineiramente, as ciências históricas da geologia e da biologia evolutiva). Além disso, como apontou o próprio Lovelock, a CST implica uma visão do planeta que parte essencialmente de fora. Nas palavras dele:

> Para mim, o subproduto mais extraordinário da pesquisa espacial não é a nova tecnologia. O verdadeiro bônus foi que, pela primeira vez na história da humanidade, tivemos a oportunidade de olhar para a terra a partir do espaço, e as informações decorrentes desse *ver a partir de fora* de nosso planeta verde-azulado em toda a sua beleza global deram origem a todo um novo conjunto de perguntas e respostas.[52]

Lovelock estava certo ao dizer que as viagens espaciais proporcionaram aos humanos a possibilidade de ver o planeta a partir de fora, mas vale assinalar que, embora aquela tenha sido a primeira vez em que alguns humanos realmente viram seu planeta como um todo, os seres humanos já vinham imaginando o planeta a partir de fora havia um bom tempo, ao menos na história europeia. O livro *The Worldmakers*, de Ayesha Ramachandran, apresenta um estudo fascinante desse aspecto da imaginação europeia no século XVI. O *Atlas*, de Gerardus Mercator, escreve Ramachandran, "marc[ou] um divisor de águas intelectual por procurar vislumbrar a totalidade do mundo".

---

52   James Lovelock, *Gaia: A New Look at Life on Earth* [1979]. New York: Oxford University Press, 1995, pp. 7-8, grifo nosso.

Sua projeção de navegação de 1569 ainda fornece "a base" para a "plataforma Web Mercator usada hoje pelo Google Maps e presente nos sistemas ArcGIS".[53] Também foi influente nessa tradição a concepção posteriormente cristianizada mas originalmente estoica de *katáskopos* – a imaginária "'visão de cima' em 360 graus [...] através da qual o homem poderia deixar de ser um prisioneiro no interior do mundo para se tornar um espectador a partir de fora" – disseminada na Europa renascentista pelo popular comentário que Macróbio dedicou no século V a *O sonho de Cipião*, de Cícero, parte de seu *De re publica* (54–51 a.C.).[54] O texto descreve o general romano Cipião Emiliano sonhando consigo mesmo observando a terra desde cima, a partir da esfera estrelada.

Essas, no entanto, foram tentativas de imaginar como seria a terra vista a olho nu humano a partir de algum lugar no céu. Seria possível argumentar que as imagens da terra enviadas diretamente do espaço pelos viajantes espaciais modernos representam um ponto culminante nessa história.[55] O que distingue o "novo conjunto de perguntas" de que fala Lovelock é o fato de que elas não surgiram de uma simples visão a olho nu, imaginada ou real, do planeta a partir do espaço. A questão sobre o motivo por trás do fato de que, "desde que as plantas e especialmente as florestas se estabeleceram na superfície terrestre, cerca de [mais de] 370 milhões de anos atrás, o oxigênio permaneceu entre cerca de 17% e 30% da atmosfera", não poderia ter sido levantada nem respondida sem que fossem feitas indagações de física, química, geologia e biologia e sem comparar este planeta com planetas como Marte

---

[53] Ayesha Ramachandran, *The Worldmakers: Global Imagining in Early Modern Europe*. Chicago: University of Chicago Press, 2015, p. 24.

[54] Ibid., p. 56. Agradeço também a David Orsbon, que gentilmente me permitiu ler seu inédito "The Person of Natura" (2017). Sverre Raffnsøe observa, em uma comunicação via email, contudo, que, embora "a concepção estoica original de *katáskopos* possa certamente ser descrita como uma 'visão a partir de cima'", ele não considera que ela possa "ser caracterizada como uma visão 'a partir de fora' já na Antiguidade. Em *O sonho de Cipião*, de Cícero, Cipião Emiliano 'apenas' se encontra olhando para baixo a partir do lugar mais alto do mundo para ver Cartago e Roma apequenadas. Só mais tarde o espectador cristianizado poderá verdadeiramente almejar se tornar um 'espectador a partir de fora'". Sverre Raffnsøe, email ao autor, 9 jul. 2019.

[55] Ver a discussão presente em Ronald Weber, *Seeing Earth: Literary Responses to Space Exploration*. Athens: Ohio University Press, 1985.

e Vênus.[56] Para citar Lovelock novamente: "Refletir sobre a vida em Marte proporcionou a alguns de nós um ponto de vista renovado para nos debruçar sobre a vida na Terra e nos levou a formular um novo conceito, ou talvez a reabilitar um conceito muito antigo, da relação entre a Terra e sua biosfera".[57] O planeta é um empreendimento necessariamente comparatista.

Em outras palavras, o sistema Terra da CST não é produzido simplesmente por uma visão física do planeta a partir de fora, mas por meio de sua reconstituição em uma figura abstrata na imaginação com a ajuda das ciências – incluindo informações obtidas de satélites posicionados no espaço, bem como de amostras antigas de núcleos de gelo – e *sempre tendo outros planetas à vista, ainda que apenas implicitamente*. A CST produz um planeta reconstituído, o sistema Terra, uma entidade que ninguém nunca encontra fisicamente, mas que, nos termos de Timothy Morton, constitui uma série interconectada de "hiperobjetos" – como um sistema climático planetário – (re)criada pelo uso de *big data*.[58] Delf Rothe observou muito acertadamente que o Antropoceno é ao mesmo tempo retraído e inacessível a terráqueos como os seres humanos: ele é, escreve Rothe, "igualmente totalizante e retraído: é um novo real planetário – uma mudança de estado de todo o sistema Terra que não pode ser conhecida ou sentida diretamente".[59]

Fica, portanto, uma interessante tensão entre a CST e a ideia de Gaia. A Lovelock nunca agradou muito o nome CST, que ele descreveu como "anódino" (ver a nota 51 acima), ao passo que Lenton e Watson abrem seu livro comentando que "'Gaia' e o 'sistema Terra' são para nós quase sinônimos [...]. [Mas] 'ciência do sistema Terra' [...] é [...]

---

56 Timothy Lenton & Andrew Watson, *Revolutions that Made the Earth*, op. cit., p. 301.
57 James Lovelock, *Gaia*, op. cit., p. 8.
58 Ver Timothy Morton, *Hyperobjects: Philosophy and Ecology after the End of the World*. Minneapolis: University of Minnesota Press, 2013.
59 Delf Rothe, "Global Security in A Posthuman Age? IR and the Anthropocene Challenge", in Clara Eroukhmanoff & Matt Harker (orgs.), *Reflections on the Posthuman in International Relations: The Anthropocene, Security and Ecology*. Bristol: E-International Relations, 2017, p. 92. A recente glosa de Timothy Morton sobre o termo heideggeriano de retraimento é útil aqui: "'Retraído' não significa empiricamente encolhido ou recolhido; significa [...] *tão na sua cara que você não consegue ver*". Timothy Morton, *Humankind: Solidarity with Nonhuman People*. London: Verso, 2019, p. 37, grifos do autor.

menos personalizado e polarizado".[60] A Ciência do Sistema Terra é uma ciência positiva composta de dados observados e simulados e suas análises, mas que é sempre assombrada por certo momento de intuição científico-poética, tal como o momento em que a ideia mais tarde batizada de Gaia irrompeu, como um lampejo, na mente de Lovelock.

O global e o planetário divergem

Arendt completou *A condição humana* à sombra do lançamento do primeiro satélite artificial, o Sputnik soviético. Para a filósofa, a tecnologia espacial anunciava aquilo a que ela se referia como a "alienação da terra" dos humanos, indicando a capacidade que a espécie humana tinha de garantir sua sobrevivência, se necessário em outros planetas, ao oneroso custo de perder seu profundo senso de estar ancorada à terra.[61] Toda uma linhagem de célebres pensadores alemães – entre eles Spengler, Heidegger, Jaspers, Gadamer, Arendt e Schmitt – observou com certo agouro o avanço acelerado da tecnologia global e temia o "desenraizamento" final dos seres humanos, um colapso do sempre presente projeto humano de habitar a terra por meio de sua mundanização.[62] O que vemos na história da CST, no entanto, não é um fim do projeto de globalização capitalista, mas a chegada de um ponto na história em que o global *revela* aos seres humanos o domínio do planetário. Precisamos ter em mente a natureza poética da visão de Lovelock que marcou o momento inaugural da CST. É certo que a teoria de Gaia teve antecedentes, mas nenhum deles veio com a epifania da reflexão de Lovelock. Escreve ele:

> A ideia da Terra como uma espécie de organismo vivo surgiu em um ambiente científico dos mais respeitáveis [...]. Ela surgiu porque meu trabalho ali me levou a olhar para a atmosfera da Terra de cima

---

60   Timothy Lenton & Andrew Watson, *Revolutions that Made the Earth*, op. cit., pp. vii-viii. Ver Bruno Latour & Tim M. Lenton, "Extending the Domain of Freedom, or Why Gaia Is So Hard to Understand", op. cit., e minha conversa com Latour reproduzida ao final deste livro.

61   Hannah Arendt, *A condição humana*, op. cit., p. 277.

62   Ver Benjamin Lazier, "Earthrise; or, The Globalization of the World Picture", op. cit., e Dipesh Chakrabarty, "The Human Condition in the Anthropocene", in Mark Matheson (org.), *The Tanner Lectures on Human Values*. Salt Lake City: University of Utah Press, 2016, v. 35, pp. 137–88.

para baixo, a partir do espaço [...]. O ar é uma mistura que de alguma forma sempre se mantém constante em sua composição. Meu lampejo naquela tarde foi o pensamento de que, para [a composição do ar] se manter constante, era necessário que ela fosse regulada por alguma coisa, e que a vida na superfície estava envolvida nisso de alguma forma.[63]

A consciência à qual a CST nos conduz simplesmente não poderia ter surgido sem o desenvolvimento da tecnologia que "revirou" não apenas "as entranhas de sua mãe Terra" – como John Milton descreveu as primeiras minas – como também a aparentemente vazia abóbada celeste e tudo o que está além dela.[64] Considere isto: o que acabou por trazer à nossa consciência o momento Gaia foi a própria tecnologia de exploração espacial produzida pela Guerra Fria e o crescente uso da atmosfera e do espaço como armas. Ou pense em nossa capacidade de explorar a terra profunda: os cientistas do clima não teriam sido capazes de perscrutar gelo de 800 mil anos de idade se o *establishment* de Defesa dos EUA e as empresas de petróleo e mineração, objeto de repetidas denúncias, não tivessem desenvolvido a necessária tecnologia de perfuração que foi depois modificada para lidar com o gelo.[65]

Sustentabilidade e habitabilidade: distinguindo o global do planetário

Talvez a melhor maneira de ilustrar a diferença entre o global e o planetário seja cotejando rapidamente o contraste entre duas ideias centrais para o par de categorias em questão aqui, o globo e o planeta. Refiro-me às ideias de sustentabilidade e habitabilidade, respectivamente.

Sustentabilidade é uma ideia profundamente política no sentido arendtiano da palavra *política*; ela permite o surgimento da novidade

---

[63] James Lovelock, *Gaia*, op. cit.
[64] John Milton, *Paraíso perdido* [1667], trad Daniel Jonas. São Paulo: Editora 34, 2021.
[65] Ver Mary R. Albert & Geoffrey Hargreaves, "Drilling through Ice and into the Past". *Oilfield Review*, n. 4, v. 25, 2013-14; P. G. Talalay, "Perspectives for Development of Ice-Core Drilling Technology: A Discussion". *Annals of Glaciology*, n. 68, v. 55, 2014; e Richard B. Alley, "Going to Greenland", in Richard B. Alley, *The Two-Mile Time Machine: Ice Cores, Abrupt Climate Change, and Our Future*. Princeton: Princeton University Press, 2000, pp. 17-30.

nos assuntos humanos de uma forma que sempre envolve alguma discussão sobre o bem-estar daqueles que ainda não nasceram. Seu desenvolvimento é tributário da experiência europeia da agricultura e do cultivo em um momento de expansão do continente e pertence, portanto, firmemente à história do global.[66] A definição mais amplamente utilizada de desenvolvimento sustentável é aquela que a Comissão Mundial sobre Meio Ambiente e Desenvolvimento – conhecida como Comissão Brundtland por causa de sua presidente, Gro Brundtland – adotou em sua publicação de 1987, *Our Common Future*: "desenvolvimento que atende às necessidades da atual geração sem comprometer a capacidade de as futuras gerações atenderem às próprias necessidades".[67] Paul Warde escreveu uma história diferenciada da ideia a partir do século XVII – *Nachhaltigkeit* (a palavra alemã para perdurabilidade ou sustentabilidade) pode ser rastreada em suas formas anteriores à década de 1650 em textos sobre a gestão da agricultura e da silvicultura na Inglaterra, na Alemanha e na França. Em seu ensaio, ele esclarece:

> A noção moderna de sustentabilidade [deve] muito a ideias desenvolvidas entre o final do século XVIII e o início do século XIX, quando novas compreensões da ciência do solo e da prática agrícola se combinaram de modo a desenvolver a ideia de uma *circulação* de nutrientes essenciais no interior das ecologias, possibilitando, assim,

---

[66] Ver a discussão desenvolvida em Paul Warde, "The Invention of Sustainability". *Modern Intellectual History*, n. 1, v. 8, 2011. De lá para cá, Warde desenvolveu seu argumento fascinante e mais amplo em *The Invention of Sustainability: Nature and Destiny, c. 1500–1870*. New York: Cambridge University Press, 2018.

[67] Apud Stephen Morse, *Sustainability: A Biological Perspective*. New York: Cambridge University Press, 2010, p. 6. Emma Rothschild, "Maintaining (Environmental) Capital Intact". *Modern Intellectual History*, n. 1, v. 8, 2011, traça conexões interessantes entre a discussão dos economistas modernos sobre sustentabilidade e seus debates sobre a teoria do capital nas décadas de 1920 e 1930. Deanna K. Kreisel escreve, citando o *Oxford English Dictionary*, que "o termo 'sustentável' só foi usado no sentido de minimizar impacto ambiental em 1976, e só em 1924 chegou a ser usado para descrever algo 'capaz de ser mantido em determinado patamar'". Deanna K. Kreisel, "'Form against Force': Sustainability and Organicism in the Work of John Ruskin", in Nathan K. Hensley & Philip Steer (orgs.), *Ecological Form: System and Aesthetics in the Age of Empire*. New York: Fordham University Press, 2019, p. 105.

a percepção de que a interrupção dos processos circulatórios poderia levar à degradação permanente.[68]

Um dos pioneiros que ele menciona é Justus von Liebig, "químico e admirador e seguidor de Alexander von Humboldt". Warde encontra na obra de Liebig "algo como a concepção moderna de sustentabilidade: que o desenvolvimento de uma sociedade é tributário de processos biológicos e químicos fundamentais [da terra], mas também que esse era um sistema dinâmico complexo dotado de efeitos de retroalimentação".[69]

A declaração de Warde evidencia o fato de haver certa consciência incipiente sobre os processos da terra – uma consciência planetária incipiente, por assim dizer –, permanentemente à espreita, em segundo plano, sempre que é levantada a questão sobre sustentar a civilização humana. Mas ela se encontra *em segundo plano, à espreita*: a ideia de sustentabilidade coloca os interesses humanos em primeiro lugar. Donald Worster mostra que a própria ideia da terra como algo finito pertence a uma família de certas ideias profundamente antropocêntricas, da qual meio ambiente e sustentabilidade são dois importantes integrantes. Ele descreve a *Road to Survival* [Caminho para a sobrevivência] [1948], de William Vogt, como "um dos primeiros [textos] a usar o termo 'meio ambiente'". Vogt definia *meio ambiente* como "a soma total de solo, água, plantas e animais, *de que todos os humanos dependem*".[70] O termo *meio ambiente* passou, assim, a expressar uma preocupação centrada no ser humano, como se a única razão para falar em ambientar algo seria se esse algo fôssemos nós. Publicado no mesmo ano, em *Our Plundered Planet* [Nosso planeta pilhado], Fairfield Osborn já se mostrava disposto a enxergar a espécie humana como "parte de um grande esquema biológico", sem deixar de ser sensível às

---

68 Paul Warde, *The Invention of Sustainability*, op. cit., p. 153.
69 Ibid., pp. 168, 170. O profundo interesse de Karl Marx na obra de von Liebig foi registrado por Paul Burkett em "Introduction to the Haymarket Edition", in Paul Burkett, *Marx and Nature: A Red and Green Perspective*. Chicago: Haymarket Books, 2014, p. xix, e é discutido em detalhes em John Bellamy Foster, *A ecologia de Marx: Materialismo e natureza* [2000], trad. Maria Teresa Machado. Rio de Janeiro: Civilização Brasileira, 2005.
70 Donald Worster, *Shrinking the Earth: The Rise and Decline of Natural Abundance*. New York: Oxford University Press, 2016, pp. 140-41, grifo nosso. Para mais Vogt, ver Perrin Selcer, *Postwar Origins of the Global Environment*, op. cit., pp. 68-70.

diferenças entre ricos e pobres. Ele estava familiarizado com os fatos da história profunda do planeta, tal como eram entendidos em seu tempo, mas, assim como outros, ele também tinha um olhar firmemente treinado para pensar sobre o que essa história significava para os humanos. Seu objetivo era ajudá-los a "aprender a cuidar do bem maior da natureza e dos seres humanos como parte desse todo", sendo que a ideia de um "todo" se referia nesse caso a questões como equilíbrio e harmonia entre os seres humanos e seu ambiente terrestre.[71]

Essa ideia antropocêntrica de sustentabilidade dominou o século XX e permanece, para além dele, como um mantra do capitalismo verde.[72] Um extremo absurdo de tal concepção humanocêntrica foi demonstrado no início do século passado, quando a ideia de "rendimento máximo sustentável", adaptada da história da gestão "científica" das florestas, tornou-se hegemônica na literatura sobre "gestão pesqueira". Peter Anthony Larkin resumiu o assunto com um toque de humor em uma palestra de abertura proferida na Reunião Anual da Sociedade Americana de Pesca, em 1976:

> Cerca de 30 anos atrás, quando eu era estudante de pós-graduação, a ideia de fazer uma gestão da pesca visando ao rendimento máximo sustentável estava apenas começando a ser aceita [...]. Resumidamente, o dogma era o seguinte: qualquer espécie produz a cada ano um excedente explorável e, se você extrair esse tanto, e não mais, vai poder continuar se valendo dele para todo o sempre (Amém) [...]. Além disso, supunha-se que os animais tinham consciência do papel que estava sendo organizado para eles no esquema das coisas. Aos organismos era permitido procriar com seres da própria espécie ou interagir com outras espécies, mas não de maneiras que comprometessem o rendimento máximo sustentável.[73]

---

71 Apud Donald Worster, *Shrinking the Earth*, op. cit., p. 140. Para histórias intelectuais e institucionais da ideia do meio ambiente, ver Paul Warde, Libby Robin & Sverker Sörlin, *The Environment: A History of the Idea*. Baltimore: Johns Hopkins University Press, 2018, e Perrin Selcer, *Postwar Origins of the Global Environment*, op. cit.

72 Para uma crítica duradoura à adoção neoliberal da ideia ou *slogan* da sustentabilidade, ver Ruth Irwin, *Heidegger, Politics and Climate Change: Risking It All*. New York: Continuum, 2008.

73 P. A. Larkin, "An Epitaph for the Concept of Maximum Sustainable Yield". *Transactions of the American Fisheries Society*, n. 106, jan. 1977, pp. 1–2. Um excelente artigo que documenta o caráter excessivamente político e econô-

Na literatura sobre sustentabilidade, os processos terrenos constituem um pano de fundo silencioso das atividades humanas. O livro de Stephen Morse sobre o tema da sustentabilidade dedica apenas uma de suas 259 páginas à história da vida no planeta, e isso só porque ele precisa dar à questão da sustentabilidade um contexto terreno. Mas ele assinala que a palavra *sustentabilidade* não é "muito usada" para descrever a continuidade da vida neste planeta: "Em vez disso, falamos da 'durabilidade' ou 'resiliência' da vida; sua capacidade de continuar depois de choques e protuberâncias – que foram muitos desde o nascimento do planeta". Nesse fragmento de frase, há um vislumbre de consciência planetária. Mas a palavra *sustentabilidade*, como insiste Morse corretamente, se aplica apenas aos seres humanos. Ele reconhece se tratar de "um termo humanocêntrico" que "se aplica às pessoas e às interações que temos com nosso meio ambiente. Assim, quando falamos do papel da biologia no interior da sustentabilidade, estamos nos referindo ao papel que a biologia desempenha em relação às pessoas e estamos falando de escalas temporais relativamente bem curtas" se comparadas às envolvidas na história da vida.[74]

O termo-chave no pensamento planetário que se poderia contrapor à ideia de sustentabilidade no pensamento global é *habitabilidade*. Habitabilidade não se refere aos seres humanos. Sua preocupação central é a vida – a vida complexa e multicelular, em geral – e o que garante *sua* sustentabilidade, e não apenas a dos humanos. O que, indagam os especialistas da CST, torna um planeta amigável à vida complexa por centenas de milhões de anos? O problema da habitabilidade deve, portanto, ser distinguido da discussão sobre a vida que vem sendo travada nas ciências humanas sob a rubrica da biopolítica. A ideia da biopolítica, que conecta a vida a questões de poder disciplinar, Estado, capitalismo, e assim por diante, e rejeita "uma tematização biológica ou metafísica da vida", se enquadraria perfeitamente naquilo que venho caracterizando aqui como pensamento global.[75] A questão que reside no

---

mico da biologia tal como ela é aplicada à gestão da pesca na Europa e na América do Norte é o de Jennifer Hubbard, "In the Wake of Politics: The Political and Economic Construction of Fisheries Biology, 1860–1970". *Isis*, n. 2, v. 105, jun. 2014. Para uma breve nota biográfica sobre Larkin, ver o verbete do Social Networks and Archival Context, disponível em: snaccooperative.org/ark:/99166/w6fj6xxx.

74 Stephen Morse, *Sustainability*, op. cit., pp. 5–6.
75 Jeffrey T. Nealon, *Plant Theory: Biopower and Vegetable Life*. Stanford: Stanford University Press, 2016, pp. 53–54.

centro do problema da habitabilidade *não* é o que é a vida ou como ela é gerida conforme os interesses do poder, mas o que torna um planeta amigável à existência continuada de vida complexa.

Claro, a dificuldade que os cientistas enfrentam na hora de discutir o que torna um planeta habitável é que o tamanho da amostragem de planetas habitáveis disponíveis até agora para estudo é de apenas um. O necessário pluralismo do planetário parece, assim, se desfazer com a questão da vida e da habitabilidade. Mas, como escrevem Langmuir e Broecker: "Embora a história da Terra seja inevitavelmente específica como a história de um único planeta, os princípios que se encontram nela incorporados [como a evolução por seleção natural ou a 'maior estabilidade através de redes e acesso e utilização mais fartos de energia'] parecem provavelmente valer em escala universal".[76] O ponto imediatamente relevante é que os seres humanos não são centrais para o problema da habitabilidade, mas a habitabilidade é central para a existência humana. Se o planeta não fosse habitável para a vida complexa, simplesmente não estaríamos aqui. Algo que ilustra isso, por exemplo, é a parcela de oxigênio na atmosfera, que atualmente se encontra por volta do patamar de 21% e tem permanecido estável há um bom tempo.[77] Como apontam Langmuir e Broecker, esse é "um estado impressionante de desequilíbrio, porque a molécula de oxigênio é altamente reativa". O oxigênio reage com "metais, carbono, enxofre e outros átomos, formando óxidos".[78] "O que controla as concentrações atmosféricas de oxigênio hoje?", perguntam Kump, Kasting e Crane, em seu livro sobre a CST:

> A resposta, surpreendentemente, é que não sabemos ao certo, por mais que os pesquisadores tenham uma série de ideias. Seja qual for o mecanismo de controle de oxigênio, ele parece ser muito eficiente. O nível atmosférico moderno de oxigênio é de 21% em volume, ou 0,21 bar. Parece improvável que a concentração de oxigênio tenha se

---

[76] Charles H. Langmuir & Wally Broecker, *How to Build a Habitable Planet: The Story of Earth from the Big Bang to Humankind*. Princeton: Princeton University Press, 2012, p. 537.

[77] "Conforme as modelagens, ele chegou a passar desse patamar – talvez em cerca de 30% no Carbonífero – e também cair abaixo dele (na suposta 'crise de oxigênio' da fronteira Permo-Triássica)." Jan Zalasiewicz, email para o autor, 6 out. 2018.

[78] Charles H. Langmuir & Wally Broecker, *How to Build a Habitable Planet*, op. cit., p. 458.

desviado desse nível em mais de ±50% desde o último Período Devoniano, cerca de 360 milhões de anos atrás. A evidência é que desde então existem florestas e, embora sempre suscetíveis a queimar, elas nunca desapareceram completamente.[79]

Uma molécula de oxigênio permanece na atmosfera por 4 milhões de anos antes de ser absorvida pela crosta terrestre. "Isso pode parecer um tempão", observa Lenton, "mas é muito mais breve do que os cerca de 550 milhões de anos durante os quais houve animais que respiraram oxigênio no planeta. Também é muito menos tempo do que os 370 milhões de anos em que houve florestas." "Assim, é admirável", conclui ele, "como a quantidade de oxigênio atmosférico permaneceu dentro dos limites habitáveis para a vida animal e vegetal complexa, apesar de todas as moléculas de oxigênio terem sido substituídas mais de uma centena de vezes."[80] Essa notável estabilidade da parcela de oxigênio na atmosfera nos permite respirar e é assegurada pelo sistema Terra ou pelo que denominei "planeta".

Os cientistas do sistema Terra parecem concordar que diferentes formas de vida, tanto terrestres como marítimas, em conjunto com a taxa de enterramento de carbono orgânico no mar e os ciclos de fósforo e de carbono de longo prazo do planeta, e que todos esses fatores desempenham um papel na renovação e na manutenção da parcela de oxigênio na atmosfera que permite com que floresçam formas de vida complexas.[81] É por isso que, dentro de um modo planetário de pensamento, a ameaça do Antropoceno reside naquilo que ele pode significar não apenas para os futuros humanos mais imediatos como também para futuros de longo prazo. O aquecimento global produz para os cientistas do sistema Terra o temor de outra grande extinção de vida – possível entre os próximos trezentos e seiscentos anos –, capaz de fazer que o planeta regrida a um patamar mais primitivo de biodiversidade.[82] Como argumentam Langmuir e Broecker,

---

79 Lee R. Kump, James F. Kasting e Robert G. Crane, *The Earth System*, op. cit., p. 225.
80 Tim Lenton, *The Earth System Science*, op. cit., p. 44.
81 Ver Tim Lenton, *The Earth System Science*, op. cit., pp. 44-46; James Lovelock, *Gaia*, op. cit., pp. 6, 59-77; Charles H. Langmuir & Wally Broecker, *How to Build a Habitable Planet*, op. cit., pp. 458-63; e Lee R. Kump, James F. Kasting e Robert G. Crane, *The Earth System*, op. cit., pp. 159, 225-29.
82 Ver Anthony D. Barnosky et al., "Has the Earth's Sixth Mass Extinction Already Arrived?". *Nature*, n. 471, 3 mar. 2011. Vale notar que os cálcu-

os combustíveis fósseis, o solo e a biodiversidade são cruciais para o florescimento humano, e esses elementos têm duas coisas em comum: todos estão relacionados à história da vida no planeta e nenhum deles é renovável em escalas temporais humanas.[83] O planetário, em última instância, diz respeito a como certos processos planetários de muito longo prazo que envolvem tanto seres vivos como não vivos forneceram, e continuam fornecendo, as condições propícias para a existência e o florescimento humanos. Nossa interferência recente em alguns desses processos, no entanto, impôs aos seres humanos uma questão particularmente intratável envolta de um senso de urgência, a questão – para usar as palavras evocativas de William Connolly – de "encarar o planetário".[84]

Encarando o planetário

Apesar de todas as suas diferenças, pensar globalmente e pensar em um modo planetário não são abordagens excludentes para os seres humanos. O planetário agora paira sobre nossa consciência cotidiana precisamente porque a maneira pela qual o global se acentuou nos últimos setenta e tantos anos – tudo isso está encapsulado na expressão "a grande aceleração" – abriu para os intelectuais humanistas o domínio do planetário. Como discutido anteriormente, mesmo a distinção cotidiana que fazemos entre fontes de energia renováveis e não renováveis faz referência constante, por implicação, às escalas temporais humanas e geológicas, às centenas de milhões de anos que o planeta levaria para renovar combustíveis fósseis. Da mesma forma, todo o falatório sobre a existência de dióxido de carbono em "excesso" na atmosfera refere-se implicitamente à taxa normal em que os sumidouros de carbono do planeta absorvem esse gás. Langmuir e Broecker sublinham a importância crítica para os humanos de contabilizar os solos e a biodiversidade como "recursos não

---

los sobre a extinção das espécies nesse artigo não levaram em conta a mudança climática.

83 Charles H. Langmuir & Wally Broecker, *How to Build a Habitable Planet*, op. cit., pp. 589-95.
84 Ver William E. Connolly, *Facing the Planetary: Entangled Humanism and the Politics of Swarming*. Durham: Duke University Press, 2017.

renováveis", e não simplesmente como combustíveis fósseis.[85] Planos práticos de lucrar com o desenvolvimento de tecnologia que se vale do sol como fonte infinita de energia para sociedades industriais e em processo de industrialização são tentativas de incorporar ao global um aspecto daquilo que temos denominado planetário. Estamos todos vivendo, quer reconheçamos ou não, no limiar entre o global e o planetário. A era do global como tal está acabando. E, no entanto, o cotidiano se caracteriza tanto por evocar o planetário como por perdê-lo de vista no momento seguinte.

Estaríamos com isso nos esquecendo de um problema? Connolly se fez essa pergunta. "Quando digo 'o planetário'", escreve ele,

> refiro-me a uma série de campos de força temporais – tais como padrões climáticos, zonas de estiagem, o sistema de circulação oceânica, a evolução das espécies, fluxos de geleiras e furacões – que exibem diferentes graus de capacidade auto-organizativa e que incidem uns sobre os outros e sobre a vida humana de inúmeras maneiras [...]. É preciso defrontar como conjunto a combinação de processos capitalistas e os amplificadores das forças geológicas não humanas. Essa combinação coloca problemas existenciais hoje.[86]

Connolly está certo ao dizer que "a combinação de processos capitalistas" e os processos planetários deve ser "defrontar como conjunto". Mas o que significa enfrentá-los "como conjunto"? Como defrontar *juntas* (no pensamento) formas díspares de pensar, mesmo quando os fenômenos aos quais elas se referem parecem entrelaçados e quando o global e o planetário – com suas respectivas ênfases antropocêntricas e não antropocêntricas e com suas referências a escalas temporais vastamente diferentes e incomensuráveis – muitas vezes representam duas orientações bastante diversas para essa entidade sobre a qual, e a partir da qual, vivemos?

---

85   Charles Langmuir & Wakky Broecker, *How to Build a Habitable Planet*, op. cit., p. 593. Ao assinalarem a importância da biodiversidade para a agricultura, Kump, Kasting e Crane observam que a verdadeira questão aqui é a biodiversidade, e não simplesmente se o mundo dá conta de alimentar 7, 9 ou 12 bilhões de pessoas: "o potencial problema da agricultura moderna não é que ela não é produtiva o bastante, é o fato de ser *uniforme*". Lee R. Kump, James F. Kasting e Robert G. Crane, *The Earth System*, op. cit., p. 374.

86   William E. Connolly, *Facing the Planetary*, op. cit., p. 4.

O global, como eu disse, diz respeito aos assuntos que acontecem dentro dos horizontes temporais humanos – os múltiplos horizontes do tempo existencial, intergeracional e histórico –, por mais que os processos possam envolver escalas espaciais planetárias. Os processos planetários, incluindo aqueles com os quais os seres humanos interferiram, operam em diversos cronogramas, alguns compatíveis com os tempos humanos, outros muito mais vastos do que o alcance dos cálculos humanos. Desse modo, o ar e as águas de superfície têm "tempos curtos de reciclagem", assim como muitos metais, mas os solos e as águas subterrâneas levam "'milhares de anos'" para se renovarem. "A biodiversidade", escrevem Langmuir e Broecker, "talvez seja o mais precioso recurso planetário, e cuja escala temporal de renovação, conhecida com base em extinções em massa do passado, é de dezenas de milhões de anos".[87] Os seres humanos se tornaram uma força planetária na medida em que podem interferir em alguns desses processos de muito longo prazo, mas "corrigi-los" com a ajuda da tecnologia ainda está muito aquém de nossas capacidades atuais. O que significaria para nós reunir em pensamento todas essas diferentes escalas temporais e, nos termos de Connolly, enfrentá-las?

A temporalidade, contudo, não é a única coisa que distingue o global do planetário. Os dois modos de pensar representam dois tipos diferentes de conhecimento e, para os humanos, duas maneiras diferentes de se comportar perante o mundo em que se encontram.[88] Centrado nos seres humanos, o global diz respeito em última instância a formas e valores. É por isso que o planeta, quando equiparado ao globo, pode ser politizado (podemos falar sobre sua destruição deliberada pela Exxon ou sobre criar uma "soberania planetária").[89] Os debates sobre

---

[87] Charles H. Langmuir & Wally Broecker, *How to Build a Habitable Planet*, op. cit., p. 580.

[88] A distinção que me interessa traçar aqui *não é exatamente derivada* da discussão que Heidegger faz de Platão (embora seja por ela inspirada), que remete particularmente à célebre alegoria da caverna discutida na *República*; ver Martin Heidegger, "A teoria platônica da verdade" [1931/32/40], trad. Enio Paulo Giachini & Emildo Stein. Petrópolis: Vozes, 2008, pp. 215–50.

[89] Ver Geoff Mann & Joel Wainwright, "Planetary Sovereignty", in Geoff Mann & Joel Wainwright, *Climate Leviathan: A Political Theory of Our Planetary Future*. New York: Verso, 2018, pp. 129–56. "Soberania planetária" refere-se aqui a algum tipo de governo mundial ou ordem mundial que seria responsável por gerir o aquecimento global. Ver também Duncan Kelly, *Politics and the Anthropocene*. Cambridge: Polity, 2019.

questões como justiça climática, refugiados climáticos e seus direitos, democracia e aquecimento global, mudanças climáticas e desigualdades de renda, raça e gênero e sobre o bom e mau Antropoceno partem do pressuposto de que temos ideias (por mais contestadas que elas sejam por ideias concorrentes) sobre *formas* ideais de justiça, direitos, democracia, e assim por diante, que garantem nossa capacidade de julgar e nos pronunciar em determinada situação. Essas questões, que envolvem profundamente a questão das formas e a política de debatê-las, pertencem ao global.

Mas o planetário como tal, ao revelar processos vastos de dimensões não humanas, não pode ser apreendido recorrendo a qualquer forma ideal. Não existe forma ideal para a terra como planeta ou para sua história ou para a história de qualquer outro planeta. Por mais que o modo de pensar planetário faça perguntas sobre habitabilidade, e habitabilidade remeta a algumas das condições-chave que permitem a existência de várias formas de vida, incluindo o *Homo sapiens*, não há nada na história do planeta que possa reivindicar o estatuto de um imperativo moral. É apenas na condição de seres humanos que enfatizamos os últimos 500 milhões de anos da vida do planeta – o último oitavo da idade da terra – pois esse é o período em que ocorreu a explosão cambriana de formas de vida, criando condições sem as quais os seres humanos não existiriam. Do ponto de vista das bactérias anaeróbias, no entanto, que viviam na superfície do planeta antes da grande oxigenação da atmosfera há cerca de 2,45 bilhões de anos, a atmosfera pode parecer uma grande história de desastres (como reconhecido por nomes de origem humana como o Holocausto de Oxigênio). O planeta existe, como diz Quentin Meillassoux, "como algo anterior ao surgimento do pensamento e até mesmo da vida – *postulado, isto é, como algo anterior a toda forma de relação humana com o mundo*".[90]

O planeta e o político

Confrontados com a alteridade radical do planeta, no entanto, um impulso profundamente fenomenológico por parte de muitos cientistas é recuar para o tempo histórico-humano do presente e abordar

---

90 Quentin Meillassoux, *After Finitude: An Essay on the Necessity of Contingency* [2006], trad. Ray Brassier. New York: Continuum, 2009, p. 10.

o planeta como um assunto de profundo interesse para os humanos – como uma questão crítica para os futuros humanos e como uma entidade a ser governada pelos seres humanos. Mas a questão da governança, seja ela colocada em termos de sustentabilidade, seja em termos de habitabilidade, se encontra na base de uma preocupação existencial que só pode pertencer ao presente. A diferença crítica é que, ao responder a essa questão existencial, as ideias dos cientistas do sistema Terra apontam para uma profunda mudança nas concepções de como os seres humanos haverão de habitar a Terra. É como se a oposição schmittiana entre terra e mar, a oposição entre nossos "modos terrestres de ser [*eines terranen Daseins*]" – traduzidos no desejo de descanso, estabilidade, casa, propriedade, casamento, família, e assim por diante – e nossa "existência marítima" – simbolizada pelo movimento incansável e perpétuo do navio oceânico europeu movido a tecnologia – tivesse finalmente se realizado na imagem de um planeta "inteligente", fruto de certa geoengenharia, viajando pelos mares infinitos do Universo.[91]

Em 1999, Hans Joachim Schellnhuber, o físico que criou o Instituto Potsdam para Pesquisas sobre o Impacto Climático em 1992, perguntou o que Erle Ellis considerava ser "a questão fulcral" do Antropoceno: "'Por que Prometeu não se apressaria em socorrer Gaia?' [...] Podem os seres humanos ajudar a reconduzir a trajetória da Terra em direção a resultados melhores tanto para a humanidade como para a natureza não humana?".[92] Ellis subscreve a essa visão, mas com certa cautela: "Esperanças de um Prometeu tecnocrático são mais do que meros delírios [...]. São bastante reais as perspectivas de haver antropocenos muito melhores do que o que estamos criando agora".[93] Escreve Lenton: "Embora a transformação humana do planeta não tenha sido inicialmente de caso pensado, agora temos uma consciência coletiva cada vez maior sobre ela [...]. Isso altera fundamentalmente o sistema Terra porque significa que uma espécie pode moldar consciente e coletivamente a trajetória futura de nosso planeta". Essa "consciência humana" em evolução se torna, por sua vez, um "novo atributo do sistema Terra".[94] "A civilização humana", nos dizem Langmuir e

---

[91] Carl Schmitt, "Dialogue on New Space" [1958], in Carl Schmitt, *Dialogues on Power and Space*, op. cit., pp. 73–74.
[92] Erle C. Ellis, *Anthropocene*, op. cit., p. 144.
[93] Ibid., p. 157.
[94] Tim Lenton, *The Earth System Science*, op. cit., pp. 107, 117.

Broecker, "levou à primeira comunidade global de uma única espécie, à destruição de bilhões de anos de acumulação de recursos, a uma mudança na composição atmosférica, a uma quarta revolução energética planetária e a uma extinção em massa". Ainda assim, argumentam os autores, "a civilização humana comporta o potencial de transformar a Terra de 'planeta habitável' em 'planeta habitado', isto é, que carrega inteligência e consciência em escala global, para o benefício e o desenvolvimento continuado do planeta e de todas as suas formas de vida".[95]

Essa preocupação humana se desdobra em outro argumento, verdadeiramente planetário, que, no entanto, é imediatamente puxado de volta para horizontes humanos. Quanto tempo, perguntam Langmuir e Broecker, pode durar uma civilização tecnológica altamente desenvolvida? *"Uma tal civilização se autodestruiria em algumas centenas de anos ou duraria milhões de anos? Para que uma civilização dessas dure, a espécie por trás da tecnologia deve* [consciente e coletivamente] *sustentar e promover a habitabilidade planetária em vez de devastar os recursos do planeta."*[96] Daí a esperança dos autores de que os seres humanos seriam capazes de um dia "ver a si mesmos e agir como parte integrante e responsável de um sistema planetário".[97] Esse, afirmam eles na conclusão de seu livro sobre a história do sistema Terra, "é o desafio da civilização humana, tornar-se parte de um sistema natural de modo a permitir e talvez até participar de uma nova evolução planetária".[98]

Lenton e Latour – mesmo reconhecendo que "na política os cegos guiam os cegos" – expressam a visão de que a esperança pode estar na colaboração entre cientistas e "cidadãos, ativistas e políticos" para implementar uma quantidade suficiente de "sensores" (o equivalente científico-tecnológico da bengala branca da pessoa cega), de modo a permitir que todos "percebam *rapidamente* [e corrijam, supõe-se] quando e onde as coisas estão dando errado". Ser capaz de rastrear dessa forma "o tempo de defasagem entre as mudanças ambientais e as reações das sociedades", acrescentam, "é a única maneira prática de termos *esperança* de proporcionar alguma autoconsciência à autorre-

---

95   Charles H. Langmuir & Wally Broecker, *How to Build a Habitable Planet*, op. cit., p. 645.
96   Ibid., p. 650, grifos do autor.
97   Ibid., pp. 599–600.
98   Ibid., p. 668.

gulação de Gaia".[99] Como estudioso do passado e da política humanos, considero certamente razoável mas talvez um tanto improvável essa visão de um futuro em que cientistas, ativistas e políticos e suas respectivas bases se mobilizem "rapidamente" a fim de reconhecer erros cometidos em uma escala social muito grande.

De qualquer forma, quando somos confrontados com o planeta, a linguagem da esperança (e do desespero) nos devolve ao presente, pois ter esperança e desespero são coisas que fazemos no *agora* humano, ao passo que o planetário situa os humanos sob um pano de fundo inumano. Essa aparente reaproximação entre a escala temporal do planetário e o tempo em que surgem a esperança e o desespero humanos é intelectualmente frágil. Ela permanece sujeita a críticas por pressupor que os humanos podem de alguma forma contornar a condição de ser o tipo de "pluriverso" que eles são e que Schmitt via como base para a distinção amigo/inimigo em seu famoso conceito do político.[100] A política humana, poderíamos dizer nas trilhas de Schmitt, é constitucionalmente plural e não pode ser subordinada com facilidade a nenhuma estratégia racional, como sabemos depois de constatar os problemas que o IPCC enfrenta ao tentar produzir estratégias para controlar as mudanças climáticas. O regime antropocênico de historicidade, conforme se evidencia na CST, situa os humanos sob um pano de fundo relacional e temporal que necessariamente não pode ser abordado com base em um horizonte temporal de experiências e expectativas humanas – isto é, do interior do regime global de historicidade. No entanto, essa é a reconciliação que até mesmo os cientistas do sistema Terra procuram alcançar como historiadores da futuridade humana. Suas preocupações compreensivelmente humanas e presentistas acabam obscurecendo a profunda alteridade do planeta que suas pesquisas também revelam.

A esperança de que os seres humanos venham a desenvolver uma tecnologia que permaneça em uma relação comensal ou congruente com a biosfera por um período que abarque escalas temporais geoló-

---

99 Timothy M. Lenton & Bruno Latour, "Gaia 2.0: Could Humans Add Some Level of Self-Awareness to Earth's Self-Regulation?". *Science*, n. 6407, v. 361, 14 set. 2018, p. 1068, grifo nosso, disponível online.

100 "O mundo político é um pluriverso, e não um universo". Carl Schmitt, *O conceito do político/Teoria do partisan* [1932], trad. Geraldo de Carvalho. Belo Horizonte: Del Rey, 2009, pp. 57–58.

gicas – tal esperança pertence aos domínios de uma utopia razoável.[101] Em espírito, isso não difere daquilo que Félix Guattari escreveu em seu livro – que desconhece a questão climática – *As três ecologias* [1989]. Com um ar de profecia que hoje – depois de todos os debates em torno de geoengenharia e sobre os humanos como a "espécie-Deus" – deve soar no mínimo um tanto duvidoso, Guattari escreveu que os equilíbrios naturais do planeta terra dependerão

> cada vez mais [...] das intervenções humanas. Um tempo virá em que será necessário empreender imensos programas para regular as relações entre o oxigênio, o ozônio e o gás carbônico na atmosfera terrestre. [...]. No futuro a questão não será apenas a da defesa da natureza, mas a de uma ofensiva para reparar o pulmão amazônico.[102]

O "pulmão amazônico", tal como a correia transportadora do Atlântico (a circulação meridional de capotamento do Atlântico Norte), pode muito bem ser uma parte do sistema Terra, e talvez seja muito mais fácil para os seres humanos – no tempo humano – destruir do que consertar essas partes. Procurar extrair quaisquer lições éticas ou morais de nossa nova compreensão do sistema Terra – as múltiplas teias de conexões nas quais nossos corpos são como pontos nodais, simplesmente um local pelo qual passam muitas conexões – equivale a tentar colocar no interior da alçada do global (o domínio das formas e valores e, portanto, do político) o planetário, que não apenas ultrapassa em escala o humano como também, como mencionei, não tem nada de moral, ético ou normativo. Esse impulso em si é sintomático do dilema que é o Antropoceno. Ele deriva da percepção de que

---

[101] Sobre tudo isso, ver Mark Williams et al., "The Anthropocene Biosphere". *Anthropocene Review*, n. 3, v. 2, 2015. É preciso lembrar que mesmo o fraco Acordo de Paris (2015) entre nações *simplesmente assume* que mais para o final deste século os seres humanos terão a tecnologia para rebaixar dióxido de carbono da atmosfera – isto é, produzir emissões "negativas". Ver Johan Rockström et al., "The World's Biggest Gamble". *Earth's Future*, n. 10, v. 4, ago. 2016; e Oliver Geden, "The Paris Agreement and the Inherent Inconsistency of Climate Policy Making". *WIREs Climate Change*, n. 7, nov.–dez., 2016.

[102] Félix Guattari, *As três ecologias* [2000], trad. Maria Cristina F. Bittencourt. Campinas: Papirus, 2011, p. 52. Guattari, no entanto, foi profético quanto à ascensão de "homens como Donald Trump" no mundo que analisou (pp. 25–26).

o alcance do global, algo que Guattari chamou de Capitalismo Mundial Integrado, mediante a intensificação de suas energias, acabou por desacreditar completamente a distinção natureza/sociedade ou sujeito (humano)/objeto (natureza) que por tanto tempo foi tida como pressuposto em todas as discussões da modernidade.[103] Mais do que isso, as instituições da civilização humana, incluindo a tecnologia, interferiram em alguns processos planetários críticos. A mudança climática planetária é justamente um exemplo desse ponto; os seres humanos quebraram o ciclo de carbono de curto prazo do planeta ao produzirem uma quantidade excessiva de dióxido de carbono que as instituições e a tecnologia humanas ainda não dão conta de reciclar.

Encarar o planetário exige, portanto, um reconhecimento de que a configuração comunicativa no interior da qual os seres humanos se viam naturalmente situados por meio de categorias como terra, mundo e globo agora se quebrou, ao menos parcialmente. Muitas tradições de pensamento, incluindo algumas religiosas, podem ter considerado a relação terra-humano uma relação especial; no que diz respeito ao planeta, entretanto, não somos mais especiais do que outras formas de vida. O planeta nos coloca na mesma posição que qualquer outra criatura.[104] Nossa vida de criatura, considerada coletivamente, é nossa vida animal competitiva como espécie, uma vida de que, *com todo respeito a* Kant, os humanos nunca podem escapar por completo.[105] Os incêndios devastadores que a Austrália sofreu entre o fim de 2019 e o início de 2020 ilustraram esse ponto de maneira trágica quando o

---

[103] É impossível não citar aqui o nome de Latour como um dos pioneiros desse argumento. Para uma discussão sobre as posições de Guattari, ver Jane Bennett, *Vibrant Matter: A Political Ecology of Things*. Durham: Duke University Press, 2010, p. 113.

[104] Devo esse ponto às minhas discussões com Norman Wirzba, a quem agradeço por ter compartilhado comigo seu ensaio inédito "Rethinking the Human in an Anthropocene World" [Repensando o humano em um mundo antropoceno]. O que digo aqui também ressoa com alguns comentários recentes de Joyce Chaplin: "O termo antropoceno [...] simultaneamente promove e rebaixa a humanidade [...]. Nossos atos coletivos constituem a Grande Aceleração [...]. Viva para nós? Nem tanto. O resultado líquido tem sido um grande lembrete de que somos apenas mais uma espécie [...] dependente de recursos naturais para florescer e vulnerável quando estes [...] se tornam escassos". Joyce E. Chaplin, "2016 Arthur O. Lovejoy Lecture Can the Nonhuman Speak? Breaking the Chain of Being in the Anthropocene". *Journal of the History of Ideas*, n. 4, v. 78, out. 2017, p. 512.

[105] Ver o capítulo 5 deste livro.

Departamento de Meio Ambiente do governo estadual da Austrália Meridional tomou a decisão de "destruir" – "de acordo com o mais alto padrão de bem-estar animal" – até 10 mil camelos selvagens porque os animais estavam competindo diretamente com as comunidades indígenas rurais por "alimentos e água potável em escassez".[106] Nessa história, humanos e camelos são simplesmente duas criaturas terrestres competindo pelos mesmos recursos. Nosso encontro com o planeta no pensamento humanista abre, assim, um espaço conceitual para o surgimento de uma possível antropologia filosófica que será capaz de pensar o capitalismo e nossa vida como espécie juntos, *tanto* de dentro de nossas preocupações e aspirações humanas *como* contra elas.

O pensamento político desde o século XVII tem se baseado na ideia de assegurar a vida e a propriedade humanas. Esse pensamento permaneceu constitucionalmente indiferente à quantidade de seres humanos – afinal, era o indivíduo humano o portador da vida, o titular de direitos e, em última análise, o beneficiário das políticas de bem-estar. Essa indiferença ao número total de seres humanos se traduziu em uma indiferença em relação à biosfera, sendo dominante a suposição de que o globo sempre dispunha de recursos suficientes para sustentar por tempo indefinido o projeto humano-político independentemente do grau de demanda que os humanos pudessem desenvolver em relação à terra. Mas nosso encontro com o planeta ou com o sistema Terra nos permite ver como alguns dos pressupostos básicos dessa tradição agora se encontram em xeque. Quanto mais "trabalhamos" a terra em busca do florescimento mundano de um grande número de humanos, tanto mais encontramos o planeta. Seria uma profunda e trágica ironia da história humana se as instituições, a busca por lucro e a tecnologia, que até agora trabalharam em conjunto para "assegurar" a vida humana, se expandissem a ponto de fazer que os ciclos planetários entrassem em colapso, aquecendo e acidificando os mares, levando as florestas a desaparecer, tensionando a biodiversidade e apressando a extinção das espécies, multiplicando o número de refugiados no mundo (hoje estimado em cerca de 65 milhões), aumentando a frequência de eventos de "clima extremo" e fazendo que o trabalho de seres humanos e animais fosse substituído pelo trabalho de inteligências artificiais. As instituições das quais os seres humanos se valeram até agora para

---

106   Holly Robertson, "Snipers to cull up to 10,000 camels in drought-stricken Australia". *Phys.Org*, 8 jan. 2020, disponível online.

assegurar sua vida atingiram um grau de expansão e desenvolvimento em que essa premissa muito fundamental da política humana – assegurar a vida humana – está sendo solapada. O capitalismo tardio, nesse sentido, destrói o projeto político-humano no mundo como um todo. Em tais circunstâncias, há certamente o perigo, como aponta Latour, de haver uma rebarbarização do mundo, uma perspectiva que muitos líderes e partidos autoritários da atualidade implícita ou explicitamente incorporam e defendem.[107]

Se a crise climática do florescimento humano traz à tona processos planetários que no passado os seres humanos simplesmente ignoraram, colocaram entre parênteses ou consideraram garantidos, é razoável reivindicar uma ética que permita aos seres humanos desenvolver "táticas cotidianas para cultivar uma capacidade de discernir a vitalidade da matéria".[108] Mas também temos de concordar com Jane Bennett quando ela afirma que essa "atenção dedicada à matéria e a seus poderes não resolverá o problema da exploração ou opressão humanas [...]. Pode [apenas] inspirar uma consciência maior do grau em que todos os corpos são aparentados no sentido de [estarem] intrinsecamente enredados em uma densa teia de relações".[109] O pós-humanismo, por si só, não pode abordar o político. Qualquer teoria da política à altura da crise planetária que os seres humanos enfrentam hoje teria de se basear naquela mesma velha premissa de assegurar a vida humana, mas agora fundamentada em uma nova antropologia filosófica, isto é, em uma nova compreensão do lugar cambiante dos seres humanos na teia da vida e nas histórias interligadas, mas diferentes, do globo e do planeta.

Como observou certa vez o geólogo Jan Zalasiewicz: "É difícil, como seres humanos, termos uma perspectiva sobre a raça humana".[110] Quais são, de fato, as perspectivas que a CST oferece? Santo Agostinho foi escrever suas *Confissões* quando se deu conta de que ele havia se tor-

---

[107] Latour destrincha algumas de suas reflexões sobre essa questão em Bruno Latour, *Down to Earth: Politics in the New Climatic Regime*, trad. Porter. Medford: Polity, 2018.

[108] Jane Bennett, *Vibrant Matter*, op. cit., p. 119.

[109] Ibid., p. 13. A tentativa que Kelly Oliver faz de desenvolver uma ética da terra com base na filosofia de Heidegger tem espírito um tanto semelhante; ver Kelly Oliver, "The Earth's Refusal: Heidegger", in Kelly Oliver, *Earth and World: Philosophy after the Apollo Missions*. New York: Columbia University Press, 2015.

[110] Jan Zalasiewicz, *The Earth after Us: What Legacy Will Humans Leave in the Rocks?*. New York: Oxford University Press, 2008, p. 1.

nado uma "questão" para si mesmo.[111] Na mesma linha, poderíamos indagar: se lermos na CST algo como uma (auto)biografia dos seres humanos ao se tornarem um problema para si mesmos, qual é de fato a pergunta que move essa narrativa? A questão em si permanece sem ser formulada, mas há muitas questões derivadas, de segunda ordem, nadando em seu campo gravitacional. Os humanos agora são uma "espécie-Deus"? Os seres humanos devem formar parentescos com outros seres não humanos? Será que as sociedades humanas devem visar tornar-se parte dos sistemas naturais do planeta? Será que a terra se tornará um planeta "inteligente" graças à integração entre a tecnosfera e a biosfera? Tais questões – que não podem ser respondidas, mas que vêm ganhando força a cada dia – indicam como a categoria *planeta* adentra o pensamento humanista, como uma questão de interesse humano-existencial, mesmo à medida que nos damos conta de que o planeta não nos diz respeito da mesma maneira que nossas categorias mais antigas de *terra*, *mundo* e *globo*. Voltaremos a essas perguntas no final deste livro. A próxima parte do livro, porém, se dedica a explorar como esse despertar para a escala do planetário nos faz repensar certos temas-chave na história global da modernidade e da modernização.

---

[111] "Voltei-me então para mim mesmo e perguntei: "Tu, quem és?". Santo Agostinho, *Confissões* [397–400], trad. Lorenzo Mammi. São Paulo: Companhia das Letras, 2017, livro X, VI (Os pensadores).

PARTE II
A dificuldade de ser moderno

4 A dificuldade de ser moderno

Há uma parte importante do discurso das mudanças climáticas que, pode-se dizer, se enxerga como uma continuação da crítica às iniquidades da globalização e é, portanto, bastante compatível com o esquema schmittiano de apropriação → produção → distribuição que discutimos no capítulo anterior. Trata-se da literatura sobre questões de "justiça climática". Mas precisamos modificar o esquema schmittiano em um aspecto importante: com o aquecimento e a elevação do nível dos mares, com estiagens e supertempestades cada vez mais frequentes, e com o aumento no número de refugiados provocado direta ou indiretamente pelas mudanças climáticas, a luta hoje não apenas se dá por distribuição ou justiça como também por apropriação, um assunto que aborda diretamente os estudos de segurança e relações internacionais, tocando em questões políticas fundamentais sobre soberania. Eu poderia evocar muitos exemplos para ilustrar esse ponto, mas permita-me citar uma fala de Phillip Muller, então embaixador das ilhas Marshall nas Nações Unidas, no recém-criado Centro Sabin para Leis de Mudanças Climáticas da Universidade Columbia, no ano de 2009:

> O nível dos mares está subindo, e em alguma década – ninguém sabe qual – [meu] país de 29 atóis de coral e cinco ilhas, localizado a meio caminho entre o Havaí e a Austrália, estará debaixo d'água. Quando isso acontecer, surgirá uma série de novas questões jurídicas. Se um país está debaixo d'água, ainda é um Estado? Ainda tem direito a um assento na Organização das Nações Unidas? Como ficam sua zona econômica exclusiva e os direitos de pesca de que depende para grande parte de seus meios de subsistência? Que países acolherão sua população desabrigada e que direitos ela terá quando chegar? Essas pessoas terão algum recurso contra os Estados cujas emissões de gases de efeito estufa provocaram essa situação?[1]

---

1 Michael B. Gerrard & Gregory E. Wannier (orgs.), *Threatened Island Nations: Legal Implications of Rising Seas and a Changing Climate*. Cambridge: Cambridge University Press, 2013, p. xvii, apud Edvard Hviding, "Climate

Nessa citação, o impacto das mudanças climáticas levanta todas as questões que marcam o esquema schmittiano: distribuição (soberania e justiça), produção (direitos de pesca) e apropriação (perda de terras, zonas econômicas exclusivas, refugiados aparecendo em outros lugares). O problema da justiça é formulado aqui em termos políticos que pertencem à história da globalização: as nações e os povos que estão sofrendo o impacto das mudanças climáticas teriam "algum recurso", como disse o embaixador, "contra aqueles Estados cujas [...] emissões provocaram" essa sua situação? No cerne do problema climático, a questão da justiça introduz a questão do "desenvolvimento desigual". Uma preocupação antropocêntrica, certamente, mas uma preocupação diretamente ligada aos debates sobre o desenvolvimento capitalista e os mercados mundiais.

Mas há ainda outra preocupação das nações em desenvolvimento que subjaz a suas queixas sobre as iniquidades do impacto das mudanças climáticas, e que considero crucial para o argumento sobre a relação entre clima e capital global: refiro-me ao desejo generalizado por crescimento, modernização, desenvolvimento, o que quer que se chame, nas nações menos desenvolvidas do mundo. A questão do desenvolvimento – na verdade, o direito ao desenvolvimento – esteve no centro do chamado debate sobre justiça climática deflagrado em 1991 – um ano após a publicação do primeiro relatório do IPCC – pelos ativistas ambientais indianos Anil Agarwal e Sunita Narain, que vimos aqui antes. Até onde sei, eles foram os primeiros a propor que os índices nacionais de emissão de gases de efeito estufa (GEE) fossem calculados em uma base *per capita*. Agarwal e Narain se opunham ao uso generalizado e indiscriminado da palavra *humano* – seu alvo imediato era um relatório do World Resources Institute (WRI) sobre o "meio ambiente global" –, posicionando-se contra o que viam como o espúrio "uno-mundismo" do Ocidente.[2] Agarwal e Narain viam isso tudo como um "excelente exemplo de colonialismo ambiental", cuja

---

Change, Oceanic Sovereignties and Maritime Economies in the Pacific" (texto apresentado na Oceanic Anthropology Lecture Series, University of Hawaiʻi at Manoa, Center for Pacific Islands Studies e East-West Center, Pacific Islands Development Program, 13 fev. 2017). Sou grato ao professor Hviding por ter compartilhado comigo esse texto.

[2] Anil Agarwal & Sunita Narain, *Global Warming in an Unequal World: A Case of Environmental Colonialism* [1991]. New Delhi: Centre for Science and Environment, 2003, p. 20n1.

"intenção", conforme a suspeita deles, era no fundo "perpetuar a desigualdade global [...] no uso do meio ambiente e dos recursos da terra" ao culpabilizar os "'países em desenvolvimento' pelo aquecimento global", quando "a acumulação desses gases [GEE] na atmosfera terrestre é principalmente o resultado do consumo descomunal dos países desenvolvidos, particularmente os Estados Unidos".³

Para a dupla, era como se as mudanças climáticas estivessem inaugurando um "regime de historicidade" cruel e injusto que ameaçava selar o futuro que a Índia e a China se viam perseguindo à medida que se tornavam nações independentes no final da década de 1940, e mais vigorosamente a partir da década de 1980: um horizonte aberto de modernização inspirado pelos Estados Unidos e pela União Soviética após a Segunda Guerra Mundial.⁴

> Muitos países em desenvolvimento temem que a proposta de convenção climática [Rio 1992] imponha sérios entraves a seu desenvolvimento, limitando sua capacidade de produzir energia, particularmente do carvão [...], e empreender o cultivo de arroz e programas de criação de animais [...]. [No Ocidente,] o foco hoje é nos países pobres em desenvolvimento [...] seu uso minúsculo de recursos é malvisto, e vai se construindo toda uma histeria em torno de seu possível aumento de consumo [...]. O sonho que todo chinês tem de possuir uma geladeira está sendo descrito como uma maldição.⁵

Assim, o argumento que passou a ser conhecido pelo nome de "justiça climática" também pode ser visto, efetivamente, como uma estratégia

---

3   Ibid., p. 1.
4   François Hartog, *Regimes of Historicity: Presentism and Experiences of Time*, trad. Saskia Brown. New York: Columbia University Press, 2015. Hartog conta uma história europeia de um "regime de historicidade" moderno (um horizonte de um futuro aberto) que abrangeu os séculos XVIII e XIX na Europa e chegou ao fim com as duas guerras mundiais, sucumbindo ao "presentismo" – o futuro desabando no presente – no final do século XX. Seria possível argumentar que um regime de historicidade moderno semelhante foi inaugurado fora da Europa a partir dos anos 1950, quando as novas nações em processo de descolonização caíram no feitiço das teorias da modernização que emanavam tanto da União Soviética como dos Estados Unidos durante a era da Guerra Fria.
5   Anil Agarwal & Sunita Narain, *Global Warming in an Unequal World*, op. cit., p. 1.

para tentar negociar, para nações como a Índia e a China, uma sobrevida mais longa para um regime desenvolvimentista de tempo histórico (o que não significa negar seu argumento sobre justiça climática).

Não se pode debater a política das mudanças climáticas sem olhar para como as questões de "desenvolvimento" afetam os modernizadores subalternos da história. Vejamos a simples questão do mercado de ar-condicionado na Índia. No dia 12 de outubro de 2016, negociadores representando 170 países se reuniram em Kigali, Ruanda, e concordaram em eliminar gradualmente o uso de hidrofluorcarbonetos (HFCs) usados na fabricação de aparelhos de ar-condicionado mais baratos que começaram a ser adquiridos por famílias emergentes, muitas vezes das camadas baixas da hierarquia social, em países como a Índia. Esses aparelhos ajudam a lidar com verões que, a cada ano que passa, ficam mais quentes. Os HFCs retêm o calor com uma eficácia mil vezes maior do que o dióxido de carbono.[6]

O economista Michael Greenstone noticia no *New York Times* que, enquanto 87% dos lares estadunidenses têm ar-condicionado, essa cifra na Índia é de apenas 5% (ou 6%–9%, conforme outras estimativas). Atualmente, a temperatura média da cidade de Nova Délhi ultrapassa 35°C durante cinco ou seis dias por ano; a estimativa é de que até o fim do século esse número anual suba para 75 dias. Os efeitos de mortalidade que cada dia adicional acima de 35°C representa "são 25 vezes maiores na Índia do que nos Estados Unidos, onde o uso de aparelhos de ar-condicionado reduziu em 80% o número de mortes ligadas ao calor entre 1960 e 2004".[7] Em outro artigo do *New York Times,* Ellen Barry e Carol Davenport noticiam que os cientistas afirmam que

> um surto no uso de aparelhos de ar-condicionado com HFC contribuiria sozinho para 0,6°C de aquecimento atmosférico ao longo do próximo século – em um ambiente no qual apenas 1,7°C de aquecimento poderia bastar para fazer que o planeta caísse em um futuro irreversível de elevação no nível do mar, tempestades e dilúvios mais poderosos, estiagens extremas e escassez de alimentos, entre outros impactos devastadores.

---

6   Ellen Barry & Carol Davenport, "Emerging Climate Accord Could Push A/C out of Sweltering India's Reach", *New York Times*, 12 out. 2016, disponível online.
7   Michael Greenstone, "India's Air-Conditioning and Climate Change Quandary", *New York Times*, 26 out. 2016, disponível online.

No entanto, esse "surto" é exatamente o que está acontecendo na Índia, onde, de acordo com a mesma reportagem, o que "está impulsionando o crescimento [é] a compra do primeiro aparelho – e não de uma segunda nem terceira unidade". "Toda vez que os salários do funcionalismo público sobem", escrevem Barry e Davenport, parafraseando uma autoridade indiana, "as compras de aparelhos de ar-condicionado despontam" mesmo entre famílias da classe trabalhadora.[8]

A reportagem de Barry e Davenport captura algo do que podemos denominar, seguindo Ranajit Guha, as "pequenas vozes" da história contemporânea, as vozes daqueles que têm de lidar com um mundo em aquecimento enquanto expressam e perseguem sua aspiração por mobilidade social e modernização.[9] Também é necessário ter em mente o tema do crescimento populacional na Índia, especialmente nas cidades. A estimativa é de que 50% de todo o crescimento populacional humano entre o presente e 2100 venha de oito países, dois dos quais são Índia e Paquistão (os outros seis são todos da África: Nigéria, Tanzânia, República Democrática do Congo, Níger, Uganda e Etiópia).[10] Por mais que em certos aspectos da questão populacional as aspirações e a justiça de gênero possam de fato se alinhar com a tarefa mais ampla de reduzir a população democraticamente por meio do desenvolvimento – garantindo o acesso das mulheres à educação, oportunidades de emprego e métodos de contracepção –, ainda assim permanece o problema do desenvolvimento acelerado das megacidades, um mundo que Mike Davis batizou adequadamente de "planeta-favela".[11] Entre 2001 e 2011, a população geral da Índia cresceu cerca de 17% ou 18%. A cidade de Bangalore cresceu "nada menos do que 47%, e sua densidade populacional passou de 2 985 pessoas por quilômetro quadrado em 1991 para 4 378 em 2010. Délhi cresceu 21% entre 2001 e 2011".[12]

---

[8] Ellen Barry & Carol Davenport, "Emerging Climate Accord Could Push A/C out of Sweltering India's Reach", op. cit.
[9] Ver Ranajit Guha, "The Small Voice of History", in Ranajit Guha, *The Small Voice of History: Collected Essays*. New Delhi: Permanent Black, 2009.
[10] Anthony D. Barnosky & Elizabeth A. Hadly, *End Game: Tipping Points for Planet Earth*. London: William Collins, 2015, p. 41.
[11] Ibid., pp. 50-51.
[12] Ibid., p. 43. Ver também as estatísticas apresentadas em Assa Doron & Robin Jeffrey, *Waste of a Nation: Garbage and Growth in India*. Cambridge: Harvard University Press, 2018, pp. 47-54.

Portanto, não surpreende ler que

> um sentimento coletivo de emoção passa pela travessa 12 do bloco C, em Kamal Pur [bairro de Nova Délhi], toda vez que outra família de classe trabalhadora chega trazendo seu primeiro aparelho de ar-condicionado. Acionado por apenas algumas horas, geralmente para refrescar um quarto onde a família inteira dorme, o aparelho transforma a vida nesse labirinto concreto sufocante onde em maio o calor atinge o marco de 47°C.

"Você acorda totalmente refrescada", conta Kaushilya Devi, uma dona de casa. Seu marido adquiriu uma unidade no último mês de maio. "Eu não diria que somos de classe média", acrescenta, "mas estamos mais perto." Um gerente de banco, S. S. Pathak, é muito grato pelo fato de o ar-condicionado ter permitido a seus filhos estudarem para o exame de admissão na faculdade de medicina – agora eles conseguem "dar conta de sessões de estudo noturnas sem cair no sono ou serem devorados por mosquitos potencialmente transmissores de doenças". Outra entrevistada, Sandhya Chauhan, vive com sua família "em dois cômodos subterrâneos mofados e sem janela, que ficam completamente sufocantes nas noites de verão, fazendo que seis adultos encharcados de suor acordem agitados e inquietos":

> Mas nunca foi tão horrível como em maio [de 2016], quando a temperatura subiu tanto que os amigos da sra. Chauhan especularam que a terra estava colidindo com o sol [...]. Quando um médico alertou a sra. Chauhan de que a exaustão de calor estava afetando a saúde do filho mais velho, o marido comprou um aparelho de ar-condicionado a crédito [...]. A aquisição mudou a forma como eles se veem [...]. "Educação é ensinar as pessoas a se cuidarem", disse. "Agora que a gente se acostumou com esses aparelhos, nunca mais voltaremos [a ficar sem eles]."[13]

Essas vozes generificadas, subalternas e emergentes deixam claro que nosso senso de florescimento humano comum e até mesmo de democracia em um mundo em aquecimento depende de dar para todos

---

[13] Ellen Barry & Carol Davenport, "Emerging Climate Accord Could Push A/C out of Sweltering India's Reach", op. cit.

acesso a uma energia barata e abundante. Vale reproduzir aqui as palavras perspicazes de Arjun Appadurai sobre tais aspirações cotidianas:

> As aspirações à boa vida fazem parte de uma espécie de sistema de ideias [...] que as localiza em um mapa mais amplo de ideias e crenças locais sobre [...] a vida e a morte, o caráter das posses mundanas, o significado dos bens materiais sobre as relações sociais, a ilusão relativa de permanência social para uma sociedade, o valor da paz e da guerra [...] ideias locais sobre casamento, trabalho, lazer, conveniência, respeitabilidade, amizade, saúde e virtude.[14]

No entanto, imagine o futuro que aguarda pessoas como Kaushilya Devi e Sandhya Chauhan se as nações de fato bancarem a decisão de passar a adotar alternativas aos HFCs. Os substitutos, diz Stephen Yurek, presidente do Air-Conditioning, Heating, and Refrigeration Institute [Instituto de Ar-condicionado, Aquecimento e Refrigeração], são "mais inflamáveis e tóxicos"; portanto, exigem aparelhos de ar-condicionado mais bem projetados e mais caros, bem como trabalhadores mais qualificados para instalá-los. A Índia, compreensivelmente, solicitou uma transição lenta: adiar para 2031 a eliminação dos HFC e reduzir seu uso gradualmente para cerca de 15% dos níveis de 2029 até o ano de 2050, contanto que haja alguma ajuda por parte dos países desenvolvidos, cujos peritos afirmam ser crucial proibir os HFCs antes que ocorra o *boom* do ar-condicionado. Na China, apenas 5% dos residentes urbanos tinham ar-condicionado na década de 1990; em dez anos, esse número subiu para 100%.[15] Greenstone comenta a evidente ironia da situação: "A mesma tecnologia que pode ajudar a proteger as pessoas das mudanças climáticas também acelera o ritmo das mudanças climáticas". Mas, por enquanto, "a Índia está fortemente concentrada em residentes atuais que enfrentam riscos que não existem em países ricos como os Estados Unidos".[16] Quem quer que seja o primeiro-ministro indiano nas próximas décadas precisará do consentimento das Kaushilya Devis e das Sandhya

---

14 Arjun Appadurai, *The Future as a Cultural Fact: Essays on the Global Condition*. London: Verso, 2013, p. 187.
15 Ellen Barry & Carol Davenport, "Emerging Climate Accord Could Push A/C out of Sweltering India's Reach", op. cit.
16 Michael Greenstone, "India's Air-Conditioning and Climate Change Quandary", op. cit.

Chauhans do país para cumprir as obrigações internacionais da Índia no quesito HFCs.

O pós-humano e o pós-colonial

Como conciliar a realidade dessas aspirações populares, que se desenrolam no decurso dos ciclos eleitorais e da política institucional, com o que as vozes acadêmicas da Ciência do Sistema Terra e daquilo que reunimos sob a rubrica "pós-humanismo" nos dizem sobre um mundo emaranhado, agências distribuídas, o papel dos processos planetários, o não humano, e assim por diante? O embaixador das ilhas Marshall, que citei há pouco, pode até falar do direito dos ilhéus à pesca de atum em sua zona econômica exclusiva do mar, mas pense no papel do atum! Esse peixe, seguindo os gradientes variáveis das temperaturas oceânicas, pode muito bem decidir aparecer em outras águas mais amigáveis à sua lógica de morada e reprodução.

Uma visão não antropocêntrica do mundo, como discutimos no capítulo anterior, é parte integral da Ciência do Sistema Terra. Portanto, se falamos de "capitalismo na teia da vida" ou do "Capitaloceno", é difícil (se não impossível) ignorar – ao considerar o problema das mudanças climáticas – a questão da agência do não humano e dos não vivos. Não é à toa que a crise planetária das mudanças climáticas convide a comentar aqueles que escrevem de modo geral sob a rubrica do pós-humanismo: Bruno Latour, Donna Haraway, Anna Tsing, Jane Bennett e Rosi Braidotti, entre outros. Os livros *Geontologies* [Geontologias], de Elizabeth Povinelli, *Há mundo por vir?*, de Déborah Danowski e Viveiros de Castro, *Facing the Planetary* [Encarando o planetário], do teórico político William Connolly, e *A Political Theology of Climate Change* [Uma teologia política da mudança climática], de Michael Northcott, são tentativas de produzir uma gramática de uma nova política que combine agências humanas e não humanas.[17] O apelo epistemológico

---

[17] Elizabeth A. Povinelli, *Geontologies: A Requiem to Late Liberalism*. Durham: Duke University Press, 2016; Déborah Danowski & Eduardo Viveiros de Castro, *Há mundo por vir? Ensaio sobre os medos e os fins*. Desterro: Cultura e Barbárie/ Instituto Socioambiental, 2014; William E. Connolly, *Facing the Planetary: Entangled Humanism and the Politics of Swarming*. Durham: Duke University Press, 2017; Michael S. Northcott, *A Political Theology of Climate Change*. Grand Rapids: William B. Eerdmans, 2013.

dessa guinada em direção a uma descrição pós-humana do mundo – e o desejo de criar um senso correspondente do que é o político (pense na ideia do "parlamento das coisas" desenvolvida por Latour) – está muito bem expresso no livro *Vibrant Matter* [Matéria vibrante], em que Jane Bennett fala sobre como a distinção natureza-cultura nos dá menos uma descrição equivocada do mundo do que uma descrição "superficial" dele. Usando criativamente essa oposição geertziana entre denso e superficial, o livro dela sugere que os estudos pós-humanos fornecem o tão necessário corretivo da descrição "densa": "As teorias da democracia que assumem um mundo de sujeitos ativos e objetos passivos começam a se revelar descrições superficiais em um tempo no qual as interações entre corpos humanos, virais, animais e tecnológicos estão se tornando cada vez mais intensas".[18]

Mesmo se admitirmos que as perspectivas que consideram a agência ser algo comum a humanos e não humanos de fato nos proporcionam descrições melhores sobre o funcionamento do planeta e da vida sobre ele, uma questão crítica ainda permaneceria: por que os humanos modernos, apesar desse conhecimento, permanecem mais apegados à distinção natureza-cultura, ou seja, ao que Bennett chama de "descrição superficial" da realidade? Como explicar o desejo por modernidade ou pelo chamado desenvolvimento – ou ao menos as conveniências da modernização – presente em muitos (se não na maioria) dos humanos em toda parte? Qual é a relação entre os projetos de modernização iniciados no terceiro mundo pelos modernizadores anticoloniais das nações "novas" ou anteriormente colonizadas das décadas de 1950 e 1960 na Ásia, na África, no Pacífico e em outros lugares, o desejo por crescimento e progresso capitalista em nações populosas como Índia e China, e a crise climática de hoje?

O atual debate nas ciências humanas sobre as mudanças climáticas – mesmo quando reconhece (e na maioria das vezes é o que de fato ocorre) a razoabilidade da posição de "justiça climática" – não nos explica nada sobre a história desses desejos do terceiro mundo; sobre por quê, como e mediante que tipo de história intelectual e social o desenvolvimento e o progresso vieram a se tornar noções tão valorizadas na Índia, na China, no Egito pós-colonial, na Indonésia ou em Papua-Nova Guiné. E não só desejos. A dominação técnica da natureza

---

18 Jane Bennett, *Vibrant Matter: A Political Ecology of Things*. Durham: Duke University Press, 2010, p. 108.

foi experimentada como masculinidade muito além dos limites do chamado Ocidente. Mesmo em minha história economicamente deprimida da classe média colonial bengali-hindu, um jovem, talentoso e posteriormente célebre poeta, Premendra Mitra [1904-88], intoxicado pelo sucesso aparentemente triunfante do labor da "humanidade ocidental" – o *animal laborans*, de Arendt – e tomando-o como representante do ápice da história do labor humano como um todo (repare no uso que o poema faz da palavra *preguiçosamente*) –, exultou diante da devastação humana da terra ao retratar, de maneira inteiramente masculina, a vontade da própria terra de assim ser devastada:

> A terra implora a estocada do arado
> O oceano, pelo leme.
> Metais, aprisionados no palácio das Profundezas,
> Anseiam pelo [toque do] homem.
> O turbulento rio quer se derramar em grilhões,
> Se submeter em ataduras à ponte.
> Tempo não há, infelizmente, para contemplar
> Preguiçosamente a beleza do mundo.[19]

Os críticos marxistas que localizam as raízes do aquecimento global na história do capitalismo global querem renomear o Antropoceno de Capitaloceno, ou de algo que aluda à sua gênese social. Mas eles não se pronunciam sobre a questão de como ou por que as visões de futuros modernizados vieram a se apoderar da imaginação das classes médias, e de outras classes, nas nações ex-colônias de potências europeias. Se houver alguma agência de humanos concretos na literatura marxista sobre o Capitaloceno – isto é, agência que exceda o que pode

---

[19] Ver o poema "Kabi" [O poeta] em *Premendra Mitra Rachanabali* [Obras reunidas de Premendra Mitra]. Calcutta: Granthalaya, 1976, p. 7. É provável que o poema tenha sido publicado originalmente nos anos 1920 e depois republicado na primeira coletânea de poemas de Mitra, *Prathama* [1932]. A popularidade contemporânea desses versos pode ser constatada na referência elogiosa que lhes é feita nas celebradas conversações do poliglota e intelectual bengali de renome Benoy Kumar Sarkar. Ver a conversa de 5 abril de 1944 em *Benoy Sarkarer Baithoke* (*Bingsho shotabdir bongo sanskriti*) [em bengali], v. 2, conversas com Haridas Mukhopadhyay, Shibchandra Datta, Hemendra Bijoy Sen, Kshiti Mukhopadhyay, Subodh Krishna Ghoshal e Manmatha Nath Sarkar. Calcutta: Dey's, 2003, p. 584. O poema também fez parte de meu currículo de ensino médio nos anos 1960.

ser atribuído à lógica abstrata do capital –, ela pertence a capitães e elites industriais que tomam decisões econômicas em mesas de diretoria e em governos, e não às classes médias, subalternas ou de elite da Ásia e da África.[20] Na palestra de abertura que preparou para a conferência anual da revista *Millennium* em 2015, Bruno Latour explicou a disposição da humanidade em pagar esse "preço" epistemológico (a distinção natureza-cultura) recorrendo às suas "vantagens" práticas: "Claro, esse preço em muitas situações compensa. Galga grandes progressos quem discerne partes, adiciona relações, constrói mecanismos, liga elementos com relações de causa e efeito e constrói modelos em escala do conjunto como um todo. As vantagens de proceder dessa forma não estão em questão".[21]

Como aponta Latour em seu clássico *Jamais fomos modernos*, a separação natureza-cultura, que em última instância equivale a uma separação ontológica entre humano e não humano, culmina em certos projetos de "purificação". É impossível pensar a modernidade e o modo de produção capitalista sem levar em conta seus processos, tanto intelectuais como práticos, de extrair da "natureza" várias entidades em seus supostos estados de pureza. É isso que Jane Bennett

---

[20] Ver, por exemplo, Andreas Malm, *Fossil Capital: The Rise of Steam Power and the Roots of Global Warming*. New York: Verso, 2016.

[21] Bruno Latour, "Onus orbis terrarum: About a Possible Shift in the Definition of Sovereignty". *Millennium: Journal of International Studies*, n. 3, v. 44, 2016, p. 318. Philippe Descola atribui "vantagens" semelhantes à oposição natureza-cultura. "Estou disposto a admitir que tal prisão (a posição entre natureza e cultura) tem, sim, suas vantagens. O dualismo não é um mal em si mesmo e é ingênuo estigmatizá-lo por motivos puramente morais, à maneira das filosofias ecologicamente amistosas do meio ambiente, ou culpá-lo por todos os males da era moderna, desde a expansão colonial à destruição de recursos não renováveis, incluindo a reificação de identidades sexuais e distinções de classe. Precisamos ao menos creditar o dualismo não apenas por sua aposta de que a natureza está sujeita a leis que lhe são próprias como também por seu formidável estímulo ao desenvolvimento das ciências naturais. Devemos igualmente a ela não apenas a crença de que a humanidade se torna gradualmente civilizada por meio do aumento do próprio controle sobre a natureza e o disciplinamento mais eficiente de seus instintos como também certas *vantagens*, em particular as políticas, engendradas por uma aspiração de progresso." Philippe Descola, *Beyond Nature and Culture*, trad. Janet Lloyd. Chicago: University of Chicago Press, 2013, pp. 80–81, grifo nosso.

tem em mente quando fala em trabalhar com uma "descrição superficial" da natureza. Pense em uma mercadoria tão elementar como a "terra". Quando um terreno é comercializado, ele é vendido como um pedaço de abstração, uma figura bidimensional traçada em um mapa desprovido, digamos, de todas as formas de vida que o habitam, exceto talvez daquelas de valor monetário mais imediato para os seres humanos. Ou pense nos metais e minerais. Eles raramente ocorrem na natureza em forma pura. E não é à toa que as fábricas de petróleo têm "destilarias" – o nome já diz tudo. Nas palavras de Zalasiewicz et al., metais puros ou ligas metálicas eram

> raros na terra pré-humana, onde ouro e (menos comumente) cobre e ferro ocorriam naturalmente em quantidades que podiam ser exploradas. Foi só a partir do Holoceno que [...] os seres humanos passaram a isolar metais por meio da fundição de seus compostos, a começar pelo chumbo, pela prata e pelo estanho (boa parte do cobre e do ferro também tinha de ser extraída de minérios compostos). Em uma explosão de inovação entre o fim do século XVIII e meados do século XX, isolou-se a maioria dos metais, incluindo alguns cuja existência em suas formas nativas nem sequer era sabida, tais como magnésio, cálcio, sódio, vanádio e molibdênio e alguns que ocorrem apenas raramente e em quantidades minúsculas, tais como alumínio, titânio e zinco.[22]

Entre as novas ligas metálicas estão o bronze, o latão, o estanho e as ligas de ferro-carbono, "muitas vezes com outros metais, tais como o cromo e o molibdênio". E essa produção de pureza também levou à proliferação daquilo que Latour denomina "híbridos". Os seres humanos produziram "ampla gama de minerais sintéticos [...] novas formas de granada [...] [e] materiais cristalinos" para uso em *lasers*, tais como o nitreto de boro (Borazon), "um abrasivo industrial". O carboneto de boro é outro metal híbrido desse tipo usado na blindagem de tanques e em coletes à prova de balas, "ao passo que o carboneto de tungstênio é usado nas pontas das canetas esferográficas". A Inorganic Crystal Structure Database elenca, escrevem Zalasiewicz et al., "mais de 180 mil tipos diferentes de compostos semelhantes a minerais 'sintéticos'" feitos por huma-

---

[22] Jan Zalasiewicz et al. (orgs.), *The Anthropocene as a Geological Time Unit: A Guide to the Scientific Evidence and Current Debate*. Cambridge: Cambridge University Press, 2019, p. 44.

nos.²³ Também poderíamos acrescentar a essa lista os "Novos Minerais Feitos pelo Homem" (inicialmente os "minerais mediados por humanos") frequentemente associados à mineração (formados "por meio do intemperismo de escórias minerais, da cristalização de sistemas de drenagem de minas ou pela precipitação em paredes de túneis, bem como de produtos de corrosão em torno de artefatos arqueológicos") e compostos sintéticos semelhantes a minerais, tais como "materiais de construção ubíquos produzidos em massa, como o cimento Portland" (a base do concreto) e "produtos obtidos pela queima de argila, como a porcelana e o tijolo". Menos volumosos, mas igualmente difundidos são os "cristais tecnológicos, incluindo os usados em dispositivos semicondutores, ímãs, LEDs e outras aplicações eletrônicas".²⁴ Latour está absolutamente certo: o projeto de purificação caminha de mãos dadas com a proliferação de híbridos, um processo que, como ele defende, acaba por minar a própria oposição natureza-sociedade ou natureza-cultura que possibilitam os projetos de "superficialização" da natureza ou de produção de entidades em um estado "puro".

Reconheço isso tudo. Mas considere também o seguinte ponto importante: se o desejo de modernização/desenvolvimento das vastas classes médias não ocidentais fosse apenas uma questão de utilidade, vantagem prática, ganância ou lucro, esse desejo pareceria simplesmente grosseiro e moralmente indefensável. Poderíamos, então, repetir, com uma indignação moral confiante, o aforismo atribuído a Gandhi – de que, embora o mundo tenha o suficiente para satisfazer às necessidades de todos, nunca houve o bastante para alimentar a ganância de todos – e dar por encerrada a crítica à modernização. Se o desenvolvimento e a modernização se resumissem a isso, pensadores como Amartya Sen (e Martha Nussbaum, entre outros) não teriam elaborado o famoso "enfoque das capacidades" ao problema ou, então, descrito o "desenvolvimento como liberdade".²⁵ É preciso compreender os aspectos éticos desse desejo se quisermos mergulhar nas profundezas do atual impasse humano.

---

23 Ibid., p. 44. Para uma consideração mais detida da natureza híbrida da materialidade que marca a vida "moderna", ver Kylie Ann Crane, *Concrete and Plastic: Thinking through Materiality*. Habilitationsschrift, Universität Potsdam, 2019. Sou grato à doutora Crane por ter compartilhado comigo sua tese de habilitação.
24 Jan Zalasiewicz et al., *Anthropocene as a Geological Time Unit*, op. cit., p. 43.
25 Amartya Sen, *Development as Freedom*. New York: Anchor Books, 2000, e *On Ethics and Economics*. New York: Basil Blackwell, 1987.

É aqui, sugiro eu, que devemos levar em consideração a história dos modernizadores anticoloniais do terceiro mundo. Um dos fundamentos do envolvimento de Latour com o Antropoceno, por exemplo, são suas críticas anteriores ao que ele denominou memoravelmente "a constituição moderna", uma constituição peculiar que, graças à sua separação absoluta (digamos, a partir do século XVII) entre natureza e sociedade, uma versão da oposição natureza-cultura, permitiu a proliferação de uma multiplicidade de híbridos (coisas que não eram nem puramente naturais nem puramente sociais), negando, ao mesmo tempo, o trabalho real de tradução entre os dois polos que ensejaram os híbridos e insistindo que os híbridos seriam mera mistura – uma mediação – entre duas formas separadas e puras.[26] Não é difícil perceber que o alvo de sua crítica eram claramente uma entidade que ele denominava "o Oeste", "o Ocidente", a "sociedade ocidental", e o esquema arrogante de sua separação natureza-sociedade, que o ajudou a dominar tanto aquilo que estava fora dele como a própria população, por meio da fabricação dos temas da modernidade e da modernização.

Latour sugere, mediante algumas observações enigmáticas, que esse Ocidente – tanto fabricador como fabricação do moderno – não é desprovido de história. O que temos, no entanto, são algumas formulações muito breves, brilhantes e sugestivas, tais como a que afirma que a constituição moderna ficou sobrecarregada com as próprias contradições. Também não é difícil colocar, *grosso modo*, alguns marcos inaugurais e terminais na história da constituição moderna. Esses marcos ficam visíveis na narrativa de Latour: começando na época da controvérsia entre Boyle e Hobbes (conforme relatada por Shapin e Schaffer) no século XVII e estendendo-se até o presente, os modernos ampliaram a produção de híbridos – da natureza e da cultura – de tal forma que a constituição que depende da manutenção dessa distinção se encontra em um ponto de colapso. A mudança climática confirma a profundidade dessa crise. É claro, há aqueles que se tornam os sujeitados da constituição moderna – tanto nas colônias como na Europa. Dizem-nos que a história humana é muito, muito mais antiga do que essa constituição e também que, para além do aspecto da escala, ninguém jamais foi de fato moderno, certamente não aqueles que pre-

---

26 Bruno Latour, *Jamais fomos modernos: Ensaio de antropologia simétrica* [1991], trad. Carlos Irineu da Costa. São Paulo: Editora 34, 1994. O argumento de Latour é objeto de um resumo sucinto no livro brilhante e bem pensado de Philippe Descola, *Beyond Nature and Culture*, op. cit., p. 86.

gam a própria modernidade sobre os telhados. O projeto de Latour não apenas se despoja de qualquer tipo de eurocentrismo como também se despoja da alegação de que essa constituição moderna descreveria como o mundo realmente funciona, as redes reais de emaranhamento que ele busca tornar visíveis em sua obra-prima, *Investigação sobre os modos de existência*.[27]

O projeto de Latour oferece, de muitas maneiras, uma profunda crítica ao mundo que a constituição moderna tornou possível. Ele parte da crítica à oposição natureza-sociedade presente no cerne dessa constituição e busca, assim, inaugurar uma nova ordem mundial – um parlamento das coisas (ideia sinalizada em *Les microbes: Guerre et paix, suivi de Irréductions* [Os micróbios: Guerra e paz, seguidos de Irreduções], destrinchada um pouco melhor em *Jamais fomos modernos* e plenamente apresentada em *Políticas da natureza*).[28] Quando Latour se engajou na questão do Antropoceno e das mudanças climáticas – pelo menos nos primeiros esboços de suas palestras em Edimburgo, que ele generosamente tornou públicos e compartilhou com amigos e colegas –, seu quadro de interesses se expandiu para incorporar a hipótese lovelockiana de Gaia, que ele com habilidade manejou de modo a trazer à tona a questão da religião. Tratava-se de um movimento completamente legítimo – afinal, a própria Gaia era uma figura religiosa. Latour encenou uma guerra entre o povo de Gaia que não queria viver pela constituição moderna e aqueles que assim queriam (o povo da ciência). Suas reflexões remontaram ao período dos "primórdios da modernidade", tecendo sua obra através do trabalho de Hume sobre "religião natural". Mas a população imaginária de pessoas que viviam com base na "ciência" remetia a muitos dos temas familiares aos leitores de Latour. Criticar a constituição moderna é um projeto a favor de um mundo mais igualitário e mais substancialmente (e não apenas formalmente) democrático.[29]

---

27 Bruno Latour, *Investigação sobre os modos de existência: Uma antropologia dos modernos* [2012], trad. Alexandre Agabiti Fernandez. Petrópolis: Vozes, 2019.

28 Id., *The Pasteurization of France* [*Les microbes*, 1984], trad. Catherine Porter. Cambridge: Harvard University Press, 1988; *Políticas da natureza: Como associar a ciência à democracia*, trad. Carlos Aurélio Mota de Souza. São Paulo: Editora Unesp, 2019. Ver também a discussão desenvolvida no capítulo 6, adiante.

29 Id., *Diante de Gaia: Oito conferências sobre a natureza no Antropoceno*, trad. Maryalua Meyer. São Paulo: Ubu, 2020.

Estou de pleno acordo com a observação de Philippe Descola, para quem o argumento de Latour, "no final das contas", é "muito convincente".[30] Mas onde estão os líderes anticoloniais, tardo-modernos e tardo-modernizadores da Ásia e da África – os Nehrus, os Nassers, os Sukarnos, os Nyereres, os Senghors, os Frantz Fanons – nessa história? O argumento de Latour em *Jamais fomos modernos* e em outros lugares permanece fundado em um confronto entre "nós, modernos [do mundo ocidental]" ou "os ocidentais [e] os brancos (qualquer que seja o nome que se queira dar a eles)", de um lado, e os povos indígenas da América, de outro, especialmente conforme representado na etnografia que Phillipe Descola faz do povo achuar, que vive na fronteira entre o Equador e o Peru.[31] Devemos supor que os líderes anticoloniais que desejam "alcançar" o Ocidente – um desejo que ainda impulsiona a política indiana e a chinesa (lembra a campanha das "quatro modernizações" lançada por Deng Xiaoping?) – estavam promovendo simples cópias de seus precursores ocidentais, desprovidas de qualquer originalidade – desejos imitados, derivados, condenados pela história a repetir a loucura do Ocidente –, de modo que criticar os modernizadores europeus já dá conta desses casos também? Latour não discute os debates sobre a modernidade que mobilizaram obsessivamente os críticos pós-coloniais, de Anthony Appiah a Homi Bhabha. Interessa-lhe, sobretudo, refletir sobre como o projeto de modernização está condenado ao fracasso. Na sexta palestra de Edimburgo sobre Gaia, ele observou: "Se você ainda pode questionar se de fato 'jamais fomos modernos' ou não, quem agora discute que 'nós' nunca seremos capazes de modernizar a terra por nos faltarem cinco planetas extras (de acordo com cálculos de 'hectares globais') que seriam necessários para alçar nossa infindável Fronteira ao nível de desenvolvimento da América do Norte?".[32] Assim, pode-se argumentar que, por mais que seja verdade que muitos até agora desejaram ser modernos, parece quase impossível ecologicamente que cheguemos a um estágio em que todo ser humano participe de maneira igualitária dos benefícios da modernização. Nesse sentido, independentemente

---

30 Philippe Descola, *Beyond Nature and Culture*, op. cit., p. 87.
31 Bruno Latour, *Jamais fomos modernos: Ensaio de antropologia simétrica*, op. cit., p. 14; e seu *War of the Worlds: What about Peace?*. Chicago: Prickly Paradigm Press, 2002, p. 31. Ver também Philippe Descola, *Beyond Nature and Culture*, op. cit., cap. 1.
32 Bruno Latour, *Gifford Lectures*, Lecture 6, "Gaia's Estate", circulação privada, p. 126.

da questão sobre jamais termos sido ou não modernos, talvez nunca venhamos a ser plenamente modernos, pelo menos não todos nós!

Pois bem. Mas não faremos nenhum progresso nos debates sobre políticas climáticas se não entendermos por que a divisão natureza-cultura – que Latour, Bennett, Descola e outros consideram, com razão, epistemologicamente precária – encontrou uma articulação nova e original na imaginação dos colonizados. É precisamente nesse quesito, penso eu, que a crítica pós-colonial tem algumas contribuições singulares para oferecer à nossa discussão.

Enquanto não compreendemos esse sonho dos colonizados – que foram instruídos a aguardar até que fossem "modernos" o suficiente para merecer seu autogoverno –, ficaremos sem entender a queixa, feita em todas as colônias, mas expressa de forma célebre por Aimé Césaire no parágrafo final do capítulo de abertura de seu livro sobre o discurso colonial, de que o regime colonial europeu correspondia a uma promessa deliberadamente lograda: "Uma prova disso é o fato de que atualmente são os nativos da África ou da Ásia que reivindicam as escolas, e é a Europa colonizada que as recusa; é o homem africano quem exige portos e estradas, e é a Europa colonizadora que, nesse assunto, cerceia; é o colonizado quem quer ir adiante, e é o colonizador que o retarda".[33] Todos os nacionalismos anticoloniais, como destaca Césaire, estavam programaticamente comprometidos com a modernização, o projeto de modernizar a nação. Nehru, Nasser, Mao, Ho Chi Minh, Julius Nyerere, Sukarno, Leopold Senghor, Aimé Césaire – todos eles eram modernizadores radicais, pedagógicos em sua relação com suas respectivas populações e visionários idealistas do que viriam a ser futuros humanos de consumo energético voraz. Gigantes em seus contextos nacionais e inspirados por uma variedade de modelos de desenvolvimento econômico, que abarcavam desde os estadunidenses até os soviéticos, esses homens personificavam os desejos daqueles que, no rescaldo da ascensão das nações europeias à posição de dominantes mundiais, sempre quiseram ser modernos.[34] A posição crítica que informa a obra brilhantemente polêmica e profunda de Latour já dá conta deles? Penso que não.

---

33   Aimé Césaire, *Discurso sobre o colonialismo* [1955], trad. Claudio Willer. São Paulo: Veneta, 2020, cap. 2, p. 27.
34   Devo essa frase polêmica à doutora Maira Hayat, que pesquisa a política do consumo hídrico no Paquistão contemporâneo.

Modernização e a ética da distinção natureza-cultura

Permitam-me compartilhar com vocês alguns exemplos extraídos das declarações de Nehru para mostrar quão espiritual e idealista era esse desejo apaixonado de terceiro mundo por uma modernização intensiva em energia e movida principalmente a combustíveis fósseis. Estamos há três ou quatro décadas antes de as correntes de uma globalização consumista varrerem o mundo e cerca de quinze anos antes do surgimento dos novos movimentos sociais – incluindo a segunda onda feminista e os movimentos ambientalistas – da década de 1970. Desde o início de seu mandato como o primeiro primeiro-ministro da Índia, em 1947, Nehru tinha clareza de que o problema fundamental a ser enfrentado em um país que havia passado por grandes períodos de fome sob o domínio britânico (tão recentes quanto 1943) era a disponibilidade de grãos alimentares.[35] A irrigação era fundamental para cultivar mais alimentos, e a questão do poder era central no quesito irrigação. Isso fez que as geleiras do Himalaia e todos os rios que corriam delas para a Índia passassem a ser vistas como uma espécie de "reserva permanente" para Nehru. A prioridade número 1, no entendimento dele, era represar os rios a fim de extrair deles tanto água de irrigação como energia elétrica. Em uma reunião pública realizada em Calcutá, em 1949, Nehru falou dos

> grandes planos que temos diante de nós: [...] Em dois ou três anos, vamos concluir diversos projetos exitosos de vale do rio, como o Damodar Valley, o Mahanadi Scheme e a barragem de Bhakra, entre outros, de sul a norte do país, que devem trazer irrigação para centenas de milhares de áreas. Com a conclusão dos canais, vamos produzir mais alimentos e também energia elétrica. Então, resolveremos nosso problema alimentar entre cinco e sete anos. Mas também temos planos imediatos para resolver o problema alimentar [...]. Esperamos uma agricultura extensa e bem-sucedida no deserto do Rajastão, depois que chegarem as águas do canal [...]. Isso ocorrerá.[36]

---

[35] Sobre a história das preocupações globais em torno de segurança alimentar diante do número crescente de seres humanos nas décadas de 1930 e 1940, ver Alison Bashford, *Global Population: History, Geopolitics, and Life on Earth*. New York: Columbia University Press, 2014.

[36] Jawaharlal Nehru, discurso público "in Hindustani", Calcutá, 14 jul. 1949, in Jawaharlal Nehru, *Selected Works of Jawaharlal Nehru*, orgs. Sarvepalli

Os Himalaias, onde hoje muitas das geleiras estão retraindo, têm uma presença fascinante nos discursos de Nehru. Eles aparecem em dois níveis de abstração – como mapas políticos e topográficos em sua atribuição de primeiro-ministro e, depois, como sua imaginação da cordilheira. Ele gostava de montanhas em um espírito romântico, mas o primeiro-ministro dentro dele tendia a colocar esses sentimentos todos de lado – "Eu mesmo gosto dos Himalaias; adoro montanhas e tudo mais" – para dar espaço a uma visão mais extrativista das colinas: "Quando vejo um mapa da Índia e observo a cordilheira dos Himalaias [...] penso no vasto poder ali concentrado que não está sendo usado, e que poderia ser utilizado, e que poderia realmente transformar toda a Índia com excepcional rapidez se devidamente aproveitado". Era como uma "fonte de energia", as montanhas pareciam mais "incríveis", provavelmente "a maior fonte [...] do mundo – essa cordilheira do Himalaia, com seus rios, minerais e outros recursos". É por isso que todos os rios que emanavam das colinas tinham de ser "desenvolvidos" em prol do progresso da nação. É por isso que ele atribuía "mais importância" – mais do que aquilo que instavam seus sentimentos românticos – "ao desenvolvimento desses grandes esquemas de vale de rio, barragens, reservatórios, hidrelétricas e termelétricas, e assim por diante, que, uma vez liberados, simplesmente o levarão adiante".[37]

Essa abstração utilitária, mas idealista, das colinas também viria a derrotar – pelo menos no primeiro-ministro dentro dele – a figura do estudioso que desde sempre exibira um romance tanto da "história mundial" como da história indiana em seus dois principais livros, *Glimpses of World History* [Vislumbres da história mundial], parcialmente inspirado em H. G. Wells, e um texto que ainda é lido em aulas sobre a imaginação nacionalista, seu clássico *The Discovery of India* [A descoberta da Índia].[38] "Veja o mapa da Ásia e da Índia. Ele me encara em meu quarto e em meu escritório, e sempre que olho para ele todo

---

Gopal et al. New Delhi: Jawaharlal Nehru Memorial Fund, 1991, 2. ser., v. 12, p. 241.

37 Id., discurso na Industries Conference, 18 dez. 1947, in Jawaharlal Nehru, *Independence and After: A Collection of the More Important Speeches of Jawaharlal Nehru from September 1946 to May 1949*. New Delhi: Publications Division, Government of India, 1949, p. 155.

38 Id., *Glimpses of World History*. Gurgaon: Penguin, 2004; id., *The Discovery of India*. New York: Oxford University Press, 1989.

tipo de imagem me vem à mente", disse em um discurso ao Conselho Central de Irrigação em dezembro de 1948. Que tipo de imagem? Segundo sua narração, as primeiras imagens que lhe vieram à mente não eram de progresso industrial, mas, sim, uma imagem muito mais afável "do extenso passado de nossa história, do desenvolvimento gradual do homem desde seus estágios mais antigos, das grandes rotas de caravana, dos primórdios da cultura, da civilização e da agricultura, e dos dias iniciais em que foram construídos talvez os primeiros canais e obras de irrigação, e tudo o que deles decorre". Mas, "então", diz ele, marcando uma importante quebra em seu pensamento, "penso no futuro". Um futuro que, de uma maneira que lembra aquilo que Koselleck falou sobre o *Neuzeit* ou tempo do moderno, derivaria seu horizonte de expectativa não do espaço da experiência histórica, mas de outro lugar, da *uchronia* (para usar a locução de Derrida).[39] Nehru conta que, quando ele pensava no futuro, sua atenção "concentrava-se naquele enorme bloco de montanhas enormes chamado Himalaia que guarda nossa fronteira nordeste". "Olhe para elas. Pense nelas", ele exortava seus ouvintes. "Não conheço nenhum outro lugar no mundo que tenha um poder tão tremendo represado nele quanto os Himalaias e a água que corre deles para os rios. Como devemos utilizá-lo?"[40]

Nehru voltava repetidas vezes a esse tema. "Quando olho para o mapa da Índia – faço isso com alguma frequência –, ele fica me encarando em meu escritório", disse ele em seu discurso de abertura no XXIII Encontro Anual do Conselho Central de Irrigação e Energia, em celebração de seu jubileu de prata, em Nova Délhi, no dia 17 de novembro de 1952,

> costumo pensar não apenas no fato de que a grande cordilheira demarca uma fronteira da Índia, [...] não apenas que ela se ergue como uma sentinela, não apenas que ela inspirou grande parte de nossa cultura e pensamento no passado; penso também nessa pode-

---

39 Para mais sobre isso, ver o capítulo 7 adiante.
40 Jawaharlal Nehru, discurso no XIX Encontro Anual do Conselho Central de Irrigação e Energia, 5 dez. 1948, in Jawaharlal Nehru, *Independence and After*, op. cit., p. 386. Ver também o discurso convocatório de Nehru na Roorkee University, 25 nov. 1949 (fitas do All India Radio, Nehru Memorial Museum and Library Extracts), que repete o argumento sobre o Himalaia e sobre como vários esquemas ligados às montanhas e seus rios produziriam "poder, bem como água e canais e irrigação e mais alimentos". Jawaharlal Nehru, *Selected Works of Jawaharlal Nehru*, org. Sarvepalli Gopal et al. New Delhi: Jawaharlal Nehru Memorial Fund, 1992, 2. ser., v. 14, parte 1, p. 227.

rosa cordilheira como uma fonte suprimida de uma vasta quantidade de energia. A energia emana em grandes rios oriundos daquelas montanhas, que regam as planícies da Índia, correndo para o mar, e, então, assume a forma de minerais e tudo mais.

Aí vinha sua bravura utópica: "Então, parece-me que aqui se encontra um poderoso reservatório de energia que, se ao menos pudéssemos utilizá-lo com pleno desígnio, o que não daria para fazer com ele?".[41]

A ciência e a tecnologia teriam de ter importância central nessa visão. Durante uma palestra em uma conferência de indústrias em Délhi em dezembro de 1947 (isto é, quatro meses depois da independência), Nehru disse que "muitas coisas contribuíram para garantir a vitória da última guerra, mas penso que no final das contas foram dois os motivos decisivos: a impressionante capacidade da indústria e da pesquisa científica estadunidenses".[42] Assim como fez com as barragens, ele também designou os laboratórios científicos indianos como seus "templos modernos": "Eu os vejo [os laboratórios científicos] como templos da ciência construídos a serviço de nossa pátria-mãe [...]. O serviço à ciência é um serviço real para a Índia – ou melhor, para o mundo inteiro mesmo; a ciência não tem fronteiras".[43] Um ano depois, no dia 5 de dezembro de 1948, durante um discurso na XIX Reunião Anual do Conselho Central de Irrigação e Energia, em Nova Délhi, ele reiterou essa fé na ciência:

> Houve um tempo [...] em que ainda se poderia dizer com alguma justeza que os recursos do mundo realmente não eram suficientes para elevar o padrão de vida da população mundial na medida desejada. Agora, suponho que deve estar claro para qualquer um com um pingo de inteligência que, com a utilização adequada dos atuais recursos do mundo – sem contar o desenvolvimento ulterior, ou

---

41 Baldev Singh (org.), *Jawaharlal Nehru on Science and Society: A Collection of His Writings and Speeches*. New Delhi: Nehru Memorial Museum and Library, 1988, pp. 94-95.
42 Jawaharlal Nehru, *Independence and After*, op. cit., p. 152.
43 Id., discurso proferido na cerimônia de abertura do Central Salt Research Institute, Bhavnagar (Saurashtra), 10 abr. 1954, in Baldev Singh (org.), *Jawaharlal Nehru on Science and Society*, op. cit., p. 120.

mesmo sem contar o resto do mundo, se quiserem –, podemos elevar o padrão da Índia. Isso pode ser demonstrado na ponta do lápis [...]. Precisamos converter esse vasto potencial em realidade.[44]

Ficaríamos sem entender de fato figuras como Nehru, ou Mao, ou Nasser, ou Nyerere se pensássemos neles como pessoas pragmáticas que expressam uma fé simples e ingênua em soluções tecnocráticas diante do problema do fornecimento energético ou hídrico. Nehru via a tarefa de fazer a nação "avançar" como nada menos do que uma missão espiritual; uma missão que exigia tanto idealismo como fé por parte do tecnocrata – mas uma fé que ia muito além de questões de eficácia tecnológica. O que a visão de Nehru conclamava era a fé tanto no povo do país como no projeto de modernização em prol da liberação de forças populares na criação de uma nação. O próprio Nehru conta anedotas reveladoras. Em um discurso no Conselho Central de Irrigação e Energia em dezembro de 1958, ele lembrou que tinha ido "havia quatro ou cinco anos" à Damodar Valley Corporation, onde "um jovem e entusiasmado engenheiro me explicou o que eles estavam fazendo". Nehru ficou feliz de ver esse homem com o "interesse instigado" e reparou que havia "algumas centenas de homens e mulheres [ao redor] carregando cestas de terra". Ele comentou:

> Perguntei ao engenheiro: "Você explicou para essas pessoas o motivo por trás do que estão fazendo?". Ele respondeu que "não". Eu disse: "Então você não entendeu nada seu trabalho. Seu trabalho é explicar ao trabalhador comum o que ele está fazendo no esquema geral". [...] Mais tarde chamei as centenas de pessoas que estavam levando terra de um lugar para outro. "O que vocês estão fazendo?", perguntei. "Estamos levando esta cesta de terra daqui até ali", responderam. Eles não sabiam nem o uso imediato dos trabalhos que estavam realizando como parte de um grande esquema [...]. [No entanto] essas são as pessoas que vão se beneficiar, em última instância, quando o esquema ficar pronto. Cabe à equipe que está trabalhando na Damodar Valley Corporation garantir que as pessoas de toda a área, da aldeia e de outros lugares, saibam o que estão fazendo.[45]

---

[44] Jawaharlal Nehru, *Independence and After*, op. cit., pp. 385–86.
[45] Id., discurso inaugural no XXIX Encontro Anual do Conselho Central de Irrigação e Energia, New Delhi, 17 nov. 1958, in Baldev Singh (ed), *Jawaharlal Nehru on Science and Society*, op. cit., p. 173.

A fé, em última análise, referia-se à fé no projeto de modernização e na fé de confiá-lo ao povo da nação. Todo o falatório sobre barragens e laboratórios serem "templos" tinha no fundo o intuito de criar uma religião secular de modernização. "Nenhum homem pode construir ou erguer algo bonito a menos que tenha fé. Veja as magníficas catedrais da Europa [...] encarnações da fé do construtor", disse Nehru a seu Conselho Central de Irrigação e Energia em 1948. Mas "agora vivemos em outra era [...]. [Nossas] obras públicas também devem ser finas e belas, porque há essa fé. Então, eu gostaria que vocês trabalhassem nessa fé; verão que, se trabalharem com essa fé e com esse espírito, já será uma alegria para vocês".[46] Não por acaso muitas das falas que cito aqui foram proferidas a engenheiros que trabalhavam nos setores de irrigação e energia. "Quando leio o nome de seu conselho, as palavras 'Irrigação e Energia' estimulam minha mente", observou Nehru em uma fala para esse grupo em 1952. É por isso que, como ele também explicou no mesmo discurso, o assunto da irrigação ou da energia elétrica nunca lhe pareceu "árido ou sem graça" – era "um tema de aventura, empolgação e progresso humano".[47] "Eu gostaria que vocês", ele depois escreveu, dirigindo-se "não apenas [a]o grande engenheiro, [a] o engenheiro mediano, como também [a]o pequeno engenheiro",

> transmitissem aos trabalhadores lá no campo algo da abordagem emocionante para esse problema. Façam que eles percebam que também estão trabalhando com material vivo, mesmo que se trate de pedra ou aço, e que ele ensejará ainda mais vida. Permitam que eles sejam parceiros nessa aventura que vocês estão iniciando [...] [e] outros resultados seguirão [...]. O trabalhador e o engenheiro também progredirão e avançarão, tornando-se homens e mulheres melhores.[48]

Claro, esse lado espiritual, ético e idealista do discurso desenvolvimentista soa oco hoje –pelo menos em uma era de máquinas inteli-

---

46 Jawaharlal Nehru, discurso no XXIX Encontro Anual do Conselho Central de Irrigação, New Delhi, 5 dez. 1948, in Jawaharlal Nehru, *Independence and After*, op. cit., p. 391.
47 Id., discurso inaugural no XXIII Encontro Anual do Conselho Central de Irrigação e Energia, em celebração a seu jubileu de prata, New Delhi, 17 nov. 1952, in Baldev Singh (org.), *Jawaharlal Nehru on Science and Society*, op. cit., pp. 94–95.
48 Baldev Singh (org.), *Jawaharlal Nehru on Science and Society*, op. cit., p. 99.

gentes e crescimento desprovido de empregos, os líderes políticos do terceiro mundo o evocam com má-fé. O atual primeiro-ministro indiano, Narendra Modi, publicou um livro sobre mudanças climáticas em 2011, na época em que ainda ocupava o cargo de ministro-chefe do estado de Gujarate.[49] A retórica do livro, que foi descrita como a "autobiografia verde" de Modi – uma descrição adequada, uma vez que toda boa política do estado de Gujarate é retratada no livro como decorrente da resposta de uma pessoa ao que ele viu a seu redor –, é notavelmente diferente da de Nehru.[50] A ciência e a tecnologia não aparecem aqui como agentes de transformação disruptiva, utópica e revolucionária do espírito e da matéria. A mensagem que atravessa o livro é de harmonia – com dois capítulos sucessivos trazendo títulos como "Small Is Beautiful" [Pequeno é belo] e "Big Is Also Beautiful" [Grande também é belo].[51] A maior harmonia é, evidentemente, aquela entre as antigas escrituras hindus – os *Vedas* – e a ciência climática moderna, cujos aspectos essenciais teriam sido todos antecipados nas escrituras. Escreve Modi:

> Minhas opiniões sobre a relação complementar entre o homem e a natureza tomaram forma definitiva quando estudei o *Prithvi-Sukta* do *Atharva Veda* em meu tempo de faculdade. Os 63 Suktas (dísticos) compostos há milhares de anos atrás contêm todo um espectro de conhecimento que está sendo apresentado sob várias bandeiras científicas, acadêmicas e analíticas no contexto das discussões sobre o aquecimento global, a degradação do meio ambiente da terra e as decorrentes mudanças climáticas.[52]

De fato, não poderíamos estar mais distantes do tempo e do temperamento de Nehru.

Mas será que os líderes da geração de Nehru – todos modernizadores – não passavam de meros exemplos dos "homens miméticos" de

---

[49] Narendra Modi, *Convenient Action: Gujarat's Response to Challenges of Climate Change*. New Delhi: Macmillan, 2011.
[50] Ver Steve Howard, "Foreword", in Narendra Modi, *Convenient Action*, op. cit. Howard é diretor executivo (CEO) do The Climate Group, em Londres.
[51] Ver os dois capítulos intitulados, respectivamente, "Powergudas of Gujarat (Small Is Beautiful)" e "Big Is Also Beautiful (Sardar Sarovar Project)", in Narendra Modi, *Convenient Action*, op. cit., pp. 43-64, 66-82.
[52] Ibid., p. 13.

Naipaul, penumbras dos modernizadores ocidentais ou europeus, desprovidos de qualquer originalidade? Um juízo desse tipo passaria ao largo de compreender o problema da "originalidade", tal como o nacionalismo anticolonial o formula – a poderosa análise de Partha Chatterjee sobre esse gênero de nacionalismo é instrutiva aqui –, e seria completamente alheio à reelaboração profundamente perspicaz que Homi Bhabha fez das categorias de mímica e ambivalência no discurso colonial.[53] Isso equivaleria a falar como se a crítica pós-colonial nunca tivesse acontecido ou nada tivesse a dizer a nossos tempos.

Latour fala em "provincializar a modernidade" como uma tarefa europeia: já que foi a Europa que a ensejou e espalhou pelo mundo, agora é tarefa do intelectual europeu a "provincializar", devolvê-la a seu devido lugar.[54] Mas, como argumentei em *Provincializing Europe* [Provincializando a Europa], esse continente não foi o único criador da modernidade; os intelectuais do terceiro mundo que se entusiasmaram com o que viam como o lado universal de certas ideias europeias foram co-originadores desse processo. O projeto global da modernidade ganhou uma segunda vida, original, nas mãos dos modernizadores anticoloniais.

O desejo anticolonial de modernizar não era simplesmente uma repetição do gesto do modernizador europeu. Na verdade, Nehru, como muitos outros nacionalistas de sua geração, muitas vezes – e de maneira autoconsciente – abordou essa questão do mimetismo, de simplesmente macaquear o Ocidente. Dirigindo-se à Associação de Engenharia da Índia em Nova Délhi no dia 28 de dezembro de 1962, menos de dois anos antes de morrer, ele afirmou: "precisamos preservar nossas raízes; ao mesmo tempo, é igualmente evidente que nenhum país no mundo de hoje pode obter sucesso em nenhum sentido da palavra sem entender o que é o novo mundo – o novo mundo da ciência, tecnologia etc.". Esse era o dilema que todo nacionalista modernizador anticolonial enfrentava. Aqui, mais uma vez, Nehru retoma o problema:

> Você verá que nos últimos duzentos e tantos anos surgiram grandes diferenças em vários países; nos países da Ásia e da Europa porque

---

53 Ver Partha Chatterjee, *Nationalist Thought and the Colonial World: A Derivative Discourse?*. London: Zed, 1986; Homi K. Bhabha, *O local da cultura* [1994], trad. Myriam Ávila, Eliana Lourenço de Lima Reis & Gláucia Renate Gonçalves. Belo Horizonte: Editora UFMG, 1998.
54 Bruno Latour, *"Onus orbis terrarum"*, op. cit.

a Europa tinha aquilo que se denomina Revolução Industrial e está continuamente passando por essa revolução que está mudando a vida dos seres humanos e a vida de grupos e sociedades. E que não está apenas trazendo certo grau de bem-estar a essas pessoas [...] [também está] fortalecendo as várias nações [...]. Precisamos encontrar alguma forma de combinar os dois – uma síntese entre aquilo que valorizamos no velho e aquilo que valorizamos no novo. A mera tentativa de copiar outros países não basta.[55]

Essa não é a autoimagem de um homem mímico.

A Índia, o terceiro ou quarto (a depender do critério de contagem) maior emissor de gases de efeito estufa, é especialmente vulnerável aos impactos das mudanças climáticas. No entanto, o que impulsiona a política na Índia não é o "planeta" do aquecimento global planetário, mas o "globo" da globalização – uma revolução de aspiração que atravessa as classes e que foi gerada pela democracia política, pelo desenvolvimento pós-colonial e pela mais recente liberalização da economia e da mídia. Antes de o problema climático se tornar um tema de discussão geral, os cientistas sociais acolhiam essa revolução aspiracional como sinal de uma maior democratização do mundo, um passo em direção a mais justiça entre os seres humanos.[56] A história dessa perspectiva deve remontar à ética secular do cuidar do bem-estar de seus concidadãos, encarnada no ímpeto anticolonial de modernização do século XX. Atentemos mais uma vez às palavras que Nehru escolhe ao fazer seu elogio à industrialização na passagem citada acima: "[ela] [...] está trazendo certo grau de bem-estar para [...] [as] pessoas". O próprio tema da economia, especialmente a economia do bem-estar social, surgiu no início do século XX como essa arte (ou "ciência", como acreditavam muitos economistas na época, e ainda hoje!) de escalonar e governamentalizar a ética do cuidado. Por exemplo, na introdução à terceira edição de 1929 de seu livro *The Economics of Welfare* [A economia do bem-estar social], A. C. Pigou afirmou:

---

55 Jawaharlal Nehru, discurso no XX Encontro Anual da Associação Indiana de Engenharia, New Delhi, 28 dez. 1962, in Baldev Singh (org.), *Jawaharlal Nehru on Science and Society*, op. cit., p. 241.

56 Ver Arjun Appadurai, "The Capacity to Aspire: Culture and the Terms of Recognition", in Arjun Appadurai, *The Future as a Cultural Fact: Essays on the Global Condition*. London: Verso, 2013, pp. 179–95.

As análises complicadas que os economistas se esforçam para levar a cabo não são mera ginástica. São instrumentos para melhorar a vida humana. A miséria e a indigência que nos rodeiam, o luxo injuriante de algumas famílias ricas, a terrível incerteza que ensombra muitas famílias pobres – estes são males demasiado evidentes para serem ignorados. Pelo conhecimento que a nossa ciência busca, é possível que eles venham a ser contidos. Luz nas trevas! Buscá-la é a tarefa, encontrá-la talvez seja o prêmio, que a "ciência sombria da Economia Política" oferece àqueles que enfrentam sua disciplina.[57]

De fato, se pegarmos a ideia mercadológica de "capital humano" apresentada pelo economista Theodore Schultz em fevereiro de 1959 em sua conferência Sydney A. e Julia Teller na Universidade de Chicago – que começava reconhecendo que "nossas instituições políticas e legais foram desenhadas para manter o homem livre de grilhões" e de nossa aversão compartilhada à escravidão – ou então a ideia de "desenvolvimento como liberdade" elaborada posteriormente por Amartya Sen e baseada no princípio de dar a uma pessoa a capacidade "de promover seus fins", estamos lidando com uma família de ideias que remontam às discussões europeias sobre a modernidade como liberdade que líderes anticoloniais como Tagore, Gandhi, Nehru, Fanon e Nyerere, entre outros, renovaram e revigoraram conforme seus propósitos específicos.[58] O crescimento econômico e a distribuição de bem-estar social pareciam ser os melhores portadores dessa ética do cuidado quando esta tinha de ser escalonada para comunidades tão grandes e impessoais quanto a nação. É impossível entender as Sandhya Chauhans e

---

[57] A. C. Pigou, *The Economics of Welfare*. London: Macmillan, 1929, p. vii. Há um elemento legítimo de continuidade entre essa afirmação e a seguinte, a respeito da questão de cuidar das "massas", vinda da caneta de um proeminente economista de nosso tempo: "As capacidades das massas chinesas são hoje imensamente superiores às das massas indianas em muitos aspectos vitais. Elas vivem muito mais, têm uma infância bem mais segura, podem lidar com doenças de maneira mais eficaz, conseguem, em sua maioria, ler e escrever, e assim por diante". Amartya Sen, *Commodities and Capabilities* [1987]. New Delhi: Oxford University Press, 2003, apêndice A, p. 50.

[58] Ver Theodore W. Schultz, "Investment in Man: An Economist's View". *Social Service Review*, n. 2, v. 33, jun. 1959; Amartya Sen, "Freedom and the Foundations of Justice", in Amartya Sen, *Development as Freedom*, op. cit., p. 74. Ver também Elizabeth Chatterjee, "The Asian Anthropocene: Electricity and Fossil Developmentalism". *Journal of Asian Studies*, n. 1, v. 79, fev. 2020.

as Kaushilya Devis de hoje – ou a legitimidade de suas vozes – sem lembrar o desejo de modernização e florescimento humano que os nacionalismos anticoloniais nutriram e disseminaram.

A dificuldade de ser moderno

Aos humanos, nem sempre é possível fazer uma transição suave entre estar ligado a uma ordem de vida antropodominante e passar a ser uma espécie entre muitas outras. Embora possa haver áreas específicas da vida – tais como os direitos reprodutivos das mulheres – em que a linguagem da liberdade se encaixa bem com o que parece ecologicamente desejável, não se pode pressupor isso para todos os aspectos da vida humana, como demonstra a história do ar-condicionado na Índia. O dilema do pensador político, quero sugerir, é mais profundo. Os *insights* dos proponentes do Capitaloceno e dos pós-humanistas são importantes e devem ser levados em consideração, mas precisamos ir além da história dos "pecados" originais das distinções capital-trabalho e natureza-cultura a fim de entender o apego humano às "descrições superficiais" da natureza e, portanto, à modernização. Por mais que se possa defender a importância de inaugurar um regime de política que leve o não humano a sério, independentemente de os humanos poderem ou não atuar como porta-vozes do não humano, a conversa não tem como ir muito longe se não negociarmos o desejo de ser moderno que as ideologias anticoloniais do século XX expressaram e que veio a moldar as formações pós-coloniais e pós-imperiais da política em tantas partes do mundo. E esses desejos foram atiçados por um universo global-imperial, e em expansão, de viagens, exposição e conversas cosmopolitas que, por sua vez, foram possibilitadas pelo uso extensivo da energia extraída de combustíveis fósseis. Afinal, e por todas as suas críticas à civilização industrial, onde estariam um Tagore ou um Gandhi se não houvesse ferrovias, navios a vapor e prensas gráficas – todas as manifestações, nos tempos deles assim como no nosso, do poder duradouro do Rei Carvão e seus herdeiros?

5 Aspirações planetárias: lendo um suicídio na Índia

No dia 17 de janeiro de 2016, Rohith Vemula, estudante de doutorado da Universidade de Hyderabad, filho de uma mãe *dalit* e de um pai de casta inferior, tirou a própria vida em protesto contra as autoridades universitárias que o penalizaram por seu ativismo estudantil *dalit*. Ao pôr fim à sua vida curta e promissora, Vemula fez uma declaração político-ética por meio de seu corpo; sua nota de suicídio refletia sobre o próprio corpo de casta inferior/*dalit* no interior de um cosmos utópico. Na sociedade em que ele havia vivido, o "valor de um homem" – escreveu Vemula em suas palavras de despedida – tinha sempre sido "reduzido à sua identidade imediata e possibilidade mais próxima". "A um voto. A um número. A uma coisa. Nunca se tratou um homem como uma mente. Como uma coisa gloriosa feita de poeira estelar. Em todos os campos, nos estudos, nas ruas, na política, no morrer e no viver."[1] Vemula nos deixa com duas maneiras de transcender o "intocável" e estigmatizado corpo *dalit*: a primeira é transcendendo o corpo por completo, tratando cada ser humano como uma "mente" sem referência a seu corpo socialmente marcado; a segunda é retirando o corpo "individual" da pessoa e vinculando-o ao material que compõe nosso universo: antigas partículas atômicas e subatômicas – a "poeira estelar" de que ele nos fala – que circulam o tempo todo no cosmos através de nossos corpos e do corpo dos outros. A segunda perspectiva não é simplesmente uma questão de floreio retórico. Vemula era estudante de ciência e leitor ávido de Carl Sagan. Em uma postagem no Facebook, ele chega a citar a seguinte frase de Sagan: "Nossa espécie precisa, e merece, um corpo de cidadãos com mentes bem despertas e uma compreensão básica de como o mundo funciona".[2] A referência à "espécie" em Sagan aponta para

---

1 Nota de suicídio de Vemula, conforme reproduzida no *Times of India*, 19 jan. 2016.
2 Postagem de Vemula no Facebook, 10 nov. 2016. "Remembering Rohith Vemula" [página de Facebook], disponível em: facebook.com/rohith352?ref=br_rs.

uma história coletiva e muito extensa, a do *Homo sapiens* e sua jornada no tempo, ao passo que as palavras "como o mundo funciona" evocam perguntas sobre onde os humanos se encaixam na história do funcionamento do planeta como uma entidade quase sistêmica que conecta o humano ao não humano, o vivo ao não vivo.

Era como se Vemula tivesse lido as frases iniciais do último capítulo da *Crítica da razão prática*, de Kant – palavras que também estão gravadas na lápide do filósofo em Kaliningrado.[3] "Duas coisas enchem o ânimo de admiração e veneração sempre nova e crescente", escreveu Kant, "quanto mais frequente e persistentemente a reflexão ocupa-se com elas: o céu estrelado acima de mim e a lei moral em mim". Ele talvez não concordasse com a interpretação kantiana do céu estrelado – o "espetáculo de uma inumerável quantidade de mundos como que *aniquila* minha importância enquanto *criatura animal*", escreveu Kant. Vemula pensava a si mesmo como composto de uma "gloriosa poeira estelar", e não de animalidade. Mas ele possivelmente concordaria com a interpretação kantiana da lei moral – a visão que Vemula apresenta do homem como uma "mente" – que "eleva infinitamente", escreveu Kant, "meu valor enquanto inteligência, mediante minha personalidade", ao revelar "uma vida independente da animalidade[,] [...] [uma] determinação conforme a fins [...] que não está circunscrita a condições e limites desta vida mas penetra o infinito". No pensamento deles, no entanto, ambos subordinaram a natureza criatural do corpo à razão. Os dois mundos, pensava Kant, podiam ser conectados pelo trabalho da razão.[4] Ler as palavras finais escritas por Vemula à luz da hipótese do Antropoceno nos permite reatribuir importância às conexões criaturais do humano e demonstrar ao mesmo tempo a dificuldade de incorporar essas conexões às esferas emancipatórias do político.

Meu ponto de partida aqui remonta a algumas reflexões estimulantes e férteis que Martha Nussbaum fez sobre o sentimento de nojo e a ideia da estigmatização, tal como aparecem na filosofia do direito moderno, principalmente estadunidense.[5] Não são as especificidades

---

[3] Sverre Raffnsøe, *Philosophy of the Anthropocene: The Human Turn*. Basingstoke: Palgrave Macmillan, 2016, p. 10.
[4] Immanuel Kant, *Crítica da razão prática* [1956], trad. Valerio Rohden, São Paulo: WMF Martins Fontes, 2016, p. 255.
[5] Martha C. Nussbaum, *Hiding from Humanity: Disgust, Shame, and the Law*. Princeton: Princeton University Press, 2004.

de seus argumentos que me interessam aqui – ainda que algumas de suas conclusões (tais como as de que devemos encarar com ceticismo a ideia de "confiar no [nojo] como base para a lei", uma vez que "o nojo foi usado ao longo da história para excluir e marginalizar grupos") possam muito bem se aplicar à Índia –, mas, sim, os pontos em que suas reflexões tangenciam a psicologia evolutiva dos seres humanos. Claro, ainda que os traga à tona, Nussbaum não chega a desenvolver esses pontos, visto que muitas vezes se trata de pontos que ela precisa ao mesmo tempo reconhecer e colocar entre parênteses a fim de prosseguir com a própria exposição. Mas, no mais das vezes, esses são justamente os pontos que me interessam neste capítulo. Portanto, seria provavelmente mais preciso dizer que meu argumento se forma, por assim dizer, nas margens do texto de Nussbaum, ao dar seguimento àquilo que ela reconhece, porém não se sente obrigada a desenvolver.

Nussbaum reconhece, por exemplo, que o sentimento de "nojo" provavelmente implica elementos que pertencem a uma história profunda da espécie humana, incluindo "ideias mágicas de contaminação e aspirações impossíveis a pureza, imortalidade e não animalidade, que simplesmente não estão alinhadas com a vida humana tal como a conhecemos". Ela sugere que o nojo pode ter exercido um "papel valioso em nossa evolução" e que não apenas é possível como também "muito provável" que desempenhe "uma função útil em nossas vidas cotidianas hoje". Talvez sua função de "esconder de nós aspectos problemáticos de nossa humanidade seja útil: talvez não nos seja possível conviver facilmente com uma consciência muito vívida do fato de que somos feitos de substâncias gosmentas e pegajosas que logo se deteriorarão".[6] "Algum grau de autoengano", escreve ela, "talvez seja essencial para nos ajudar a atravessar uma vida na qual estamos logo fadados à morte e na qual os assuntos mais essenciais estão para além de nosso controle." Nussbaum para por aqui, visto que seu principal objetivo no livro é reivindicar "uma sociedade em que tais ficções autoenganadoras não deem as cartas no direito e em que – pelo menos ao criar as instituições que moldam nossa vida comum juntos – admitamos que somos todos filhos [isto é, iguais sem nenhuma figura paterna] e que, de muitas maneiras, não controlamos o mundo".[7]

---

6   Ibid., p. 14. Ver também pp. 72, 83, 89, 91–5, 116.
7   Ibid., p. 17.

Nussbaum também deixa de lado – logicamente, do ponto de vista dela – as questões ligadas às emoções que podem ser compartilhadas entre humanos e outros animais:

> Afirmei que as emoções são "experiências humanas", e é claro que elas são isso; mas a maioria dos pesquisadores contemporâneos, e muitos do mundo antigo, sustenta que alguns animais não humanos também têm emoções, pelo menos certos tipos de emoção [...]. Contudo, deixarei essa questão de lado, por enquanto, concentrando-me nas emoções humanas, que constituem a matéria básica do direito.[8]

As reflexões de Nussbaum concentram-se apenas no humano e – como muitos outros pensadores liberais – ela pensa em princípios que poderiam ser aplicáveis a cada ser humano individual, independentemente do número total de humanos no planeta. Nussbaum pressupõe – de novo, corretamente conforme a perspectiva dela – o "igual valor das pessoas e sua liberdade", pois sua atenção permanece focada no florescimento humano, ou seja, em elaborar um "núcleo duro" de princípios jurídicos que ela considera essenciais para o florescimento de todos os seres humanos individuais cujas vidas são regidas por instituições que subscrevem a princípios liberais.[9] As reflexões de Nussbaum são antropocêntricas por opção.

A "questão *dalit*" na Índia, ou a persistência, sob novas formas, do velho problema da "intocabilidade" nas instituições indianas modernas, ilustra a um só tempo por que tanto a crítica de Nussbaum e sua rejeição ao uso do nojo como base para a gestão social quanto a visão de Carl Sagan do corpo humano como "poeira estelar" (como resumida por Vemula) são *ambas* preocupações relevantes hoje. São relevantes, mas também estão em certo desacordo uma com a outra. No esquema bramânico das coisas, o corpo da pessoa "intocável" era considerado intocável precisamente por estar investido de certo grau de repugnância. Essa repulsa era a fonte emocional da marginalização e opressão do *dalit*. Da perspectiva de Nussbaum, rejeitar uma construção tão degradante do corpo humano em favor do corpo individualizado que subscreve ao princípio do "igual valor das pessoas" é uma maneira de superar o corpo do *dalit*. E isso talvez dialogue com

---

8   Ibid., pp. 23–24, 50.
9   Ibid., p. 61.

a queixa de Vemula de que o *dalit* nunca era visto como alguém que havia superado seu corpo e, por isso, nas palavras dele, exigia passar a ser visto "como uma mente". O corpo como "uma coisa gloriosa feita de poeira estelar", no entanto, é uma construção que enxerga o corpo humano/*dalit* como algo conectado a tudo o mais no cosmos, a seu passado antigo e a seu presente. A visão aqui não é antropocêntrica nem individualiza o corpo humano. Enquanto Nussbaum se concentra nas condições sob as quais todos os humanos individuais podem potencialmente florescer, a visão do corpo como "poeira estelar" dissolve o corpo individual em uma visão conectada do universo físico e vai além da questão do florescimento humano. O uso do adjetivo *glorioso* na caracterização dessa visão do corpo talvez expresse algo de sua majestosidade, de sua natureza milagrosa, tal como ela aparece ao menos aos olhos científicos de Vemula. Ele claramente via isso como outra poderosa forma de escapar, na imaginação, dos limites violentamente impostos a seu corpo de "casta inferior" identificado como *dalit*.

Neste capítulo, proponho uma leitura do "corpo *dalit*" – uma construção reconhecidamente abstrata sobre a qual terei mais a dizer em breve – colocando tal corpo na interseção das duas diferentes tradições de pensamento que reuni sob os signos de Nussbaum e Sagan. O que denominei aqui de era planetária carrega uma complexidade que marca o presente momento na história humana. É a seguinte: embora não possamos *não* pensar no florescimento humano e em questões de justiça entre os seres humanos à medida que avançamos no presente século, perseguir essas questões sem fazer referência à maneira pela qual os corpos humanos individuais se vinculam a elementos não humanos no planeta – tanto vivos como não vivos – pode, no final das contas, acabar colocando em risco o próprio florescimento humano. As sobreposições entre a literatura sobre as mudanças climáticas e a Ciência do Sistema Terra me convencem de que, dado o atual número de seres humanos no planeta, precisamos estar cada vez mais cientes dessas conexões, mesmo à medida que buscamos nosso florescimento. O fato de que somos compostos de "substâncias gosmentas e pegajosas que logo se deteriorarão" talvez tenha de se tornar parte de nossa consciência cotidiana. Não só isso. À medida que a crise climática se desenrola, a constatação de que não são os humanos, mas as pequenas formas de vida (como as microbiais) que constituem, tanto em termos de peso como de quantidade, o grosso da vida no planeta e têm centralidade no drama da vida – desde a produção do solo até o funcionamento interno do corpo humano, para não falar da manutenção da parcela de oxigênio na atmosfera – talvez seja um fato salutar para termos em mente ao refletir sobre as condições planetárias que tornam possíveis nossa existência e nosso florescimento como seres humanos.[10]

Segundo a imaginação opressiva do esquema bramânico, o corpo *dalit* é marginalizado por causa de seu contato forçado com a morte e os dejetos; no entanto, é também um exemplo – deixando por ora entre parênteses as relações de opressão que as castas superiores construíram em torno dele – do corpo humano imaginado como intrinsecamente conectado ao não humano e ao não vivo. Poderíamos identificar exemplos semelhantes, e provavelmente muito mais benignos, nos mitos religiosos mais antigos dos nativos americanos, dos indígenas americanos, de tribos indianas e africanas, e dos aborígenes australianos, com a diferença crucial, é claro, de que, no contexto da sociedade de castas, os *dalits* eram marginalizados e oprimidos precisamente por causa dessas conexões percebidas.[11] Rohith Vemula claramente encontrou um horizonte emancipatório de pensamento na concepção planetária do corpo humano – o ser humano concebido como indissociável de outras formas de vida e não vida. O que faço neste capítulo é demonstrar quão difícil ainda é conseguir "politizar" essa figura conexa do humano e por que a força das aspirações emancipatórias de Vemula permanecem mais poéticas do que políticas (em termos contemporâneos).

A invisibilidade do corpo *dalit*

A fenomenologia do corpo *dalit*, como argumentou Sundar Sarukkai, claramente reside no fato de o *dalit* – e também o brâmane, de maneira perversa – ser privado de algo profundamente importante para os

---

[10] Paul G. Falkowski, *Life's Engine: How Microbes Made Earth Inhabitable*. Princeton: Princeton University Press, 2015; Martin J. Blaser, *The Missing Microbes: How Killing Bacteria Creates Modern Plagues*. New York: Henry Holt, 2014; Eugene G. Grosch & Robert M. Hazen, "Microbes, Mineral Evolution, and the Rise of Microcontinents: Origin and Coevolution of Life with Early Earth". *Astrobiology*, n. 10, v. 15, 2015, disponível online.

[11] Sobre essas questões, ver, por exemplo, Déborah Danowski & Eduardo Viveiros de Castro, *Há mundo por vir? Ensaio sobre os medos e os fins*. Desterro: Cultura e Barbárie/Instituto Socioambiental, 2014.

humanos: o toque de outros seres humanos.[12] Questões de comportamento e *performance* corporais desempenham, portanto, um papel crucial na história da "intocabilidade" na Ásia Meridional. É impossível teorizar a "intocabilidade" sem teorizar o corpo e a maneira como ele se situa culturalmente na história da opressão dos *dalits* no subcontinente.

No entanto, a vasta e erudita literatura sobre castas e intocabilidade na Índia não deixa de ser marcada por certo tipo de esquecimento desse corpo. Hoje considero ser sintomático disso a invisibilidade da "questão *dalit*" verificada mesmo em um projeto autoconscientemente radical como o da *Subaltern Studies*. Se não todos, a maioria dos exemplos de atos de dominação e subordinação físicas na vida cotidiana da Índia rural que Ranajit Guha apresenta em seu clássico *Elementary Aspects of Peasant Insurgency in Colonial India* [Aspectos elementares da insurgência camponesa na Índia Colonial] [1983] vem da literatura sobre castas; ainda assim, a categoria de casta é praticamente ausente em seu – e posteriormente nosso – arcabouço analítico. Não era como se não tivéssemos consciência das castas e suas terríveis iniquidades, mas a casta era sublimada às categorias "camponês" e "classe" conforme uma historiografia voltada para promover uma política de transformação revolucionária da sociedade indiana, uma transformação que compreendíamos através do prisma de um arcabouço marxista, por mais dissidente e democrático que possa ter sido seu espírito. A humilhação por parte dos membros das castas superiores na vida cotidiana indiana era uma questão corpórea – ostentar um bigode, portar um guarda-chuva, vestir sapatos ou usar tecido sobre os seios eram atitudes recebidas como afronta pelos membros dos grupos dominantes em determinadas sociedades, provocando uma resposta violenta de abuso e tortura. O corpo humilhado era marcado pela casta e por suas regras de exclusão, mas por muito tempo não discutimos casta na *Subaltern Studies*, até que as críticas de autores como Kancha Ilaiah nos alertaram para essa grave lacuna em nosso esforço intelectual.[13]

---

12 Sundar Sarukkai, "Phenomenology of Untouchability", in Gopal Guru & Sundar Sarukkai (orgs.), *The Cracked Mirror: An Indian Debate on Experience and Theory*. New Delhi: Oxford University Press, 2014, pp. 157–99.

13 Ver Ranajit Guha, *Elementary Aspects of Peasant Insurgency in Colonial India*. New Delhi: Oxford University Press, 1983, cap. 2. Ver também Kancha Ilaiah, "Productive Labour, Consciousness and History: The Dalitbahujan Alternative", in Shahid Amin & Dipesh Chakrabarty (orgs.), *Subaltern Studies: Writings on South Asian History and Society*. New Delhi: Oxford University Press, 1996, pp. 165–200. Ilaiah já abre afirmando: "A historiografia

É verdade que as categorias marxistas tradicionais são muitas vezes cegas para a questão da "casta", tendendo a subsumi-la à categoria de "classe", mas esse problema já havia sido reconhecido como tal na época em que a *Subaltern Studies* começou a ser publicada. Portanto, o que explica por que os acadêmicos da Ásia Meridional, que em nossa maioria crescemos e convivemos com as castas em suas múltiplas manifestações em diferentes partes do subcontinente, deixamos de reconhecer a opressão de casta por aquilo que ela era: uma forma de opressão cuja lógica de humilhação e exclusão se exprimia na materialidade das práticas corpóreas? Claro, foram muitos os fatores que contribuíram para essa elisão geral da centralidade do corpo *dalit* nas narrativas do sofrimento *dalit*. Poderíamos lembrar a profusão, ocorrida nas décadas de 1960 e 1970, de estudos sobre casta que visavam destacar aspectos de mobilidade social no interior do chamado "sistema" de castas, a fim de contestar a narrativa europeia de que se tratava de uma camisa de força que mantinha as pessoas inevitavelmente confinadas à casta (*jati*) em que haviam nascido.[14] A categoria "casta" pertencia aqui a uma disciplina emergente da sociologia indiana. Os *dalits* e a questão da intocabilidade eram subsumidos ao problema da casta, e a casta – assim como a raça (embora muitos argumentassem que casta não era raça e haja todo um volume da Fundação Ciba dedicado exclusivamente a essa questão) – era vista como uma forma de desigualdade que a democracia, o socialismo ou a simples lógica mercantil ou desenvolvimentista resolveriam no final das contas.[15]

Havia também um filão idealista nas críticas à opressão de casta que destacava o potencial emancipatório do movimento Bhakti – uma forma devocional de religião que emprestava elementos anti-hierárquicos de fontes hindus e islâmicas – para pintar uma história "espiritual" da Índia ou do hinduísmo, em um gesto calculado para proporcionar ao igualitarismo da democracia indiana uma profunda genealogia histórica. Nas discussões modernas acerca dessa literatura, o problema do

---

mainstream não fez nada para incorporar a perspectiva *dalit-bahujan* na escrita da história indiana: a *Subaltern Studies* não é exceção nesse quesito".

14 O finado professor M. N. Srinivas teve uma atuação pioneira ao proporcionar algumas das ferramentas conceituais básicas – como a "sanscritização" – empregadas em sua literatura. Andre Beteille é, evidentemente, outro bastião desse período.

15 Ver Anthony de Reuck & Julie Knight (orgs.), *Caste and Race: Comparative Approaches* [Simpósio da Fundação Ciba]. Boston: Little, Brown, 1967.

corpo do *dalit* era não raro convertido em um problema do espírito – uma questão de atitudes conscientes ou inconscientes que poderiam ser explicitadas e questionadas nos textos religiosos. Trata-se de uma narrativa civilizacional da Índia na qual certos textos indianos são vistos como portadores de soluções prefiguradas para problemas que a democracia indiana nascente, surgida depois de 1947, teria de enfrentar. Um bom exemplo disso são as conferências Patel que o famoso estudioso de sânscrito Raghavan apresentou em Délhi em 1964 a convite da então ministra da Informação e Radiodifusão, Indira Gandhi. Nessa série de palestras, Raghavan conduziu seu público em um passeio iluminador pelas diversas fases do movimento Bhakti entre os séculos VI e XVII na Índia para traçar, nas palavras de John Stratton Hawley, "um panorama abrangente dos instintos democráticos da Índia tal como eles existiram antes de a palavra 'democracia' ter sido cunhada".[16]

A cegueira ao problema do corpo não era apenas uma questão de como – isto é, por meio de quais métodos – discutíamos casta. A coisa era mais profunda. Deixei a Índia aos 27 anos de idade. Durante essas quase três décadas não escutei um único argumento – quer na escola, quer em casa, quer em conversas sociais – em defesa da prática da "intocabilidade", e ainda assim ela permanecia na vida cotidiana sob muitas formas, algumas mais sutis do que outras. Claro, o conhecimento tem importância. Ter ciência de um problema geralmente leva a uma ação ou à formulação de políticas calculadas para enfrentá-lo. Daí as diversas medidas que a Índia vem tomando para lidar com o problema da intocabilidade, a começar evidentemente pelo passo notável de a declarar ilegal na Índia independente. A despeito disso, a discriminação – e as práticas baseadas nas velhas suposições sobre o corpo do *dalit* – no fundo nunca deixa de existir. Por quê?

Aqui, parece-me que precisamos traçar uma distinção entre, digamos, práticas particulares de discriminação e algo que poderíamos denominar "preconceito". Tornamo-nos cognitivamente conscientes de práticas discriminatórias e buscamos explicá-las com base em vários sistemas de conhecimento a nosso dispor. É assim que disciplinas como a história, a antropologia ou o direito criam seu objeto particular de pesquisa ou investigação baseados em realidades cambiantes da casta. Ao mesmo tempo, esses sistemas de conhecimento

---

16   John Stratton Hawley, *A Storm of Songs: India and the Idea of the Bhakti Movement*. Cambridge: Harvard University Press, 2015, p. 24.

também apontam possíveis diretrizes de ação corretiva disponíveis nas esferas da legislação, da economia, da política ou mesmo em atitudes conscientes. Preconceito já é outra coisa. Ele se refere ao juízo que você faz de alguém antes de julgá-lo conscientemente – é, nesse sentido, *pré*-conceito, como explica Gadamer em *Verdade e método*.[17] Começamos a assimilar preconceitos desde as mais tenras fases da infância, à medida que adentramos a ordem simbólica e à medida que os adultos vão nos explicando o mundo, guiando nosso ingresso nele, como eles necessariamente têm de fazer. O preconceito torna-se parte do *habitus* (para passar de Gadamer para Bourdieu). Você muitas vezes verá a cisão entre conhecimento e preconceito na mesma pessoa ou, se estiver correta minha lógica, provavelmente em todos nós.

Para poupar tempo e espaço, permita-me ilustrar esse ponto com a ajuda de uma anedota autobiográfica. Peço desculpas por substituir pesquisa etnográfica por autobiografia, mas 27 anos contínuos em um único lugar também já é muito mais tempo do que qualquer antropólogo tipicamente dedicaria a uma pesquisa de campo em toda a sua vida. Portanto, talvez eu possa me arrogar certo direito de falar como um nativo tornado etnógrafo. Em minha infância em Calcutá nos anos 1950, havia em meu livro escolar um poema bengali muito famoso sobre a figura do varredor. Era um poema fortemente anti-intocabilidade que começava com as seguintes palavras que os bengalis de minha geração até hoje são capazes de recitar de cor: "*Ke bole tomare, bondhu, asprishya ashuchi?*" (Quem ousa chamá-lo de intocável e impuro, meu amigo?). Seu autor é Satyendranath Datta, neto do famoso racionalista oitocentista Akshaykumar Datta.[18] Fervoroso admirador de Gandhi, ele morreu jovem, aos 39 anos de idade, em 1922. Os versos, portanto, foram provavelmente compostos nos anos após o retorno permanente de Gandhi à Índia em 1915. O poema claramente teve vida longa. Gandhi estreou seu jornal contra a intocabilidade, o *Harijan* [1933], com a publicação de uma tradução em inglês desse poema feita por Rabindranath Tagore, e a versão original, em bengali, foi aparecer em meu livro escolar cerca de qua-

---

17 Hans-Georg Gadamer, *Verdade e método: Traços fundamentais de uma hermenêutica filosófica* [1960], trad. Flávio Paulo Meurer, rev. trad. Ênio Paulo Giachini. Petrópolis: Vozes, 1999.
18 A primeira página da edição de estreia da revista *Harijan*, lançada por Gandhi para enfrentar o problema da "intocabilidade" trazia uma tradução desse poema de Rabindranath Tagore. Ver *Harijan* (Poona), n. 1, v. 1, 11 fev. 1933, p. 1, disponível em: gandhiheritageportal.org/journals-by-gandhiji/harijan.

renta anos depois. Minha mãe, que era professora de literatura bengali em uma escola secundária, passava-me o poema explicando de maneira muito sincera e fervorosa a injustiça da intocabilidade, ensinando-me como seus preceitos violam qualquer princípio fundamental de igualdade e justiça humanas. E, no entanto, todas as manhãs, Lakshman, um *dalit* de Bihari designado pela corporação municipal para cuidar da limpeza de nosso bairro, fazia bico faxinando os banheiros das casas de nossas ruas. (Naquela época, ambas as práticas eram normais: as autoridades municipais invariavelmente designavam *dalits* para esses empregos de limpeza, provavelmente uma prática vigente até hoje, e os varredores, por sua vez, tiravam uma renda adicional pegando trabalhos privados durante seu expediente oficial.) Meus pais tinham uma boa relação com Lakshman – eles guardavam seu dinheiro ou outros objetos de valor sempre que ele precisava ir para casa de licença – e nunca o tratavam como uma pessoa intocável durante essas visitas sociais. Mas todas as manhãs, quando ele entrava em nossa casa como varredor trazendo aquela enorme *jhadu* (vassoura), toda encharcada e pingando, que usava para limpar nosso banheiro, minha mãe saía correndo para garantir que nada – nenhuma cortina ou mobília – encostasse nele ou no *jhadu*, gerando com isso um pequeno alvoroço de pânico no lar. O próprio Lakshman também se movimentava assumindo uma postura corporal rígida e desajeitada nesses momentos, cuidando de manter uma distância "adequada" entre seu corpo, sua *jhadu* e os móveis e as pessoas da casa, de modo a não ferir as sensibilidades de casta superior no que diz respeito a dejetos e poluição. Algumas casas mais ricas chegavam a contar com uma entrada secundária e, às vezes, até com uma escada em caracol separada para uso do varredor.

Na época do ensino médio, passei a encarar esse evento cotidiano como expressão de algum tipo de hipocrisia por parte de minha mãe. Quem sabe no fundo ela nem acreditasse naquilo que dizia o poema de Datta, na mensagem que ela costumava explicar como forma de me ensinar os valores corretos da democracia igualitária da Índia? Mais tarde me dei conta de que talvez estivesse equivocado. Minha mãe estava, sim, sendo sincera quando me explicava a injustiça da intocabilidade. O que a forma pela qual Lakshman entrava em nossa casa evidenciava era a acepção gadameriana de preconceito: o senso profundamente bramânico que minha mãe tinha do próprio corpo talvez se revoltasse diante da perspectiva de que Lakshman e sua *jhadu* toda encharcada de água possivelmente usada para limpar matéria fecal – no fundo um corpo intocável estendido – pudessem entrar em contato com qualquer coisa em nosso lar. A questão não era a higiene. Era o corpo do *dalit* como tal. O conhecimento formal acerca da opressão dos *dalits* historiciza ou sociologiza a figura do *dalit*. Uma vez que se tem consciência do contexto histórico que propicia a exploração dos *dalits*, desenvolvem-se políticas voltadas para alterar o contexto das vidas *dalits*. Mas o preconceito – o conceito que você carrega antes de fazer um juízo deliberado – reproduz uma estrutura que, com o tempo, vai constituindo um presente muito extenso e estável.

O corpo *dalit* como Inscrição e Abstração

O "corpo *dalit*" que menciono aqui é, como já disse, uma abstração. Visto que essa figura abstrata pode acabar confundida com uma visão essencialista, orientalista ou estática do corpo do *dalit* de minha parte – isto é, como uma negação da história –, permita-me começar reconhecendo plenamente o fato empírico de que concretamente talvez não haja ninguém que corresponda a esse "o *dalit*" de minha descrição. Na prática, há apenas os corpos dos membros de tantas *jatis* diferentes que foram tradicionalmente consideradas "intocáveis". Como observaram certa vez os estudiosos australianos Oliver Mendelsohn e Marika Vicziany, "os intocáveis estão organizados em *jatis* da mesma forma que outros hindus" – "chamares, bhangis, dhobis, pulayas, paswanes e madagis são algumas das muitas centenas de *jatis* intocáveis espalhadas por todas as regiões da Índia". E acrescentaram: "em nível local, todos sabem que existem castas intocáveis particulares, em oposição a simplesmente intocáveis em geral".[19] Os próprios intelectuais *dalits* por vezes relatam quanto ser tratado como "intocável" é uma função de tempo e lugar, isto é, algo sujeito ao oportunismo e aos interesses egoístas das castas superiores. Em um ensaio autobiográfico, A. Shukra (um pseudônimo), nascido em Pune, filho de pais punjabis pertencentes à casta Ravidasi (adoradores de Ravidas) dos chamares, comenta a variação no tratamento que sua família recebia nas mãos de seus superiores: ele compara seu tempo na aldeia, quando não lhes era permitido usar os potes de água das castas superiores, ao momento posterior em que ele já estava formalmente instruído e esses

---

[19] Oliver Mendelsohn & Marika Vicziany, *The Untouchables: Subordination, Poverty and the State in Modern India*. Cambridge: Cambridge University Press, 1998, p. 6.

mesmos superiores sociais passaram a precisar dele. "Eram complexas e hipócritas" as "regras da intocabilidade", constatou.[20]

O exercício conceitual que estou fazendo aqui não nega essa diversidade empírica nem as diversas mudanças históricas. Meu tratamento do corpo *dalit* é um pouco como o tratamento que Frantz Fanon dedicou ao "corpo negro" em seu *Pele negra, máscaras brancas*. Valendo-se de Hegel e de Merleau-Ponty, Fanon sugeriu que "homem negro" não possui esquema corporal, no sentido de que o "homem negro" não tem como esquecer sua negritude; ele jamais seria capaz de esquecer a cor de seus membros ou de suas costas, tal como fazem os "humanos" em seu cotidiano ou, digamos, quando estão dormindo. O senso que a pessoa negra tem de seu corpo sempre passa pelo prisma de uma consciência em terceira pessoa: "No mundo branco, o homem de cor encontra dificuldades na elaboração do seu esquema corporal. O conhecimento do corpo é uma atividade puramente negacional. É um conhecimento em terceira pessoa".[21]

Esse corpo do "homem negro" que Fanon discutia talvez não estivesse empiricamente disponível para verificar sua proposição. É possível que os "homens negros" que Fanon conhecia, incluindo seu eu empírico, fossem plenamente capazes de se despojar de toda a consciência da cor de suas peles durante o sono. Mas não era esse o ponto de Fanon. Sua abstração, o "corpo negro", era central para certa estrutura de opressão racista que ele queria tornar visível. O "corpo *dalit*", tal como emprego aqui o termo, é uma construção semelhante. Valho-me dele para propor uma reflexão sobre como poderíamos pensar o corpo humano e sua relação completamente porosa com seu assim chamado ambiente. Não me interessam aqui as variações empíricas na história dos diferentes grupos de *dalits* que hoje compõem as castas registradas da Índia. Pois quaisquer que sejam os elementos de pluralidade e variação na trajetória da intocabilidade ao longo da história social indiana, o corpo sempre terá centralidade para o fenômeno em si. As práticas

---

20   A. Shukra, "Caste: A Personal Perspective", in Mary Searle-Chatterjee & Ursula Sharma (orgs.), *Contextualising Caste: PostDumontian Approaches*. Oxford: Blackwell, 1994, p. 171.
21   Frantz Fanon, *Pele negra, máscaras brancas* [1952], trad. Sebastião Nascimento. São Paulo: Ubu, 2020. Ver também a discussão desenvolvida em David Macey, "Adieu foulard, Adieu madras", in Max Silverman (org.), *Frantz Fanon's Black Skin, White Masks: New Interdisciplinary Essays*. Manchester: Manchester University Press, 2005, p. 22.

que tendem a tornar "intocável" um ser humano se concentram no corpo da pessoa em questão: são seu toque, sua sombra, seus sinais e excreções corporais, sua comida, e assim por diante, que eram vistos como poluidores.

O estudo clássico de Louis Dumont sobre as castas, *Homo Hierarchicus*, nos é útil aqui. "É evidente", escreveu Dumont, "que a impureza do intocável é conceitualmente inseparável da pureza do brâmane [...]. Em particular, a intocabilidade jamais desaparecerá verdadeiramente enquanto a própria pureza do brâmane não for radicalmente desvalorizada; isso é algo de que nem sempre se dá conta". Dumont prossegue comentando a centralidade da associação entre a vaca e a morte na constituição da natureza conspurcadora da pessoa intocável:

> É notável que o desenvolvimento essencial da oposição entre o puro e o impuro nessa conexão recaia sobre a vaca [...]. O assassinato de uma vaca é assimilado ao de um brâmane, e vimos que seus produtos são poderosos agentes purificadores. Simetricamente, os intocáveis têm a função de se desfazer do gado morto, de tratar e trabalhar suas peles, e este é sem dúvida um dos principais aspectos da intocabilidade.[22]

O potente estudo de Dumont foi muito criticado na literatura sobre castas, e não é preciso debater aqui suas proposições tampouco seus métodos. Mas é fato que os poderosos esforços que Gopal Guru mobiliza para conceituar a experiência de ser *dalit* são animados por uma memória nítida – por vezes mediada pelas reminiscências de ninguém menos do que o próprio grande Ambedkar – desse corpo descrito por Dumont. "Durante o governo dos peshwas em Pune no [início do] século XIX", lembra Guru, "os brâmanes forçaram os intocáveis a andar com potes de barro pendurados no pescoço e vassouras amarradas à cintura. Os potes eram para que cuspissem e a vassoura para que fossem apagadas suas pegadas, que também eram consideradas poluentes." Esperava-se que os mahars, a casta intocável à qual Ambedkar pertencia, carregassem varas com sinos acoplados para que o "tilintar comunicasse a indesejável chegada dos intocáveis à aldeia principal". Para Guru, esse passado não está tão morto como se pensa. "Assim", observa, "o governo peshwa parece ter desenvolvido o

---

[22] Louis Dumont, *Homo hierarchicus: O sistema das castas e suas implicações* [1966], trad. Carlos Alberto da Fonseca. São Paulo: Edusp, 2008.

protótipo das técnicas biométricas de hoje", transformando os corpos *dalits* em superfícies inscritas.[23]

Uma leitura para o Antropoceno

Permita-me, pois, retornar ao corpo *dalit* marcado por seu envolvimento tanto com a matéria fecal como com a pele dos animais mortos ou com a morte em si (como no caso do *dom* ou do *chandala* da famosa lenda de Raja Harishchandra que aparece em vários *puranas* e influenciou o pensamento de Gandhi). Lembremos a descrição que Gyan Prakash faz dos trabalhadores "intocáveis" submetidos a um regime de servidão por dívida em Bihar – em cada ciclo de cultivo, os senhores de terra sempre os encarregavam da primeira lavoura do solo, pois as castas superiores não queriam expor seus corpos à matéria possivelmente letal que a terra supostamente expeliria ante o toque do primeiro arado.[24] O corpo do *dalit* funcionava como amortecedor entre a vida e a morte. Ele absorvia tudo aquilo que poderia significar a morte para os seres humanos. O preconceito contra esse corpo era, e ainda é, parte do *habitus* dos "eus" corporificados de casta superior.

Não quero aqui entrar em debates jurídicos ou sobre políticas públicas, primeiro porque não tenho competência para tanto, e segundo porque o preconceito contra o corpo *dalit* resistiu a iniciativas no campo do direito e na esfera das políticas públicas (o que não significa desmerecer essas iniciativas – precisamos delas). A *Subaltern Studies* não deu conta de explicar o *dalit* porque carece de uma teoria material do corpo; seu "subalterno" era um representante da "consciência insurgente". Mas não é a esse ponto que quero retornar. Quero sugerir que, uma vez que você me conceder a estrutura de exclusão – a reação de nojo que ela produz nos corpos das castas "mais limpas" –, é possível entender o corpo *dalit* como precisamente aquele que nos ajuda a pensar o planeta nesta era da crise ambiental que denominamos "aquecimento global". Para tanto, porém, precisamos ir além das tendências que na filosofia política privilegiam o corpo abstrato, desprovido de marcas, seja como portador de direitos, seja como fundamento para situar aquela categoria marxista

---

23 Gopal Guru, "Experience, Space, and Justice", in Gopal Guru & Sundar Sarukkai (orgs.), *The Cracked Mirror*, op. cit., pp. 84–87.

24 Gyan Prakash, *Bonded Histories: Genealogies of Labor Servitude in Colonial India*. Cambridge: Cambridge University Press, 2003.

de "trabalho abstrato" tão necessária para a crítica do capital em Marx. Nossas reflexões sobre o florescimento humano talvez já não possam mais basear-se no pensamento político que se organiza em torno do ser humano individual (como portador de direitos e beneficiário de políticas de bem-estar social), independentemente do número total de humanos no planeta, e que coloca entre parênteses todas as questões ligadas às conexões entre o ser humano e outras formas de vida, bem como sua profunda relação com os processos do sistema Terra.

Fanon, como mencionei, afirma que a pessoa negra não dispõe de "esquema corporal". Uma pessoa não negra é capaz de se esquecer, por exemplo, de como o próprio corpo particular se parece e reter apenas a percepção, na consciência cotidiana, de um esquema corporal – algo como ter a vaga consciência de possuir um par de mãos sem necessariamente recordar ou visualizar a cor, a forma ou a idade dessas mãos. Já a pessoa negra não tem essa possibilidade, pois a marca que a raça inscreveu em sua percepção corpórea de si é tão profunda que ela jamais seria capaz de esquecer que é negra, mesmo durante o sono. Nesse sentido, é tentador pensar o corpo *dalit* de maneira análoga. Pode-se argumentar que a pessoa *dalit* – na medida em que seu corpo está sempre previamente marcado (onde impera o esquema bramânico do corpo) pela proximidade e pelo contato com fezes e animais – jamais pode experimentar um esquema geral do corpo humano. Dumont argumenta que o nojo do brâmane é inseparável do estigma que o corpo *dalit* carrega.

No entanto, eu evitaria aderir completamente a essa linha de raciocínio. Colocar em uma oposição binária inseparável o nojo do brâmane e a proximidade do *dalit* em relação às fezes e aos animais mortos significa também permanecer preso a uma espécie de humanismo cego para a matéria viva presente nas próprias fezes e nos próprios animais, sejam eles vivos, sejam eles mortos – a questão dos micróbios, em suma. Uma vez que esse fato é muitas vezes esquecido no pensamento ontológico sobre o humano – em que o humano figura de maneira totalmente isolada e abstraída em relação a outras formas de vida no mundo –, poderíamos encarar o corpo do *dalit* como ao mesmo tempo um reconhecimento e um lembrete (por mais perverso que seja) de todos os outros corpos vivos com os quais precisamos nos conectar a fim de manter vivos nossos corpos humanos.[25] Se arranjássemos uma

---

[25] Para um resumo da literatura disponível sobre esse assunto, ver *Applied Microbiology: Open Access*, n. 2, v. 3, 2017, disponível online. Ver também

maneira de sair – mesmo no pensamento pró-*dalit* que se concentra apenas na injustiça entre os seres humanos – do pensamento antropocêntrico, poderíamos enxergar o corpo do *dalit* como o corpo que nos torna conscientes de todas as teias de conexões entre diferentes formas de vida que permitem que os humanos, como forma de vida criatural, sobrevivam. O próprio corpo do *dalit* é construído de maneira não antropocêntrica – ele é sempre um humano *com* animais, vivos ou mortos, e está sempre incorporado ao mundo dos micróbios (em sua relação com a manipulação de dejetos). Nesse sentido, o *dalit* é aquilo que eu poderia denominar o corpo planetário.

Ao dizer isso, não pretendo de forma alguma romantizar a vulnerabilidade dos corpos dos pobres (*dalits* ou não) que não dispõem de acesso adequado à saúde. Tampouco estou sugerindo que deveríamos nos tornar vulneráveis a doenças e à morte. Não há como ter uma relação "amigável" com bactérias e vírus que são, ou podem se tornar, hostis à vida humana. Ao mesmo tempo, é verdade que devemos muito de nossa saúde aos micróbios amistosos ou comensais que vivem em nossos corpos. Meu ponto concerne duas questões diferentes, mas relacionadas: como (re)imaginar o humano como uma forma de vida conectada a outras formas de vida e como, então, fundamentar nossa política nesse conhecimento? Nossas categorias políticas são geralmente imaginadas não apenas em termos profundamente antropocêntricos como também de maneira apartada em relação a todas essas conexões. Mas será que podemos ampliá-las de modo a dar conta de nossa relação com formas de vida não humanas ou mesmo com os entes não vivos que podemos danificar (tais como rios e geleiras)?

Tomemos como exemplo os conflitos entre humanos e vida silvestre hoje onipresentes na Ásia Meridional. A assim chamada "ameaça dos macacos" em Délhi, provocada pelo desaparecimento dos hábitats dessa espécie, é um assunto de experiência cotidiana. A mídia indiana frequentemente publica reportagens sobre conflitos entre humanos e leopardos ou entre humanos e elefantes (como se pode constatar por uma simples pesquisa no Google). A questão é se, contra Hannah Arendt, a figura do refugiado ainda tem como permanecer exclusivamente humana? Será que não deveríamos encarar também como refugiados os animais selvagens (tais como leopardos, macacos

---

Julia Adeney Thomas, "History and Biology in the Anthropocene: Problems of Scale, Problems of Value". *American Historical Review*, n. 119, v. 5, dez. 2014.

e elefantes) que aparecem como convidados indesejados nas cidades da Ásia Meridional? E ainda nem começamos a refletir sobre nossa relação com a vida microbial, embora os biólogos já tenham algum conhecimento do papel dela em nossos passados e futuros (a responsabilidade viral pelas diferenças fenotípicas humanas, por exemplo). Independentemente do caminho que encontrarmos para inaugurar esse tipo de pensamento, é preciso que imaginemos o humano não de forma isolada de outras formas de vida – sob a luz ofuscante do humanismo, por assim dizer –, mas como uma forma de vida conectada a outras formas de vida que estão, em última instância, todas vinculadas à geobiologia do planeta e cujo próprio bem-estar depende dessas vinculações.

Os pensamentos emancipatórios de Vemula – seu protesto contra as opressões de casta e contra aquilo que na Índia é chamado de "política voto em bloco"[26] – moviam-se entre duas perspectivas: uma perspectiva liberal-humanista que concebe um corpo humano desprovido de marcas ("nunca se tratou um homem como uma mente") e uma perspectiva não antropocêntrica derivada da ciência que encara o homem como "uma coisa gloriosa feita de poeira estelar". A última afirmação não foi nenhum floreio retórico nem uma invenção da imaginação romântica, mas, na verdade, um fato científico sobre o qual meu colega de Chicago, Neil Shubin, escreveu de maneira esclarecedora: "Cada galáxia, estrela *ou pessoa* é proprietária temporária de partículas que atravessaram os nascimentos e mortes de entidades através de vastos alcances do tempo e do espaço".[27]

Esse abismo entre as grandes histórias nas quais a astrofísica, a geologia, a biologia e a história da evolução humana nos situam e o lugar que nos é conferido pelo pensamento político desde o século XVII tem sido geralmente encarado como uma questão de compartimentalização pragmática do saber. Sabemos, por exemplo, que os humanos, para além de serem uma soma aritmética do número total de seres humanos no planeta, são também uma espécie biológica, o *Homo sapiens*. Essa informação, porém, costuma ser tida como desprovida de importância política especial. Mas, quando a biodiversi-

---

[26] Muito comum na Índia, o voto em bloco se refere à tendência de um grupo de eleitores, reunidos com base em casta, língua, religião e outros, de apoiar coletivamente determinado candidato ou grupo político. [N. E.]

[27] Neil Shubin, *The Universe Within: The Deep History of the Human Body*. New York: Vintage Books, 2013, p. 33.

dade do mundo enfrenta, pela primeira vez em toda a sua história, a perspectiva sombria de uma "grande extinção" acarretada pelas atividades de uma única espécie biológica, o *Homo sapiens*, recai sobre nós a urgência de criar uma noção de política baseada nessa segunda concepção de nós mesmos como uma espécie profundamente imbricada na história da vida. Mas aqui chegamos ao problema com que as reflexões de Rohith Vemula depararam: ainda não sabemos como fazer isso. Há quem leia os pós-humanistas como pensadores que estariam nos proporcionando visões de cosmologias que poderiam nos ajudar a transpor o abismo entre o pensamento político tal como ele existe e o pensamento político tal como precisamos que ele seja. Neste momento, contudo, isso não passa de um salto de fé. O abismo existe como a consciência de um profundo fosso que opera como o limite para nossa atual noção humana de política. Esta segunda permanece centrada nos seres humanos individuais como portadores de direitos ou beneficiários de políticas de bem-estar social, mas nunca nos seres humanos como totalidade – uma espécie entre muitas na história mais ampla da vida. Esse é o abismo que em sua busca por emancipação Rohith Vemula ponderou, mas nunca conseguiu transpor. Mas o fracasso, se é que é disso que se tratou, não foi apenas de Vemula.

Mesmo quando teóricos políticos de nosso tempo se sentiram obrigados a reconhecer as conexões que a humanidade tem com outras formas de vida e com os não vivos, eles simplesmente não dispunham de nenhum recurso intelectual, no interior do pensamento político, capaz de "politizá-las". Considere, por exemplo, a seguinte passagem que aparece logo no início de uma discussão a princípio muito estimulante sobre uma possível "teoria política da mudança climática" no livro de Steve Vanderheiden sobre justiça atmosférica. Ela começa com algo que pode ser facilmente identificado como uma posição não antropocêntrica sobre a crise climática, uma posição que reconhece eminentemente o fato de que os seres humanos estão imbricados naquilo que muitos denominam, nas trilhas de Darwin, "a teia da vida".

> O carbono é um dos tijolos básicos da vida no planeta Terra, sendo o dióxido de carbono o meio dominante pelo qual ele é transmitido de um sumidouro natural para outro, incluindo seres vivos. Em um processo de troca conhecido como *ciclo de carbono*, os seres humanos e outros animais absorvem oxigênio através da respiração e exalam dióxido de carbono, ao passo que as plantas

absorvem e armazenam dióxido de carbono, emitindo oxigênio e *mantendo a vida terrestre em equilíbrio*.[28]

Vanderheiden reconhece que, sem os gases de efeito estufa e "o *efeito estufa natural*", o planeta seria tão frio a ponto de ser praticamente inóspito para a vida em geral, em particular para a vida humana. "Talvez até seja possível sustentar alguma forma de vida no interior de uma pequena faixa de variabilidade térmica para além daquela vista desde a última Era Glacial", escreve ele, "mas o equilíbrio climático produzido por 10 mil anos de estabilidade dos GEE [gases do efeito estufa] é responsável pelo desenvolvimento de *toda a vida terrestre*, e mesmo alterações minúsculas nesse equilíbrio poderiam desaprumar gravemente esses ecossistemas."[29] Vanderheiden comete um equívoco factual, visto que o advento da vida multicelular, complexa, antecede o Holoceno em algumas centenas de milhões de anos, mas ele tem razão de enxergar a atmosfera moderna do planeta como uma entidade partilhada por muitas formas de vida diferentes.

No entanto, apesar de reconhecerem plenamente que a crise climática concerne "ao equilíbrio" de "toda a vida terrestre" neste planeta – o que quer que se entenda por "equilíbrio" – e que ela, portanto, precisa ser pensada em uma escala de no mínimo milhares de anos, as questões que Vanderheiden coloca a respeito de justiça e iniquidade giram em torno de problemas da vida humana, e tão somente dela – e problemas que só comportam intervenção prática em escalas temporais muito mais breves, humanas. Como ele mesmo diz: "Embora a perspectiva seja de que a mudança climática antropogênica provoque danos significativos, e em alguns casos até catastróficos, nas *espécies não humanas do planeta*" (grifo nosso), sua investigação das questões de justiça climática seguirá as diretrizes do IPCC ao concentrar-se exclusivamente nos "hábitats e populações humanos do planeta". Vanderheiden apresenta um bom motivo, prático, para justificar essa abordagem: ainda não sabemos compor um regime climático global que contemple a representação de "animais e gerações futuras" – para não falar em formas de vida não animais ou mesmo no mundo inanimado. Ele faz referência ao trabalho do teórico político Terence Ball para argumentar que, mesmo

---

28 Steve Vanderheiden, *Atmospheric Justice: A Political Theory of Climate Change*. Oxford: Oxford University Press, 2008, p. 6, grifo nosso. Ver também a discussão desenvolvida na p. 79.
29 Ibid., p. 7, grifo nosso.

se contemplássemos esses grupos "por meio de representantes em instituições democráticas, dando ao menos alguma voz a seus interesses, [...] eles necessariamente permaneceriam uma minoria legislativa".[30] Assim, reconhece-se, por um lado, que "a atmosfera global é um bem finito" e que ela o é não apenas para os humanos, pois é "vital para a continuidade da vida neste planeta", bem como "instrumental para o florescimento humano". Essa é a lição das ciências. No entanto, por outro lado, quando se trata de questões justificáveis de desigualdade no que concerne às mudanças climáticas, as capacidades de absorção dessa "atmosfera única" – que, reconhece-se, "deve ser partilhada entre *todos* os habitantes do planeta" – são repartidas *apenas* entre os seres humanos ("as nações ou os cidadãos do mundo") sem nenhuma discussão sobre que parte disso caberia legitimamente às formas de vida não humanas![31] Daqui é só um passo para esquecer a vida não humana como um todo e equiparar o aquecimento global às questões de justiça humana – ou mesmo passar a enxergá-lo como um problema que não pode ser remediado *até que* sejam abordadas satisfatoriamente as questões de justiça humana. Repare como a citação a seguir passa de uma recomendação moral – a "preocupação com a equidade e a responsabilidade *não deve ser* descartada", e assim por diante – a uma proposição condicional – "as mudanças climáticas antropogênicas [...] *não podem ser verdadeiramente remediadas, a menos que*", e assim por diante – para, por fim, desembocar em uma afirmação que postula uma relação de identidade entre justiça global e mudança climática:

> A preocupação com a equidade e a responsabilidade não deve ser descartada como secundária em relação ao objetivo principal de evitar mudanças climáticas catastróficas, pois [...] as mudanças climáticas antropogênicas também são um problema de justiça e, por isso, não podem ser verdadeiramente remediadas, a menos que a resposta internacional vise promover a justiça [incluindo o "direito ao desenvolvimento" das nações pobres] [...]. A justiça global e as mudanças climáticas [são] [...] manifestações do mesmo conjunto de problemas.[32]

Meu segundo exemplo vem de um respeitado pensador político de nosso tempo: o teórico do republicanismo Phillip Pettit. Em seu acla-

---

30 Ibid., p. 264n8.
31 Ibid., pp. 79, 104.
32 Ibid., pp. 251–52.

mado livro sobre republicanismo, Pettit apresenta alguns motivos "decididamente antropocêntricos" de "por que deveríamos nos preocupar com outras espécies e nosso ecossistema em geral". Mas perceba como a humanidade – um "nós" – aparece em sua prosa na forma de duas figuras distintas e desconectadas e, inclusive, como essa própria falta de conexão passa despercebida. "O ecossistema, com as outras espécies de animais que ele contém, nos oferece nosso lugar na natureza; é o espaço, em última instância, a que pertencemos", escreve Pettit. Mas esse "nós" é uma soma aritmética de uma coleção de indivíduos, uma função sigma, por assim dizer, traçada sobre as atividades básicas que definem o ser humano individual: "Somos o que comemos. E, da mesma forma, somos o que respiramos, somos o que cheiramos, somos o que vemos, ouvimos e tocamos". Comer, respirar, cheirar, ver, ouvir e tocar são claramente atividades que só poderiam ser desempenhadas pelo corpo humano individual. Mas o mesmo Pettit também escreve: "Vivemos em continuidade física, biológica e psicológica com outros seres humanos, com outras espécies animais e com o sistema físico mais amplo que nos vem à consciência".[33] *Continuidade* física, biológica e psicológica: esse segundo "nós" não é, portanto, uma soma aritmética de seres humanos individuais. Trata-se de uma figura de "continuidade" que nos conecta a outras espécies e processos que poderíamos considerar planetários. Ele "nos vem à consciência" e, no entanto, não podemos dispensar a figura do sujeito humano individual e autônomo que continua sendo o esteio do pensamento político. O problema é peculiar ao pensamento político, na medida em que nossas instituições políticas são no final das contas profundamente antropocêntricas. Os antropólogos, por outro lado, têm lutado de maneira muito refletida para trazer à vida em sua prosa algumas das funções críticas compartilhadas entre humanos e não humanos.[34]

As reflexões de Pettit, portanto, nos conduzem ao mesmo abismo que Vemula ponderou. Sabemos atualmente que a história do florescimento humano – a narrativa desigual da modernização cujo escopo

---

[33] Philip Pettit, *Republicanism: A Theory of Freedom and Government*. Oxford: Oxford University Press, 1999, p. 137.
[34] Ver, por exemplo, Eduardo Kohn, *How Forests Think: Toward an Anthropology beyond the Human*. Berkeley: University of California Press, 2013. A obra de Kohn é inspirada nos trabalhos de Eduardo Viveiros de Castro e Philippe Descola, entre outros.

é todo ser humano individual – deparou com uma história mais profunda sobre os humanos, nossa história coletiva e inconsciente como espécie biológica que, na história da vida neste planeta, é a primeira a ter dominado com sucesso toda a sua massa terrestre e, indiretamente, até mesmo grandes parcelas dos oceanos. Como fazer para juntar ambas as versões do humano – nos termos de Vemula, tratar todo ser humano "como uma mente" e ao mesmo tempo como "poeira estelar" –, de modo constituir um novo tipo de pensamento político? Até que possamos responder a essa pergunta de maneira satisfatória, ser moderno permanecerá uma posição difícil de se ocupar nestes tempos simultaneamente globais e planetários, nos sentidos em que essas palavras vêm sendo empregadas neste livro.

É por isso que a imaginação cosmológica de emancipação de Vemula permanece, no final das contas, poética – porque os pensadores do político ainda não sabem construir o político com base na compreensão do corpo humano que nos é dada por vários ramos da ciência, a saber: que ele é poroso em suas fronteiras e permanece uma zona através da qual outras formas dos vivos e não vivos necessariamente trafegam.[35] Como leitor de literatura bengali, a poesia pungente dos pensamentos de Vemula me evoca uma carta que o poeta Rabindranath Tagore – cuja formação é muito diferente da de Vemula – escreveu certa vez a Ramedrasundar Tribedi [1864–1919], uma figura pioneira da popularização da ciência em Bengala. A carta foi escrita cerca de um ano antes dele, Tagore, receber o Prêmio Nobel de Literatura. Ela data de 29 de fevereiro de 1912.[36] Com base em evidências internas à própria carta, seu contexto parece ter sido o seguinte: Tribedi estava preparando algumas cartas antigas de Tagore para publicação em forma de livro (o *Chinnapatrabali*) e aparentemente suprimiu uma das frases na edição.

---

35 Para um esforço valente de juntar os dois, ver Samantha Frost, *Biocultural Creatures: Toward a New Theory of the Human*. Durham: Duke University Press, 2016.

36 A carta, datada de 29 de fevereiro de 1912, foi reimpressa em Rabindranath Tagore, *Chithipotro* [Cartas], org. Bhabatosh Datta, v. 15. Calcutá: Visva-Bharati, 1995, pp. 71–73. A nota editorial de Bhabatosh Datta na p. 220 sugere, equivocadamente, que a carta teria sido endereçada a Gourhari Sen, fundador de uma das mais antigas bibliotecas públicas de Calcutá, a Chaitanya Library [1889]. O contexto dessa correspondência pode ser encontrado em Prasanta Kumar Pal, *Robijiboni* [Vida de Robi], v. 6. Calcutá: Ananda, 1993, pp. 247–48. Sou grato a Sanjib Mukhopadhyay por ter chamado a minha atenção para essa carta e pela discussão sobre seu contexto histórico.

"Certo dia", escrevera Tagore, "me transformei numa árvore frondosa erguida sobre uma terra jovem e úmida banhada por água do mar."[37] Tribedi avaliou que essa frase era indigna de ser incluída no livro porque ela já havia aparecido anteriormente como excerto em uma revista bengali hostil a Tagore, a *Sahitya*, e provocado um regozijo sem fim naquele meio. Tribedi estava tentando proteger Tagore de ser ridicularizado ainda mais. A carta de Tagore a Tribedi era uma tentativa de exercer – com seu senso de humor tipicamente gentil – seu direito de protesto, como autor, ao mesmo tempo que reconhecia as prerrogativas do editor na "*execution of [his] duty* [execução de [seu] dever]" (a frase aparece em inglês na carta).

O protesto de Tagore – muito semelhante ao de Vemula, mas décadas antes de pintarem Carl Sagan e sua cosmologia – era o seguinte:

> Você ergueu o machado editorial contra minhas memórias de [ter sido certo dia uma] árvore. Mas isso [sua ação] não é como uma poda de galhos desnecessários, é golpear a [própria raiz de minha] vida. Pois essa é minha mais íntima apreensão. No cerne de minha vida, há uma memória secreta da vida das árvores. Só posso reconhecê-la hoje porque sou um ser humano. Por que apenas árvores? Dentro de mim estão depositadas memórias de todo o mundo material. Todas as vibrações do universo provocam arroubos de parentesco em todo o meu corpo – a exuberância silenciosa e antiga das árvores e trepadeiras encontraram hoje uma linguagem em minha vida –, por que outro motivo eu me sentiria convocado a celebrar a primavera justo agora que as mangas brotando nas árvores parecem intoxicadas por um espírito jubiloso? Por que você não me permitirá expressar o tremendo sentimento de alegria [vindo] da água, da terra, das árvores e dos pássaros [que segue] pulsando em mim? Por quê? Para que as pessoas não zombem de mim?

Ele em seguida acrescenta:

> Sempre que, em momentos auspiciosos, a percepção de que estou aqui junto com o sol, a lua, as estrelas e a terra, as rochas e a água ressoa em minha mente com a clareza de uma nota musical, meu corpo

---

[37] A carta original pode ser encontrada no *Chinnapatrabali*, de Tagore, in Rabindranath Thakur [Tagore], *Rabindrarachanabali* [Obras reunidas de Rabindranath], v. 11. Calcutta: Governo de Bengala Ocidental, 1961, p. 74.

e mente experimentam os arroubos íntimos de uma existência vasta. Isso não é poetização de minha parte, é minha natureza [falando]. É a partir dessa natureza que escrevi poemas, canções e histórias. Não sinto uma gota sequer de vergonha disso. É porque sou um ser humano que toda a verdade dos não vivos e dos vivos se encontra em estado de completude em minha existência.

Muito disso pode parecer uma proposição com ecos heideggerianos sobre o caráter especial do homem – é apenas no humano que o mundo encontra a própria consciência. Mas Tagore complexifica a reflexão ao tocar em outro ponto no final. Ele permanecia estranho em relação aos elementos com os quais compunha uma unidade: "as ondas em minha corrente sanguínea dançam ao ritmo das ondas do mar – mas as ondas do mar não podem me reconhecer [...]. As alegrias de minha vida se misturam com as das árvores, mas as árvores não me conhecem. Elas não carregam minha memória [como eu as delas]. Mas o que há de risível nisso?".[38]

Tagore e Vemula não tinham as mesmas visões. A ideia que Vemula tinha de si mesmo como um pedaço "glorioso" de poeira estelar não atribuía essa "glória" aos humanos. A glória pertencia ao cosmos. A de Tagore era uma celebração de sua existência como humano no cosmos. Trata-se de duas visões expandidas do humano, visões que conectam os seres humanos tanto aos vivos como aos não vivos. Na época de Tagore, essa era a visão de um poeta; na leitura emancipatória de Vemula, a astrofísica de Carl Sagan lhe proporcionou vislumbres de uma figura do humano liberada das indignidades sofridas pelos *dalits*. Ambos refletiam nas fronteiras do pensamento político enquanto respondiam, em suas almas humanas, aos convites do planetário.

---

38 Rabindranath Tagore, *Chithipotro*, op. cit., v. 15, p. 72.

6 Nas ruínas de uma fábula duradoura

O ano de 2015 foi o primeiro em que a temperatura média da superfície do mundo subiu 1°C acima da média pré-industrial, aproximando-nos, assim, do limiar de um aumento de 2°C, um rubicão, nos é dito, que não devemos atravessar se quisermos evitar o que a Convenção-Quadro das Nações Unidas sobre Mudança do Clima (UNFCC) de 1992 descreveu como "perigosa interferência antropogênica no sistema climático".[1] Nas palavras de um meteorologista, 2016 foi um ano completamente "fora da curva" no que diz respeito ao aquecimento global.[2] A historiadora Julia Adeney Thomas observou em 2014 que a ideia de estar "em perigo" não poderia ser puramente científica, pois o planeta já passou por muitos outros episódios de mudança climática – e cinco grandes extinções de espécies.[3] *Perigoso* aqui, de fato, é uma palavra que os cientistas, os políticos e os formuladores de políticas públicas usam como cidadãos do mundo que se preocupam, traduzindo *perigo* como uma ameaça às instituições humanas. Nas palavras de Thomas,

> os historiadores procurando atinar com o Antropoceno não podem se escorar em nossos colegas científicos para definir "o humano em perigo" para nós [...]. É impossível tratar esse "estar em perigo" como um simples fato científico. Trata-se, antes, de uma questão tanto de escala como de valor. Só as humanidades e as ciências sociais, ainda

---

[1] Tim Lenton, "2°C or Not 2°C? That Is the Question", *Nature*, v. 473, 5 maio 2011, p. 7, disponível online. Para a formulação exata da frase, ver o artigo 2º da Convenção-Quadro das Nações Unidas sobre Mudança do Clima. New York: United Nations, 1992, p. 4, disponível online.

[2] Eric Holtaus, "When Will the World Really Be 2 Degrees Hotter Than It Used to Be?", *FiveThirtyEight*, 23 mar. 2016, disponível online. Sou grato a James Chandler por ter chamado a minha atenção para esse artigo.

[3] Jan Zalasiewicz & Mark Williams, *The Goldilocks Planet: The Four Billion Year Story of Earth's Climate*. Oxford: Oxford University Press, 2012.

transformadas por meio de seu engajamento com a ciência, podem articular plenamente aquilo que podemos vir a perder.[4]

De fato, um dos primeiros tratados gerais a ser escrito sobre o problema das mudanças climáticas antropogênicas – *The Weather Makers*, de Tim Flannery – apontou, mais ou menos na época da publicação do Quarto Relatório de Avaliação do Painel Intergovernamental sobre Mudanças Climáticas (IPCC), que a entidade para a qual as mudanças climáticas representavam uma ameaça real era a civilização humana, tal como passamos a compreendê-la e a celebrá-la.[5] *Civilização*, claro, é um termo carregado de valor (e, portanto, contestado) que os estudiosos das humanidades se esforçaram muito para desmistificar nas últimas décadas.[6] Levanto essa questão aqui simplesmente para mostrar a centralidade das humanidades e das ciências humanas na definição de um dos problemas mais graves que os seres humanos enfrentam no século XXI. Quando filósofos morais como Peter Singer descrevem a mudança climática como "o maior desafio ético" que a humanidade já teve de encarar, esse ponto fica ainda mais reforçado.[7] É verdade, não teríamos como definir "mudança climática planetária induzida pelo homem", exceto com a ajuda da *big science*; e, é verdade, o problema das "duas culturas" das ciências e das humanidades permanece.[8] Mas as questões de justiça que decorrem da ciência das mudanças climáticas exigem uma competência que só as humanidades podem fomentar: a capacidade de ver algo do ponto de vista de outra pessoa. A capacidade, em outras palavras, "de imaginar, com simpatia, a situação de outra pessoa".[9]

Essa demanda moral sobre os humanos hoje adquire uma reviravolta adicional se pensarmos que, visto de uma perspectiva de longo prazo, o

---

[4] Julia Adeney Thomas, "History and Biology in the Anthropocene: Problems of Scale, Problems of Value". *American Historical Review*, n. 5, v. 119, dez. 2014, p. 1588.

[5] Tim Flannery, "Civilisation: Out with a Whimper?", in Tim Flannery, *The Weather Makers*. Melbourne: Text, 2007, cap. 22.

[6] Dipesh Chakrabarty, *The Crises of Civilization: Explorations in Global and Planetary Histories*. New Delhi: Oxford University Press, 2018.

[7] Peter Singer, "Climate Change: Our Greatest Ethical Challenge", palestra na Universidade de Chicago, 23 out. 2015.

[8] Para mais sobre isso, ver meu "The Future of the Human Sciences in the Age of Humans: A Note". *European Journal of Social Theory*, n. 1, v. 20, 2017.

[9] Martha C. Nussbaum, *Not for Profit: Why Democracy Needs the Humanities*. Princeton: Princeton University Press, 2012, p. 7.

aquecimento global desimpedido pode muito bem acelerar as taxas já crescentes de extinção induzida pelo homem de espécies não humanas, com consequências infelizes para os próprios seres humanos. Algumas vozes, incluindo a do papa Francisco, tem se levantado para defender que a justiça humana seja estendida não apenas aos animais que ultrapassarem certo limiar de senciência (como argumentaram certa vez os adeptos da libertação animal) como também a todo o mundo da vida reprodutiva natural – aquilo que Aristóteles denominava *zoe*. Meu argumento é de que essa proposição, que efetivamente submete a esfera da vida biológica ao trabalho da vida moral dos seres humanos, marca um ponto de virada crucial para as humanidades hoje, na medida em que se afasta radicalmente de uma tradição –inaugurada, entre outros, por Immanuel Kant – que traçava uma separação rigorosa entre nossas vidas "moral" e "animal" (isto é, biológica) e assumia que a ordem natural das coisas trataria sempre de cuidar desta segunda. Afinal, é essa separação que por mais de um século deu sustentação para o tão criticado fosso entre as humanidades e as ciências físicas ou biológicas. Algumas vertentes do pensamento ambientalista questionaram e, por vezes, tentaram transpor esse abismo, mas o fosso persiste e não tem sido fácil de superar.

Indagar, como fazemos hoje, de que maneira os seres humanos poderiam utilizar os recursos de sua capacidade moral a fim de regular sua vida como espécie biossocial vivendo entre outras espécies significa trazer para o âmbito da vida moral humana algo que sempre esteve fora de seu escopo: a história da vida natural no planeta. Os trabalhos escritos a fim de estender a concepção de direitos a certos animais não dão conta de responder adequadamente a esse problema. Primeiro porque o número de animais considerados nessa discussão é limitado por um "limiar de senciência" e segundo porque – como sabemos hoje – o grosso da vida no planeta é microbial.[10] A suposição – feita desde ao menos o Iluminismo e ainda prevalecente em muitas disciplinas das ciências sociais, incluindo ramos da economia e do

---

10 Sue Donaldson & Will Kymlicka, *Zoopolis: A Political Theory of Animal Rights*. New York: Oxford University Press, 2011, p. 15 e cap. 2, de modo mais geral; Robert Garner, *The Political Theory of Animal Rights*. Manchester: Manchester University Press, 2005, pp. 14–15, 125–28; Robert Garner, *A Theory of Justice for Animals: Animal Rights in a Nonideal World*. New York: Oxford University Press, 2013, pp. 3, 133. Para uma discussão estimulante sobre os dilemas e problemas filosófico-morais encontrados nessa área de estudo, ver Cary Wolfe, *Before the Law: Humans and Other Animals in a Biopolitical Frame*. Chicago: University of Chicago Press, 2013.

pensamento político *mainstream* – de que a biosfera do planeta trataria de cuidar de nossa "vida animal", enquanto travamos nossa busca por uma vida moral coletiva sem levar em conta nossa vida coletiva como espécie biológica, está hoje severamente tensionada. Isso tem sérias implicações para as humanidades, que tradicionalmente funcionaram como esfera para discutir assuntos morais de maneira apartada da vida biológica. Minha argumentação aqui se debruça primeiro sobre alguns escritos relevantes de Kant lidos no contexto das discussões sobre mudança climática e possível administração humana da vida no planeta; em seguida, travo um diálogo, à guisa de conclusão, com a obra de Bruno Latour para mostrar em que ponto suas reflexões apontam um caminho adiante.

Duas narrativas sobre a mudança climática

Permita-me começar com as duas abordagens dominantes a respeito do problema das mudanças climáticas.[11] A primeira se debruça sobre o fenômeno simplesmente como um desafio unidimensional: como os humanos fazem para atingir uma redução em suas emissões de gases de efeito estufa (GEE) nas próximas décadas? Nessa abordagem, a mudança climática é vista como uma questão de como melhor obter a energia exigida pela busca humana de certas finalidades universalmente aceitas de desenvolvimento econômico, de modo a arrancar bilhões de humanos da pobreza. A principal solução aqui proposta é que a humanidade faça uma transição para energias renováveis o mais rapidamente possível, conforme o que permitirem a tecnologia e as sinalizações do mercado. As questões correlatas de justiça dizem respeito às relações entre nações ricas e pobres e entre a geração presente e as futuras: como seria uma distribuição justa do "direito de emitir GEE" – visto que estes são considerados recursos escassos – entre as nações no processo dessa transição para energias renováveis? Quanto ao grau de sacrifício que os vivos deveriam fazer ao reduzirem suas emissões a fim de garantir que as gerações futuras herdem uma

---

[11] Nos próximos dois parágrafos, valho-me de meu texto de "resposta" publicado em Robert Emmett & Thomas Lekan (orgs.), "Whose Anthropocene? Revisiting Dipesh Chakrabarty's 'Four Theses'". *Rachel Carson Center Perspectives: Transformations in Environment and Society*, n. 2, 2016, disponível online.

qualidade de vida melhor do que a da atual geração, permanece uma questão mais intratável, com sua força política comprometida pelo fato de que aqueles que ainda não nasceram não estão presentes para defenderem seu lado. "Não há *lobby* do inexistente", como observou certa vez Hans Jonas, "e aqueles que ainda não nasceram são desprovidos de poder."[12]

Dentro dessa descrição geral da primeira abordagem, contudo, estão alojadas muitas perspectivas discordantes, que vão desde utopias capitalistas a utopias não capitalistas de futuros sustentáveis. A maioria das pessoas imagina que o problema se resume principalmente a substituir combustíveis fósseis por fontes renováveis de energia. Outros – à esquerda – concordariam que uma guinada para as energias renováveis está na ordem do dia, mas argumentariam ainda que, uma vez que a crise climática foi precipitada pelo impulso constante de "acumulação" inerente ao capitalismo, a própria crise também fornece uma nova oportunidade de renovar e revigorar a crítica de Marx ao capital. Há igualmente aqueles que, de fato, consideram reduzir a escala da economia, promover seu decrescimento, diminuindo, assim, a pegada ecológica dos seres humanos enquanto desenham um mundo caracterizado por igualdade e justiça social para todos. Outros pensam ainda – conforme o chamado "cenário da convergência" – em atingir um estado de equilíbrio econômico global no qual todos os seres humanos vivam em mais ou menos o mesmo padrão de vida. O papel das humanidades fica confinado aqui principalmente a questões de justiça climática, com a presença tanto dos economistas políticos como dos filósofos (ambos nas tradições rawlsianas e utilitárias) trazendo discussões relevantes.[13] Apesar de todas as suas deficiências, a redução da crise climática ao problema da energia renovável não deixa de ter a vantagem de nos permitir desenvolver em torno dela tanto arcabouços políticos como diretrizes de políticas públicas.

No entanto, podemos também escolher ver a mudança climática não simplesmente como algo isolado, e sim como parte de uma família de problemas interligados. Crescimento exponencial da população, insegurança alimentar, escassez hídrica, expansão de indústrias pri-

---

12   Hans Jonas, *The Imperative of Responsibility: In Search of an Ethics for the Technological Age*, trad. Hans Jonas & David Herr. Chicago: University of Chicago Press, 1984, p. 22.

13   Ver, por exemplo, Steve Vanderheiden, *Atmospheric Justice: A Political Theory of Climate Change*. New York: Oxford University Press, 2008.

márias e aumento das desigualdades econômicas, contribuindo com uma elevação nos conflitos entre humanos e vida selvagem, perda de hábitat para certas espécies, mais emissões de GEE, e assim por diante – tudo isso tem escopo planetário e remete à sobrecarga ecológica geral provocada pela humanidade e que afeta a distribuição de vida natural no planeta. O aquecimento global aparece, assim, mais como uma condição comum a todos os seres humanos – para não falar de outras espécies – do que um problema que é simplesmente uma questão de fazer a transição para fontes renováveis de energia. Depois, há ainda a complicada questão da "agência" humana que muitos cientistas sublinharam, a nova agência geofísica dos seres humanos em uma escala que já lhes permitiu alterar o clima do planeta pelos próximos 100 mil anos, adiando a próxima era glacial em algo entre 50 mil e 500 mil anos.[14] Dessa perspectiva que contempla tanto passados profundos como futuros profundos, abre-se um desafio muito particular para a imaginação da modernidade. Afinal, se o problema da mudança climática planetária surge de nossa necessidade de consumir mais energia do que antes, isso significa que o excesso de GEE na atmosfera poderia facilmente ser encarado como o "resíduo" resultante que ainda não pode ser devidamente reciclado dentro de um quadro temporal conveniente para o florescimento humano (isto é, o planeta seria lento demais para as necessidades humanas!). Uma vez que esse "resíduo" humano afeta outras formas de vida – acidificando os mares ou elevando a temperatura média da superfície do planeta –, a crise exige que façamos algo para o qual as humanidades nos treinam: "imaginar com simpatia a situação" dos outros, tendo em vista que os "outros" relevantes aqui incluem não apenas humanos como também não humanos.

Claro, não foi somente o fenômeno físico do aquecimento que causou essa mudança em nossa orientação moral. Se imaginarmos alguém observando o desenvolvimento da vida neste planeta em uma escala evolutiva, esse alguém narraria a trajetória do *Homo sapiens* até o topo da cadeia alimentar em um período muito, muito curto dessa história. Escreve John Brooke em seu estudo magistral da história humana e da mudança climática:

> Se imaginarmos os 5 milhões de anos de evolução humana como um período de 24 horas, todos os 300 mil anos da humanidade moderna

---

14   Ver os capítulos 1 e 2 deste livro.

abarcariam cerca de uma hora e meia, os 135 mil anos desde que os humanos modernos deixaram a África representariam cerca de meia hora e os 12 mil anos desde o final do Pleistoceno [...] pouco mais de quatro minutos [...]. Foi só há cerca de 6 mil anos, mais da metade do tempo total decorrido desde o final do Pleistoceno, que boa parte da humanidade rumou claramente para a agricultura.

Além disso, ele observa: "Vista com base na longa história do sistema Terra [...], a ascensão da agricultura assentada parece simplesmente uma única fase da breve e explosiva erupção que se estende desde o surgimento dos humanos modernos e suas colonizações e intensificações globais até nossa atual condição de alta tecnologia, superpovoada e climaticamente desequilibrada".[15]

A história mais complexa das diferenças entre ricos e pobres seria uma questão de resolução mais fina na grande história narrada por Brooke. Como afirmei em outro lugar, a sobrecarga ecológica da humanidade exige que nós nos debrucemos sobre os detalhes da injustiça intra-humana – caso contrário, deixaríamos de ver o sofrimento de muitos seres humanos – e que voltemos um passo nessa história – caso contrário, deixaríamos de enxergar o sofrimento de outras espécies e, para assim dizer, o sofrimento do planeta.[16] Esse movimento casado de aproximação e afastamento envolve uma alternância entre diferentes escalas, perspectivas e níveis de abstração. Um nível de abstração não anula nem invalida o outro. Essa separação de patamares tampouco nega o argumento de que, em nossa vida cotidiana, às vezes gozamos da agência geológica dos seres humanos sem o saber ou sem lhe dar esse nome (ver a introdução). Mas meu ponto neste livro tem sido insistir que a história humana não pode mais ser contada unicamente da perspectiva dos quinhentos anos (no máximo) de capitalismo.

Os seres humanos continuam sendo uma espécie, apesar de toda a nossa diferenciação. Suponhamos que são verdadeiros todos os argumentos radicais sobre como os ricos sempre dispõem de botes salva-vidas, podendo, portanto, comprar sua escapatória de toda e qualquer calamidade, incluindo uma grande extinção. E imaginemos um mundo

---

15   John L. Brooke, *Climate Change and the Course of Global History*. New York: Cambridge University Press, 2014, pp. 121-22.
16   Dipesh Chakrabarty, "The Human Significance of the Anthropocene", in Bruno Latour (org.), *Modernity Reset!*. Cambridge: MIT Press, 2016, pp. 189--99. As discussões com Henning Trüper nesse ponto me foram benéficas.

em que ocorreu alguma extinção de espécies muito grande e que os únicos humanos que sobreviveram são privilegiados e oriundos das classes mais abastadas. A sobrevivência deles não constituiria *também* uma sobrevivência da espécie (mesmo que os sobreviventes eventualmente se diferenciassem, como parece ser a tendência humana, em grupos dominantes e subordinados)?

Não faz sentido falar em sobrecarga ecológica da humanidade sem a referência às vidas de outras espécies. E nessa história os seres humanos são uma espécie também, ainda que uma espécie dominante. Isso não anula a história da opressão capitalista. Tampouco significa que agora uma disciplina particular qualquer tenha o melhor domínio sobre a experiência de ser humano. A biologia ou alguma outra ciência que não abarca a dimensão existencial de ser humano jamais captará a experiência humana de se apaixonar ou sentir amor por Deus da mesma forma que a poesia ou a religião, por exemplo. Um cérebro grande nos proporciona uma capacidade de cognição de coisas com uma escala bem grande. Mas também enseja nossa experiência profundamente subjetiva de nós mesmos e nossa capacidade de experimentar nossas vidas individuais como dotadas de sentido. Não temos como produzir uma consiliência de saberes. Contudo, podemos certamente olhar para nós mesmos e para a história humana de muitas perspectivas ao mesmo tempo.

Hoje, muitos consideram que o fenômeno da ascensão dos humanos a uma posição de dominância – em virtude, talvez, do desenvolvimento de um cérebro grande, o que teria nos ajudado ao longo de dezenas de milhares de anos a criar vínculos e afiliações com comunidades imaginadas para muito além da escala face a face do bando ou do grupo de parentesco – talvez tenha ocorrido ao longo de um período histórico muito extenso, que remonta a tempos que Daniel Smail descreve como nossa "história profunda".[17] O historiador israelense Yuval Noah Harari explica bem a questão em seu livro *Sapiens: Uma breve história da humanidade*. "Um dos usos mais comuns das primeiras ferramentas de pedra", escreve Harari, "consistia em quebrar ossos a fim de chegar ao tutano. Alguns pesquisadores acreditam que esse foi nosso nicho original". Por quê? Porque a "posição do gênero *Homo* na cadeia alimentar foi, até recentemente, bem intermediária",[18] explica

---

[17] Daniel Lord Smail, *Deep History and the Brain*. Berkeley: University of California Press, 2007.
[18] Yuval Noah Harari, *Sapiens: Uma breve história da humanidade* [2015], trad. Jorio Dauster. São Paulo: Companhia das Letras, 2020, edição digital.

Harari. Os seres humanos só podiam comer animais mortos depois que os leões, as hienas e as raposas tivessem garantido suas respectivas porções e limpado os ossos de toda a carne que estivesse presa a eles. Foi só "nos últimos 100 mil anos – com a ascensão do *Homo sapiens*", continua Harari, que "pulamos para o topo da cadeia alimentar".[19] Não se tratava de uma transformação evolutiva. Como explica esse autor,

> Outros animais no alto da pirâmide, tais como os leões e os tubarões, chegaram muito gradualmente a suas posições, ao longo de milhões de anos. Isso permitiu que o ecossistema desenvolvesse pesos e contrapesos [...] À medida que os leões se tornaram mais mortíferos, as gazelas evoluíram para correr mais rápido, as hienas para trabalhar melhor em conjunto, os rinocerontes para ficar mais mal-encarados. Por outro lado, a humanidade ascendeu ao cume tão depressa que o ecossistema não teve tempo de se adaptar.[20]

Harari menciona ainda um importante fato adicional. Como resultado de sua rápida ascensão ao estatuto de carnívoro-mor, os próprios humanos, escreve ele, "não foram capazes de fazê-lo [se adaptar]". E acrescenta: "Muitos dos principais predadores do planeta são criaturas majestosas. Milhões de anos de domínio lhes deram bastante autoconfiança. Os *sapiens*, por outro lado, mais se assemelham ao ditador de uma república de bananas".[21]

A pegada ecológica humana, poderíamos dizer, aumentou ainda mais com a invenção da agricultura (um processo iniciado há mais de 10 mil anos, mas que se intensificou nos milênios seguintes) e depois

---

19   Ibid.
20   Ibid. Hans Jonas apresenta um argumento semelhante quando compara a velocidade das mudanças tecnológicas humanas com a velocidade das transformações ensejadas pela evolução natural: "A evolução natural trabalha com coisas pequenas, nunca disputa tudo de uma só vez; portanto, pode se dar ao luxo de inúmeros 'erros' em seus lances individuais, a partir dos quais seu processo lento, paciente, elege uns poucos 'golpes', igualmente pequenos. [...] A tecnologia moderna, nem lenta nem paciente, comprime [...] os muitos passos infinitesimais da evolução natural em um punhado de saltos colossais e abre mão, com esse modo de proceder, das vantagens vitais da 'estratégia conservadora de jogo' da natureza". Hans Jonas, *The Imperative of Responsibility*, op. cit., p. 31. Ver também a seção "Man's Disturbance of the Symbiotic Balance", p. 138.
21   Yuval Noah Harari, *Sapiens*, op. cit.

novamente quando os oceanos atingiram seu nível atual (cerca de 6 mil anos atrás) e desenvolvemos nossas cidades, impérios e ordens urbanas antigos à medida que nos deslocamos para todas as partes do planeta. Ela aumentou mais uma vez ao longo dos últimos quinhentos anos com a expansão e a colonização europeias das terras longínquas habitadas por outros povos e com a subsequente ascensão da civilização industrial. Mas se expandiu dramaticamente após o fim da Segunda Guerra Mundial, quando houve uma elevação exponencial da população e do grau de consumo, graças ao amplo uso de combustíveis fósseis não apenas no setor de transportes como também na agricultura e na medicina, de modo a permitir que até mesmo os pobres do mundo tivessem vidas mais longas – ainda que não mais saudáveis.[22]

Os estudiosos têm levado adiante a noção de "sobrecarga" – "instâncias em que populações de organismos transformaram seus ambientes de tal forma a minar as próprias vidas" – apresentada por William R. Catton Jr. em um livro homônimo de 1980.[23] A literatura sobre direitos/libertação animal, que estende a comunidade moral humana de modo a incluir (alguns) animais, reconhece questões tanto de crueldade animal como de sobrecarga das demandas humanas de consumo.[24] Os estudiosos que trabalham com extinção de espécies induzida por humanos no contexto das mudanças climáticas antropogênicas há muito reconhecem como os seres humanos "se excederam", geralmente em detrimento próprio, nos vários ecossistemas que habitam.[25]

---

22   A última grande fome da Índia, por exemplo, foi em 1943, embora muitos no país ainda morram de fome e subnutrição.
23   William R. Catton Jr., *Overshoot: The Ecological Basis of Revolutionary Change*. Chicago: University of Illinois Press, 1980, pp. 95–96; Doug Cocks, *Global Overshoot: Contemplating the World's Converging Problems*. New York: Springer, 2013.
24   Ver Lewis Regenstein, "Animal Rights, Endangered Species and Human Survival", in Peter Singer (org.), *In Defense of Animals*. New York: Basil Blackwell, 1987, pp. 118–32; Peter Singer, "Down on the Factory Farm", in Tom Regan & Peter Singer (orgs.), *Animal Rights and Human Obligations* [1976]. Englewood Cliffs: Prentice Hall, 1989, pp. 159–68.
25   Ver Jessica C. Stanton et al., "Warning Times for Species Extinction due to Climate Change". *Global Change Biology*, n. 21, 2015; Rodolfo Dirzo et al., "Defaunation in the Anthropocene". *Science*, n. 6195, v. 345, 2014; Celine Bellard et al., "Impacts of Climate Change on the Future of Biodiversity". *Ecology Letters*, n. 4, v. 15, abr. 2012; Gerardo Ceballos et al., "Accelerated Modern Human-Induced Species Losses: Entering the Sixth Mass Extinction". *Science Advances*, n. 5, v. 1, 19 jun. 2015.

Além disso, certos argumentos bem conhecidos a respeito da "grande aceleração" e das "fronteiras do planeta" que alguns cientistas da terra e outros estudiosos apresentaram são justamente proposições sobre a sobrecarga ecológica por parte dos seres humanos. Nas palavras de um dos autores da tese da "grande aceleração", "o termo 'Grande Aceleração' visa capturar a natureza holística, abrangente e interligada das transformações pós-1950 que estão se alastrando simultaneamente pelas esferas socioeconômicas e biofísicas do sistema Terra, abarcando muito mais do que a mudança climática".[26] Seus dados documentam a ascensão exponencial de fatores como população humana, PIB real, população urbana, uso de energias primárias, consumo de fertilizantes, produção de papel, consumo hídrico, transporte, e assim por diante – tudo a partir da década de 1950. E há uma elevação exponencial correspondente nas "tendências do sistema Terra" ligadas à emissão de dióxido de carbono, metano, óxido nitroso; acidificação dos mares; perda do ozônio estratosférico, da cultura de peixes marinhos, da aquicultura de camarões, de florestas tropicais; degradação da biosfera terrestre, e por aí vai.[27] Na mesma linha, a ideia das nove "fronteiras planetárias" que os seres humanos devem evitar ultrapassar, apresentada em 2009 por Johan Rockström e colegas no Stockholm Resilience Centre, também era um exercício de mensuração de quanto os humanos haviam se excedido.[28] Alguns cientistas do sistema Terra reportaram recentemente que "o atual índice de liberação antropogênica de carbono [cerca de 10 petagramas de carbono por ano; 1 petagrama = 10^{15} gramas] não tem precedentes durante [todo] o Cenozoico (últimos 66 milhões de anos)" e que "o índice presente/futuro de mudança climática e acidificação dos mares é rápido demais para muitas espécies conseguirem se adaptar" e provavelmente acarretará "amplas extinções dos ambientes marinhos e terrestres no futuro". Estamos, efetivamente, em uma "era sem estado análogo, que representa um desafio fundamental para restringir as futuras projeções climáticas".[29]

---

26   Will Steffen et al., "The Trajectory of the Anthropocene: The Great Acceleration". *Anthropocene Review*, n. 1, v. 2, 2015.
27   Ibid.
28   Johan Rockström, "Planetary Boundaries: Exploring the Safe Operating Space for Humanity". *Ecology and Society*, n. 2, v. 14, 2009, p. 32, disponível online.
29   Richard E. Zeebe et al., "Anthropogenic Carbon Release Rate Unprecedented during the Past 66 Million Years". *Nature Geoscience*, n. 9, 21 mar. 2016, disponível online.

Não só as criaturas marinhas e muitas outras espécies terrestres deixaram de ter o tempo evolutivo necessário para se ajustarem à nossa capacidade cada vez maior de caçá-los ou espremê-los para fora da existência; nossas emissões de GEE agora ameaçam a biodiversidade dos grandes mares e, assim, colocam em perigo a própria rede trófica que nos alimenta. Jan Zalasiewicz e colegas do subcomitê da Comissão Internacional sobre Estratigrafia encarregados de documentar o Antropoceno salientam que, talvez mais do que o excesso de dióxido de carbono na atmosfera, é a pegada humana deixada nas rochas deste planeta na forma de fósseis e outras formas de evidência – como a terraformação do leito oceânico – que constituirá o registro de longo prazo do Antropoceno. Se a extinção de outras espécies provocada pelos seres humanos resultar – digamos, nos próximos séculos – em um grande evento de extinção, então até mesmo o nome Antropoceno, no patamar de época, pode estar em uma posição muito baixa na hierarquia dos períodos geológicos.[30] O historiador e teórico da música Gary Tomlinson, escrevendo recentemente no contexto da mudança climática, resumiu bem o problema de um ponto de vista do sistema Terra:

> Ao longo de milhões de anos de evolução biocultural [...], certos sistemas permaneceram *fora* dos ciclos de retroalimentação da construção de nichos de hominídeos. As dinâmicas astronômicas, os deslocamentos tectônicos, o vulcanismo, os ciclos climáticos e outras forças semelhantes permaneceram essencialmente intocados pela cultura e pelo comportamento humanos (ou, se chegaram a ser tocados, isso se deu em grau imperceptivelmente pequeno). Na linguagem da teoria dos sistemas, todas essas forças eram efetivamente elementos *feed-forward*: controles externos que "definem" os ciclos de retroalimentação a partir de fora, afetando os elementos em seu interior, sem, contudo, se deixar afetar pela retroalimentação [...]. O Antropoceno [...] registra um rearranjo sistêmico em que *os sistemas que sempre funcionaram como elementos* de feed-forward *a partir de fora da construção de nichos humanos foram convertidos em elementos de retroalimentação dentro dele*.[31]

---

30 "Se ocorrer o aquecimento global e uma sexta extinção dentro do próximo par de séculos, uma época parecerá uma categoria muito baixa na hierarquia [do calendário geológico]." Jan Zalasiewicz, comunicação pessoal com o autor, 30 set. 2015.

31 Gary Tomlinson, "Two Deep-Historical Models of Climate Crisis". *South Atlantic Quarterly*, n. 1, v. 116, jan. 2017.

Visto assim, como diz Zalasiewicz no parágrafo de fechamento de um ensaio recente, "[o] Antropoceno – seja ele formal, seja ele informal – claramente tem seu valor no que diz respeito a nos oferecer uma perspectiva, construída com base no mais amplo quadro, da escala e da natureza da empreitada humana e de como ela se cruza ('entrelaça' talvez seja um termo melhor) com os outros processos do sistema Terra".[32] A mudança climática antropogênica não é, portanto, um problema a ser estudado de maneira isolada do complexo geral de problemas ecológicos que os seres humanos enfrentam em diversas escalas – da local à planetária –, criando novos conflitos e exacerbando conflitos antigos entre nações e no interior delas. Não há bala de prata que resolva todos os problemas de uma só vez; nada que funcione como o mantra da transição às fontes renováveis de energia para evitar uma elevação de 2°C na temperatura média da superfície planetária. O que enfrentamos parece mesmo um problema danado, um impasse. Talvez consigamos diagnosticá-lo, mas não "resolvê-lo" de uma vez por todas.[33]

A modernidade e a geologia da moral de Kant

Se, como afirmei, o desafio lançado à nossa vida moral pela escala de problemas criados por nossa vida animal (isto é, os seres humanos como consumidores, como *animal laborans* na expressão de Hannah Arendt) abre uma brecha na separação pressuposta entre nossas vidas "moral" e "animal" e exige de nós que encontremos soluções "morais" para os problemas criados pela "história natural" da espécie humana, então é evidente que as ciências humanas, em particular as humanidades, enfrentam uma tarefa nova hoje. Pois foi justamente essa separação entre as vidas animal e moral da espécie humana que, por boa parte do século XX, esteve por trás da separação entre as ciências humanas e as ciências físicas e biológicas.[34] O assunto merece ser pesquisado mais a

---

[32] Jan Zalasiewicz, "The Geology behind the Anthropocene" (manuscrito datilografado inédito, 2015), p. 12. Sou grato a Zalasiewicz por ter compartilhado esse trabalho comigo.

[33] Ver a excelente e detalhada discussão desenvolvida em Frank P. Incropera, *Climate Change: A Wicked Problem – Complexity and Uncertainty at the Intersection of Science, Economics, Politics, and Human Behavior*. New York: Cambridge University Press, 2016.

[34] A separação foi formalizada no século XIX, quando as ciências sociais modernas surgiram como um conjunto identificável de disciplinas. Ver

fundo. Mas os leitores de mais idade se lembrarão de como os sentimentos a favor dessa separação foram vocalizados de maneira veemente – e muitas vezes acrimoniosa – quando Edward O. Wilson publicou, em 1975, seu livro *Sociobiology* [Sociobiologia], que trazia algumas afirmações fortes sobre as conexões entre biologia e cultura, conquistando a ira dos marxistas e de cientistas sociais de muitas outras correntes teóricas.[35]

A importância duradoura da suposta separação entre as vidas moral e animal ou criatural nas narrativas pós-iluministas da modernidade talvez seja mais bem estudada com referência à fábula que Immanuel Kant desenhou em um ensaio menor denominado "Começo conjectural da história humana", publicado em 1786. A oposição entre a vida animal da espécie humana e sua vida moral reside no coração desse ensaio. O texto oferece uma leitura fascinante da narrativa bíblica do Gênesis e da questão do domínio do homem sobre a terra.[36] O objetivo do exercício kantiano é fazer "acordar entre si e com a razão" aquilo que ele via como "as afirmações do célebre J.-J. Rousseau, que aparentemente se contradizem e foram tão amiúde mal compreendidas":

> Em seus escritos sobre a *Influência das ciências* e sobre a *Desigualdade entre os homens*, ele [Rousseau] mostra, com justeza, o inevitável antagonismo entre a cultura e a natureza do gênero humano como espécie *física* no qual todo o indivíduo deve realizar plenamente a sua destinação; mas, em *Emílio*, *Contrato social* e outros textos, ele busca resolver um problema ainda mais difícil: saber como a cultura deve progredir para desenvolver as disposições da humanidade, como espécie *moral*, conforme a sua destinação, de sorte que esta última não se oponha mais à primeira, à espécie natural.[37]

Kant considerava esse conflito em si – engendrado no interior do homem pelo fato de a espécie humana possuir ao mesmo tempo uma

---

Fabien Locher & Jean-Baptiste Fressoz, "Modernity's Frail Climate". *Critical Inquiry*, n. 3, v. 38, 2012.

[35] A saga dessa guerra intelectual é recapitulada em Eric M. Gander, *On Our Minds: How Evolutionary Psychology Is Reshaping the Nature-versus-Nurture Debate*. Baltimore: Johns Hopkins University Press, 2003, cap. 3.

[36] Para uma leitura diferente, estimulante e crítica desse ensaio, ver Bonnie Honig, *Political Theory and the Displacement of Politics*. Ithaca: Cornell University Press, 1993, pp. 19–24.

[37] Immanuel Kant, *Começo conjectural da história humana* [1786], trad. Edmilson Menezes. São Paulo: Editora Unesp, 2009, pp. 25–26.

vida "física/natural/animal" (essas palavras são usadas no mesmo sentido em seu ensaio) e uma vida moral – como uma influência decisiva na história humana. Pois "incitações que nos levam ao vício" surgiram de "disposições naturais" que foram dadas ao homem em seu "estado natural"; elas necessariamente entraram em conflito com o "progresso da cultura". A "meta derradeira da destinação moral da espécie humana" não poderia ser alcançada "até o momento em que a arte, atingindo a perfeição", nas palavras de Kant, se tornasse "de novo natureza".[38]

Na vasta literatura sobre Kant, foram muitos os que discutiram a resposta do filósofo ao enigma de Rousseau, alguns remontando certos elementos críticos de sua resposta a princípios antigos, incluindo alguns postulados de Tomás de Aquino.[39] Meu objetivo aqui, contudo, não é escavar as raízes históricas dos pensamentos de Kant, mas, sim, reconstruir o argumento kantiano a fim de explicar como, exatamente, ele buscou compreender a relação entre os aspectos animal e moral do ser humano. Kant abre seu ensaio explicando por que ele podia se dar à liberdade de ler a história do Gênesis conjecturalmente, esclarecendo que o conjectural não equivale ao "ficcional".[40] A conjectura pode ser "deduzi[da] da experiência", mas a experiência em questão era a da "natureza", algo que, para Kant, permanecia constante em sua estrutura essencial. Se a história humana era uma história de liberdade, então, uma afirmação sobre seus "primórdios" poderia ser lida conjecturalmente (isto é, guiada pela razão) se nós nos baseássemos em nossa experiência da natureza (constante, por definição) e só na medida em que os primórdios em questão fossem feitos por nada além da natureza em si. Nas palavras de Kant: "Uma história do primeiro desenvolvimento da liberdade com base nas disposições originárias próprias à natureza humana é, portanto, *diferente* da história do pro-

---

38   Ibid., pp. 27-29. Sobre o uso de animal, natural e físico como sinônimos, ver pp. 27-9n.
39   Ver a literatura discutida no trabalho e nas conclusões de Daniel P. Sheilds, "Aquinas and the Kantian Principle of Treating Persons as Ends in Themselves" [tese de PhD, Catholic University of America, 2012], cap. 1-2.
40   Concordo plenamente com a observação de Honig segundo a qual "as histórias que as fábulas nos contam sobre a fundação de uma forma de vida invariavelmente servem de poderosas ilustrações dos processos e práticas, agora mais sutis e sedimentados mas nem por isso menos ativos, que constituem e sustentam diariamente nosso presente". Bonnie Honig, *Political Theory and the Displacement of Politics*, op. cit., p. 19.

gresso da liberdade, fundada apenas em documentos", tornando-se, assim, província do historiador.⁴¹

Kant, é claro, fez certas suposições sobre essa condição original dos seres humanos de modo a evitar se "perder em meras conjecturas". Ele assumiu como dada determinada figura do humano – "é preciso tomar como ponto de partida o que a razão humana não saberia deduzir de nenhuma causa natural antecedente" – e partiu, assim, "não de sua natureza em estado absolutamente rude", mas o considera "[o homem] *completamente formado*, pois ele tem de prescindir do auxílio materno". Ele também pressupôs o "homem" constituindo "um *casal*, a fim de propagar sua espécie", e esse par tinha de ser, "porém, *um único* casal, para evitar que a guerra surja imediatamente entre os homens vivendo juntos, embora estranhos uns aos outros". Esta última suposição, aos olhos de Kant, garantia que não se iria "responsabilizar a natureza por ter, pela diversidade de origem, negligenciado a organização mais perfeita do ponto de vista da sociabilidade, considerada como fim superior da destinação humana" (pois o desejo de socialização seria otimizado pela "unidade da família, da qual haviam os homens de descender"). Além disso, ele fez mais algumas suposições para manter a coesão de sua lógica conjectural: "O primeiro homem podia, portanto *erguer-se* e *andar*; podia *falar* (Gênesis, 2:20), ou melhor, *discorrer*, isto é, falar segundo um encadeamento de conceitos (Gênesis, 2:23), [e] logo, podia *pensar*". Esse limiar de suposições a respeito das habilidades humanas, reflete Kant, permitiria "levar em consideração o desenvolvimento moral em sua conduta [a do homem]". Tendo, portanto, reconstruído esse par original de seres humanos, Kant os coloca redondamente no meio daquilo que hoje poderíamos encarar como o período geológico do Holoceno, com avanços consideráveis já galgados pela "civilização humana": "Coloco esse casal num lugar seguro contra o ataque das feras e provido em abundância pela natureza dos meios de subsistência, quer dizer, numa espécie de *jardim* sob um clima sempre benigno".⁴² Kant não sabia disso, mas o "homem" de suas suposições só podia ter existido depois do término da última era glacial!

O "homem" de Kant começa sua jornada completamente absorto pela vida animal da espécie: aqui somente o instinto – "esta *voz de Deus* à qual obedecem todos os animais" – "é que devia guiar a nova criatura".

---

41   Immanuel Kant, *Começo conjectural da história humana*, op. cit., pp. 13–14, grifo nosso.
42   Ibid., pp. 15–16, grifos do autor.

Mas, quando Kant começa a vislumbrar o ser humano, a razão, uma faculdade um tanto quanto além da vida animal e, no entanto, estabelecida por algum desígnio da natureza, já havia começado a "instig[ar]" e "provocar" nos seres humanos – em conjunto com outra faculdade humana, a imaginação – "novos desejos que [...] não se funda[m] numa necessidade natural", de tal forma que o homem se dá "conta de que sua razão tinha a faculdade de transpor os limites em que são mantidos todos os animais".[43] Segue-se daí uma descoberta de importância crucial: "[o homem] descobriu em si uma faculdade de escolher por si mesmo sua conduta e de não estar comprometido, como os outros animais, com um modo de vida único".[44] O aprofundamento dessa propensão "interior" deu ao homem a capacidade de recusar desejos que eram meramente animais – desenvolvendo, assim, a capacidade de amar. "A *renúncia*", escreveu Kant, "foi o artifício que conduziu o homem dos estímulos puramente sensuais aos estímulos ideais, e, aos poucos, do apetite exclusivamente animal ao amor com este, o sentimento daquilo que é puramente agradável torna-se o gosto do belo." Isso, em conjunto com o desenvolvimento de um senso de "decência", "ofereceu também o primeiro sinal de que o homem era uma criatura capaz de ser moralmente educada", um "começo tênue" que para Kant, no entanto, "fez época".[45] A razão levou igualmente os seres humanos à "circunspecta *expectativa do futuro*" e, em seguida, a uma altura que os elevou "acima da sociedade com os animais", permitindo que eles concebessem a si mesmos – "ainda que de maneira obscura" – como "o verdadeiro *fim da natureza*". Os seres humanos podiam então dizer à ovelha: "A pele que portas, não te deu a natureza para ti, mas para mim" (Gênesis 3:21). Seu domínio sobre a Terra, de que nos fala o texto bíblico, havia, portanto, começado. Mas isso também levou à ideia de igualdade de todos os seres humanos – "[os homens] devem considerar todos os homens como destinatários iguais dos dons da natureza" – e, mais importante, à ideia de que "o homem entrou em estado de *igualdade com todos os outros seres racionais*, qualquer que fosse a sua posição (Gênesis 3:22), isto é, em relação à pretensão de *ser um fim para si mesmo*".[46] Essa formulação é, evidentemente, um cognato do famoso

---

43   Ibid., p. 16, grifos do autor.
44   Ibid., p. 18.
45   Ibid., pp.19-20, grifo do autor.
46   Ibid., p. 22, grifos do autor.

dictum kantiano sobre tratar todo ser humano não instrumentalmente, mas como um fim em si mesmo.[47]

Kant tinha plena consciência de que essa "exposição acerca do começo da história humana" revelava que "a saída do homem do Paraíso, que a razão lhe apresenta como a primeira instância de sua espécie, não significa outra coisa que a passagem da rudeza de uma criatura puramente animal para a humanidade, dos domínios nos quais prevalecia o governo do instinto para aqueles da razão; em poucas palavras, da tutela da natureza para o estado de liberdade".[48] Moralmente falando, como explica Kant, isso tinha de ser a história de uma queda. Antes de a razão começar a fermentar no seio humano, "não havia nem mandamento nem interdição e, portanto, ainda nenhuma transgressão". Mas a razão podia se aliar "com a animalidade em toda a sua força" e, assim, ensejar, "com a razão cultivada, vícios" (para produzir guerras, por exemplo). "Do ponto de vista moral", escreve Kant, "o primeiro passo para transpor esse estado [o da inocência] foi [...] uma *queda*; e, do ponto de vista físico, a consequência foi toda uma série de males até então desconhecidos, logo, um *castigo*."[49] Boa parte da história humana, tal como a conhecemos, seguiu-se à queda: houve aperto, dificuldades, desigualdade – "essa fonte abundante de tantos males, mas, de igual modo, de tantos bens" –, guerras e "gente incorporando-se [...] à brilhante miséria da cidade".[50] Contudo, isso também complicou o papel da razão na história da liberdade humana. Os seres humanos podiam usar a razão de tal forma a acelerar a vocação de sua espécie – uma espécie, conforme a história do Gênesis sobre o domínio do "homem", "destinada a dominar a terra, e não a dela gozar de modo animal e a viver servilmente como escravo (Gênesis, 6:17)".[51] Porém a razão não guiou, de maneira simples e direta, os humanos para o reconhecimento de sua vocação (embora Kant em outros ensaios vá explicar por que ainda assim eles acabariam cumprindo seu destino). Kant, portanto, escreveria: "A história da *natureza* começa, por conseguinte, pelo bem, pois

---

47   Para uma leitura rica e complexa dessas injunções kantianas, ver, novamente, Bonnie Honig, *Political Theory and the Displacement of Politics*, op. cit., pp. 27–34.
48   Immanuel Kant, *Começo conjectural da história humana*, op. cit., p. 24.
49   Ibid., pp. 24–25.
50   Ibid., pp. 33–34.
51   Ibid., p. 34.

ela é obra de Deus; e a história da *liberdade* começa pelo mal, porque ela é obra do *homem*".[52]

A chave para o sucesso dos seres humanos é "estarmos satisfeitos com a providência", escreveu Kant ao concluir seu ensaio.[53] Mas é justamente isso que, para nós, nunca foi fácil fazer. A providência retrabalhava aquilo que os seres humanos consideravam adversidade: a guerra (que, no final das contas, "impõe aos chefes de Estado [um] respeito pela humanidade"), a brevidade da vida (que acabava por garantir que as melhorias acumulassem em benefício da espécie, e não dos indivíduos) e a ausência de uma era de ouro de puro lazer e livre de labuta.[54] Nas palavras de Kant: "satisfação com a providência e com o curso geral das coisas humanas, que não transcorre do Bem para o Mal, mas que, pouco a pouco, se desenvolve do pior para o melhor. Para esse progresso cada um é chamado pela natureza a contribuir com a parte que lhe corresponda e segundo a medida de suas forças".[55]

O Kant tardio anteciparia, repetiria, elaboraria e desenvolveria esses pontos básicos na terceira *Crítica* (na seção sobre o juízo teleológico) e em vários ensaios, incluindo "Ideia de uma história universal de um ponto de vista cosmopolita" [1784] e *"Über den Gemeinspruch: Das mag in der Theorie richtig sein, taugt aber nicht für die Praxis"* [Sobre o ditado popular: pode estar correto na teoria, mas não serve na prática] [1793]. Eis o que diz Kant, na terceira *Crítica*, por exemplo, sobre o tema da separação entre a vida moral dos seres humanos e sua história natural:

> é um equívoco achar que a natureza o tomou [o homem] como seu preferido especial [...] sendo antes o caso que ela não o poupou, tão pouco quanto a qualquer outro animal, de seus efeitos devastadores na peste, na fome, no perigo de enchente, no frio, no ataque por outros animais pequenos ou grandes. E, mais ainda, que o conflito de suas *disposições naturais* – manifestando-se em pragas inventadas por ele mesmo para si e para os demais de sua espécie, pela opressão da dominação, pela barbárie das guerras etc. – o coloca em uma tal

---

52   Ibid., p. 25.
53   Ibid., p. 35.
54   Ibid., p. 36.
55   Ibid., p. 39.

situação de miséria [...]. O ser humano é mesmo, portanto, somente um membro na cadeia de fins da natureza; [...] Como o único ser na terra que possui entendimento, portanto uma faculdade de voluntariamente colocar-se fins para si mesmo, ele é o legítimo senhor da natureza, e, se esta é considerada um sistema teleológico, ele é o fim último da natureza no que diz respeito à sua destinação; sempre sob a condição, todavia, de compreendê-lo e ter a vontade de dar a ela e a si próprio uma tal relação final que possa ser satisfeita por si mesma independentemente da natureza, ou seja, ser um fim derradeiro – o qual, no entanto, não deve jamais ser buscado na natureza.[56]

O ponto importante aqui é a separação que Kant efetuava – a fim de apresentar sua teoria da liberdade humana – entre as vidas animal e moral do humano. Ele assumia que a vida animal dos seres humanos era um dado, uma constante providenciada pelo planeta (pela *biosfera*, nos termos atuais). A história e o pensamento humanos se ocupavam principalmente da luta constante dos seres humanos para cumprir com seu destino moral de uma sociabilidade "perfeita" e justa: "a natureza em nós colocou disposições para fins diferentes, a saber, a humanidade como espécie animal, por um lado, e como espécie moral, por outro".[57]

O emaranhamento entre as vidas moral e animal dos seres humanos

A pressão que "a vida animal" da espécie humana – nosso florescimento material e demográfico (apesar das enormes iniquidades das sociedades humanas) – agora exerce sobre a distribuição da vida natural, reprodutiva, na Terra, colocando em perigo, por sua vez, a existência humana, é algo que fica cada vez mais claro com o tempo. Não surpreende, portanto, que pensadores e filósofos considerem a mudança climática o maior desafio ético da atualidade e levantem algumas questões moral-teológicas críticas, revisitando, de maneiras seculares, a proposição bíblica da "dominação do homem sobre

---

56 Immanuel Kant, *Crítica da faculdade de julgar* [1790], trad. Fernando Costa Mattos. Petrópolis/Bragança Paulista: Vozes/Editora Universitária São Francisco, 2018, pp. 327–28.
57 Immanuel Kant, *Começo conjectural da história humana*, op. cit., p. 28n.

a terra": o que deveriam fazer os humanos, agora que nossa vida animal/natural está esmagando as vidas naturais de não humanos? Decerto, a questão do capitalismo ressurge nesse contexto moralmente carregado. Será que devemos continuar com o capitalismo, mas sem combustíveis fósseis? Devíamos buscar alternativas ao capitalismo? Será que é o caso de os seres humanos retrocederem a pequenas comunidades? Será que os mais ricos deviam consumir menos?

Essas questões morais atestam a persistência de uma das proposições de Kant: de que a vida moral dos seres humanos pressupõe que o homem é capaz de "escolher por si mesmo sua conduta e de não estar comprometido, como os outros animais, com um modo de vida único".[58] Mas, se aquilo que argumentei acima estiver correto, então também se poderia dizer que a fábula kantiana da história humana que recontei está agora sendo tensionada de maneiras sem precedentes. Por um lado, muitos pensadores ainda trabalham com ideias (implicitamente kantianas) de que nossa vida moral representaria uma zona de liberdade, mas não podemos mais sustentar o pressuposto, que Kant e muitos outros fizeram, de que as necessidades de nossa vida animal serão atendidas pelo próprio planeta. Queremos agora que nossa vida moral assuma nossa vida natural – se não as vidas naturais de todos os não humanos também. A questão bíblica da dominação do homem assumiu a forma de questões seculares sobre a responsabilidade dos humanos pelo planeta e sua administração dele.[59]

Por motivos de espaço, permita-me trabalhar aqui com apenas dois exemplos destacados desse tipo de pensamento: a recente e proeminente encíclica do papa Francisco aos bispos católicos e um recente ensaio de Amartya Sen. A encíclica do papa é provavelmente a única tentativa ocidental/europeia de ler a atual crise climática da humanidade em termos de uma profunda crise espiritual da civilização moderna – nos termos da teologia católica, é verdade, mas isso não diminui seu valor. (Para um pesquisador indiano, ele lembra um

---

[58] Ibid., p. 18.

[59] Para uma discussão crítica de algumas das questões envolvidas aqui, ver a leitura crítica mas generosa que David Baumeister fez do ensaio em que este capítulo se baseia. David Baumeister, "Kant, Chakrabarty, and the Crisis of the Anthropocene". *Environmental Ethics*, n. 1, v. 41, 2019. Concordo com seu argumento de que minha crítica não esgota o papel que a razão poderia desempenhar na atual crise. Ver também nesse contexto Clive Hamilton, "The Delusion of the 'Good Anthropocene': Reply to Andrew Revkin", 14 jun. 2014, disponível online.

famoso ensaio que Rabindranath Tagore escreveu em 1941, ano de sua morte, intitulado "A crise da civilização".) O papa faz uma crítica bastante radical aos excessos do capitalismo consumista, em especial àquilo que ele caracteriza como o antropocentrismo "desordenado", "despótico", "excessivo" e "moderno" da civilização "do descarte" gerada e promovida pelo capitalismo.[60] Nesse contexto, ele revisita a questão do "domínio" do homem:

> Uma apresentação inadequada da antropologia cristã acabou por promover uma concepção errada da relação do ser humano com o mundo. Muitas vezes foi transmitido um sonho prometeico de domínio sobre o mundo, que provocou a impressão de que o cuidado da natureza fosse atividade de fracos. Mas a interpretação correta do conceito de ser humano como senhor do universo é entendê-lo no sentido de administrador responsável.[61]

"Não somos Deus", escreve o papa Francisco em outra passagem do livro, opondo-se fortemente e por implicação à visão de que os seres humanos são agora a espécie-Deus. "Esta responsabilidade perante uma terra que é de Deus implica que o ser humano, dotado de inteligência, respeite as leis da natureza e os delicados equilíbrios entre os seres deste mundo."[62]

Amartya Sen apresenta um argumento semelhante, partindo, no entanto, de um arcabouço não cristão e valendo-se de alguns princípios do pensamento budista. Escrevendo sobre a crise climática e a responsabilidade humana para com as outras espécies, Sen defende a necessidade de um quadro normativo no debate sobre as mudanças climáticas – quadro que, no entendimento dele (e concordo), deve reconhecer a crescente necessidade humana por consumo energético, se é que as massas africanas, asiáticas e latino-americanas vão gozar dos frutos da civilização humana e obter as capacidades necessárias para fazer escolhas verdadeiramente democráticas. Mas Sen também reco-

---

60   Pope Francis, *Encyclical on Climate Change and Inequality: On Care for Our Common Home*, introd. Naomi Oreskes. Brooklyn, NY: Melville House, 2015, pp. 72-74 [ed. port.: Papa Francisco, *Carta Encíclica Laudato Si' do Santo Padre Francisco sobre o cuidado da casa comum*. Vaticano: Tipografia Vaticana, pp. 55, 90, 92-94, disponível online].
61   Ibid., p. 73 [p. 91].
62   Ibid., pp. 42-43 [pp. 53-54].

nhece que o florescimento humano pode ter um custo muito elevado para outras espécies; por isso, defende uma forma de responsabilidade humana para com os não humanos. O argumento é o seguinte:

> Considere nossas responsabilidades perante as espécies ameaçadas de destruição. Podemos conferir importância à preservação dessas espécies não meramente porque a presença delas no mundo pode, por vezes, elevar nossos padrões de vida [...] É aqui que o argumento que Gautama Buddha apresenta em *Sutta Nipata* se mostra direta e imediatamente relevante. Ele argumentava que a mãe tem responsabilidade perante seu filho não meramente porque o havia gerado como também porque ela pode fazer muitas coisas para a criança que a própria criança não tem condições de fazer [...]. No contexto ambiental, pode-se argumentar que, uma vez que somos muito mais poderosos do que outras espécies, [...] [isso pode ser um motivo para] assumirmos responsabilidade fiduciária por outras criaturas em cujas vidas podemos exercer poderosa influência.[63]

Há, é claro, certo grau de ironia no fato de que uma das espécies "ameaçadas de destruição [ao menos parcial]" é a própria espécie humana. Os seres humanos precisam ser responsáveis perante si próprios – algo que, como mostra a história da humanidade, é mais fácil dizer do que fazer. Mas pense nos problemas que decorrem desse gesto de colocar os seres humanos *in loco parentis* em relação às "criaturas em cujas vidas podemos exercer poderosa influência". Nunca sabemos de todas as espécies sobre as quais nossas ações exercem poderosa influência; muitas vezes só descobrimos isso em retrospecto. O ecologista canadense Peter Sale escreve, por exemplo, sobre "todas aquelas espécies que talvez sejam capazes de fornecer bens [para humanos], mas ainda precisam ser descobertas e exploradas, e aquelas que proporcionam serviços que simplesmente desconhecemos".[64]

---

[63] Amartya Sen, "Energy, Environment, and Freedom: Why We Must Think about More Than Climate Change", *New Republic*, 25 ago. 2014, p. 39.

[64] Peter F. Sale, *Our Dying Planet: An Ecologist's View of the Crisis We Face*. Berkeley: University of California Press, 2011, p. 223. McNeill e Engelke observam que, do quarto de milhão de espécies extintas no século XX, a maior parte "desapareceu antes de ter sido descrita por cientistas", sendo, portanto, criaturas "desconhecidas pela biologia". J. R. McNeill & Peter Engelke, *The Great Acceleration: An Environmental History of the Anthropocene since 1945*. Cambridge: Harvard University Press, 2014, p. 87.

Isso se aplica ainda mais à forma de vida que constitui "o grosso da biomassa da Terra": a vida microbial (bactérias e vírus). Como observa Martin J. Blaser em seu livro *Missing Microbes*, os micróbios não só "superam em número todos os ratos, baleias, humanos, pássaros, insetos, minhocas e árvores somados – efetivamente todas as formas de vida visíveis com as quais estamos familiarizados na Terra –, eles também [...] os superam em termos de peso".[65] Será que em algum momento poderemos estar em uma posição de valorizar a existência de vírus e bactérias hostis a nós exceto na medida em que influenciam – negativa ou positivamente – nossas vidas? Aqui, novamente, a questão se complica pelo fato de que ecologia e patologia com frequência nos dão perspectivas contrárias e cambiáveis. Bactérias e vírus desempenharam papéis críticos e muitas vezes positivos na evolução humana, como no caso da antiga bactéria estomacal *Helicobacter pylori*. Mas, desde o surgimento dos antibióticos e das mudanças decorrentes nos ambientes bióticos de nossos estômagos, no entanto, a *H. pylori* passou a ser vista como um agente patogênico.[66] Não temos como ser administradores responsáveis para essas formas de vida, mesmo sabendo, cognitivamente, do papel crítico que elas desempenharam – e continuarão desempenhando – na história natural da vida, incluindo a da própria vida humana.[67]

Isso significaria que os seres humanos só poderiam cumprir de forma imperfeita a responsabilidade que Sen lhes atribui, uma vez que nunca saberíamos exatamente quem estaria sob nossa custódia ou por quem poderíamos nos responsabilizar em um sentido fiduciário. Mas aqui, de fato, vemos evidências da tensão sob a qual a fábula kantiana da história humana está atualmente operando. Kant não exigia que a moralidade humana trouxesse dentro do próprio conspecto a história natural da vida. É desnecessário dizer que seu arcabouço teórico se baseava em um entendimento pré-darwiniano da história da vida reprodutiva natural e foi construído muito antes de os seres humanos começarem a descobrir e a compreender os papéis que os micróbios desempenham na história da vida. Hoje, no entanto, passamos a deba-

---

65 Martin J. Blaser, *Missing Microbes: How the Overuse of Antibiotics Is Fueling Our Modern Plagues*. New York: Picador, 2014, pp. 13-16.
66 Ibid., cap. 9.
67 Luis P. Villarreal, "Can Viruses Make Us Human?". *Proceedings of the American Philosophical Society*, n. 3, v. 148, set. 2004; Linda M. van Blerkom, "Role of Viruses in Human Evolution". *Yearbook of Physical Anthropology*, n. 46, 2003.

ter a questão de estender a esfera da moralidade e da justiça humanas de modo a incluir o domínio da vida reprodutiva natural.

É inegável que questões de justiça entre seres humanos têm sido centrais na tradição das humanidades do pós-guerra. A intensificação, em termos globais, de formas capitalistas de organização social aguçou os instintos políticos dos estudiosos das ciências humanas. Além disso, dada a história dos valores humanos na segunda metade do século XX, estamos a princípio comprometidos a garantir a vida de todo ser humano e a assegurar seu florescimento moral e econômico, independentemente do tamanho total da população humana e de suas implicações para a biosfera.[68] Qualquer proposta de reduzir o tamanho da população humana torna-se, além do mais, efetivamente uma proposição antipobre e é, portanto, moralmente repugnante. Ao mesmo tempo, parece cada vez mais inadequado ter um foco único e exclusivo no bem-estar humano e na justiça intra-humana. Esse é o dilema ao qual pensadores das humanidades que ponderam questões de modernidade precisam responder. A questão é: posto que aquilo que as humanidades e as ciências humanas fornecem são perspectivas para debater as questões de nossos tempos, podem elas superar seu sagrado e arraigado antropocentrismo e aprender a olhar para o mundo humano também de pontos de vista não humanos?

Para Latour, olhando adiante

Bruno Latour desenvolveu sua arte de pensar bem antes de despertarmos para o problema ao qual ele estava respondendo: o problema posto para o pensamento moderno pela oposição insustentável entre, de um lado, natureza e ciência e, de outro, cultura e sociedade. Ele desenvolveu seu pensamento ao longo de uma série de textos, incluindo o recente *Investigação sobre os modos de existência*.[69] Já que venho discutindo a vida microbial neste ensaio, contudo, permita-me

---

68 Ver a discussão desenvolvida no capítulo 2 deste livro.

69 Ver, em particular, Bruno Latour, *Jamais fomos modernos: Ensaio de antropologia simétrica* [1991], trad. Carlos Irineu da Costa. São Paulo: Editora 34, 2008; id., *Políticas da natureza: Como associar a ciência à democracia* [1999], trad. Carlos Aurélio Mota de Souza. São Paulo: Editora Unesp, 2019; id., *Investigação sobre os modos de existência: Uma antropologia dos modernos* [2012], trad. Alexandre Agabiti Fernandez. Petrópolis: Vozes, 2019.

me debruçar sobre seu clássico *Les microbes: Guerre et paix, suivi de Irréductions* para mostrar como seu pensamento abre caminho para desenvolver uma abordagem que desafia modos humanos de ser e saber e nos ajuda a ver onde o ser humano recebe intimações do não antropocêntrico precisamente através do farfalhar da linguagem que sem dúvida permanece, em última instância, demasiado humana.[70] Além disso, não deixa de ser uma coincidência oportuna para este capítulo que o humor anticolonial de Latour se dirija, em seu livro, em parte ao bom e velho filósofo de Königsberg, cuja presença titânica em todas as discussões sobre a modernidade é impossível contornar, apesar de todas as farpas que lhe possamos atirar.

Logo no início de seu estudo da obra de Pasteur, Latour chama a nossa atenção para a presença agencial dos micróbios não apenas no interior das condições restritas do laboratório como também na vida humana cotidiana. "Um vendedor envia uma cerveja perfeitamente límpida para um cliente", escreve Latour, mas "ela chega corrompida." Por quê? Porque "entre a cerveja e o cervejeiro havia algo que às vezes agia e às vezes não agia. Um *tertium quid*: 'uma levedura', disse o revelador de micróbios".[71] Para Latour, a presença de micróbios indica que "não podemos formar a sociedade só com o social": precisamos acrescentar "a ação dos micróbios".[72] Assim, "você organiza uma apresentação de esquimós no museu. Eles saem para encontrar o público, mas deparam *também* com a cólera e morrem. Isso é incrivelmente irritante, porque tudo o que você queria fazer era mostrá-los, e não matá-los". Da mesma forma, "viaja junto com o leite de vaca outro animal, não domesticado: o bacilo da tuberculose. Ele se imiscui com seu desejo de alimentar seu filho. Os objetivos dele são tão diferentes dos seus que a criança morre".[73] Assim, é somente depois de o leite atravessar o processo de pasteurização – e o projeto de purificação próprio da mercadoria (cap. 4) – e de o micróbio ser "extirpado" que ele passará a representar as relações puramente "sociais", isto é, "econômicas e sociais em sentido estrito", o que só pode acontecer em certas condi-

---

[70] Id., *The Pasteurization of France* [*Les microbes*, 1984], trad. Alan Sheridan & John Law. Cambridge: Harvard University Press, 1993, p. 193; id., *Políticas da natureza*, op. cit.; id., *An Inquiry into Modes of Existence*, op. cit.
[71] Bruno Latour, *The Pasteurization of France*, op. cit., pp. 32–33.
[72] Ibid., p. 35.
[73] Ibid., pp. 33–34.

ções muito limitadas e tecnologicamente produzidas.[74] Latour conclui a primeira parte de seu livro observando que, "assim que pararmos de reduzir as ciências a um punhado de autoridades que se colocam no lugar delas, o que reaparece não são apenas as multidões de seres humanos, [...] mas também o 'não humano'".[75] Seu projeto passa a ser o da "emancipação dos não humanos" perante aquilo que ele denomina "a dupla dominação da sociedade e da ciência".[76]

Os micróbios falam do tempo profundo na história da vida. "Por cerca de 3 bilhões de anos", escreve Blaser, "os únicos habitantes vivos da Terra foram bactérias. Elas ocupavam todo pedacinho de terra, de ar e de água, provocando reações químicas que criaram a biosfera e estabeleceram as condições para a evolução da vida multicelular."[77] Emancipar esses não humanos da "dupla dominação da ciência e da sociedade" não tem como ser uma tarefa política em qualquer sentido institucional do termo. Tampouco é algo que produz um programa imediato de ativismo. É uma questão, principalmente (e no atual estado de desenvolvimento das instituições governantes dos humanos), de desenvolver uma perspectiva não antropocêntrica sobre o mundo humano.

Na segunda parte do livro, intitulada "Irréductions" [Irreduções], Latour encara esse projeto de "emancipação" do não humano como algo como um ato intelectual de descolonização. "Coisas-em-si?", ele lança essa questão retórica a Kant com a sagacidade que lhe é própria e retruca: "Mas elas vão muito bem, obrigado. E você, como está? Você reclama das coisas que ainda não foram agraciadas por sua visão?". A crítica de Latour ao antropocentrismo do pensamento de Kant se vale do conceito-metáfora da colonização para criar espaço agencial para o não humano. "Às coisas-em-si não falta nada, assim como a África não carecia de brancos antes da chegada deles ao continente", escreve. "No entanto, é possível forçar aqueles que estavam perfeitamente bem sem você a passar a lamentar sua ausência. Uma vez que as coisas são reduzidas a nada, elas lhe imploram para que você tome consciência delas e pedem que você as colonize." E ele, em seguida, coloca Kant no rol de heróis coloniais: "Vocês são os Zorros, os Tarzans,

---

74 Ibid., pp. 39–43.
75 Ibid., pp. 149–50.
76 Ibid., p. 150.
77 Martin J. Blaser, *Missing Microbes*, op. cit., pp. 12–13.

os Kants, os guardiões das viúvas e os protetores das coisas órfãs".[78] "O que aconteceria", ele indaga ainda, "se, em vez disso, assumíssemos que as coisas deixadas a si mesmas não carecem de nada?"

É também aqui que a ideia de tempo profundo se torna parte de sua crítica: "Por exemplo, e essa árvore que outros denominam *Wellingtonia*? [...] Se lhe falta alguma coisa, é muito improvável que essa coisa seja você. Você que derruba florestas não é o deus das árvores [...]. Ela é mais velha do que você [...]. Daqui a pouco você talvez não tenha mais combustível para sua serra. Aí será a árvore que, com seus aliados carboníferos, talvez passe a *lhe extrair* a força". E ele leva às últimas consequências as limitações de calcular exclusivamente em escalas temporais humanas (que é o que fazemos quando pensamos politicamente): "Por enquanto, ela [a árvore] não perdeu nem ganhou, pois cada um define o jogo e o intervalo temporal a partir do qual seu ganho ou sua perda será medido".[79]

Aí vem a flechada. Uma questão disparada no coração tanto do antigo pensamento bíblico como de sua mutação heideggeriana – pensamento que proclamava que os humanos seriam especialmente destinados a exercer domínio sobre o planeta:

> Quem te disse que o homem era o pastor do ser? Muitas forças gostariam de pastorear e guiar os outros à medida que eles se arrebanham em seus currais para serem tosquiados e ordenhados. Estamos em número muito grande e somos demasiado indecisos para nos unirmos em uma única consciência forte o bastante para silenciar todos os outros atores. Já que você silencia as coisas de que fala, porque não as deixa falar por conta própria sobre o que lhes passa pela cabeça? Você gosta tanto assim da dupla miséria de Prometeu?[80]

Considero ser essa a questão civilizacional mais importante de nossos tempos – e que o papa levantou dentro dos limites de sua religião.

---

78   Bruno Latour, *The Pasteurization of France*, op. cit., p. 193.
79   Ibid., p. 193.
80   Ibid., pp. 192-94. Em um ensaio em que trava um diálogo com Derrida no contexto de uma discussão sobre o Antropoceno, Claire Colebrook formulou uma pergunta que reverbera em boa parte do pensamento pós-humanista: "Não seria a noção de que a terra é nosso lugar justamente aquilo que nos cegou para as devastações de nosso modo de vida?". Claire Colebrook, "Not Symbiosis, Not Now: Why Anthropogenic Change Is Not Really Human". *Oxford Literary Review*, n. 2, v. 34, 2012, p. 189.

A questão epocal de Latour nos lembra de que passados e futuros profundos não são passíveis de pensamento político ou ação política centrados no humano. Isso não significa que nossas disputas usuais acerca da (in)justiça, das iniquidades e das opressões intra-humanas deixarão de existir; elas continuarão. Mas, agora que as vidas moral e biológica da espécie *Homo sapiens* não podem mais ser desemaranhadas uma da outra, é preciso aprender a recorrer a formas de pensamento que vão além do político humano – mas que não o descartam. As histórias conectadas da evolução neste planeta, de seu clima e de sua vida não podem ser contadas de qualquer perspectiva antropocêntrica. Essas histórias necessariamente se ancoram em narrativas do tempo profundo. Elas nos tornam cientes de que os seres humanos aparecem muito tardiamente na história deste planeta, que o planeta nunca se preparou para nossa chegada e que não representamos nenhum ponto de culminação em sua história. É aqui que a tentativa de Latour – e de outros estudiosos – de abrir perspectivas de pensamento estético, filosófico e ético nos ajuda a desenvolver pontos de vista que procuram colocar a atual constelação de crises ambientais no contexto mais amplo da história mais profunda da vida reprodutiva natural neste planeta. Isso nos devolve à nossa discussão sobre a planetaridade, que abordaremos na seção final do livro.

PARTE III

Encarando o planetário

7 Tempo do Antropoceno

Muitos antropocenos?

O Antropoceno talvez seja o único termo da periodização geológica a ser amplamente debatido por estudiosos humanistas sem formação oficial em estratigrafia, o braço da geologia dedicado ao ordenamento de estratos terrestres e sua relação com o tempo geológico. "Há muitos antropocenos por aí, usados para diferentes propósitos, percorrendo diferentes linhas de raciocínio em diferentes disciplinas", escreve o cientista da Terra Jan Zalasiewicz.[1] Os diferentes antropocenos que Zalasiewicz menciona circulam nas ciências humanas como explicações partidárias e apaixonadas sobre aquilo que teria provocado o Antropoceno, quando se deve datá-lo, quem teria sido responsável pelo ingresso nessa época e mesmo qual deve ser a designação adequada dessa época. Muitos debatem em torno da política do nome e propõem, por exemplo, que o melhor seria denominá-la "Capitaloceno" ou "econoceno" para não responsabilizar uma humanidade vaga e indiferenciada – "*anthropos*" – por ter ensejado esses tempos incertos e para garantir que a culpa seja depositada redondamente no colo de um sistema: o capitalismo ou o sistema econômico global.

O debate do Antropoceno implica, portanto, um tráfego conceitual constante entre a história da terra e a história mundial. Hoje há amplo reconhecimento de que estamos passando por uma fase singular da história humana na qual, pela primeira vez, conectamos conscientemente acontecimentos que ocorrem em escalas geológicas vastas –

---

1 Jan Zalasiewicz, "The Extraordinary Strata of the Anthropocene", in Serpil Oppermann & Serenella Iovino (orgs.), *Environmental Humanities: Voices from the Anthropocene*. London: Rowman and Littlefield International, 2017, p. 124. Sou grato a Jan Zalasiewicz por ter compartilhado comigo esse ensaio. Meus argumentos aqui de forma alguma assumem ou precisam assumir que a proposta de formalizar o Antropoceno será ratificada. Também não creio que o argumento de Zalasiewicz, de que me valho neste capítulo, faça essa suposição.

tais como as mudanças de todo o sistema climático do planeta – com aquilo que poderíamos fazer nas vidas cotidianas dos indivíduos e das nações (como queimar combustíveis fósseis). Há também um consenso – por mais provisório que seja – entre acadêmicos que debatem o termo *Antropoceno* que, independentemente de quando lavrarmos sua certidão de nascimento (a invenção da agricultura, a expansão e a colonização europeias, a Revolução Industrial ou o primeiro teste de explosão atômica), o fato é que já estamos *dentro* do Antropoceno.

O Antropoceno exige que pensemos nas duas escalas vastamente diferentes de tempo envolvidas na história da terra e na história mundial, respectivamente: isto é, as dezenas de milhões de anos que uma época geológica em geral abarca (se estiver correta a tese do Antropoceno, o Holoceno parece ter sido uma época particularmente curta) *versus* os quinhentos anos no máximo que, pode-se dizer, constituem a história do capitalismo. No entanto, na maioria das discussões a respeito do Antropoceno, as questões de tempo geológico saem de vista, e o tempo da história mundial humana passa a predominar. Essa conversão unilateral do tempo histórico da terra em tempo da história mundial cobra um preço intelectual, pois, se não levarmos em conta os processos da história da terra que ultrapassam a escala de nossa percepção humana de tempo, deixaremos de enxergar a profundidade do impasse que os humanos enfrentam hoje. Meu ponto de entrada no debate do Antropoceno é a notável observação de Zalasiewicz de que ligar o problema da fronteira estratigráfica que separa o Antropoceno da época que o precede, o Holoceno, com acontecimentos unicamente da história mundial dos humanos significa "contrariar uma peculiaridade do tempo geológico, que é que, no fundo, ele é *simplesmente tempo* – ainda que em quantidades muito grandes".[2] Este capítulo desenvolve uma distinção, introduzida por Zalasiewicz nesse contexto, entre um pensamento centrado no humano e um pensamento centrado no planeta.

Mas antes de acompanharmos a lógica da argumentação de Zalasiewicz, que traz à tona o aspecto geológico do tempo do Antropoceno, precisamos começar explicando por que o tempo da geologia hoje entra e sai continuamente de nossa atenção.

---

2   Jan Zalasiewicz, "The Extraordinary Strata of the Anthropocene", op. cit., p. 9.

Por que o tempo geológico cai fora do debate do Antropoceno

Mesmo que ele se refira a um período novo na história geológica do planeta – e, portanto, ao tempo geológico –, desde que foi cunhado, o termo *Antropoceno* foi usado como uma medida não do tempo geológico – não se trata de uma unidade de tempo –, mas do *impacto* humano sobre o planeta. De acordo com John Bellamy Foster, a publicação em 1926 de *A biosfera*, livro pioneiro do geoquímico soviético Vladímir I. Vernádski, "coincidiu com a primeira introdução da designação Antropoceno (juntamente com Antropogeno) por seu colega, o geólogo soviético Aleksei Pávlov".[3] Desde o início, o termo se referia à escala extraordinária da influência humana no planeta. Foster cita as palavras de Vernádski sobre o assunto: "Partindo da noção do papel geológico do homem, o geólogo A. P. Pavlov [1854-1929] [...] costumava falar na *era antropogênica* em que vivemos [...]. Ele sublinhava, com razão, que o homem [...] está se tornando uma força geológica poderosa e em constante crescimento".[4]

O renascimento recente do termo vem de uma conferência de cientistas do sistema Terra realizada no México, onde o renomado químico Paul Crutzen teria desabafado: "Parem de usar a palavra Holoceno. Não estamos mais no Holoceno. Estamos no [...] no [...] no Antropoceno!".[5] Quando Crutzen e o biólogo Eugene F. Stoermer depois propuseram, em 2000, que a ideia do Antropoceno fosse amplamente adotada, não era o problema do tempo que ocupava o primeiro plano das considerações da dupla. Eles viam a palavra como um atalho conveniente para apontar o tamanho da pegada humana no planeta: "Considerando [...] [os enormes] impactos, ainda crescentes, das atividades humanas na terra e na atmosfera, e em todas as escalas, incluindo as globais", eles recomendaram a adoção do termo *Antropoceno* para nomear nossa

---

[3] John Bellamy Foster, "Apresentação", in Ian Angus, *Enfrentando o Antropoceno: Capitalismo fóssil e a crise do sistema terrestre*, trad. Glenda Vicenzi e Pedro Davoglio. São Paulo: Boitempo, 2023, p. 14.
[4] Ibid., p. 11.
[5] Will Steffen, comentário sobre Paul J. Crutzen & Eugene F. Stoermer, "The Anthropocene", in Libby Robin, Sverker Sörlin & Paul Warde (orgs.), *The Future of Nature: Documents of Global Change*. New Haven: Yale University Press, 2013, p. 486.

"atual época geológica" como uma forma de registrar "o papel central da humanidade na geologia e na ecologia".[6]

O termo *Antropoceno* nos ajudava a concentrar a atenção pública na possibilidade de que os seres humanos agora dominavam o planeta em um grau tamanho que seu impacto coletivo era comparável aos de forças planetárias de imensa escala. O paleoclimatologista David Archer claramente via o termo como uma medida aproximada do impacto humano em processos da terra: "Os períodos geológicos do passado são geralmente delineados por grandes mudanças climáticas ou extinções biológicas. A suposta passagem do Holoceno para o Antropoceno é, portanto, uma afirmação de que a humanidade se tornou uma poderosa força na evolução da Terra".[7] Ele ainda nos deu uma estimativa precisa do tipo de força geofísica planetária que os seres humanos haviam se tornado:

> As mudanças climáticas mais profundas parecem ocorrer em escalas temporais no mínimo da ordem de milênios. Os grandes mantos de gelo crescem e geralmente derretem em escalas temporais milenares, uma enorme resposta às oscilações na órbita da Terra. O ciclo natural de carbono atuava como um elemento de retroalimentação positiva, amplificando a resposta à órbita [...]. O forçamento climático humano tem o potencial de sobrepujar o forçamento climático orbital, assumindo o controle das eras glaciais. A humanidade está se tornando uma força climática comparável às variações orbitais que impulsionam os ciclos glaciais.[8]

Ao explicarem o termo *Antropoceno* em 2011, uns bons dez anos depois de ele ter sido proposto, Will Steffen, Jacques Grinevald, Paul Crutzen e John McNeill reiteraram que o "conceito de *Antropoceno* [...] foi introduzido para capturar essa mudança quantitativa na relação entre os seres humanos e o ambiente global [...]. A humanidade [...] rivaliza com algumas das grandes forças da Natureza em seu impacto sobre o funcionamento do sistema Terra" e se tornou, "por si só, uma força geológica

---

6   Paul J. Crutzen & Eugene F. Stoermer, "The Anthropocene". *IGBP Newsletter*, n. 41, 2000, p. 17, citado no capítulo 1.
7   David Archer, *The Long Thaw: How Humans Are Changing the Next 100,000 Years of Earth's Climate*. Princeton: Princeton University Press, 2009, p. 64.
8   Ibid., p. 6.

global".[9] Falar em uma nova época geológica era uma forma de ressaltar nada menos do que a pura escala do impacto humano no planeta.

As discussões, científicas ou não, sobre o impacto humano no ambiente do planeta nunca puderam ser completamente separadas de preocupações morais. Afinal, será que os seres humanos não deveriam ter um impacto tão grande assim? Será que eles poderiam se dar ao luxo de ter um impacto desses sem colocar em perigo a própria existência? Essas e outras questões semelhantes nunca estiveram longe das preocupações dos pesquisadores mencionados anteriormente. Por isso, eles assumiram o dever, como que de cidadão, de publicar seus achados. Tais preocupações morais talvez sempre tenham acompanhado tentativas de quantificar o impacto humano sobre a Terra. É o que dá o enquadramento, por exemplo, do livro seminal de John R. McNeill, *Something New Under the Sun: An Environmental History of the Twentieth-Century World* [Algo novo sob o Sol: uma história ambiental do mundo do século XXI], publicado em 2000, talvez a tentativa mais notável de documentar meticulosamente o impacto humano nos recursos, atmosfera e biosfera do planeta feita até agora por um historiador. McNeill estabelece o enquadramento do livro logo no início com um juízo moral: "Albert Einstein famosamente se recusou a 'acreditar que Deus não joga dados com o [universo]'. Mas, no século XX, a humanidade começou a jogar dados com o planeta, sem conhecer todas as regras do jogo".[10] Mesmo os autores de um artigo científico pioneiro de 1957 sobre o "aumento do dióxido de carbono atmosférico nas últimas décadas" (hoje considerado de importância histórica no desenvolvimento da ciência da mudança climática antropogênica), Roger Revelle e Hans E. Suess, não conseguiram deixar de usar palavras que claramente iam além do puramente científico. "Os seres humanos", escrevem, "estão realizando um experimento geofísico de larga escala; um experimento que não poderia ter ocorrido no passado nem poderá ser reproduzido no futuro. Dentro de alguns séculos, devolveremos à atmosfera e ao oceano o carbono orgânico concentrado que foi sendo armazenado em rochas sedimentares ao longo de centenas de milhões

---

9   Will Steffen, Jacques Grinevald, Paul Crutzen & John McNeill, "The Anthropocene: Conceptual and Historical Perspectives". *Philosophical Transactions of the Royal Society A*, n. 1938, v. 369, 2011, p. 843.
10 John R. McNeill, *Something New Under the Sun: An Environmental History of the Twentieth-Century World*. New York: W. W. Norton, 2000, p. 3.

de anos."[11] O crescente sentimento de alarme gerado com o avanço da ciência climática ao longo das décadas de 1970 e 1980 redundou, em 1989, no estabelecimento do Painel Intergovernamental sobre Mudanças Climáticas (IPCC). Conforme o IPCC foi apresentando seus diversos relatórios de avaliação nas décadas de 1990 e 2000, aquilo que na prosa de Revelle e Suess em 1957 ainda era um grande "experimento" por parte da humanidade converteu-se em uma mensagem de alerta aos governos sobre uma "perigosa" mudança climática que a humanidade estava enfrentando.

Desde o início de sua carreira, portanto, o Antropoceno teve duas vidas, às vezes nos mesmos textos: uma vida científica envolvendo medições e debates entre cientistas qualificados e uma vida mais popular como questão político-moral. Contanto que o Antropoceno fosse visto principalmente como uma medida do impacto humano, por mais que se reconhecesse que esse impacto ensejava um novo período na história do planeta, o foco permanecia na força de seu portador (a humanidade, as classes capitalistas, as nações ricas, o capitalismo), de modo que as questões de tempo geológico simplesmente ficavam relegadas às sombras. Questões morais sobre culpabilidade e responsabilidade necessariamente dominavam esse debate. Não surpreende, talvez, se lembrarmos a observação de Sheila Jasanoff segundo a qual "as representações do mundo natural adquirem estabilidade e poder persuasório [...] não por meio de um destacamento forçado do contexto, e sim mediante interações constantes, mutuamente reforçadoras, entre nossas percepções do ser e do *dever ser*: de como as coisas são e de como elas deveriam ser".[12]

Traduzindo "força" em "poder", da história da terra à história mundial

É o lado moral do debate do Antropoceno – as questões de responsabilidade histórica pelo aquecimento que aconteceu até agora – que

---

11 Roger Revelle & Hans E. Suess, "Carbon Dioxide Exchange between Atmosphere and Ocean and the Question of an Increase of Atmospheric CO_2 during the Past Decades". *Tellus*, n. 1, v. 9, 1957, in David Archer & Raymond Pierrehumbert (orgs.), *The Warming Papers: The Scientific Foundation for the Climate Change Forecast*. Oxford: Wiley-Blackwell, 2011, p. 277.

12 Sheila Jasanoff, "A New Climate for Society". *Theory, Culture and Society*, n. 2–3, v. 27, 2010, p. 236.

exige que traduzamos para a linguagem da história mundial/humana ideias relacionadas, profundamente, com a história da terra, a geologia e o tempo geológico.[13] Isso implica, contudo, dois importantes atos de deslocamento: o deslocamento-tradução da categoria "força" – referindo-se à atração física que um corpo material exerce sobre outro (para seguir o entendimento newtoniano do fenômeno); portanto, a humanidade como uma força geológica – à categoria humano-existencial de poder, e seus correlatos sociológico-institucionais, e o correspondente desalojamento do problema do Antropoceno, que passa do domínio do tempo geológico para o tempo da história humana ou mundial.[14]

O deslocamento da categoria de força física à categoria histórico-existencial de poder é visível nos escritos de dois grupos de acadêmicos e ativistas: aqueles que querem atribuir culpabilidade pelo delito de ter criado uma crise ambiental global e aqueles que buscam na crise do aquecimento global um horizonte ético para o futuro da humanidade como um todo. Às vezes, é possível identificar as duas tendências no mesmo texto. Tomemos dois documentos publicados no início da década de 1990: o primeiro relatório do IPCC, publicado em 1990, e o tratado *Global Warming in an Unequal World* [Aquecimento global em um mundo desigual], elaborado em 1991 por uma dupla de ativistas ambientais indianos, o finado Anil Agarwal e Sunita Narain, que já mencionamos antes (por exemplo, no capítulo 4). "Há *preocupação*", dizia o primeiro relatório do IPCC em seu resumo para formuladores de políticas, "de que as atividades humanas podem estar alterando inadvertidamente o clima do globo por meio do efeito estufa ampliado [...] que causará elevação na temperatura da superfície terrestre [...].

---

13   A filologia mais extraordinária, original e erudita do termo Antropoceno, até onde sei, é o ensaio de Robert Stockhammer, "Philology of the Anthropocene", in Sarah Fekadu, Hanna Straß-Senol & Tobias Döring (orgs.), *Yearbook of Research in English and American Literature*, v. 33: *Meteorologies of Modernity: Weather and Climate Discourses in the Anthropocene*. Tübingen: Narr, 2017, pp. 43–64.

14   Às vezes, é claro, "força" e "poder" são usados de maneira mais solta para se referir à mesma coisa, mas, para o bem da clareza de exposição, tratarei os termos como pertencentes, respectivamente, à história "natural" e à história "social". Essa não é uma distinção arbitrária. O caráter histórico-existencial da categoria "poder" é o que possibilita o exercício nominalista que Foucault faz ao descrever a natureza do poder em sua *História da sexualidade*. Michel Foucault, *História da sexualidade*, v. 1: *A vontade de saber* [1976], trad. Maria Thereza da Costa Albuquerque. São Paulo: Paz & Terra, 2014.

Se isso ocorrer, as alterações decorrentes podem produzir um impacto significativo na sociedade."[15] Agarwal e Narain se opuseram a esse uso tão generalizado da palavra "humano", embora o alvo imediato da polemização deles não fosse o primeiro relatório do IPCC, e sim um relatório do World Resources Institute (WRI) sobre o "ambiente global" publicado no mesmo ano [1990].[16] Foi esse relatório, os leitores hão de lembrar, que Agarwal e Narain descreveram como um "excelente exemplo de colonialismo ambiental".[17]

Para Agarwal e Narain, como observamos anteriormente, era como se a conversa sobre as mudanças climáticas estivesse criando um "regime de historicidade" injusto – para dialogar com François Hartog – que ameaçava eclipsar o tempo histórico-mundial de desenvolvimento, inspirado pelos Estados Unidos e pela União Soviética depois da Segunda Guerra Mundial, em que o futuro aparecia como um horizonte aberto de modernização.[18] Eles não tinham como ver aquilo que hoje pode parecer um futuro asiático para a crise da mudança climática. E compartilhavam o "medo", que "muitos países em desenvolvimento" tinham, de que o falatório sobre o clima visasse "impor sérios entraves ao desenvolvimento deles ao limitar sua capacidade de produzir

---

15 "Policymakers Summary", in J. T. Houghton, G. J. Jenkins & J. J. Ephraums (orgs.), *Climate Change: The IPCC Scientific Assessment*. Cambridge: Cambridge University Press, 1991, p. xiii.

16 Anil Agarwal & Sunita Narain, *Global Warming in an Unequal World: A Case of Environmental Colonialism* [1990]. New Delhi: Centre for Science and Environment, 2003, pp. 1, 20n1.

17 Ibid., p. 1.

18 François Hartog, *Regimes of Historicity: Presentism and Experiences of Time*, trad. Saskia Brown. New York: Columbia University Press, 2015. Hartog, é claro, conta uma história europeia – ainda que não eurocêntrica – de um "regime de historicidade" moderno (uma visão de um tempo futuro aberto) na Europa que abarcou os séculos XVIII e XIX e chegou ao fim com as duas guerras mundiais, sucumbindo a um "presentismo" – o futuro recaindo sobre o presente – ao final do século XX. A propósito, Ursula Heise descreve o Antropoceno precisamente em termos reminiscentes da descrição que Hartog faz do "presentismo" – "como um futuro que já chegou". Ursula K. Heise, *Imagining Extinction: The Cultural Meanings of Endangered Species*. Chicago: University of Chicago Press, 2016, pp. 203, 219–20. Para um argumento diferente sobre a relação da história com o futuro – ao menos na imaginação ocidental –, ver Zoltán Boldizsár Simon, *History in Times of Unprecedented Change: A Theory for the 21st Century*. London: Bloomsbury Academic, 2019.

energia, particularmente do carvão".[19] Por isso, é possível enxergar a pauta da "justiça climática" como uma argumentação que se dá no interior da história mundial (o que não significa negar o argumento das nações em desenvolvimento sobre a questão da justiça climática). Havia certa narrativa bem familiar sobre o imperialismo europeu codificada na referência ao "colonialismo" presente no próprio título do tratado de Agarwal e Narain, bem como no uso de certo vocabulário explicitamente terceiro-mundista. Formulava-se, assim, o problema redondamente nos termos da história mundial.

Uma vez lançada a ideia do Antropoceno, os acadêmicos suecos Andreas Malm e Alf Hornborg foram alguns dos primeiros a disparar contra a proposição de que o aquecimento global tinha caráter "antropogênico", questionando, à maneira de Agarwal e Narain, o uso do termo *anthropos*. "Perceber que a mudança climática é 'antropogênica'", escreveram, "significa no fundo se dar conta de que ela é *sociogênica*."[20]

> A sucessão de tecnologias energéticas que surgiram depois do vapor – a energia elétrica, o motor de combustão interna, o complexo petrolífero: automóveis, petroleiros, aviação –, todas elas foram introduzidas mediante decisões de investimento, às vezes com contribuições cruciais vindas de certos governos, mas raramente por meio de deliberações democráticas. O privilégio de instigar novas rodadas parece ter ficado restrito à classe que domina a produção de mercadorias.

Citando os fatos de que "desde 2008 os países capitalistas avançados, ou o chamado 'Norte', correspondem a 18,8% da população mundial, mas são responsáveis por 72,7% do dióxido de carbono emitido desde 1850", eles indagavam: "Esses fatos podem ser reconciliados com uma visão da *humanidade* como o novo agente geológico?". Partindo da premissa de que "a distribuição desigual é condição para a *própria existência* da tecnologia moderna de combustíveis fósseis", eles defendiam "a necessidade de perscrutar as profundidades da

---

19 Anil Agarwal & Sunita Narain, *Global Warming in an Unequal World*, op. cit., p. 1.
20 Andreas Malm & Alf Hornborg, "The Geology of Mankind? A Critique of the Anthropocene Narrative". *Anthropocene Review*, n. 1, v. 1, 2014, p. 66. Matthew Lepori desenvolve argumentos semelhantes em "There Is No Anthropocene: Climate Change, Species-Talk, and Political Economy". *Telos*, n. 172, 2015.

história social", algo que "geólogos, meteorologistas e colegas não são necessariamente bem preparados para estudar".[21] A necessidade do momento era manter-se fiel às – e não "abandonar" as – "preocupações fundamentais das ciências sociais – que incluem, é importante dizer, a teorização da *cultura e do poder*".[22] De que outra forma, indagavam na conclusão do ensaio, "podemos sequer imaginar um desmantelamento da economia [de combustível] fóssil?". "Pensar as mudanças climáticas em termos de espécie produz mistificação e paralisia política."[23]

Muitos outros seguiram nessa linha; entre eles, notadamente, o sociólogo Jason Moore, que recomendou que a nova época geológica recebesse um nome que remetesse aos fatores mais imediatos que, em sua opinião, a ensejaram: o Capitaloceno.[24] Moore reconhecia que se trata de "uma palavra feia em um sistema feio", "mas a Idade do Capitalismo não merece um nome esteticamente aprazível".[25] A intenção aqui não é nem endossar nem criticar a denominação escolhida por Moore; meu ponto é mostrar como o emprego dessa nomenclatura implicou, mais uma vez, o ato de embutir o conceito de "força" – os seres humanos como uma força geofísica – na categoria humano-existencial de poder, intrínseca à história mundial. Eis o que diz Moore sobre o assunto, começando com um pouco de deboche:

---

21   Andreas Malm & Alf Hornborg, "The Geology of Mankind?", op. cit., pp. 64, 66.
22   Ibid., p. 62, grifos nossos.
23   Ibid., p. 67.
24   Jason W. Moore, *Capitalism and the Web of Life: Ecology and the Accumulation of Capital*. London: Verso, 2015. Donna Haraway escreve que, "em comunicação pessoal por email, Jason Moore e Alf Hornborg, no fim de 2014, me disseram que Malm propôs o termo Capitaloceno em um seminário em Lund, na Suécia, em 2009, quando ele ainda era um estudante de pós-graduação. Usei pela primeira vez o termo de forma independente em palestras públicas a partir de 2012". Donna Haraway, "Antropoceno, Capitaloceno, Plantationoceno, Chthuluceno: Fazendo parentes", trad. Susana Dias, Mara Verônica & Ana Godoy. *ClimaCom Cultura Científica: Pesquisa, Jornalismo e Arte*, ano 3, n. 5, abr. 2016, p. 144n8. No entanto, Christian Schwägerl, *The Anthropocene: The Human Era and How It Shapes Our Planet*, trad. Lucy Renner Jones. Santa Fe/London: Synergetic Press, 2014, p. 65n132, apresenta uma origem alternativa para o termo: "O termo '*Kapitalozän*' [...] foi cunhado pelo professor Elmar Altvater da Freie Universität, de Berlim, durante uma discussão no Conselho Alemão de Relações Exteriores".
25   Jason W. Moore, *Capitalism and the Web of Life*, op. cit., p. 173n13.

> [A narrativa dominante do Antropoceno] nos diz que as origens do mundo moderno se encontram na Inglaterra [...]. A força motriz por trás dessa mudança epocal? Em duas palavras: carvão e vapor. A força motora por trás do carvão e do vapor? Não é classe. Não é capital. Não é imperialismo. Nem mesmo cultura [...] isso mesmo: o *Anthropos*: a Humanidade como um todo indiferenciado.

E sua crítica continua:

> O Antropoceno produz uma história fácil [...] pois ele não questiona as iniquidades, a alienação e a violência naturalizadas que estão inscritas nas relações estratégicas de *poder* e *produção* da modernidade [...]. Esse apagamento, essa elevação do *Anthropos* a um estatuto de ator coletivo encorajou [...] uma metateoria da humanidade como agente coletivo, sem reconhecer as forças do capital e do império que se cristalizaram na *história mundial moderna*.[26]

É desnecessário dizer que a palavra *força* usada aqui por Moore com referência ao capital não conota o sentido newtoniano do termo.

Ian Angus, que produziu uma rica análise marxista-histórica do Antropoceno – e que, aliás, não gosta do termo *Capitaloceno* e reconhece que os cientistas do sistema Terra que recomendam o nome Antropoceno não estão necessariamente negando questões de justiça climática ou diferenciação humana –, efetua o mesmo deslocamento ao dividir o Antropoceno em dois fenômenos separados: um Antropoceno "biofísico" e um Antropoceno "socioeconômico".[27] O Antropoceno biofísico – "uma mudança qualitativa nas características físicas mais críticas da Terra com profundas implicações para todos os seres vivos" – é importante, "mas para compreendermos adequadamente o Antropoceno precisamos vê-lo como um fenômeno *socioecológico*" como a "culminação de dois séculos de desenvolvimento capitalista", um

---

26 Ibid., pp. 169–71, grifo nosso.
27 Ian Angus, *Enfrentando o Antropoceno*, op. cit., p. 259. Ele descreve o Capitaloceno como um "erro categorial": "o capitalismo é um sistema social e econômico que tem seiscentos anos, enquanto o Antropoceno é uma época do sistema terrestre que começou sessenta anos atrás [...] essa nova época continuará a existir muito tempo depois que o capitalismo se transformar em uma lembrança distante".

período de "mudança social e econômica durante o qual o Holoceno terminou e o Antropoceno começou".[28]

Também efetuam esse deslocamento-tradução de "força" para "poder" aqueles que, visando motivar os seres humanos a fazer algo para mitigar os efeitos de sua pegada planetária, apelam para o senso humano de suas próprias escalas temporais. Mesmo cientistas do sistema Terra que defendem a ideia de um tempo geológico chegaram a considerar estrategicamente importante conceder o ponto de que, "na sociedade em geral, as escalas temporais geológicas são frequentemente utilizadas como motivo para não agir em escalas temporais societais, intergeracionais e individuais ('o clima sempre mudou', 'os recifes de corais foram extintos várias vezes, mas reapareceram', e assim por diante)".[29] A sensação de que o cientista-comunicador da mudança climática antropogênica precisa se movimentar constantemente entre diferentes escalas de tempo assombra, por exemplo, o livro *The Long Thaw* [O longo degelo], de Archer. Os olhos de geólogo de Archer são treinados para enxergar como os humanos já mudaram o clima do planeta pelos próximos 100 mil anos, no mínimo. Mas, indaga ele logo no primeiro capítulo do livro: "Por que motivo nós, meros mortais, devemos nos preocupar em alterar o clima daqui a 100 mil anos? [...] As regras da economia, que regem grande parte de nosso compor-

---

[28] Ibid., pp. 123-24. O que Malm, Horborg, Moore, Angus e outros fizeram – analisar a mudança climática antropogênica pelo prisma das iniquidades entre os seres humanos e, portanto, por meio de apelos a teorizações de "cultura e poder" – não surpreende. Foi assim que muitos analistas da história mundial lidaram com problemas ambientais globais e suas histórias: concentrando-se em como eles eram mediados pelas desigualdades humanas, a ascensão de "projetos desenvolvimentistas" e do poder estatal em partes do mundo no período entre 1500–1800, e nas transformações nas construções humanas da natureza sob condições de modernidade. Ver, por exemplo, William Cronon (org.), *Uncommon Ground: Rethinking the Human Place in Nature*. New York: W. W. Norton, 1996; Alf Hornborg, J. R. McNeill & Joan Martinez-Alier (orgs.), *Rethinking Environmental History: World-System History and Global Environmental Change*. Lanham: Altamira, 2007; Edmund Burke & Kenneth Pomeranz (orgs.), *The Environment and World History*. Berkeley: University of California Press, 2009. A expressão "projetos desenvolvimentistas" é de Kenneth Pomeranz. Ver sua introdução ao volume de Burke e Pomeranz.

[29] Jan Zalasiewicz et al., "Petrifying Earth Process: The Stratigraphic Imprint of Key Earth System Parameters in the Anthropocene". *Theory, Culture, Society*, n. 2–3, v. 34, 2017, p. 98.

tamento, tendem a limitar nosso foco a janelas temporais ainda mais curtas". Por isso, Archer utiliza escalas temporais capazes de se conectar ao sentimento de orgulho e vergonha do leitor. "Como você se sentiria", pergunta ele ao leitor, "se os gregos antigos, por exemplo, tivessem aproveitado alguma oportunidade lucrativa de negócios durante alguns séculos, cientes dos potenciais custos dela – digamos, um mundo mais tempestuoso ou a perda de 10% da produção agrícola por causa de uma elevação no nível do mar –, que poderiam persistir até hoje? Não é assim que quero ser lembrado."[30] Essa pode não ser uma estratégia retórica eficaz de pressionar as pessoas a agir, mas a tradução da "força" física para os termos muito humanos de "poder" e "responsabilidade" pode ser identificada em operação em todos os textos que buscam uma ética humana planetária no tempo presente.

Tanto o tempo geológico como o tempo histórico expressam categorias humanas, mas eles são tingidos com diferentes tipos de afeto. É, naturalmente, apenas no sentido do tempo que informa a história mundial que podemos falar em esperança ou desespero. Por isso, alguns cientistas do sistema Terra recomendam certo grau de uso metafórico da ideia do Antropoceno – e observe como eles passam rapidamente de "força" para "poder": "O Antropoceno usado como metáfora pode ajudar a desencadear novos pensamentos normativos e éticos. Se a humanidade agora tem o *poder* de ser uma 'força geológica', segue-se que tal poder deve ser usado com cuidado e moderação [...]. Talvez isso ao menos permita que o Antropoceno possa simbolizar esperança, e não desespero".[31] Isso, é claro, pressupõe que a humanidade seja uma só e que esse "um" possa agir como faz uma pessoa individual, utilizando sua capacidade ("poder de ser uma força geofísica") com cuidado e responsabilidade. O livro recente do astrobiólogo David Grinspoon, que traz o título revelador de *Earth in Human Hands* [A Terra em mãos humanas], nos oferece mais um exemplo daquilo que passei a enxergar como alternância de código linguístico entre a categoria física de força e as categorias social-existenciais de "consciência" e "poder". "Ninguém pode negar, de maneira crível", escreve ele, "que nos encontramos em um tempo de desenfreada influência humana sobre a Terra. Definida dessa maneira crua, o Antropoceno obviamente existe, então, por que insistir que ele precisa ser ruim? O que você propõe? Que convençamos

---

30   David Archer, *The Long Thaw*, op. cit., p. 10.
31   Jan Zalasiewicz et al., "Petrifying Earth Process", op. cit., p. 16, grifos nossos.

todos a se sentirem mal por causa de sua espécie podre?" A tarefa ética, pensa Grinspoon, é que a humanidade se torne uma força geológica *consciente*: "Nossa escolha é sobre que tipo de Terra influenciada pelo homem teremos. Podemos lamentar essa verdade, mas já não temos a possibilidade de escolher não sermos agentes de mudança geológica [...]. Como fazê-lo da maneira certa – *esta* deveria ser nossa preocupação".[32] Os seres humanos, escreve o cientista da Terra Daniel Schrag, se encontram em um "ponto de não retorno". "No Antropoceno", ele acrescenta, "a sobrevivência da natureza tal como a conhecemos pode depender do controle da natureza [pelos seres humanos] – uma posição precária para o futuro da sociedade, da diversidade biológica e dos circuitos geobiológicos que sustentam o sistema Terra."[33] Clive Hamilton, figura pioneira nas discussões sobre a mudança climática por parte de estudiosos humanistas, defende, em seu livro *Defiant Earth* [Terra desafiante], um "novo antropocentrismo" – comparando a humanidade a uma "força consciente". Em uma "época geológica na qual os seres humanos rivalizam com as grandes forças da natureza", o "futuro de todo o planeta, incluindo muitas formas de vida, depende das decisões de uma *força consciente*, ainda que os sinais de que ela agirá em concerto sejam apenas embrionários (e talvez ainda estejam por nascer). Diante desse fato bruto, [...] negar a singularidade e o poder dos seres humanos torna-se perverso".[34]

Se tivéssemos que nomear, entre os historiadores mundiais, um santo padroeiro dessa visão de um futuro histórico-mundial para a humanidade em que os seres humanos assumem responsabilidade coletiva por seu impacto físico no planeta, essa figura seria William H. McNeill. Em uma conferência de história mundial realizada em 1994 na Universidade Wesleyan, ele até propôs um papel histórico-mundial para os historiadores mundiais:

> ao construir uma história mundial perspicaz e rigorosa, os historiadores podem desempenhar um papel modesto, mas útil, de facilitar

---

[32] David Grinspoon, *Earth in Human Hands: Shaping Our Planet's Future*. New York: Grand Central, 2016, pp. 242-43.

[33] Daniel Schrag, "Geobiology of the Anthropocene", in Andrew H. Knoll, Donald E. Canfield & Kurt O. Kornhauser (orgs.), *Fundamentals of Geobiology*. Oxford: Blackwell, 2012, p. 434.

[34] Clive Hamilton, *Defiant Earth: The Fate of Humans in the Anthropocene*. Cambridge: Polity, 2017, p. 41, grifos nossos.

um futuro tolerável para a humanidade como um todo e para todas as suas diferentes partes [...] na medida em que uma noção clara e vívida de todo o passado humano possa ajudar a atenuar conflitos futuros, ao esclarecer aquilo que todos compartilhamos.³⁵

Isso exigia uma parceria intelectual entre cientistas e historiadores mundiais, como McNeill argumentou alguns anos depois em um ensaio de 2002: "chegou a hora de os historiadores [...] começarem a conectar o próprio pensamento e escrita profissionais com a versão científica revista da natureza das coisas".³⁶ Uma história total da humanidade era a história da espécie:

Somos [...] um com nossos antecessores, imersos em processos que não controlamos e só podemos compreender vagamente – um processo que, no entanto, nos fez [...] o fator [...] mais perturbador [...] e [...] extraordinariamente poderoso de desorganização dos múltiplos níveis de [...] equilíbrios no interior dos quais existimos [...]. Uma his-

---

35   William H. McNeill, "The Changing Shape of World History", in Philip Pomper, Richard A. Elphick & Richard T. Vann (orgs.), *World History: Ideologies, Structures, and Identities*. Malden: Blackwell, 1998, pp. 39–40. Essa visão difere um tanto daquilo que Marshall Hodgson (colega de McNeill na Universidade de Chicago), outro estudioso pioneiro da história mundial, pensava sobre histórias da humanidade em escala muito ampla: "Se a história mundial é filosoficamente possível, ela será em todo caso, sujeita a duas importantes limitações. Não só é improvável que ela lide com todas ou mesmo a maior parte dos acontecimentos que afligiram a humanidade desde o início; mais do que isso, é improvável que ela carregue o tipo de significado humano que uma história sensível de determinada comunidade pequena pode ter". Marshall Hodgson, "The Objectivity of Large-Scale Historical Inquiry: Its Peculiar Limits and Requirements", in Edmund Burke III (org.), *Rethinking World History: Essays on Europe, Islam, and World History*. Cambridge: Cambridge University Press, 1993, p. 258. Para um relato fascinante do pano de fundo intelectual de Hodgson e suas interações com McNeill na Universidade de Chicago, ver Michael Geyer, "Marshall G. S. Hodgson: The Invention of World History from the Spirit of Nonviolent Resistance" (no prelo). Pelo que me falou o professor Geyer, os documentos de Hodgson arquivados na Universidade de Chicago contêm "uma boa quantia de ciência e algumas discussões muito intensas e muito críticas sobre Teilhard de Chardin (entre outras coisas, em torno do erro do antropocentrismo)". Comunicação pessoal com o autor, 11 fev. 2017.

36   William H. McNeill, "Passing Strange: The Convergence of Evolutionary Science with Scientific History". *History and Theory*, n. 1, v. 40, 2001, p. 5.

tória perspicaz de como chegamos aqui pode, inclusive, melhorar as chances de sobrevivência da humanidade.[37]

Um ano depois, em 2003, ele escreveu:

> nossa espécie como um todo [tornou-se] uma ameaça sem precedentes para outras formas de vida. Pode muito bem haver um desastre à nossa espreita no longo prazo: mas até agora tudo certo [...] a maior época da humanidade pode ainda estar por vir. Ou, o que é tão provável quanto, podemos estar correndo precipitadamente em direção a qualquer uma das várias terminações desastrosas de nossa carreira extraordinária na terra.[38]

Essa guinada para as capacidades humanas como forma de solucionar nossa crise ambiental global também marca o fim da magistral pesquisa de John L. Brooke sobre a história da humanidade através de vários regimes climáticos deste planeta. "Em última análise", escreve Brooke,

> nossa circunstância atual precisa ser vista tanto como uma crise na relação da humanidade com o sistema terra quanto como um momento de transformação de longo prazo dos sistemas econômicos em uma escala equivalente à de qualquer uma das grandes rupturas do passado humano [...]. O que é necessário, o que todos os pragmáticos estão trabalhando para atingir, o que os pessimistas não têm esperança de que ocorra e o que os negacionistas rejeitam [...] é uma solução global. *Mantemos em nossa capacidade coletiva a tarefa de enfrentar a crise do sistema terra que agora recai sobre nós.* Essa capacidade precisa ser mobilizada por uma vontade política informada.[39]

Mais uma vez, a solução para os problemas na escala da história da terra é procurada nas escalas temporais humanas da política e da história mundial. Terei mais a dizer sobre o deslocamento efetuado aqui.

---

37   Ibid., p. 15.
38   Id., "At the End of an Age?". *History and Theory*, n. 2, v. 42, 2003, pp. 251-52.
39   John L. Brooke, *Climate Change and the Course of Global History: A Rough Journey*. Cambridge: Cambridge University Press, 2014, pp. 578-79, grifos nossos.

O tempo da história mundial

O tempo da história mundial é, em última instância, o mesmo que Reinhart Koselleck identificou como o tempo da história humana. A textura do tempo histórico-humano, como Koselleck famosamente sugeriu, é composta da urdidura de duas categorias fundamentais que, para para esse autor, constituíam "uma condição antropológica" para a própria história: "espaço de experiência" e "horizonte de expectativa".[40] Koselleck expressou de maneira poderosa aquilo que muitos pensadores ao longo dos tempos haviam pensado a respeito da percepção humana do tempo histórico. Lembremos Agostinho, por exemplo: "a memória [é o] presente do passado, a visão [é o] presente do presente, a expectativa [é o] presente do futuro".[41]

Nem o tempo histórico-humano nem o tempo da geologia, sendo ambos de feitura humana, é desprovido de afeto. Mas eles mobilizam, como mencionado anteriormente, tipos bem diferentes de afeto. Muito se discutiu, é claro, sobre em que medida a pura cronologia da história mundial deveria ser encarada como algo que funcionaria como um receptáculo de tempo vazio, indiferente aos eventos que despejamos dentro dele. Alguns estudiosos chegaram a recomendar esse tipo de pensamento por motivos morais:

> O tempo vazio precisa ser entendido em um sentido que implique mais do que um método matemático para conferir uma ordem abstrata a um conjunto de dados. O tempo precisa ser tomado como um potencial vínculo de vida, a história como um jardim com um conceito comum de vida, vida real. Essa é a única maneira de fornecer um terreno comum para narrativas históricas, para manter a história unida como uma realidade universal. Podemos produzir todo tipo de conceito histórico e temporalidade histórica, mas não escapamos da necessidade de reter com firmeza o conceito de tempo vazio como o campo aberto sobre o qual as histórias podem surgir, mantendo-nos em contato uns com os outros.[42]

---

40 Reinhart Koselleck, *Futuro passado: Contribuição à semântica dos tempos históricos* [1979], trad. Willa Patrícia Maas & Carlos Almeida Pereira. Rio de Janeiro: Contraponto/Editora PUC-Rio, 2006, p. 297.
41 Santo Agostinho, *Confissões*, trad. Lorenzo Mammi. São Paulo, Companhia das Letras, 2017, livro XI, XX, 26.
42 Lucian Hölscher, "Time Gardens: Historical Concepts in Modern Historiography". *History and Theory*, n. 4, v. 53, 2014, p. 591.

A refutação antecipada que Koselleck deu a esse argumento também merece ser retomada. Ele concorda que, ao construir o tempo histórico, que é sempre "vinculado a unidades sociais e políticas de ação, a seres humanos particulares, atuantes e sofrentes, e suas instituições e organizações", podemos muito bem precisar de "medidas temporais que derivam da compreensão físico-matemática da natureza [...]: as datas ou duração de uma vida ou de uma instituição, os pontos nodais ou de virada de séries militares ou políticas de eventos, [...] [e assim por diante]". Mas esse tipo de compreensão físico-matemática do tempo não pode operar como fundamento para a história humana:

> uma interpretação das inter-relações decorrentes já leva para além das determinações naturais ou astronomicamente processadas de tempo. Restrições políticas sobre decisões tomadas [...], [entre outras considerações], em sua mútua interação ou dependência[,] finalmente nos [obrigam] a adotar determinações sociais e políticas de tempo que, embora sejam provocadas naturalmente, precisam ser definidas como especificamente históricas.[43]

A experiência, explica Koselleck, é "passado atual" e pode incluir uma "elaboração racional" do passado, bem como "formas inconscientes de comportamento, que não estão mais, ou que não precisam mais estar presentes no conhecimento". A expectativa é "futuro presente" orientado para "o que apenas pode ser previsto".[44] Os dois podiam se interpenetrar – "Só pode surpreender aquilo que não é esperado [...] [e]ntão, estamos diante de uma nova experiência" – e Koselleck dedica muitas páginas a explicar como na modernidade, no *Neuzeit*, "a diferença entre experiência e expectativa não para de crescer" e algumas "expectativas" também "se distanciaram de todas as experiências anteriores".[45] E ele resume: "é a tensão entre experiência e expectativa que, de uma forma sempre diferente, suscita novas soluções, fazendo

---

[43] Reinhart Koselleck, "Time and History", in Reinhart Koselleck, *The Practice of Conceptual History: Timing History, Spacing Concepts*, trad. Todd Samuel Presner et al. Stanford: Stanford University Press, 2002, p. 110. Ver também o ensaio de Koselleck, "Concepts of Historical Time and Social History", no mesmo volume, e o comentário de John Zammito, "Koselleck's Philosophy of Historical Time(s) and the Practice of History". *History and Theory*, n. 1, v. 45, 2004.
[44] Reinhart Koselleck, *Futuro passado*, op. cit., pp. 309-10.
[45] Ibid., pp. 313, 322.

surgir o tempo histórico".[46] Isso significa que o tempo histórico não pode ser separado de certos tipos de afeto humano: "nossa expectativa do futuro, quer seja portadora de esperança ou de angústia, quer preveja ou planeje, pode refletir-se na consciência", tudo isso entra na construção do tempo histórico.[47] É isso que a mudança climática é como "história mundial": um palco para encenar diversas emoções humanas, inclusive as de esperança e desespero. Poderíamos de fato ver o acordo climático de Paris (2015) como tal peça intensa e frenética de história mundial.[48]

Em contrapartida, poderíamos dizer que o afeto humano que normalmente se relaciona ao tempo da geologia seria muito diferente. Claro, vários períodos geológicos, personalidades e eventos entraram no tempo humano como fenômenos culturalmente processados – a era jurássica dos dinossauros, por exemplo, ou a erupção do vulcão Tambora, na Indonésia, em 1815.[49] Mas a maioria dos acontecimentos geológicos não passa por esse tipo de processamento afetivo. Não temos emoções óbvias ligadas à grande oxigenação de 2,5 bilhões de anos atrás – embora a vida humana fosse inconcebível sem esse evento – ou ligadas à grande extinção do Ordoviciano-Siluriano que ocorreu há mais de 440 milhões de anos.

---

46 Ibid., pp. 313.
47 Ibid., pp. 311–12. Como apontou Chistophe Bouton em seu comentário sobre Koselleck, "'a capacidade de morrer e a capacidade de matar' das categorias [de Koselleck] [...] são uma estrutura transcendental básica da história, pois, conforme Koselleck, a ameaça de morte violenta está no pano de fundo de qualquer história, desde os caçadores-coletores à era atômica. Sem a capacidade de matar uns aos outros, 'as histórias que todos nós conhecemos não existiriam'". Christophe Bouton, "The Critical Theory of History: Rethinking the Philosophy of History in the Light of Koselleck's Work". *History and Theory*, n. 2, v. 55, 2016, p. 178.
48 Andrew Light, "Climate Diplomacy", in Stephen Gardiner & Allen Thompson (orgs.), *The Oxford Handbook of Environmental Ethics*. Oxford: Oxford University Press, 2017.
49 Ver W. J. T. Mitchell, *The Last Dinosaur Book: The Life and Times of a Cultural Icon*. Chicago: University of Chicago Press, 1998; Bernd Scherer, "Die Monster", in Jürgen Renn & Bernd Scherer (orgs.), *Das Anthropozän: Zum Stand der Dinge*. Berlin: Matthes und Seitz, 2016, pp. 226–41; Wolfgang Behringer, *Tambora und das Jahr ohne Sommer: Wie ein Vulkan die Welt in die Krise stürzte*. Münich: C. H. Beck, 2016.

Pensando o tempo geológico

De que forma, portanto, a questão do "simples" tempo geológico – tempo ao qual a história do sistema Terra, com seus ciclos milenares de carbono, devidamente pertence – irrompe nessa paisagem de entendimento que constantemente realoca, no passado, no presente e no futuro afetivos do poder e da responsabilidade humanos, ambas as ideias dos seres humanos como portadores de uma força geofísica e a nova época geológica do Antropoceno?

A narrativa recente do Antropoceno inverteu a relação usual entre os trabalhos dos geólogos e os grandes temas da história humana, ou mesmo de outros tipos de história.[50] "Os geólogos tendem a não pensar muito sobre história", escreve Zalasiewicz, pois a narrativa que eles em última instância querem compor diz respeito não apenas à geologia deste planeta como também aos "bilhões" de planetas e luas orbitando "outras estrelas na galáxia", para não falar dos "corpos planetários que estarão dentro das centenas de bilhões de galáxias no interior do Universo conhecido" que ainda nem podemos ver. Então, como é que um geólogo consegue colocar "qualquer evento particular, estranho e novo dentro de" uma grande narrativa "tal como – por exemplo – o extraordinário conjunto de processos que os humanos precipitamos?". Por onde um geólogo praticante começa a pensar sobre a nova época geológica do Antropoceno que está sendo proposta?

O ponto de partida usual para o geólogo, escreve Zalasiewicz, é raramente a grande narrativa em si, mas, sim, "fragmentos" – "pequenos cacos do todo mais amplo que atraíram a atenção de algum geólogo de passagem, usando esta última palavra de maneira extremamente solta". A síntese mais ampla "tipicamente emerge" uma vez que foram "coletados" detalhes suficientes para gerar padrões reconhecíveis "naquilo que parecia de início ser completamente caótico".[51] Ele dá o exemplo do período Carbonífero, que ocorreu entre 359 milhões e 299 milhões de anos atrás, aproximadamente, e produziu camadas de rochas ricas em carvão. Gerações de geólogos mapearam essas rochas, de maneira extremamente detalhada, para fins práticos no "aqui e agora". A narrativa mais ampla de que "aquelas rochas do Carbonífero são uma memória de

---

50 Ver meu "The Human Significance of the Anthropocene", in Bruno Latour (org.), *Modernity Reset!*. Cambridge: MIT Press, 2016.
51 Jan Zalasiewicz, "The Extraordinary Strata of the Anthropocene", op. cit., p. 1.

algo completamente diferente – de um mundo de florestas pantanosas primevas, com anfíbios e libélulas gigantes, sem flores ou pássaros, ou mamíferos" – raramente era a preocupação principal dos geólogos atuantes. A grande história desse passado distante, "agora recortado como um segmento de tempo de cerca de 60 milhões de anos" – a história do período Carbonífero – "pode agora ser reconstruída na imaginação" a partir dessas rochas, mas "nunca mais tocada, vista ou experimentada".[52]

Contudo, enquanto pensarmos o nome e conceito do Antropoceno como uma medida – e uma crítica – do impacto que os seres humanos têm exercido na geobiologia do planeta, não poderemos fugir do campo gravitacional moral da história mundial, pois dessa forma nunca estão longe de nossas preocupações as questões ligadas a impérios, colônias, instituições, classes, nações e *lobbies* de interesses especiais – em poucas palavras, o sistema mundial criado pelo capitalismo e pelos impérios europeus. Esse é claramente o motivo pelo qual o Antropoceno talvez seja a única proposta de nome de período geológico que mobilizou criticamente (quando não indignou) muitos estudiosos das ciências humanas. A arqueóloga e antropóloga Kathleen D. Morrison, por exemplo, propôs a tarefa de "provincializar o Antropoceno" a fim de expor o "eurocentrismo oculto" do conceito. Na opinião dela, o conceito representava "uma tentativa de expandir experiências históricas, arcabouços e cronologias europeias (um tanto homogeneizadas) para o resto do mundo". Para ela, o problema continua a ser o de que "muitas propostas por uma era do Antropoceno adotam uma perspectiva histórica um tanto limitada, partindo do pressuposto de que só teria começado a ocorrer um impacto ambiental significativo com a Revolução Industrial (europeia e, em especial, inglesa)". "Provincializar o Antropoceno" significava, portanto, "deixar de usar a história agrícola ou industrial europeia como ponto de partida".[53] Em lugar disso, Morrison aponta outros pontos de partida possíveis: "queimadas em larga escala provocadas por humanos", por exemplo, que durante muito

---

[52] Ibid., p. 3. A história de William Smith, "um agrimensor inglês que foi o primeiro a reconhecer que os fósseis acrescentavam informações sobre as rochas nas quais eles eram encontrados", ilustra o argumento de Zalasiewicz. Ver David N. Reznick, *The "Origin" Then and Now: An Interpretive Guide to the "Origin of Species"*. Princeton, NJ: Princeton University Press, 2010, p. 268. Ver também "The Carboniferous Period", University of California Museum of Paleontology, disponível online.

[53] Kathleen D. Morrison, "Provincializing the Anthropocene". *Seminar*, n. 673, set. 2015, p. 75.

tempo "remodelaram os regimes de vegetação"; ou a agricultura, "outro importante meio pelo qual nossa espécie remodelou não só a vegetação como também o solo, as encostas, a hidrologia, os ambientes de doenças, a distribuição de plantas e animais selvagens e possibilitou novas configurações da população humana".[54] Poderíamos acrescentar a essa lista a extinção da megafauna, a produção de arroz e outros grandes eventos, incluindo o controle e o manejo do fogo, que sugerem a força do impacto humano sobre o planeta.

Partindo da premissa "de que estabelecer formalmente uma época do Antropoceno marcaria uma mudança fundamental na relação entre os seres humanos e o sistema Terra", dois geógrafos britânicos, Simon L. Lewis e Mark A. Maslin, sugeriram em um artigo significativo publicado em 2015 duas possíveis datas de nascimento para o Antropoceno: 1610 e 1964. Eles concordavam que, para definir uma unidade de tempo geológica, "é preciso cumprir critérios formais". Para a dupla, no entanto, a datação do Antropoceno também não deixou de ser um exercício necessariamente político-moral: "escolher uma data muito distante pode, em termos políticos, 'normalizar' a mudança ambiental global. Enquanto definir uma data mais próxima, ligada à Revolução Industrial, pode, por exemplo, ser usado para atribuir responsabilidade histórica pelas emissões de dióxido de carbono a determinados países ou regiões durante a era industrial". Além disso, acrescentam, "a definição formal do Antropoceno torna os cientistas, em certa medida, árbitros da relação entre seres humanos e meio ambiente, algo com consequências que vão além da geologia. Por isso há mais interesse no Antropoceno do que em outras definições de época".[55]

No final das contas, Lewis e Maslin preferiram o ano de 1610 ao de 1964 como data de nascimento para o Antropoceno. Eles apresentaram um raciocínio científico baseado em evidências para justificar a preferência: um declínio no dióxido de carbono atmosférico (7–10 partes por milhão entre 1570 e 1620) que coincidiu com um declínio populacional maciço nas Américas após a chegada dos europeus (de 64 milhões em 1492 para 6 milhões "mediante a exposição a doenças [...], guerra, escravização e fome").[56] Mas a dupla também mobilizou argumentos da história mundial para respaldar sua escolha.

---

54 Ibid., p. 79.
55 Simon L. Lewis & Mark A. Maslin, "Defining the Anthropocene". *Nature*, n. 7542, v. 519, 2015, p. 171.
56 Ibid., pp. 175–76.

A escolha entre 1610 e 1964 [apresentando um "claro pico de radioatividade" por causa da detonação de bombas nucleares] provavelmente afetaria a percepção das ações humanas sobre o meio ambiente [...]. [1610] implica que o colonialismo, o comércio global e o carvão teriam provocado o Antropoceno. De modo geral, isso põe em evidência preocupações sociais, particularmente as *relações desiguais de poder* entre diferentes grupos de pessoas, o crescimento econômico, o impacto do comércio globalizado e nossa atual dependência dos combustíveis fósseis [...]. Escolher o pico atômico conta uma história de *um desenvolvimento tecnológico conduzido pelas elites* que ameaça de destruição todo o planeta.[57]

Eles viam o Antropoceno como algo que juntava a história da terra e a história mundial: "o impacto do encontro entre populações humanas do Velho e do Novo Mundo – incluindo a homogeneização geologicamente sem precedentes da biota da Terra – pode servir para marcar o início do Antropoceno [...]. Representa [também] um evento importante na história mundial".[58]

O ponto de vista de Lewis e Maslin foi objeto de críticas e defesas vigorosas.[59] Mas o Antropoceno, enquanto for visto como uma medida do impacto humano no planeta, só pode ter começos plurais e precisa permanecer uma categoria geológica informal (não se oficializar como uma categoria formal) capaz de abarcar múltiplas histórias sobre as instituições e a moralidade humanas. A questão não pode ser separada de preocupações políticas e morais. Às questões de ordem estratigráfica (tais como: os estratos geológicos do planeta têm evidências suficientes para que os estratígrafos consigam argumentar que os limiares da época do Holoceno foram ultrapassados?) se sobrepõem variedades de história humana, profundas e superficiais, grandes e pequenas. O artigo de Zalasiewicz, com o qual abri este capítulo, é de interesse nesse debate precisamente por esse motivo: ele retira – tal-

---

57 Ibid., p. 177. O texto citado entre parênteses é da página 176.
58 Ibid., p. 175.
59 Ver Clive Hamilton, "Getting the Anthropocene So Wrong". *Anthropocene Review*, n. 1, v. 2, 2015; Jan Zalasiewicz et al., "Colonization of the Americas, 'Little Ice Age' Climate, and Bomb-Produced Carbon: Their Role in Defining the Anthropocene". *Anthropocene Review*, n. 2, v. 2, 2015; Simon L. Lewis & Mark A. Maslin, "A Transparent Framework for Defining the Anthropocene Epoch". *Anthropocene Review*, n. 2, v. 2, 2015.

vez pela primeira vez na controvérsia de mais de uma década sobre o Antropoceno – as teias de aranha (ou melhor, as teias humanas) do tempo histórico mundial para trazer à vista aquilo que ele denomina o tempo, "simplesmente", da geologia.

Zalasiewicz faz alguns lances cruciais que devem ser observados. Ele reconhece que, quando "nasceu a questão do Antropoceno – ao menos em um sentido mais prático – com a inspirada improvisação de Paul Crutzen em uma conferência no México há apenas quinze anos, os procedimentos usuais foram virados de cabeça para baixo".[60] A ideia viera da "comunidade do sistema Terra, [que vinha] monitorando a mudança planetária em tempo real". Mas eles não eram necessariamente estratígrafos. Quando foi criado o Grupo de Trabalho do Antropoceno da Subcomissão sobre Estratigrafia do Quaternário, "um órgão da Comissão Internacional sobre Estratigrafia (corpo decisório responsável pela Escala de Tempo Geológico)", a "primeira tarefa" do grupo era "verificar se existe, de fato, uma unidade estratal na Terra que pode ser sistematicamente reconhecida e atribuída, *como corpo material*, à Época do Antropoceno". No linguajar dos geólogos, tal "unidade material tempo-rocha, paralela à unidade de 'tempo', seria denominada uma série Antropoceno".[61] Nesse ensaio específico e em outros lugares, Zalasiewicz e colegas não poupam esforços para explicar quais materiais (incluindo tecnofósseis) provavelmente comporiam essa unidade de tempo-rocha.[62]

Essa busca por registros estratigráficos próprios do Antropoceno está centrada na questão de saber se seria possível argumentar que há, na litosfera e na superfície do planeta, evidências suficientes para sustentar a proposição de que o planeta já ultrapassou o limiar da época do Holoceno. As questões críticas para os estratígrafos não são entender "qual é a importância global" – em termos humanos – da nova fronteira nem determinar "quando foi o primeiro sinal de influência de algum fator novo importante no sistema Terra" – que, compreensivelmente, preocupavam muitos dos que debatiam os aspectos morais da ideia do Antropoceno. Nas palavras de Zalasiewicz, "em termos da definição de um 'Antropoceno estratigráfico', [está em causa] [...] uma mudança

---

60   Jan Zalasiewicz, "The Extraordinary Strata of the Anthropocene", op. cit., p. 3.
61   Ibid., p. 4.
62   Para uma declaração recente, ver Jan Zalasiewicz et al., "Petrifying Earth Process", op. cit.

no sistema Terra, e não uma mudança no grau em que [nós] estamos reconhecendo a influência humana". É importante poder mostrar com evidências estratigráficas que "o sistema planetário está *perceptivelmente* se alterando". A tarefa de propor um reconhecimento formal do Antropoceno não requer que o estratígrafo esteja necessariamente interessado na parte de descobrir o culpado por trás da história. O importante é o impacto na litosfera; pouco importa o autor do impacto. O nome Antropoceno não carrega nenhum significado especial para os estratígrafos, seja ele literal, seja ele humano, pois "simplesmente ocorre de serem as atividades da espécie humana a principal força perturbadora hoje". "Se ele tivesse alguma outra causa" que não as atividades humanas, escreve Zalasiewicz, "o Antropoceno continuaria igualmente importante em termos geológicos, por causa da escala de seus efeitos planetários (e, portanto, estratigráficos)." "De fato", ele observa, "seria até mais fácil para os humanos compreenderem e reagirem ao conceito."[63] Dessa perspectiva estratigráfica – necessária se houver a pretensão de formalizar a nova época geológica –, o Antropoceno, como diz Zalasiewicz, é "visto como um fenômeno centrado no planeta, em vez de no humano".[64]

É sua preocupação com aquilo que ele denomina "Antropoceno estratigráfico" que permite a Zalasiewicz destilar seu argumento sobre como o tempo geológico se distingue do tempo da história humana. Escreve ele:

> A questão da fronteira [epocal] suscitou uma boa leva de comentários não menos no que diz respeito ao caráter prolongado e progres-

---

[63] Os nomes dos períodos geológicos geralmente têm pouco a ver com os fatores que podem ter os ensejado. Assim, o nome Cretáceo "vem da palavra latina Creta, que significa giz", Jurássico "deve seu nome às montanhas Jura na fronteira franco-suíça", Triássico "porque, em boa parte da Europa central, ele teve um caráter tripartite: duas formações de arenito [...] separadas por um calcário característico", Siluriano "vem do nome de uma antiga tribo britânica", Cambriano "por causa do nome romano para o País de Gales", Devoniano "assim batizado por causa do condado inglês de Devonshire", e assim por diante. Por que não aplicar o mesmo princípio ao "Antropoceno estratigráfico"? Ver Martin J. S. Rudwick, *Earth's Deep History: How It Was Discovered and Why It Matters*. Chicago: University of Chicago Press, 2014, pp. 142-43.

[64] Jan Zalasiewicz, "The Extraordinary Strata of the Anthropocene", op. cit., p. 11.

sivo da influência humana significativa na Terra, que vai desde os primórdios das extinções da megafauna terrestre, que tiveram início há 50 mil anos [...] passando pelo desenvolvimento e pela difusão da agricultura iniciados há cerca de 10 mil anos, até a origem e a difusão da urbanização um pouco mais tarde.

A decorrente "camada superficial alterada pelo homem e temporalmente transgressora", chamada arqueosfera, tem sido por vezes vista como "o reflexo mais visível" do Antropoceno. Mas "esse seria um paralelo", comenta Zalasiewicz, "de *termos temporais arqueológicos* como o 'Paleolítico', a 'Idade do Bronze', e assim por diante, que são todas diferentes idades em diferentes regiões, que refletem o estado cultural [e as relações de poder, poderíamos acrescentar] das populações humanas locais". Poderíamos acrescentar o "Capitaloceno" a essa lista de definições do Antropoceno centradas no homem, e não no planeta. Todas, diz Zalasiewicz,

> na contramão de uma peculiaridade do tempo geológico que, no fundo, é *simplesmente tempo* – ainda que em quantidades muito elevadas. Uma fronteira temporal (geocronológica ou cronoestratigráfica) é apenas uma interface no tempo, sem nenhuma duração – é menos do que um instante –, entre um intervalo de tempo (que pode ter milhões de anos) e outro. Ela é inerentemente síncrona dentro do domínio através do qual opera, que é o do planeta natal.[65]

Formas de pensar centradas no homem e centradas no planeta

Detenhamo-nos por um momento na distinção que Zalasiewicz fez entre modos de pensar centrados no homem e modos de pensar centrados no planeta. Alguns aspectos da tese sobre os seres humanos constituírem uma força geológica comparável ao efeito Milankovitch que controla os ciclos glaciais-interglaciais implicam pensar em escalas temporais que são, de fato, demasiado grandes para qualquer apreensão político-afetiva e, portanto, para formar uma política ou elaborar políticas. Alguns dos processos terrestres são extrema-

---

65 Ibid., p. 9, grifos nossos.

mente lentos em termos humanos. Como diz David Archer, o ciclo de carbono do planeta, na ordem dos milhões de anos, é "irrelevante para considerações políticas sobre a mudança climática em escalas temporais humanas", mas, "em última análise, o evento climático do aquecimento global durará tanto quanto esses processos lentos precisarem para agir".[66] O solo, os combustíveis fósseis e a biodiversidade não são renováveis em escalas temporais humanas. Catástrofes passadas, escrevem Charles H. Langmuir e Wally Broecker no livro *How to Build a Habitable Planet* [Como construir um planeta habitável], mostram que "a biodiversidade só se recupera em escalas temporais da ordem dos milhões de anos".[67] Todos esses são acontecimentos ou processos que foram afetados pela atividade humana, mas que se desdobram não na escala temporal da história mundial, e sim nas escalas temporais geológicas.

O tempo geológico não equivale ao tempo matemático absoluto. Para os geólogos, o tempo ainda preserva um lado *material*, pois não há tempo geológico sem objetos geológicos. Em última instância, para os efeitos de nossa discussão, esse tempo está inscrito nas camadas geológicas do planeta. "E, de fato, são essas camadas, com seus radionuclídeos, cinzas volantes, microplásticos, ossos de galinha de supermercado, e assim por diante, que formam o núcleo do argumento pelo 'Antropoceno geológico [estratigráfico]'", escreve Zalasiewicz.[68]

Mas, independentemente de como pensarmos o tempo geológico – durante muitos anos, a teologia cristã (a geologia como o Livro da Natureza), a astronomia, a física, a biologia evolutiva e outras áreas do pensamento contribuíram para sua história –, ele pertence em parte a uma classe de tempo que sempre foi vista (muito antes da geologia) como

---

[66] David Archer, *The Global Carbon Cycle*. Princeton, NJ: Princeton University Press, 2010, p. 21.

[67] Charles H. Langmuir & Wally Broecker, *How to Build a Habitable Planet: The Story of Earth from the Big Bang to Humankind*. Princeton, NJ: Princeton University Press, 2012, p. 591.

[68] Jan Zalasiewicz, comunicação pessoal com o autor, 27 fev. 2017. Ver também Jan Zalasiewicz et al., "Chronostratigraphy and Geochronology: A Proposed Realignment". *GSA Today*, n. 3, v. 23, 2013, e Jan Zalasiewicz, Mark Williams & Colin Waters, "Can an Anthropocene Series Be Defined and Recognized?". *Geological Society, London, Special Publications*, n. 395, mar. 2014. Bronislaw Szerszynski, "The Anthropocene Monument: On Relating Geological and Human Time". *European Journal of Social Theory*, n. 1, v. 20, 2017, p. 193, traz uma discussão esclarecedora sobre esse assunto.

em oposição ao sentido ou à escala da temporalidade da história humana.[69] Santo Agostinho viu esse tipo de tempo expresso em números tão grandes que "já não tivéssemos nome para tal quantidade"; Buffon o pensava como um tempo que não "se conformava aos poderes limitados de nossa inteligência"; Darwin descreveu como "incompreensível" sua "vastidão"; autodenominados geólogos do início do século XIX passaram a aceitá-lo como algo que – nas palavras de um de seus grandes historiadores – estava "literalmente além da imaginação humana", mesmo que ainda "não se pudesse vincular a ele nenhuma cifra quantitativa".[70] Essas descrições todas, é claro, não falam em "tempo vazio", desprovido, como tal, de afeto humano. Agostinho, Buffon e Darwin só falam desse tempo em sua relação com o ser humano, marcando-o, assim, como representação de um limite ao tempo da historicidade, como um lugar conceitual-temporal no qual a "criação de significado" da história humana – a tensão entre o horizonte da expectativa e o horizonte da experiência – deixa de funcionar.[71]

---

69 Sou grato a Fredrik Albritton Jonsson pelas discussões sobre esse ponto.

70 Santo Agostinho, *A Cidade de Deus, parte II: Contra os pagãos* [1467], trad. Oscar Paes Leme. Petrópolis/Bragança Paulista: Vozes/Federação Agostiniana Brasileira, 2017, livro XII, cap. XII; Buffon apud Paolo Rossi, *The Dark Abyss of Time: The History of the Earth and the History of Nations from Hooke to Vico*, trad. Lydia G. Cochrane. Chicago: University of Chicago Press, 1987, p. 108; Darwin apud Pascal Richet, *A Natural History of Time*, trad. John Venerella. Chicago: University of Chicago Press, 2007, p. 212 (publicado originalmente em francês em 1999); Martin J. S. Rudwick, *Worlds before Adam: The Reconstruction of Geohistory in the Age of Reform*. Chicago: University of Chicago Press, 2008, p. 564. Sobre a resposta de Darwin à vastidão do passado profundo, ver Joe D. Burchfield, "Darwin and the Dilemma of Geological Time". *Isis*, n. 3, v. 65, 1974.

71 A relação entre o tempo (moderno) da história humana e o tempo do passado geológico é objeto de uma discussão estimulante em Bronislaw Szerszynski, "The Anthropocene Monument", que mostra como a geologia do século XVIII e início do XIX "se inspirou em práticas de história erudita e antiquária [...] para [produzir] uma história da Terra" (p. 115). Há diferenças, contudo, no que diz respeito aos métodos de construir tempos históricos e geológicos: "Os historiadores da cultura humana dispõem de exemplos modernos de revolução ou de histeria em massa para examinar e comparar com registros do passado. Mas, [...] dada a complexidade dos eventos geológicos, nossa falta de experiência de todos os ambientes geológicos e de intervalos geológicos de tempo, e nosso interesse na singularidade de cada evento, os geólogos simplesmente não têm como projetar o presente sobre o passado". Robert Frodeman, "Geological Reasoning: Geology as an Interpretive and Historical Science". *GSA Bulletin*, n. 8, v. 107, 1995, p. 965.

A narrativa da história mundial agora colidiu (em nossos pensamentos) com a história geológica, de muito mais longo prazo, do planeta ou – como hoje o pensamos – do sistema Terra.[72] A Ciência do Sistema Terra que se baseia em histórias planetárias representa uma mutação posterior e viável da hipótese de Gaia, apresentada por James Lovelock na década de 1960. Sem nossa capacidade de ver o planeta como uma espécie de sistema – um sistema de "desequilíbrio de estado estacionário" mantido por uma fonte externa de energia (o sol) que move processos interligados e circuitos de retroalimentação que sustentam a vida no longo prazo –, não teria havido ciência da mudança climática planetária nem nenhuma formulação científica do problema.[73] A história da publicação de *How to Build a Habitable Planet* [Como construir um planeta habitável], de Langmuir e Broecker, captura algo de como a Ciência do Sistema Terra é jovem como disciplina. Broecker publicou esse livro em 1984 com o mesmo título e como seu único autor. Mas aquele foi um momento, como apontam Langmuir e Broecker na segunda edição,

> em que ainda não haviam sido descobertas a energia escura e a matéria escura, as cristas oceânicas mal haviam sido mapeadas, as fontes hidrotermais do fundo do mar mal eram conhecidas, o núcleo de gelo antártico ainda não havia sido perfurado, a hipótese da 'Terra bola de neve' não havia sido totalmente formulada, o aquecimento global ainda não era um tema urgente e nenhum planeta extrassolar havia sido descoberto.

Poderíamos dizer, em espírito latouriano, que foram necessárias todas essas tecnologias e descobertas para que os cientistas elaborassem intelectualmente o "sistema Terra" como objeto de estudo. Na edição revista de 2012, os autores incluíram no livro uma "discussão sobre a vida, [...] a história da terra, o aumento do oxigênio, [...] vulcanismo e o papel da Terra sólida na habitabilidade", além de adotar "uma abordagem de 'sistemas' para a história e a compreensão de nosso planeta". "Se há um tema que esperamos que o livro comunique", escreveram no prefácio, "é o de um universo conectado do qual os seres humanos são um desdobramento e uma parte integral."[74]

---

72   Ver o capítulo 2.
73   Charles H. Langmuir & Wally Broecker, *How to Build a Habitable Planet*, op. cit., pp. 16–17.
74   Ibid., p. xv.

Embora a Ciência do Sistema Terra seja central para as ideias sobre as mudanças climáticas planetárias e para a compreensão do Antropoceno, a questão-chave que, como vimos no capítulo 3, move esse ramo interdisciplinar do conhecimento científico diz respeito à história da vida na terra e aos processos do sistema Terra que a sustentam, todos considerados em escalas de tempo geológicas, se não astronômicas. O que torna um planeta habitável não apenas para a vida humana como também para a vida complexa em geral? Os seres humanos têm um lugar necessário na evolução planetária? Existem outros como nós em algum lugar lá fora?[75] "Um fator desconhecido crítico", para recordar as palavras de Langmuir e Broecker que já encontramos no capítulo 3, "é a fração de tempo de uma vida planetária em que uma civilização tecnológica existe. Será que tal civilização se autodestrói em algumas centenas de anos ou dura milhões de anos? Para que tal civilização dure, as espécies [...] precisam sustentar a habitabilidade planetária, em vez de assolar os recursos planetários."[76]

O problema da habitabilidade, tão crucial para a astrobiologia e tão diferente da ideia de sustentabilidade centrada no humano, nem sequer implica qualquer pressuposição necessária de que existam seres humanos em outros planetas. Ao imaginar civilizações tecnológicas em outros lugares, o que os astrobiólogos precisam assumir é a existência daquilo que eles chamam de SWEIT [sigla em inglês] ou "espécies com tecnologia intensiva em energia".[77] A astrobiologia se debruça sobre a terra e sobre outros planetas a partir de um ponto flutuante imaginário no espaço: "Para que uma civilização tecnológica persista, eles precisariam corresponder com um planeta como um sistema natural".[78] Dependendo de como uma SWEIT agir, um planeta poderia passar de "'planeta habitável' para 'planeta habitado', isto é, um planeta que carrega inteligência e consciência em uma escala global, para o benefício do planeta e de toda a sua vida". Mas há também a possibilidade de ocorrer uma "mutação abortiva e fracassada",

---

75 Ver, por exemplo, a primeiríssima página de Charles H. Langmuir & Wally Broecker, *How to Build a Habitable Planet*, op. cit.
76 Ibid., p. 650.
77 Ver Adam Frank & Woodruff Sullivan, "Sustainability and the Astrobiological Perspective: Framing Human Futures in a Planetary Context". *Anthropocene*, n. 5, mar. 2014.
78 Charles H. Langmuir & Wally Broecker, *How to Build a Habitable Planet*, op. cit., p. 668.

e um planeta poderia regredir a um estágio anterior de evolução da vida, sofrer uma redução na biodiversidade ou mesmo ser dado como virtualmente morto.[79]

O ensaio de Zalasiewicz que venho discutindo aqui revela uma visão semelhante do planeta visto de fora e como que através de uma série de fotografias com lapso de tempo. Depois do grande evento de oxigenação, há 2,5 bilhões de anos, "o mundo mudou de cor, passando dos cinza e verdes de um mundo em processo de redução química para tonalidades vermelhas, laranja e castanhas, à medida que foi aparecendo uma gama de óxidos e hidróxidos minerais".[80] Da mesma forma, a visão que Langmuir e Broecker trazem, de um "planeta habitado" que internalizou a inteligência técnica, se aproxima da proposição do geólogo Peter Haff sobre a existência de uma tecnosfera na Terra, uma camada que ele considera analiticamente distinguível da litosfera, da atmosfera ou da biosfera e, para estudá-la, deve-se adotar um ponto de vista extraterrestre: "Os seres humanos tornaram-se engatados à matriz da tecnologia e agora são levados por uma dinâmica superveniente da qual não podem escapar e sem a qual não sobrevivem [...]. A tecnologia é a próxima biologia".[81]

O tempo dessa história é o tempo da Ciência do Sistema Terra, vasto e incompreensível em termos das preocupações da história humana, mas disponível para nossas faculdades cognitivas e afetivas. Para usar os velhos termos althusserianos, a história do sistema Terra é basicamente "processo sem sujeito". No vocabulário de Bruno Latour,

---

[79] Ibid., pp. 645–46, 668.
[80] Jan Zalasiewicz, "The Extraordinary Strata of the Anthropocene", op. cit., p. 5.
[81] Peter Haff, "Technology as a Geological Phenomenon: Implications for Human Well-Being", in C. N. Waters et al. (orgs.). *A Stratigraphical Basis for the Anthropocene*. London: Geological Society, 2014, p. 302 (Geological Society Special Publications, 395). Esse argumento delineia uma distinção muito interessante entre inteligência e subjetividade/consciência. Se pensarmos na inteligência como um atributo de resolução de problemas que diferentes formas de vida têm, nós a identificaremos em formas de vida que não têm "subjetividade", por assim dizer; a consciência pode ser vista como uma consequência do desenvolvimento do cérebro. Ao construírem um cupinzeiro, os cupins precisam resolver alguns dos mesmos problemas de estrutura que construtores de arranha-céus precisam enfrentar. Ver a discussão desenvolvida em Andrew Y. Glikson & Colin Groves, *Climate, Fire and Human Evolution: The Deep Time Dimensions of the Anthropocene*. Cham: Springer, 2016, pp. 185–87.

trata-se de uma narrativa com muitos atores dispersos e em rede, nenhum deles agindo com o senso de autonomia interna que os historiadores humanistas imbuem na palavra *agência*. No entanto, nos debates das ciências sociais sobre o Antropoceno, o tempo humano da história mundial acaba se sobrepondo ao tempo geológico, e os seres humanos emergem como o sujeito do drama do Antropoceno, não apenas nos escritos de estudiosos das ciências humanas como também muitas vezes nos escritos dos próprios cientistas da terra. O motivo por trás disso é evidente. Afinal, a ciência da história do sistema Terra foi possível graças às mesmas tecnologias que também produziram, mapearam e mensuraram o impacto deletério à biosfera do complexo de espécies e formas de vida representado pelos seres humanos, sua tecnologia e as entidades vivas dependentes ou coevolutivas deles. Esse complexo tecnologia-espécies floresceu à custa de muitas outras espécies e agora ameaça forçar o sistema Terra para outra fase completamente nova.

Os textos (incluo aqui o de Langmuir e Broecker) escritos por cientistas do sistema Terra para comunicar a mensagem da atual crise ambiental planetária falam necessariamente em duas vozes. Eles pensam simultaneamente de duas maneiras, por assim dizer: centrada no humano e centrada no planeta. Há a vasta história da vida neste planeta e as questões gerais de habitabilidade de um planeta, para as quais os seres humanos não são centrais. Mas há também o tema do impacto das atividades humanas na terra. Escrevem Langmuir e Broecker:

> A civilização humana produziu a primeira comunidade global de uma única espécie, a destruição de bilhões de anos de acumulação de recursos, uma mudança na composição atmosférica, uma quarta revolução energética planetária e uma extinção em massa [...]. O potencial para uma mudança planetária é quase tão grande quanto aquele causado pela origem da vida ou pela elevação do oxigênio.

Eles chegam até a sugerir que a designação de um novo período geológico talvez tenha de ser elevada para o nível de era Antropozoica. Uma era Antropozoica poderia, alertam os autores, "ser uma mutação abortiva e fracassada, quando a espécie inteligente destrói a si mesma e seu ambiente". "Se fracassarmos", escrevem Langmuir e Broecker, "e aparecer outra forma de vida inteligente daqui a algumas dezenas de milhões de anos, eles encontrariam um planeta esvaziado de boa parte de seu tesouro" e um "segundo esforço de civilização planetária seria correspondentemente mais difícil".[82]

Da mesma forma, as páginas finais de um livro sobre as dimensões profundas do Antropoceno, escrito pelo cientista da Terra e paleoclimatologista Andrew Glikson e pelo primatologista e mastozoólogo Colin Groves, trazem o seguinte alerta:

> Perdeu-se no *Homo sapiens* que, por analogia com os próprios processos vitais que dependem do ciclo de oxigênio-carbono mediado pelos pulmões, também a biosfera depende do ciclo planetário de oxigênio e carbono. O fenômeno de uma espécie de mamífero perpetrando uma extinção em massa desafia a explicação nos termos da evolução darwiniana [...]. Uma vez que os seres humanos perderam certo senso de reverência em relação à Terra, não há evidências de que eles estejam prestes a se elevarem acima da esfera de percepções, sonhos, mitos, lendas e negação [...]. Com uma maioria alheia à velocidade da mudança climática, desinformada por interesses escusos e seus canais de mídia, traída por líderes covardes e desencorajada pela pura magnitude do evento, para além do poder humano, [...] a humanidade está deslizando em direção a catástrofes sem paralelo.[83]

E eles dão nome a esse processo catastrófico: planeticídio.[84]

---

[82] Charles H. Langmuir & Wally Broecker, *How to Build a Habitable Planet*, op. cit., pp. 645-46.

[83] Andrew Y. Glikson & Colin Groves, *Climate, Fire and Human Evolution*, op. cit., pp. 193-95.

[84] Ibid., p. 194. Se as atividades humanas em algum momento conduzirem a uma sexta grande extinção de espécies, será algo inédito no planeta. Nunca uma espécie provocou um evento de extinção em massa. Todas elas foram causadas por "alguma combinação forte de impactos de asteroides, concentrações de erupções vulcânicas, eras glaciais e/ou indicações de alterações de grandes alterações na química dos oceanos". David N. Reznick, *The "Origin" Then and Now: An Interpretive Guide to the "Origin of Species"*, op. cit., p. 310. Ver também Andrew Glikson & Emily Spence, "Planet Eaters: Chain Reactions, Black Holes, and Climate Change", apêndice D, in Andrew Glikson, *The Event Horizon: Imagining the Real*. Canberra: edição do autor, 2016, pp. 92-95. Devo também mencionar aqui que, como geólogo, Glikson prefere manter o termo informal e opta por falar em um Antropoceno inicial, médio e tardio, usando o termo mais como uma expressão do impacto humano sobre o planeta do que algo que corresponde a uma série estratigráfica específica.

Posso imaginar muitos estudiosos das ciências sociais querendo criticar Glikson e Groves por tornarem o *Homo sapiens* o sujeito de uma possível tragédia planetária ou por ver a humanidade toda como "uma coisa só". Alguns podem até questionar o "catastrofismo" da prosa deles. Nas mãos de muitos cientistas sociais, como vimos, o sujeito a ser indiciado seria outro – uma classe social, as nações desenvolvidas, estruturas decisórias patriarcais, acumulação capitalista, impérios europeus, colonização europeia de terras e povos, e assim por diante. Alguns, como Christophe Bonneuil e Jean-Baptiste Fressoz, podem até questionar o poder e a autoridade que os cientistas reivindicam para si na definição do Antropoceno: "Trata-se, então, de uma narrativa profética que coloca os cientistas do sistema Terra, com seus novos apoiadores nas ciências humanas, no posto de comando de um planeta desgrenhado e de sua humanidade errante. Um geo-governo por cientistas!".[85] Eles são contra "entregar plenos poderes aos peritos e perder os recursos específicos de cada comunidade, que, em sua diversidade e seus vínculos locais, são motores essenciais para uma transição ecológica justa".[86] No outro extremo, pode haver quem queira ver no Antropoceno uma oportunidade para os humanos se redimirem, tornando-se, efetivamente, administradores do planeta, um tipo de espécie-Deus.[87]

Essas várias preocupações humanas são inteiramente legítimas, incluindo – especialmente se os cientistas não receberem nenhuma autoridade incontestável para definir o problema do aquecimento global antropogênico – até mesmo as preocupações dos chamados negacionistas da mudança climática. Confrontados não só com problemas ambientais planetários como também com enormes desigualdades no mundo humano, é mais do que razoável que os seres humanos debatam suas opções: ritmo da transição para as energias renováveis, geoengenharia, questões de justiça climática, sequestro de carbono, captação de água da chuva, segurança alimentar, políticas para refugiados climáticos, medidas de adaptação e mitigação e outras questões relacionadas. Se os seres humanos, no final das contas, continuarão necessariamente a melhorar e serão capazes de provar que são uma

---

[85] Christophe Bonneuil & Jean-Baptiste Fressoz, *The Shock of the Anthropocene: The Earth, History, and Us*, trad. David Fernbach. London: Verso, 2016, p. 80.
[86] Ibid., p. 94.
[87] Mark Lynas, *The God Species*. Washington, DC: National Geographic, 2011.

espécie "sábia", é uma questão que lembra uma piada que Kant conta em seu *O conflito das faculdades*:

> Um doente, a quem o médico animava, de dia para dia, com uma cura próxima, dizendo-lhe uma vez que o pulso batia melhor, outra que a expectoração e, na terceira, que o suor fazia prever a melhoria, etc., recebeu a visita de um amigo seu. "Então, amigo, como vai a tua enfermidade?" Foi a primeira questão. "Como é que há-de ir? *Morro, por apenas melhorar!*"[88]

Kant, como é sabido, condicionou sua esperança no progresso humano a uma série de fatores: (a) a "instrução [da humanidade] mediante a múltipla experiência", (b) a "condição [de] uma sabedoria do Alto (que se denomina Providência, quando nos é invisível)", e (c) "a perspectiva para um tempo interminável, contanto [disse ele, com um olho na história da evolução da vida] que não tenha lugar, após a primeira época de uma revolução natural que [...] sepultou, ainda antes de haver homens, apenas o reino animal e vegetal".[89] Se os seres humanos ainda têm a perspectiva de "um tempo interminável" é, naturalmente, um ponto discutível no atual debate sobre as mudanças climáticas.

Bonneuil e Fressoz temem que os geólogos e cientistas que veem o aquecimento global ao mesmo tempo como um evento geológico e uma responsabilidade "humana" ou uma responsabilidade do *Homo sapiens* acabarão por destruir a política. "O que resta para uma política na escala geológica a que o Antropoceno nos convoca?", eles indagam. "O que ainda podemos fazer na escala individual e coletiva, dada a escala massiva do Antropoceno? O risco é que o Antropoceno e seu quadro temporal grandioso *anestesiem* a política. Os cientistas ocupariam, assim, uma posição de monopólio tanto na definição do que está acontecendo conosco como na prescrição daquilo que precisa ser

---

[88] Immanuel Kant, "An Old Question Raised Again: Is the Human Race Constantly Progressing?", in Immanuel Kant, *The Conflict of the Faculties* [1789], trad. Mary J. Gregor. Lincoln: University of Nebraska Press, 1992, p. 169 [ed. port.: "Questão renovada: estará o género humano em constante progresso para o melhor?", in *O conflito das faculdades*, trad. Artur Morão. Lisboa: Edições 70, 1993, pp. 111–12]. Lewis Beck traduziu esse ensaio em particular em 1957 (ver nota da edição no frontispício).

[89] Ibid., pp. 159, 161, 169 [ed. port.: pp. 105–6, 111].

feito".⁹⁰ Eles sentem, como Kant, que, "para a omnipotência da natureza [...] o homem é [...] apenas uma bagatela".⁹¹ O que eles ignoram, no entanto, é que sua condenação do consumismo e do capitalismo compartilha o mesmo fundamento temporal que os argumentos que buscam uma solução para o Antropoceno em políticas defendidas pela ciência climática e por um senso coletivo de responsabilidade (como nas negociações climáticas de Paris em 2015, por exemplo). Apesar de todas as suas diferenças, essas distintas posições situam a discussão exclusivamente no tempo da história mundial.

É possível ver em ação o processo de deslocamento que tornaria obscuro o tempo da geologia – "humanos como força geológica" e o Antropoceno são aqui temas atravessados por questões de poder e responsabilidade. O deslocamento, em primeiro lugar, substitui a própria agência distribuída (para falar com Latour novamente) dos processos da Terra por uma espécie de figura única e autônoma de agência (não importa se ela for uma figura unificada da humanidade ou uma classe particular) à qual se podem atribuir tanto culpabilidade como responsabilidade. O agente aqui está sempre em uma relação de sinédoque com a agência distribuída dos processos da terra. Em outras palavras, o modo de ser no qual os humanos podem agir coletivamente como uma força geológica não é o modo de ser no qual – individual e coletivamente – podem se tornar conscientes de serem uma força desse tipo. Falar de uma força "consciente" ou responsável sobrepõe – antes de quaisquer histórias efetivas que permitam tal fusão – as duas diferentes formas de ser humano.

O deslocamento implicado aqui pode ser descrito da seguinte maneira. Se a Ciência do Sistema Terra se caracterizava por produzir e observar processos planetários (entre os quais estaria a inteligência) e por descrever, portanto, não um sujeito (humano, classe etc.), mas algo plural em sua composição interna – o planeta como um sistema instável composto de processos interligados de maneira imperfeita (incluindo o humano como uma força planetária) –, o lugar desse "algo" é tomado por um sujeito, um "eu". Isso ecoa da sacada analítica de Lacan, usando Freud sobre a natureza do sujeito: "*Lá onde estava,*

---

90   Christophe Bonneuil & Jean-Baptiste Fressoz, *The Shock of the Anthropocene*, op. cit., p. 80, grifos nossos.

91   Immanuel Kant, *The Conflict of the Faculties*, op. cit., p. 161 [ed. port.: p. 106].

o *Ich* – o sujeito deve advir".[92] Bonneuil e Fressoz descrevem – com razão – a Ciência do Sistema Terra como uma "visão a partir de lugar nenhum" (embora os humanos cognitivamente habitem esse lugar nenhum) e indagam:

> E se a 'Terra vista a partir de lugar nenhum' e a narrativa das 'interações entre a espécie humana e o sistema Terra' não forem a perspectiva mais interessante para se relacionar com o que nos aconteceu nos últimos dois séculos e meio, para não falar em prever o futuro? Talvez devêssemos aceitar o conceito do Antropoceno sem sucumbir à sua narrativa dominante[,] [...] sem entregar plenos poderes aos peritos.

Os cientistas do sistema Terra são bons em "nos alertar" sobre perigo, mas "eles são 'do outro lado'", dizem os autores, citando palavras do poema de 1949, de René Char, "Les inventeurs".[93] Suas palavras nos ajudam a enxergar o segundo deslocamento em operação – algo que precisa acontecer para que o tempo das questões humanas se sobreponha ao tempo abissal (para os humanos) da geologia. A perspectiva "de dentro para fora" dos combatentes humanos do poder e da resistência substitui o ponto de vista "de fora para dentro" da Ciência do Sistema Terra. Se imaginarmos – em espírito latouriano – os cientistas do sistema Terra como porta-vozes do "sistema Terra", o ato de reincorporar o tempo geobiológico da história do planeta ao tempo histórico-mundial dos seres humanos efetua outra mudança fascinante. É como se o sistema Terra, o planeta, estivesse dizendo à parte consciente de seus constituintes, os seres humanos – para pegar emprestada novamente a linguagem lacaniana –, "Jamais me olhas lá de onde te vejo".[94]

---

92 Jacques Lacan, "Da rede de significantes", in Jacques Lacan, *O seminário, livro 11: Os quatro conceitos fundamentais da psicanálise* [1964], trad. M. D. Magno. Rio de Janeiro: Zahar, 1985, p. 48.
93 Christophe Bonneuil & Jean-Baptiste Fressoz, *The Shock of the Anthropocene*, pp. 94–95.
94 Jacques Lacan, "A linha e a luz", in Jacques Lacan, *O seminário, livro 11: Os quatro conceitos fundamentais da psicanálise*, op. cit., p. 100.

Tempo geológico, o cotidiano e a questão do político

O Antropoceno, na formulação direta de Nigel Clark, "confronta o político com forças e acontecimentos que têm a capacidade de desfazer o político". Ele convida os humanistas a "abraçarem o *inumano* plenamente*"* em suas reflexões, colocando-as "em contato continuado com tempos e espaços que excedem radicalmente qualquer presença humana concebível".[95] O Antropoceno, em uma versão, é uma história sobre humanos. Mas ele é também, em outra versão, uma história da qual os seres humanos são apenas partes (partes pequenas, inclusive) e não se encontram sempre no comando. Como residir nesse segundo Antropoceno de modo a trazer o geológico para dentro dos modos humanos de habitar é uma questão que permanece. Pode, de fato, levar "décadas, mesmo séculos", alerta Jasanoff, "até nos acomodarmos a [...] um reenquadramento revolucionário das relações entre humano e natureza".[96]

Como tentei demonstrar, um obstáculo para conseguirmos contemplar tal acomodação – e a questão correlata da vulnerabilidade humana – é o apego, verificado em boa parte do pensamento contemporâneo, a uma construção muito particular do "político", ao passo que a tarefa talvez seja, precisamente, reconfigurá-lo. Esse apego funciona como uma injunção temerosa e ansiosa contra pensar o geobiológico para que não acabemos por "anestesiar" ou "paralisar" o próprio político.[97] Os seres humanos não podem se dar ao luxo de desistir do político (e de nossas demandas por justiça entre os mais poderosos e os menos poderosos), mas precisamos reposicioná-lo no interior da consciência de um impasse que marca a condição humana. Até agora, o pensamento político tem sido humanocêntrico, postulando o "mundo" fora das preocupações humanas como uma constante ou tratando suas

---

[95] Nigel Clark, "Geo-politics and the Disaster of the Anthropocene". *Sociological Review*, n. S1, v. 62, 2014, pp. 27–28. Ver também id., "Politics of Strata". *Theory, Culture and Society*, n. 2–3, v. 34, 2017, edição especial: *Geosocial Formations and the Anthropocene*.

[96] Sheila Jasanoff, "A New Climate for Society". *Theory, Culture and Society*, n. 2–3, v. 27, 2010, p. 237.

[97] Para um começo, ver Nigel Clark & Yasmin Gunaratnam, "Earthing the Anthropos? From 'Socializing the Anthropocene' to Geologizing the Social". *European Journal of Social Theory*, n. 1, v. 20, 2017, e Bronislaw Szerszynski, "The Anthropocene Monument: On Relating Geological and Human Time". *European Journal of Social Theory*, n. 1, v. 20, 2017.

irrupções no tempo da história humana como intrusões vindas de um "fora". Esse "fora" não existe mais. Aquilo que é considerado "justo" para os humanos durante determinado período de tempo pode, em outro, colocar em perigo nossa existência. Além do mais, a Ciência do Sistema Terra revelou quão criticamente emaranhadas as vidas humanas estão com os processos bioquímicos do planeta. Nossas preocupações com justiça não podem mais girar em torno apenas dos seres humanos, mas ainda não sabemos como estender essas preocupações ao universo dos não humanos (isto é, não apenas algumas espécies). Há também a tarefa de ter de trazer para a alçada das estruturas afetivas do tempo histórico-humano as vastas escalas dos tempos da geobiologia que essas estruturas não costumam mobilizar. Nossa evolução tampouco nos preparou para essas tarefas, como explica o biólogo David Reznick.

> Uma perspectiva útil para visualizar o que "súbito" significa em geologia é pensar sobre como o mundo está mudando hoje. Estamos em meio à sexta extinção em massa. Daqui a 100 milhões de anos, o registro fóssil de nosso tempo revelará evidências dramáticas da dispersão dos seres humanos [...] há cerca de 100 mil anos, [...] a expansão da agricultura iniciada há cerca de 10 mil anos, o advento da Revolução Industrial e, em seguida, o crescimento superexponencial da população humana. O atual evento de extinção começou durante o Pleistoceno com o início do declínio da megafauna mamífera. [...] Em seguida, houve um declínio global das florestas, expansão dos desertos e pradarias, acumulação de resíduos industriais e uma taxa acelerada de extinção [...]. O motivo pelo qual não sentimos um cataclismo, embora a geologia vá certamente registrá-lo como tal, se deve à diferença entre o quadro temporal de nossas vidas e o quadro temporal do registo geológico. Para nós, cem anos é muito tempo. No registro fóssil, 100 mil ou mesmo 1 milhão de anos podem aparecer como um instante.[98]

Não é difícil ver os atrativos de incorporar hoje a narrativa das mudanças climáticas às estruturas familiares das preocupações intra-humanas do político que desde o século XVII fazem parte da modernidade e foram ampliadas e aprofundadas na era que viu grandes ondas de descolonização, lutas em defesa de liberdades

---

98 David N. Reznick, *The "Origin" Then and Now*, op. cit., p. 311.

civis, movimentos feministas, agitações por direitos humanos e globalização. Mas tudo isso foi antes de a notícia das alterações climáticas antropogênicas irromper no mundo dos humanistas. O tempo do Antropoceno tenciona outra questão: o que significa habitar, ser político, buscar justiça, quando vivemos nosso cotidiano com a consciência de que o que parece "lento" em termos humanos e histórico-mundiais pode, de fato, ser da ordem do "instantâneo" na escala da história da terra, de que viver no Antropoceno significa habitar esses dois presentes ao mesmo tempo? Ainda não posso responder plenamente ou mesmo satisfatoriamente a essa pergunta, mas é certo que não dá sequer para começar a responder a ela enquanto "o político" continuar operando como uma proibição aflita e precipitada a qualquer pensamento sobre aquilo que nos faz sentir "sobrepujados em termos de escala".[99]

Nossa percepção do planeta tem sido profundamente baseada naquilo que Edmund Husserl certa vez chamou de "certeza do ser no mundo" de que os seres humanos desfrutavam. "Para nós, que somos despertos, sujeitos continuadamente e de algum modo praticamente interessados", escreveu ele, "o mundo é pré-dado [...]. A vida é permanentemente viver na certeza do mundo. Viver desperto é ser desperto para o mundo, ser constante e atualmente 'consciente' do mundo e de si mesmo como vivendo nele, vivenciando [*erleben*] efetivamente, realizando efetivamente a certeza do ser do mundo".[100] Ele repetiria o ponto em seu breve ensaio "acerca da origem da geometria", o famoso texto de 1936 que foi incluído como apêndice a suas conferências vienenses de 1934.[101] A terra que corresponde a nosso horizonte cotidiano de mundo não pode ser objeto de nenhuma ciência objetiva.

Jacques Derrida cita um "fragmento" de Husserl intitulado (na tradução inglesa) "Fundamental Investigations on the Phenomenological Origin of the Spatiality of Nature" [Investigações fundamentais sobre a origem fenomenológica da espacialidade da natureza], no qual Husserl traça uma distinção entre a visão copernicana do mundo – (incorporando algumas das visões "centradas no planeta" mencionadas por Zalasiewicz) em que "nós, copernicanos, [...] homens dos tempos

---

99   Agradeço a Timothy Morton pelas discussões a respeito desse ponto.
100 Edmund Husserl, *A crise das ciências europeias e a fenomenologia transcendental: Uma introdução à filosofia fenomenológica*, trad. Diogo Falcão Ferrer. Rio de Janeiro: Forense, 2012, p. 116.
101 Ibid., §9a, anexo III, pp. 292–314.

modernos, [...] dizemos que a terra não é 'a natureza toda', é apenas um dos planetas no espaço indefinido do mundo" – e nossa relação cotidiana com ela. "A terra como corpo esférico [...] certamente não é perceptível como um todo, por uma única pessoa e de uma só vez", observa. É perceptível apenas "em uma síntese primordial como a unidade de experiências singulares ligadas umas às outras", embora "possa ser a base experiencial para todos os corpos na gênese da experiência da nossa representação do mundo". Essa Terra, afirma Husserl, não é capaz de se mover: "É na Terra, em direção à Terra, partindo dela, mas ainda sobre ela que o movimento ocorre. A Terra em si, em conformidade com a ideia original dela, não se move, nem está em repouso; é em relação à Terra que os movimentos e o repouso primeiramente ganham sentido". A unidade dessa Terra primordial surge da unidade de toda a humanidade. Mesmo se a mirássemos a partir de outro planeta, teríamos "dois pedaços de uma única Terra com uma humanidade", pois, como observa Derrida, "a unidade de toda a humanidade determina a unidade do solo [a terra] como tal".[102]

As alterações climáticas desafiam essa certeza ôntica da terra de que os seres humanos desfrutaram durante a época do Holoceno e talvez até durante mais tempo. Nossos *pensamentos cotidianos* começaram a ser orientados – graças mais uma vez à atual disseminação de termos geológicos, tais como o Antropoceno, na cultura pública – pelo fato geológico de que a terra que Husserl pressupunha como terreno estável e inabalável a partir do qual surgiam todos os pensamentos humanos (mesmo os copernicanos) na verdade sempre foi uma entidade espasmódica e inquieta em sua longa viagem através das profundezas do tempo geológico.[103] Não é que não tínhamos conhecimento de catástrofes na história geológica do planeta. Tínhamos, sim; mas esse conhecimento não afetava nossa noção cotidiana de uma garantia inata de que a terra proporciona um terreno estável sobre o qual projetamos nossos desígnios políticos. O Antropoceno perturba essa certeza ao trazer o geológico para dentro do cotidiano. Nigel Clark faz dessa observação um dos pontos de partida para seu fascinante livro *Inhuman Nature* [Natureza inumana], ao observar como os fatos cien-

---

[102] Jacques Derrida, *Edmund Husserl's "Origin of Geometry": An Introduction*, trad. e pref. John Leavey Jr., org. David B. Allen. New York: Nicolas Hay, 1979, pp. 83–84.

[103] Jan Zalasiewicz & Mark Williams, *The Goldilocks Planet: The Four Billion Year Story of the Earth's Climate*. Oxford: Oxford University Press, 2012.

tíficos nunca podem substituir inteiramente a "confiança visceral" que os humanos passaram a ter "na terra, no céu, na vida e na água". E, no entanto, repare como todos os quatro termos de Clark estão hoje colocados em questão: não sabemos se a terra (ou o sistema Terra) honrará essa nossa confiança à medida que nós a aquecermos através da emissão de gases de efeito estufa para o céu; não sabemos se haverá escassez de água doce nem se a vida, como preveem alguns, será ameaçada com uma sexta grande extinção.[104]

Wittgenstein disse certa vez: "Vemos homens a construir e a demolir casas e somos levados a perguntar-lhes: 'Há quanto tempo esta casa está aqui?' – Mas como é que alguém terá a ideia de perguntar isso acerca de uma montanha, por exemplo?".[105] Não indagamos a idade das montanhas porque as tomamos como parte do caráter dado da terra para os humanos. Mas esse senso da terra como algo dado está em xeque. Talvez eu possa agora dar uma resposta de historiador à questão de Wittgenstein. Chegou um tempo em que o geológico e o planetário pesam sobre nossa consciência cotidiana, como quando falamos que há "excesso" de dióxido de carbono na atmosfera – "excesso" só em relação à escala das preocupações humanas – ou quando falamos em fontes de energia renováveis e não renováveis (não renováveis em escalas temporais humanas). Para humanistas vivendo em tempos como estes e contemplando o Antropoceno, questões sobre histórias de vulcões, montanhas, oceanos e tectônica de placas – a história do planeta, em suma – tornaram-se tão rotineiras na vida do pensamento crítico quanto as questões sobre o capital global e as desigualdades necessárias do mundo que ele criou.

---

104 Nigel Clark, *Inhuman Nature: Sociable Life on a Dynamic Planet*. London: Sage, 2011, p. 5. Sou grato a Clark por ter chamado a minha atenção para o texto de Husserl que discuto aqui.

105 Ludwig Wittgenstein, *On Certainty* [1969], org. G. E. M. Anscombe & G. H. von Wright, trad. Denis Paul & G. E. M. Anscombe. New York: Harper, 1972, p. 13e [ed. port.: *Da certeza*, trad. Maria Elisa Costa. Lisboa: Edições 70, 2012, p. 37].

8 Rumo a uma clareira antropológica

> Não se sabe ao cabo que conceito se deva formar dessa nossa espécie tão orgulhosa de suas prerrogativas.
> — IMMANUEL KANT, *Ideia de uma história universal de um ponto de vista cosmopolita*

Comecei este livro com a proposição de que não estamos mais puramente na era do global, que poderia ser vista como o fim lógico e histórico dos impérios europeus modernos. O ritmo intenso da globalização, do capitalismo extrativista e da evolução acelerada da tecnologia nas décadas que se seguiram à Segunda Guerra Mundial revelou até mesmo aos estudiosos da condição humana o funcionamento do sistema Terra, um domínio até então reservado para especialistas. A hipótese do Antropoceno é sobre nossa interferência nos processos planetários que desempenham um papel crucial em tornar este planeta habitável para a vida complexa. O planeta nos oferece uma perspectiva sobre os seres humanos que questiona as suposições usuais que fundamentam a maneira pela qual os humanos modernos – em sua concepção de si mesmos como modernos – se relacionam com a terra. A consciência cada vez maior, e ainda assim repentina, da história profunda, planetária, por parte dos humanistas gerada pela literatura científica popular – tudo dentro de um intervalo de uma década –, poderia ser comparada ao conceito heideggeriano da experiência de "estar lançado". Ela provoca o choque do reconhecimento da alteridade do próprio planeta, mesmo quando consideramos o mundo-terra como *nossa* morada: um despertar para a consciência de que nem sempre estamos em relação prática e/ou estética com o planeta e, no entanto, sem ele, não existimos.

O planeta destrói, como sugeri no capítulo 3, o pressuposto habitual de uma relação de mutualidade entre os seres humanos e a "terra", o lugar onde se encontram. Uso a palavra *mútuo* em seu significado trecentista e quatrocentista de "dado e recebido reciprocamente", e não em seu significado posterior, seiscentista, de algo que se possui ou se experimenta em comum, como vemos nas expressões "sociedade mútua" ou "fundos mútuos".[1]

Essa ideia de uma mutualidade assumida entre seres humanos e natureza aparece nos textos de muitos filósofos, embora não com esse nome. Ela adquire o estatuto de um *a priori*, por exemplo, na *Crítica da faculdade de julgar*, de Kant. Em sua introdução ao livro, Kant escreve: "a partir de dadas percepções de uma natureza contendo uma diversidade eventualmente infinita de leis empíricas, [precisamos] produzir uma experiência concatenada – suma tarefa que reside *a priori* em nosso entendimento".[2] Como observa Douglas Burnham, um comentador de Kant, "a natureza existe [na filosofia kantiana] como se fosse para ser entendida pelos humanos".[3] Cada vez que eles lhe dirigem o olhar, disse Heidegger, a terra aparece para saudar os seres humanos. Os mundos humanos e a terra encontram-se em uma relação de contenda e, entretanto, mantêm um vínculo mútuo. Para repetir as palavras dele: "O confronto de mundo e terra é um combate [*Streit*]".[4] A palavra *striving* [esforço/luta] – com a sua ligação, em inglês, à palavra *strife* [combate/contenda] – serve de lembrete de que a relação de mutualidade entre os seres humanos e a terra *não era necessariamente harmônica* e podia incluir momentos de "falha de equipamento", momentos caracterizados por aquilo que Heidegger – e Kierkegaard antes dele – chamariam de ansiedade ou pavor.

Os europeus modernos descobriram o "tempo profundo" no século XVIII – o tempo da geologia e da evolução biológica – e, contudo, a modernidade tem sido caracterizada por esquecê-lo ao mesmo tempo ou simplesmente por tratá-lo como um pano de fundo para o habitar humano no planeta. Até agora, os acontecimentos do tempo profundo não afetaram fundamentalmente o tempo vivido de mutualidade entre a terra e os seres humanos. Mas essa relação pressuposta está sendo tensionada. Aquilo que tomamos como o pano de fundo imutável – no

---

[1] "Mutual", in *Oxford English Dictionary*, disponível online.

[2] Immanuel Kant, *Crítica da faculdade de julgar* [1790], trad. Fernando Costa Mattos. Petrópolis/Bragança Paulista: Vozes/Editora Universitária São Francisco, 2018, p. 85.

[3] Douglas Burnham, *An Introduction to Kant's "Critique of Judgement"*. Edinburgh: Edinburgh University Press, 2000, p. 31.

[4] Martin Heidegger, "The Origin of the Work of Art", in Martin Heidegger, *Poetry, Language, Thought*, trad. Albert Hofstadter. New York: Harper and Row, 1975, p. 49 [ed. port.: *A origem da obra de arte*, trad. Maria da Conceição Costa. Lisboa: Edições 70, 2007, p. 38].

tempo humano – da ação humana está se transformando por causa da ação humana e pondo em perigo a humanidade. Como Benjamin teria dito sobre o instante de perigo: é quando somos lançados no abismo do tempo profundo que uma história alternativa da modernidade "lampeja" diante de nossos olhos e com ela a possibilidade de uma nova compreensão do passado dos seres humanos.[5]

Se hoje os seres humanos estão, de fato, sobrepujando algumas forças naturais a tal ponto que o "sistema de suporte à vida" do planeta – o sistema que sustenta toda a vida, não apenas a vida humana – está ficando cada vez mais comprometido e pode nos conduzir às portas de uma sexta grande extinção da vida, o que significaria para os seres humanos – seres humanos finitos e individuais – enfrentar os aspectos planetários das próprias vidas? Já não estamos mais nos tempos em que Tagore exprimiu sua planetaridade em registro poético ou em que Vemula – cerca de cem anos depois dele – expressou sua planetariedade em um registro utópico-político (cap. 5). De que forma os seres humanos experimentariam suas vidas individuais, finitas e singulares hoje, ao tomarem consciência da destruição da vida que as atividades humanas estão provocando? Um problema, por certo, sobre o qual nem Tagore nem Vemula foram convocados a refletir. Aqui, é claro, me refiro à vida como uma categoria metafísica e indefinível, muitas vezes entendida como o ponto em que a química passa para a biologia, algo que no tempo profundo atravessou uma variedade de formas, do micróbio à megafauna. E, no entanto, essa categoria nos permite fazer afirmações como "a vida sobreviveu a cinco grandes extinções até agora" ou indagar se existe vida em outros lugares do universo.[6] A crise regis-

---

5   Walter Benjamin, "Sobre o conceito de história" [1942], trad. Jeanne Marie Gagnebin, in Michael Löwy, *Walter Benjamin: Aviso de incêndio: Uma leitura das teses 'Sobre o conceito de história'*, trad. Wanda Nogueira Caldeira Brant. São Paulo: Boitempo, 2005, tese VI, p. 65.

6   Vida, assim como morte, permanece uma palavra traiçoeira e indefinível. Nas palavras de Thacker: "A vida é aquilo que torna inteligíveis os vivos, mas que por si só não pode ser pensada, não tem existência, não é, em si mesma, viva". Thacker apud Cary Wolfe, *Before the Law: Humans and Other Animals in a Biopolitical Frame*. Chicago: University of Chicago Press, 2013, p. 57. Em "Life Itself", capítulo de seu livro *In the Beginning: The Birth of the Living Universe* (London: Penguin, 1994, p. 45), o astrofísico tornado escritor científico John Gribbin observa: "Tentar escrever uma definição da vida é como tentar escrever uma definição do tempo. Da mesma forma que todos sabemos muito bem o que é o tempo até que alguém nos peça para explicá-lo, todos sabemos muito bem o que é a vida até que alguém

trada no nível metafísico do problema da definição de vida reflete-se de diversas maneiras em nossa percepção cotidiana vital sobre ela, a começar pela questão cada vez mais importante da migração e dos refugiados, tanto humanos como não humanos.[7]

Os fundamentos da mutualidade

Como vimos nos capítulos dois e três deste livro, muitas das grandes religiões, e das assim chamadas religiões axiais do mundo, promoveram ideias de que os seres humanos estariam em uma relação especial de mutualidade com a terra. Mas começo com uma modalidade secular e moderna dessa discussão na primeira metade do século XX. A relação entre o "homem" e a terra ou o mundo tornou-se uma questão intensamente debatida nos anos da Grande Guerra e entre as duas guerras mundiais, particularmente no final dos anos 1920 e na década de 1930, quando muitos pensadores modernos da Europa e de outros lugares levantaram a questão do "Homem" e de sua civilização. Na Europa, foram os pensadores alemães que no mais das vezes assumiram a dianteira nesse quesito. Max Scheler, Helmuth Plessner, Karl Jaspers, Martin Heidegger, Sigmund Freud e outros vêm à mente. A proeminente biógrafa de Sartre, Annie Cohen-Solal, documenta os seis anos da década de 1930 em que Sartre mergulhou no pensamento alemão, sobretudo na obra de Husserl e Jaspers e, posteriormente, na de Heidegger.[8] Mas o alcance dessas ideias podia ser sentido para muito além da Europa. Em maio de 1930, o indiano Rabindranath

---

nos peça para explicá-la". Sobre esse tema, o químico Addy Pross escreveu um livro, cujo subtítulo serve de resposta à questão lançada pelo título: *What is Life? How Chemistry Becomes Biology* [O que é a vida? Como a química se torna biologia]. Oxford: Oxford University Press, 2014. Ver também a discussão na página 3 e a discussão sobre abiogênese e evolução biológica no capítulo 8. O filósofo analítico Michael Thompson medita sobre o caráter impensável da vida em "Can Life Be Given a Real Definition?", in Michael Thompson, *Life and Action: Elementary Structures of Practice and Practical Thought*. Cambridge: Harvard University Press, 2008, cap. 2.

7   Tive o privilégio de discutir muitas dessas questões com Frédéric Worms. Ver seu livro *Pour un humanism vital: Lettres sur la vie, la mort et le moment present*. Paris: Odile Jacob, 2019.

8   Annie Cohen Solal, *Sartre: Uma biografia*, trad. Milton Persson, São Paulo: L&PM, 1986.

Tagore proferiu suas conferências Hibbert na Universidade de Oxford sobre esses temas. Suas palestras foram publicadas em 1931 como *The Religion of Man* [A religião do homem] e, alguns anos depois, em edição revista em bengali intitulada *Manusher dharma*. Não há versão comentada, com notas, das palestras de Tagore, mas ele deve ter sido influenciado pelo pensamento contemporâneo.[9] Algumas semelhanças – afora as profundas diferenças de formação – entre suas ideias e as dos pensadores europeus que se ocupavam de questões de antropologia filosófica no período entre as duas devastadoras guerras mundiais do século XX são de fato impressionantes.[10]

Começarei minha discussão aqui com esse texto de Tagore. Ele não era, é claro, um filósofo ou teólogo formado nem um pensador sistemático. Ele disse, em defesa própria, "minha religião é a de um poeta. Tudo o que sinto a respeito dela decorre de visões, e não do conhecimento. Sinceramente, reconheço não ser capaz de responder de maneira satisfatória a nenhuma questão sobre o mal ou sobre o que acontece após a morte".[11] Além disso, a política de sua palestra, no fundo, girava em torno de uma crítica a formas agressivas de ideologias imperialistas e nacionalistas. Mas algumas partes cruciais de suas palestras nos ajudam a identificar pelo menos três fios e suposições importantes amplamente

---

9   A única exceção que conheço a essa afirmação é o ensaio de minha colega Martha Nussbaum, que compara as ideias de Tagore com as de Auguste Comte e John Stuart Mill. Ver Martha Nussbaum, "Reinventing Civil Religion: Comte, Mill, Tagore". *Victorian Studies*, n. 1, v. 54, 2011. Suponho que uma importante diferença entre Comte e Tagore seria que o segundo nunca teve nenhuma ideia sobre formalizar a religião, mesmo em um sentido civil.

10 Apesar de todas as suas complexidades teóricas e diferenças internas, o tema do "caráter especial do homem" atravessa essa literatura, em que a maioria dos argumentos parte de premissas da biologia contemporânea e faz uma "comparação contrastante entre seres humanos e animais" central para seu desenvolvimento. Ver a excelente discussão desenvolvida em Joachim Fischer, "Exploring the Core Identity of Philosophical Anthropology through the Works of Max Scheler, Helmuth Plessner, and Arnold Gehlen". *Iris*, n. 1, v. 1, 1º abr. 2009. Fischer escreve, "Os conceitos-chave que Scheler introduz para descrever o lugar do 'homem na natureza' são *Neinsagenkonner* [aquele capaz de dizer não], *Weltoffenheit* [abertura para o mundo] e a capacidade de o ser vivo em questão encarar algo como dotado de um *Gegenstand-Sein* [ser-objeto]" (pp. 158–59). Repare as amplas similaridades com o argumento de Tagore. Devo essa referência a Hannes Bajohr.

11 Rabindranath Tagore, "The Religion of Man", in Sisir Kumar Das (org.), *The English Writings of Rabindranath Tagore*, v. 3: *A Miscellany*. New Delhi: Sahitya Akademi, 1999, p. 127.

compartilhadas com os pensamentos da época. São também os princípios que subjazem àquilo que denomino aqui estrutura de mutualidade.[12] Esses pressupostos são (a) o caráter especial dos seres humanos; (b) a centralidade dos seres humanos para o esquema mais amplo das coisas; e (c) a ideia de que os seres humanos apresentam a capacidade de ter visões do mundo inteiro como totalidades, embora de diferentes tipos. Na discussão a seguir, grafarei em caixa-alta a primeira letra das palavras *Homem* e *Natureza* que Tagore e seus contemporâneos usavam para se referir, respectivamente, à humanidade e à natureza como um todo.

O CARÁTER ESPECIAL DO HOMEM OU O HOMEM COMO EXCEÇÃO

Tagore se valeu de sua leitura da história da evolução biológica do *Homo sapiens* para fazer algumas afirmações poderosas e seculares sobre, afinal, por que, de todas as criaturas, os humanos eram os mais especiais. A parte relevante de sua palestra começou com o que hoje chamaríamos de "Grande História": "a Luz, como a energia radiante da criação, deu início à dança circular dos átomos em um céu diminuto [...]. Os planetas saíram de sua imersão de fogo e ficaram tomando banho de sol por séculos [...]. Então veio o momento em que a vida chegou a essa arena". Mas, na história da vida, o Homem era especial: "Antes do fim do capítulo [da evolução], o Homem apareceu e transformou o curso dessa evolução: de uma marcha indefinida de engrandecimento físico para uma liberdade de perfeição mais sutil".[13] Enquanto "o desenvolvimento da inteligência e do poder físico" era "igualmente necessário nos animais e nos homens para seus propósitos de vida", o que era "único do homem" era "o desenvolvimento de sua consciência, que aprofunda e amplia gradualmente a realização de seu ser imortal".[14]

O argumento de Tagore baseia-se na história do bipedismo tal como ele o conhecia. Seu conhecimento o levou a enxergar a existência bípede como exclusiva aos seres humanos. Essa história evolutiva que ele ensaiou estava equivocada. O bipedismo era uma característica dos hominídeos ("no mais tardar há 5 milhões de anos", antes da evolu-

---

12   Ibid., pp. 83–189.
13   Ibid., p. 87.
14   Ibid., p. 88.

ção do gênero *Homo* há cerca de 1,8 milhão de anos) e havia até símios pré-históricos que apresentavam algum grau desse desenvolvimento.[15] De todo modo, foi assim que Tagore construiu seu argumento: "Logo no início de sua carreira, o Homem afirmou em sua estrutura corporal sua primeira proclamação de liberdade contra a regra estabelecida da Natureza. Em determinada curva do caminho da evolução, ele se recusou a permanecer uma criatura quadrúpede, e a posição que fez seu corpo assumir carregava consigo um gesto permanente de insubordinação", disse Tagore.[16] Ele estava ciente de que ser bípede não era "natural" para um símio: "Pois dúvida não havia de que fazia parte do plano da própria Natureza fornecer a todos os mamíferos terrestres dois pares de pernas, uniformemente distribuídos ao longo de seu longo e pesado tronco com uma cabeça na ponta. Esse foi o amistoso compromisso feito com a terra quando ameaçado por sua força descendente conservadora, que cobra tributos de todos os movimentos". Mas o Homem desafiou o decreto da Natureza como uma questão de autoafirmação espiritual. Tagore continuou: "O fato de o Homem ter aberto mão de um combinado tão obviamente sensato é prova de sua mania inata de pleitear repetidas reformas de constituição, de alvejar com emendas todas as resoluções propostas pela Providência".[17]

Os argumentos de Tagore não eram desprovidos de humor. "Se encontrássemos uma mesa de quatro patas", escreveu ele provocativamente, "andando por aí equilibrada em dois de seus tocos, com o outro par balangando de qualquer jeito nas laterais, teríamos todo motivo para temer se tratar de um pesadelo ou algum capricho sobrenatural daquela peça de mobiliário, debochando da ideia de adequação do carpinteiro". Ele reconhecia o semelhante "absurdo" que era o símio humano inventar a preferência de se erguer sobre dois pés: "O comportamento igualmente absurdo da anatomia do Homem nos encoraja a imaginar que ele teria nascido sob a influência de algum cometa de contradição que força sua trajetória excêntrica contra as órbitas regu-

---

15   Robin Dunbar, *Human Evolution: Our Brains and Behavior*. New York: Oxford University Press, 2016, p. 115. Ver também p. 98: "[...] há 4 milhões de anos, no máximo, já temos uma linhagem distintiva de símios bípedes na África, com concentrações bem estabelecidas no sul e no leste da África". Ver também a discussão desenvolvida na seção intitulada "Two legs are good", in Simon L. Lewis & Mark A. Maslin, *The Human Planet: How We Created the Anthropocene*. London: Penguin Random House, 2018, pp. 82–88.
16   Rabindranath Tagore, "The Religion of Man", op. cit., p. 103.
17   Ibid., p. 103.

ladas pela Natureza". Tagore também sabia algo sobre o preço físico que os humanos pagaram pela adoção do bipedismo em sua história evolutiva. Ele observou:

> E é significativo que o Homem persista em sua tolice, apesar da penalidade que paga por se opor à regra ortodoxa da locomoção animal. Ele reduz pela metade a ajuda de um equilíbrio fácil de seus músculos. Ele está disposto a passar sua infância cambaleando entre experiências perigosas [...] sem ter apoio insuficiente, algo que se estende durante toda a sua vida e o deixa sujeito a quedas repentinas que podem acarretar consequências trágicas ou ridículas, das quais os quadrúpedes de bem, cumpridores da lei, são livres.[18]

Mas esse era um preço com o qual o Homem de Tagore estava disposto a arcar pora sua liberdade.

O HOMEM NO CENTRO DAS COISAS

Tagore formulou a questão de maneira simples: "A capacidade de ficar de pé deu a nosso corpo sua liberdade de postura, fazendo que ficasse mais fácil virarmos para todos os lados e nos percebermos no centro das coisas".[19] O mundo existe como se ele fosse principalmente para nós. "Em algum lugar no arranjo deste mundo parece haver uma grande preocupação em *nos* dar prazer, o que mostra que no universo, para além do significado da matéria e das forças, há uma mensagem transmitida através do toque mágico da personalidade."[20] "Quando eu tinha 18 anos de idade", escreveu ele com seus setenta e tantos anos, referindo-se a um momento de epifania de juventude, "veio-me pela primeira vez na vida uma súbita brisa primaveril de experiência religiosa [...]. Um dia, quando observava no alvorecer o sol emitindo seus primeiros raios por trás das árvores, de repente senti-me como se [...] a luz da manhã na face do mundo revelasse um brilho interior de alegria."[21]

---

18 Ibid., p. 103.
19 Ibid., p. 104.
20 Ibid., p. 126, grifo nosso.
21 Ibid., p. 121.

A terceira suposição, de que o mundo só se apresentava como um todo para o Homem, é simplesmente um desdobramento daquilo que Tagore disse antes. Ele esclareceu, porém, que esse não era o "mundo" natural com o qual os cientistas trabalhavam: "Não se trata do mundo que desaparece em símbolos abstratos por trás do próprio testemunho à Ciência, mas daquele que exibe de maneira extravagante sua riqueza de realidade para nosso eu pessoal[,] tendo a própria reação perpétua sobre nossa natureza humana".[22]

Para arrematar esse argumento, Tagore se concentrou na função dos olhos humanos: "do ponto de vista estratégico, mais elevado, de nossa torre de vigia física, ganhamos nossa *visão*, o que não é meramente informação sobre a localização de coisas [isso os animais também têm], mas a relação e a unidade deles".[23] A passagem no texto impresso era uma versão desenvolvida daquilo que Tagore havia dito na primeira palestra que ele, de fato, apresentou para seu público em Oxford:

> A consciência de objetos que os animais obtêm por meio do olfato e da visão remonta essencialmente a necessidades imediatas. Ao erguer a cabeça, o homem não via mais meramente objetos separados e distintos; ele também passou a ter uma visão da unidade de diversas coisas. Passou a ver a si mesmo no centro de um extenso não dividido. O ereto valorizava mais o distante do que o próximo.[24]

A natureza intimamente relacionada do segundo e do terceiro pressupostos sobre o Homem fica evidente com essas citações.

O mundo materialmente vazio da mutualidade

Irônica mas tipicamente, o "mundo" com o qual Tagore via o "Homem" em uma relação profunda tinha pouquíssima carga de materialidade. A categoria relativamente vazia mas muito espaçosa

---

22   Ibid., p. 89.
23   Ibid., p. 104.
24   Id., "Lecture 1, Man", in Sisir Kumar Das (org.), *The English Writings of Rabindranath Tagore*, v. 3: *A Miscellany*. New Delhi: Sahitya Akademi, 1999, p. 194.

de "o mundo" – em sua relação com o humano – veio absorver e apagar, com a vacuidade e a vasteza de seu caráter uno, a rica, estranha e intratável diversidade daquilo que realmente existe. (Já a poesia ou as canções de Tagore não estariam sujeitas a essa crítica.) Trata-se de uma experiência do mundo desprovida de qualquer aspecto da alteridade do planeta, que poderia ter surgido da percepção histórica do tempo profundo; o que restou foi uma noção metarreligiosa de uma infinidade imutável na qual as estruturas simplesmente se repetiam de maneira incessante. Aqui está Tagore mais uma vez, escrevendo por volta de 1914 ou 1915: "O mais surpreendente de tudo isso [é] [...] quão incessante é a fonte de formas que brotam constantemente do Uno sem forma [...]. Reparei que o sol brilha mais forte e a luz da lua parece mais carregada de doçura quando meu coração está cheio de amor [...]. Por isso sei que o mundo, minha mente e meu coração são inseparáveis".[25]

A versão tagoriana da mutualidade entre os seres humanos e o mundo – "este mundo que percebemos através de nossos sentidos e nossa mente e de nossa experiência da vida é profundamente uno com nós mesmos" – pode até ter sido demasiado idealista, mas é possível identificar a estrutura dos pressupostos que discutimos anteriormente operando em muitos textos humanistas na forma de temas que atravessam consideráveis fronteiras de espaço e tempo.[26] Elas se revelam particularmente salientes na experiência estetizada e espiritualizada das paisagens – cujas versões mais vulgares comparecem em guias lustrosos para viajantes do mundo, livros que congelam os movimentos tumultuosos da história geológica na categoria estético-humana da paisagem. Com efeito, seria possível argumentar que a categoria estético-espiritual de "paisagem" atua como um dispositivo de ocultamento no mecanismo daquilo que denominei "mutualidade": ela esconde de nós a riqueza catastrófica das histórias contingentes da geologia e da vida.

Tomemos, por exemplo, uma passagem do trabalho recente de Martin Hägglund, *This Life: Secular Faith and Spiritual Freedom* [Esta vida: fé secular e liberdade espiritual], um livro que argumenta de maneira

---

[25] Rabindranath Thakur [Tagore], "Amar jagat" [Meu mundo], in Rabindranath Thakur, *Rabindra rachanabali* [Obras reunidas de Rabindranath], v. 12: *Sanchay*. Calcutta: Government of West Bengal, 1961, p. 565 (edição de centenário).
[26] Rabindranath Tagore, "The Religion of Man", op. cit., p. 89.

estridente contra a religião. "Em uma tarde de verão", escreve Hägglund, "estou sentado no topo de uma montanha no norte da Suécia. O oceano abaixo de mim é calmo e se estende em direção a um horizonte aberto. Não há nenhum outro ser humano à vista e quase não se ouve som algum. Uma única gaivota plana ao vento." Hägglund já esteve lá antes, mas cada encontro é único e repleto de novidade. O mundo é uma estrutura que se repete e se renova constantemente:

> *Como tantas vezes antes*, acho fascinante acompanhar uma gaivota que flutua no ar e paira sobre a paisagem. Desde que tenho memória, as gaivotas sempre fizeram parte de minha vida [...]. Mesmo assim, *eu nunca encontrei uma gaivota como a que me ocorre esta tarde*. À medida que a gaivota estica suas asas e se volta para uma montanha adjacente, tento imaginar como seria *para a gaivota* a sensação do vento e da paisagem.[27]

Naturalmente, Hägglund logo reconhece que "nunca saberá como é ser uma gaivota". No entanto, em sua mente, esse encontro solitário com outra criatura – e é a vastidão de uma paisagem aparentemente vazia que o torna "solitário" nesse caso – enseja, de forma heideggeriana, uma questão fundamental do Ser: ele se pergunta "o que significa ser uma gaivota".[28]

Como o leitor notará na passagem de Hägglund, sua noção de uma relação de mutualidade com a terra refere-se à estrutura de uma experiência que pode se repetir: "como tantas vezes antes". A mutualidade surge para um único ser humano que encara aquilo que o rodeia a partir da solidão de sua vida humana singular e que experimenta seu entorno não só como algo que aparece para corresponder ao seu olhar como também – o que é igualmente importante – como algo estável. Pois é a estabilidade da paisagem que permite que a experiência se repita. William James assumiu essa ideia de mutualidade quando disse logo no início de sua série de palestras sobre os tipos de experiência religiosa: "Religião [...] significará para nós os *sentimentos, atos e experiências de homens individuais em sua solidão, na medida em que eles se percebem*

---

27 Martin Hägglund, *This Life: Secular Faith and Spiritual Freedom*. New York: Pantheon Books, 2019, p. 173, grifos nossos.
28 Ibid., p. 173.

em relação a tudo o que possam considerar divino".[29] A concepção clássica e célebre de Martin Buber da relação Eu-Tu é mais um exemplo daquilo que estou chamando de mutualidade, no interior da qual existe o portador de uma vida humana singular e finita.[30]

Em experiências estético-espirituais de paisagens, aquilo "em relação a que" o ser humano se coloca é a paisagem, e ela ocorre no lugar do divino no esquema de James. A ideia de "plenitude da vida humana", que Charles Taylor considera crítica para esta "era secular", tem como ponto de referência a experiência de vidas singulares, pois, caso contrário, a questão da "experiência" não poderia surgir. Taylor traz uma citação da autobiografia de Bede Griffiths, um monge beneditino e iogue nascido na Inglaterra (*The Golden String* [O fio dourado], de 1979). O trecho escolhido tem semelhança notável com a passagem de Hägglund que citei há pouco, separadas por cerca de quatro décadas. Certa vez, "ao caminhar sozinho à noite" ainda na época da escola, Griffiths experimentou o canto dos pássaros de uma maneira surpreendentemente nova:

> De repente, do chão perto da árvore a meu lado, surgiu uma cotovia. Ela derramou seu canto sobre minha cabeça e foi afundando até descansar, sem parar de cantar. E, então, tudo ali ficou imóvel à medida que o Sol se punha e o véu do anoitecer começava a cobrir a terra [...]. Um sentimento de arrebatamento [...] me acometeu. Senti-me inclinado a me ajoelhar no chão, como se eu estivesse na presença de um anjo; e mal ousei encarar o céu, porque parecia que ele não passava de um véu ante o rosto de Deus.[31]

As referências que Griffiths faz a "rostos" – de Deus, do céu – dialogam com aquele ato recíproco de encarar que passa a ser visto em uma relação de contiguidade com o divino.

Poderíamos recuar ainda mais, para uma entrada de diário de Søren Kierkegaard, datada de 29 de julho de 1835, em que ele escreveu: "Quando se caminha da pousada encostada na Sortebro [Ponte Negra]

---

29   William James, *Writings*, v. 1: *The Varieties of Religious Experience*. New York: Library of America, 1987, p. 36, grifos nossos.
30   Martin Buber, *I and Thou*, trad. Ronald Gregor Smith. Edinburgh: T. and T. Clark, 1937.
31   Bede Griffiths, *The Golden String*. London: Fount, 1979, p. 9, apud Charles Taylor, *A Secular Age*. Cambridge: Harvard University Press, 2007, p. 5.

(assim chamada porque supostamente se barrava a peste bubônica naquela passagem) para o descampado ao longo da praia, depois de quase uma milha caminhando ao norte, chega-se ao ponto mais alto por estas bandas [...]. *Este sempre foi um de meus lugares favoritos"*. "*Muitas vezes*, quando estive aqui em uma noite tranquila, com o mar entoando seu canto com uma solenidade profunda mas serena, meu olho sem avistar uma única vela naquela vasta superfície, e apenas o mar emoldurando o céu e o céu emoldurando o mar, e quando, também, se aquietou o zunido atarefado da vida e os pássaros cantaram suas vésperas." Repare a estrutura da repetição evocada pela expressão *muitas vezes* e como a palavra *quadro* nos remete a pinturas de paisagens. E, então, o processo daquilo que descrevi anteriormente como a superficialização ou o esvaziamento do "mundo" se impõe. Kierkegaard não estaria sozinho naquela paisagem. Certamente havia outras criaturas a seu redor – ele mesmo chega a reconhecer a presença de algumas aves – e, no entanto, com o cair da noite, elas saem de seu campo de visão, como que para sustentar uma estrutura invisível de reciprocidade entre esse homem e o mundo que ele encarava:

> Enquanto eu estava lá, [...] sozinho e abandonado, o poder do mar e a batalha dos elementos me lembravam de como eu não era nada, enquanto a revoada decisiva dos pássaros me lembrava, por outro lado, das palavras de Cristo: "Nenhum pardal cairá em terra sem a vontade de seu vosso Pai[.]" Senti imediatamente quão grande e, no entanto, quão insignificante eu sou.[32]

O problema da mutualidade, é claro, não precisa implicar a questão do encarar de forma simplista. Poderíamos entender o problema de maneira levinasiana, não como uma face voltada necessariamente para a outra, mas como a própria face sendo constituída através de uma exposição à alteridade.[33] O ponto mais fundamental é que a estrutura da mutualidade só pode funcionar quando a palavra *vida* referir-se à vida singular do indivíduo finito, pois a projeção ontológica em que o "experimentar" a mutualidade com a terra pode real-

---

[32] Søren Kierkegaard, *Papers and Journals: A Selection*, trad. e introd. Alastair Hannay. London: Penguin, 1996, pp. 26–27, grifos nossos.
[33] Emmanuel Levinas, *Otherwise than Being, or Beyond Essence*, trad. Alphonso Lingis. Dordrecht: Kluwer Academic, 1978.

mente acontecer é uma questão que surge apenas com o caso dos seres humanos individuais. Uma vez expressas e partilhadas, contudo, essas experiências podem formar coletivamente uma comunidade de sentimentos e experiências. Porém, o que acontece com esse sentimento de mutualidade quando somos convocados, pela crise geral da vida – a possibilidade de outra grande extinção –, a enfrentar a tarefa impossível de testemunhar a história geológica convulsiva do planeta em tudo o que é crítico para o florescimento de nossa forma de vida e de outras formas de vida?

Enxergando o planeta na terra

O planetário envolve o trabalho do tempo profundo. Normalmente não pensamos no tempo profundo. Ele permanece uma parte daquilo que assumimos como dado. Lembremo-nos da pergunta de Wittgenstein, do capítulo 7: perguntamos às edificações quantos anos elas têm; por que não perguntamos o mesmo a uma montanha? Não o fazemos, ao que parece, porque pensamos na montanha – ou na paisagem – como algo que simplesmente faz as vezes de um pano de fundo diante do qual experimentamos nossa relação de mutualidade com a terra. As rochas fazem parte da paisagem. E, se pudéssemos ver a própria paisagem como algo em movimento, muitas vezes cataclísmico, nos tempos profundo e histórico – mares subindo a ponto de submergir terras, secas as assolando, capitalismo extrativista produzindo "zonas mortas" nos mares e na terra, hábitats de espécies sendo destruídos –, com as paisagens já não constituindo apenas um pano de fundo para a ação humana?[34] O famoso fotógrafo Edward Burtynsky capturou uma imagem impressionante da relação entre humanos e paisagem. Um casal aproveita o sol na praia rochosa de Itzurun, no País Basco da Espanha. Atrás deles, ignoradas, as camadas de rocha testemunham tanto a extinção em massa que erradicou os dinossauros há 65 milhões de anos como o grande evento de aquecimento (PETM) [Máximo Térmico do Paleoceno-Eoceno] que aconteceu 10 milhões de anos depois e durou 200 mil anos. Quando será que o casal notará o passado preservado nas rochas a seu redor?[35]

---

34   Ver a discussão desenvolvida no capítulo anterior.
35   Edward Burtynsky, Jennifer Baichwal & Nick de Pencier, *Anthropocene*. Göttingen: Steidl, 2018, p. 21.

Aqui temos um problema do tipo que J. B. Haldane discutiu em seu famoso ensaio de 1926, "On Being the Right Size" [Sobre ser do tamanho certo].[36] As vidas dos seres humanos, auxiliadas ou não pela medicina e saúde pública modernas, geralmente duram algumas décadas. Esse é nosso chão fenomenológico. Mesmo um período de mil anos, para não falar em milhões, já é vasto demais para nossa experiência. É isso que permite a estrutura de repetição que marca a ideia de mutualidade com a terra, como ilustra o tema, que vimos nas passagens de Kierkegaard, Griffiths e Hägglund, do retorno à mesma paisagem durante uma vida individual. Imagine um cenário impossível: suponha que seres humanos individuais possam viver em escalas temporais geológicas ou inumanas. O que aconteceria com a mutualidade se todos nós, como indivíduos, vivêssemos 20 mil anos? A estrutura de repetição que discuti ao comentar as passagens de Hägglund, Griffiths e Kierkegaard teria sido impossível de alcançar. Eles não teriam como falar de lugares na natureza aos quais costumavam voltar de vez em quando para viver a mesma experiência! Se vivessem mais de 12 mil anos – o que não é um intervalo grande nas escalas temporais geológicas –, veriam como a paisagem é instável e sujeita a alterações constantes de forma por causa de transformações geomorfológicas cataclísmicas. Não haveria características estáveis às quais regressar. A estrutura da mutualidade se torna possível porque o tempo humano, sendo o que é, nos permite esquecer o tempo profundo, convertendo-o inconscientemente em uma figura do espaço: a paisagem aparentemente duradoura.

Mas é isso que está mudando. É como se a crise do Antropoceno – a perspectiva de habitar um planeta menos habitável – nos reduzisse à nossa condição criatural, ao estado dos "primeiros homens", como frequentemente imaginado pelos filósofos iluministas da civilização humana, como na "sétima e última época" da história da criação do mundo de Buffon:

> Os primeiros homens, testemunhas de movimentos convulsivos da Terra, então ainda recentes e muito frequentes, tendo apenas as montanhas como refúgio contra as inundações, muitas vezes perseguidos desses mesmos refúgios pelas chamas de vulcões, tremendo sobre uma Terra que tremia sob seus pés, expostos às maldições de

---

36 J. B. S. Haldane, "On Being the Right Size" [1926], disponível em: ia800207.us.archive.org/20/items/OnBeingTheRightSize-J.B.S.Haldane/rightsize.pdf.

todos os elementos, [...] todos igualmente penetrados por um sentimento comum de terror nefasto.[37]

Hoje, o trabalho do tempo profundo está começando a abrir fissuras em nossa consciência cotidiana do tempo histórico-humano, convocando-nos a testemunhar, como os primeiros homens de Buffon, a natureza convulsiva deste planeta. Esse é o "choque do Antropoceno", que sinaliza uma brecha na estrutura do tempo histórico-humano e na estrutura de mutualidade, e impõe um engajamento com o tempo profundo e com a história da vida neste planeta. Eugene Thacker identifica o problema, embora para ele a questão surja em um contexto diferente, mas parecido:

> Se a existência de desastres, pandemias e redes não humanas nos diz alguma coisa, é que há outro mundo além daquele que existe "para nós". Não se trata simplesmente de um mundo em si mesmo, tampouco de um mundo destinado para nós – na verdade, trata-se de um mundo que nos apresenta os próprios limites de nossa capacidade de compreendê-lo em termos que não são simplesmente o "em si" ou o "para nós". É um mundo "sem nós" (a vida *sans soi*). É o desafio de pensar um conceito de vida que seja fundamentalmente, e não incidentalmente, um conceito não humano ou inumano de vida.[38]

Seguindo Thacker, eu poderia indagar: qual seria nossa relação ético-espiritual com o planeta – nem "em si" nem "para nós" – que se recusa a conceder-nos a garantia habitual de uma relação imaginada de mutualidade com a terra que, embora seja mais antiga do que a modernidade, também acompanhou nossa concepção de ser moderno?

---

37   Georges-Louis Leclerc, le comte de Buffon, *The Epochs of Nature*, trad. Jan Zalasiewicz, Anne-Sophie Milton e Matuesz Zalasiewicz. Chicago: University of Chicago Press, 2018, p. 119. A literatura teológica medieval sobre a ideia da criatura, como mostra Eugene Thacker, é rica e vasta em sua complexidade. Estou usando a palavra em um sentido minimalista, ignorando a questão teológica da relação entre uma criatura e seu criador. "A criatura é única", escreve Thacker, "porque, ainda que se possa argumentar que sua essência tem origem supernatural, sua existência ocorre no interior do domínio da natureza. E essa existência só pode ser descrita como 'viva'". Eugene Thacker, *After Life*. Chicago: University of Chicago Press, 2010, p. 106.

38   Eugene Thacker, *After Life*, op. cit., p. XV.

Relacionando-se com o planeta que é o sistema Terra

Para responder à pergunta anterior, volto-me aos próprios cientistas planetários, pois aqui – tal como vimos no capítulo 3 – as respostas profundamente fenomenológicas e humanas suscitadas pelo encontro cognitivo deles com o planeta ou o sistema Terra nos fornecem importantes pistas. Muitas dessas respostas, por exemplo, giram em torno da questão da geoengenharia, dos vários planos para gerir o clima de todo o planeta, se não do próprio sistema terrestre, que agora estão sendo seriamente considerados.

Os defensores da geoengenharia pertencem, via de regra, a ciências com abordagens analíticas a-históricas, tais como a física e a química. Quem estuda o planeta historicamente – como os geólogos ou os biólogos evolutivos – geralmente desconfia desse tipo de medida.[39] Devo deixar absolutamente claro que não estou me posicionando no debate em curso sobre a geoengenharia, se ela é ou não desejável. Não tenho qualificação para tanto. Estou simplesmente assinalando como essas ciências parecem estimular em seus praticantes individuais relações espirituais muito diferentes com a categoria planeta (ou sistema Terra). Em meus termos, é como se, na condição de seres humanos individuais, alguns desses cientistas se esforçassem para incorporar o planetário no global e, portanto, em uma estrutura de mutualidade.

A defesa lúcida e estimulante da "engenharia climática" feita pelo físico de Harvard David Keith em seu livro popular sobre o assunto nos fornece um exemplo.[40] Uma de suas premissas fundamentais é que os seres humanos se preocupam com a natureza (mutualidade) e que a geoengenharia é justamente uma continuação dessa preocupação, desse cuidado. "Um amor difuso pela natureza", escreve Keith, "é incontroverso." "Suspeito", acrescenta ele, "que o entomologista e escritor Edward O. Wilson capturou mais do que um grão de verdade com sua hipótese de biofilia, segundo a qual os humanos teriam um desejo inato de se filiar a outras formas de vida." Para Keith, não há, portanto, conflito entre o cuidado com a natureza e o projeto de geoengenharia, desde que não se cometa a ingenuidade de "pressupor distinções

---

[39] Ver a discussão desenvolvida em Marcia Bjornerud, *Timefulness: How Thinking Like a Geologist Can Help Save the World*. Princeton: Princeton University Press, 2018, p. 13.

[40] David Keith, *A Case for Climate Engineering*. Cambridge: MIT Press, 2013.

nítidas entre natureza e civilização".[41] Não há Natureza intocada pela atividade humana, de modo que a geoengenharia ou a engenharia do clima é simplesmente uma questão de os seres humanos serem capazes de gerir uma versão alargada dessa realidade.

A visão de Keith da geoengenharia como uma expressão de "biofilia" é significativa. A biofilia pertence à estrutura de mutualidade. Wilson cunhou o termo em 1979, enquanto escrevia um artigo sobre conservação para o *New York Times* no mesmo ano. "Significa", ele escreveu mais tarde, depois de ter publicado um livro sobre o assunto em 1984, "a afinidade inata que os seres humanos têm por outras formas de vida, uma afinidade evocada [...] pelo prazer, ou por uma sensação de segurança, de maravilhamento, ou mesmo fascínio misturado com revulsão. Uma manifestação básica de [...] biofilia é uma preferência por certos ambientes naturais como locais de moradia." A ideia é baseada no trabalho de Gordon Orians, um zoólogo da Universidade de Washington que perguntou às pessoas quais seriam seus hábitats "ideais" e descobriu que, se elas pudessem escolher, a maioria delas queria "que sua casa ficasse no topo de uma proeminência, situada perto de um lago, oceano ou algum outro corpo de água, e fosse rodeada por um terreno semelhante a um parque". "As árvores que eles mais querem ver de suas casas têm copas largas, com fartos ramos projetando-se do tronco e horizontais em relação ao solo, e recheadas de folhas pequenas e finamente recortadas." Wilson percebeu que "esse arquétipo se encaixa com uma savana tropical do tipo encontrado na África, onde a humanidade evoluiu por vários milhões de anos".[42] A biofilia, no entanto, reproduz apenas o "mundo" limitado da mutualidade. Ela só pode se estender para formas de vida visíveis aos seres humanos, e não aos micróbios e bactérias que constituem o grosso da vida. Como argumentou Cary Wolfe, de maneira muito lógica, não é possível, de um ponto de vista humano, dar a todas as formas de vida o mesmo valor: "Permitiremos que os micróbios do antraz ou da cólera alcancem sua autorrealização erradicando rebanhos de ovelhas ou jardins de infância humanos? Continuaremos negando aos microrganismos da *Salmonella* ou do botulismo seus direitos iguais ao processarmos as carcaças mortas de animais e plantas que comemos?"[43]

---

41 Ibid., pp. XVI-XVII.
42 Edward O. Wilson, *Naturalist*. Washington: Island Press, 1994, p. 360.
43 Cary Wolfe, *Before the Law: Humans and Other Animals in a Biopolitical Frame*. Chicago: University of Chicago Press, 2013, pp. 59-60.

Em contraste com físicos como David Keith, o geólogo Andrew Glikson recomenda uma atitude de referência diante da terra, embora exprima isso como parte de uma narrativa de perda. Eu o citei no capítulo anterior, mas vale repetir suas palavras no contexto da atual discussão. Glikson escreve:

> Uma vez que os seres humanos *perderam* certo senso de *reverência* em relação à Terra, não há evidências de que eles estejam prestes a se elevarem acima da esfera de percepções, sonhos, mitos, lendas e negação [...]. Talvez seja demais esperar que qualquer espécie viva possua a sabedoria e a responsabilidade necessárias para controlar as próprias invenções [...]. [Mas] sem ética, o *Homo sapiens* não sobrevive.[44]

A geóloga Marcia Bjornerud também recomenda abordar com cautela o planeta. Falando da "ideia de resfriar o planeta disparando aerossóis de sulfato na atmosfera", uma medida que David Keith defende, ela assinala que "aquele céu estaria sempre branco", nunca azul. Imagine uma terra sem céu azul e o que aconteceria com nosso senso de mutualidade! Acrescenta ela:

> Os defensores mais vocais da injeção de sulfato na estratosfera são ou economistas, acostumados a enxergar o mundo natural como um sistema de mercadorias [...], ou físicos, que o tratam como um modelo laboratorial de fácil compreensão [...]. A maioria dos geocientistas, cientes da longa e complexa história da atmosfera, da biosfera e do clima [...] considera delirante e *perigosa* a ideia de que os humanos possam gerir o planeta.[45]

As palavras do cientista climático Wallace Broecker, citadas no capítulo 2, podem ser lembradas: "De tempos em tempos [...] a natureza decidiu dar um belo de um pontapé na besta do clima. E a besta tem respondido – como é de esperar em se tratando de uma besta – de

---

[44] Andrew Y. Glikson & Colin Groves, *Climate, Fire and Human Evolution: The Deep Time Dimensions of the Anthropocene*. London: Springer, 2016, p. 194. Sobre a questão da reverência à *Terra* como figura maternal na história europeia, ver a discussão desenvolvida em Philip John Usher, *Exterranean: Extraction in the Humanist Anthropocene*. New York: Fordham University Press, 2019, cap. 1.

[45] Marcia Bjornerud, *Timefulness*, op. cit., p. 157.

maneira violenta e um tanto imprevisível".[46] Em seu livro recente *Half-Earth* [Meia-Terra], o próprio Wilson usou a palavra *perigoso* ao se referir aos "gigantescos e perigosos programas de geoengenharia que estão sendo discutidos" e, em vez disso, propôs que, para salvar a biodiversidade, os seres humanos deveriam seguir "o princípio da precaução" e deixar metade da superfície terrestre do planeta para formas de vida diferentes das humanas.[47]

Modernidade e perda de reverência

Como e com base em que deve um historiador humanista começar a pensar a fim de contribuir com o trabalho político novo de compor "o comum" que Bruno Latour e outros propuseram como o caminho a seguir, sem com isso acabar negando tudo o que já divide os humanos no espaço do político? É evidente que, independentemente de como se quiser pensar sobre futuros humanos, uma condição estabelecida por pensadores políticos europeus da modernidade terá de se manter em qualquer definição do político: os seres humanos precisarão de proteção contra predadores. O habitar humano sempre girou em torno de sentir-se seguro. Ainda que um mero abrigo, na filosofia de Heidegger, não equivalha ao habitar, o habitar incorpora o princípio do "abrigo"; ele protege os seres humanos:

> Mas em que consiste o vigor essencial do habitar? Escutemos mais uma vez o dizer da linguagem: da mesma maneira que a antiga palavra *bauen*, o antigo saxão *"wuon"*, o gótico *"wunian"* significam permanecer, "de-morar-se". O gótico *"wunian"* diz, porém, com clareza ainda maior, como se dá a experiência desse permanecer. *Wunian* diz: ser e estar apaziguado, ser e permanecer em paz. A palavra *Friede* (paz) significa o livre, *Freie*, *Frye* e *fry* diz: preservado do dano e da ameaça, preservado de..., ou seja, resguardado.[48]

---

[46] Wallace S. Broecker & Robert Kunzig, *Fixing Climate: What Past Climate Changes Reveal about the Current Threat – and How to Counter It*. New York: Hill and Wang, 2008, p. 100.

[47] Edward O. Wilson, *Half-Earth: Our Planet's Fight for Life*. New York: W. W. Norton, 2016, pp. 89, 194–95.

[48] Martin Heidegger, "Construir, Habitar, Pensar" [1951], trad. Marcia Sá Cavalcante Schuback, in Martin Heidegger, *Ensaios e conferências*. Petrópolis: Vozes, 2002, pp. 128–29.

Esse requisito fundamental do habitar, de que ele precisa envolver a questão de se sentir seguro, remonta à história profunda dos seres humanos. Escrevendo sobre os sítios sul-africanos de australopitecos (um primata bípede com características tanto de símio como de humano), Robin Dunbar observa que muitos deles eram cavernas de calcário "contornando vales de rios", fornecendo a essas criaturas aquecimento e "segurança contra predadores em áreas onde [havia] oferta limitada de árvores grandes para se abrigar".[49] A necessidade de estar a salvo de predadores só pode ter aumentado com a domesticação de certos animais, o advento da agricultura e, depois, a própria criação de cidades, de modo que qualquer assentamento ou civilização humana "moderna" – como ilustra a história do abate em larga escala de dingos por colonos europeus na Austrália – passaria a se definir como uma ordem de vida dominada por humanos, isto é, uma ordem definida por sua capacidade de manter os seres humanos seguros contra predadores, sejam eles grandes, sejam eles pequenos.[50]

Mas, hoje, trata-se de uma questão de se sentir seguro em um planeta no qual muitas áreas podem se tornar inabitáveis – não apenas para humanos como também para muitas outras espécies. A proteção, portanto, tem de ser estendida aos cidadãos de um Estado-nação e aos imigrantes, refugiados e estrangeiros, cujo volume provavelmente aumentará tanto dentro como entre as nações – exatamente o oposto das principais tendências da política anti-imigração encabeçada por tantas nações hoje. E a política do bem-estar humano tem de dialogar com o problema da "habitabilidade" deste planeta, a consciência de que a história humana é apenas uma parte da história da vida complexa neste planeta, que a biodiversidade é fundamental para tornar habitável este planeta. Precisamos começar a pensar na humanidade não apenas como uma diáspora planetária de uma espécie biológica, mas também que essa diáspora constitui uma forma de vida minoritária, sendo microbial o esteio da vida biológica no planeta. Teremos de avançar em direção a uma ordem que atualmente parece inimaginável: uma ordem que não é necessariamente dominada por seres humanos. Nosso novo pensamento político também precisa se basear

---

49 Robin Dunbar, *Human Evolution: Our Brains and Behavior*. New York: Oxford University Press, 2016, pp. 125-26.
50 Sobre a história do dingo, ver Deborah Bird Rose, *Dingo Makes Us Human: Life and Land in an Australian Aboriginal Culture*. Cambridge: Cambridge University Press, 2000.

no legado intelectual do pensamento minoritário, e não derivar da posição daqueles que assumem seu domínio na ordem das coisas.[51] Não há aqui caminhos previamente traçados para nós. Vemos cada vez mais quão irremediavelmente humanocêntricas todas as nossas instituições políticas e econômicas ainda são. O político, em algum momento, terá de ser refundado sobre uma nova compreensão filosófica da condição humana.

Rumo a uma clareira antropológica

Encerro, portanto, com um exercício particular de pensamento. É algo semelhante ao que o filósofo alemão Karl Jaspers empreendeu no período entre as duas guerras mundiais do século XX, quando desenvolveu sua ideia de uma "consciência epocal". Tenho divergências com Jaspers que não precisam nos deter aqui. Mas identifico em seus pensamentos um prenúncio de parte do espírito desse exercício.

O contexto das reflexões de Jaspers era, é claro, muito diferente. O "holocausto nuclear" não representa o mesmo tipo de crise que o aquecimento global. Embora ambos possam ter natureza antropogênica, uma crise nuclear pode ser um evento único de proporções catastróficas, ao passo que o aquecimento global nomeia uma série de eventos que se desenrolam ao longo da vida de muitas gerações, e até além delas. No entanto, em razão de sua capacidade de destruir a civilização tal como a conhecemos, ambos chamam a nossa atenção para o problema do comum (e dos comuns), e é aqui que as reflexões de Jaspers ainda podem ter algo a nos oferecer. Dois aspectos da ideia parecem ter especial relevância para o que estou buscando fazer aqui: (a) seu pensamento sobre uma "consciência epocal" surge de uma tradição particular (principalmente alemã) de tomar a humanidade como um todo como objeto da filosofia da história em um momento de crise ou emergência global, e muito de meu pensamento aqui é herdeiro dessa tradição; e (b) o fato de Jaspers ter inventado essa categoria de "consciência epocal" para encontrar um lar para um pensamento que não eclipsasse o espaço da política real e, no entanto, criasse um ponto estratégico ético e perspectivo, algo que ele qualificou como "pré-político". Pré-político em um

---

[51] Uma instância elaborada daquilo que descrevi como pensar a partir de uma posição de minoria é dada por Faisal Devji, *The Impossible Indian: Gandhi and the Temptation of Violence*. Cambridge: Harvard University Press, 2012.

sentido muito especial: uma forma de consciência que não nega, censura ou denuncia as divisões da vida política, mas procura se posicionar como algo que vem *antes* da política ou *antes* do pensar politicamente, como uma pré-posição, por assim dizer, ao político.

Em seu livro *A situação espiritual do nosso tempo*, publicado em alemão em 1931 e em inglês em 1933, Jaspers expôs a ideia da "consciência epocal" como um problema que "há mais de um século" assombra os intelectuais europeus. Além disso, argumentou que era um problema que havia se tornado urgente "desde a [Grande] Guerra", a partir da qual "a gravidade do perigo [para a humanidade] se tornou manifesta para todos".[52] Jaspers explicou o contexto da "consciência epocal" da seguinte forma: "o homem não só existe, como sabe que existe. Com plena consciência, estuda seu mundo e o modifica de acordo com seus desígnios. Aprendeu a interferir com a 'causalidade natural'".[53] A consciência epocal era, portanto, um fenômeno "moderno", um fenômeno possível apenas depois de o Homem ter aprendido a "interferir com a 'causalidade natural'".

Embora já houvesse concepções "transcendentais" e universais da história – como as cristãs, judaicas ou islâmicas – transmitidas "de geração para geração", a continuidade dessa cadeia, argumentou Jaspers, foi "quebrada" no século XVI com "a secularização deliberada da vida humana".[54] Esse foi o início do processo de dominação europeia do globo: "Foi uma era de descobertas. O mundo ficou conhecido em todos os seus mares e terras; nasceu a nova astronomia; teve início a ciência moderna; alvorecia a grande era da técnica; a administração do Estado estava sendo nacionalizada".[55] A Revolução Francesa foi, talvez, o primeiro acontecimento que encontrou expressão em formas de "consciência epocal" na obra dos filósofos. Foi "a primeira revolução cuja força motriz era a determinação de reconstruir a vida com base em princípios racionais, depois de tudo aquilo que a razão identificava como ervas daninhas da sociedade humana ter sido impiedosa-

---

52 Karl Jaspers, *Man in the Modern Age* [1931], trad. Eden & Cedar Paul. New York: Henry Holt, 1933, p. 1. As duas famosas cartas de 1919 de Paul Valéry, *A crise do espírito* (*La crise de l'esprit*), vêm à mente aqui. Ver Edward J. Hundert, "Oswald Spengler: History and Metaphor – The Decline and the West". *Mosaic: An Interdisciplinary Critical Journal*, n. 1, v. 1, out. 1967.
53 Karl Jaspers, *Man in the Modern Age*, op. cit., p. 4.
54 Ibid., pp. 5-6.
55 Ibid., p. 6.

mente arrancado e lançado às chamas". Mesmo que a "determinação de libertar os homens tenha se transformado no Terror que destruiu a liberdade", o fato da revolução, escreveu Jaspers, deixou os homens "inquietos com os fundamentos de uma existência pela qual eles dali em diante passaram a se responsabilizar, uma vez que [a existência] poderia ser propositalmente modificada e remodelada para se aproximar mais dos desejos do coração".[56] Jaspers menciona Kant, Hegel, Kierkegaard, Goethe, Tocqueville, Stendhal, Niebuhr, Tallyrand, Marx e, entre outros, Nietzsche como portadores de diferentes formas de consciência epocal, encerrando sua série com *Zur Kritik der Zeit* [Sobre a crítica do tempo] [1912], de Walther Rathenau, *A decadência do Ocidente* [1918], de Spengle, como dois livros que exemplificam formas de consciência epocal que precederam seu *A situação espiritual do nosso tempo*.[57] E podemos, é claro, acrescentar a essa lista outros nomes do século XX, incluindo os de Martin Heidegger, Hannah Arendt e, como sugere nossa discussão anterior, Rabindranath Tagore.

A consciência epocal como forma de pensamento deveria ter duas características. Seria um pensamento não especialista e, o que é mais importante, não orientado para encontrar soluções.[58] A consciência epocal, diz Jaspers, é "conferida ao homem sem que lhe seja entregue o repouso de uma conclusão". Habitar tal consciência "requer estâmina", pois "exige resistência diante das tensões de insolubilidade".[59] A consciência epocal é, em última instância, ética. Diz respeito à maneira pela qual nos comportamos no que concerne ao mundo sob contemplação em um momento de crise global – e agora planetária. É o que sustenta nossos horizontes de ação. Por isso, ofereço o seguinte, em um espírito de diálogo com o leitor. Como escreveu Jaspers, citando Nietzsche: "A verdade começa quando há dois".[60]

---

56 Ibid., pp. 7-8.
57 Ibid., pp. 8-16.
58 Exemplo disso é o livro do próprio Karl Jaspers, *The Atom Bomb and the Future of Man*, trad. E. B. Ashton. Chicago: University of Chicago Press, 1963. Uma edição foi publicada com o título *The Future of Mankind* em 1961 pela editora The University of Chicago Press. A edição alemã original é de 1958 [ed. bras.: Karl Jaspers, *A bomba atômica e o futuro do homem: Conferência radiofônica*, trad. Marco Aurelio Matos & Ronald Vertis. Rio de Janeiro, Agir, 1958].
59 Karl Jaspers, *The Atom Bomb and the Future of Man*, op. cit., pp. 10, 12-13.
60 Ibid., pp. 222-23, 307.

Maravilhamento e reverência

Lembre-se das palavras do geólogo Andrew Glikson:

> Uma vez que os seres humanos *perderam* certo senso de *reverência* em relação à Terra, não há evidências de que eles estejam prestes a se elevarem acima da esfera de percepções, sonhos, mitos, lendas e negação [...]. Talvez seja demais esperar que qualquer espécie viva possua a sabedoria e a responsabilidade necessárias para controlar as próprias invenções [...]. [Mas] sem ética, o *Homo sapiens* não sobrevive.[61]

Reverência, sabedoria, responsabilidade, ética – essas são palavras seculares que denotam uma relação espiritual com a terra. Não há dúvida de que estamos muito além da linguagem da geologia; aqui nos encontramos na órbita da teologia. Reverência não é simplesmente uma questão de curiosidade, maravilhamento ou biofilia. Reverência sugere uma relação de respeito misturada com medo e arrebatamento com raízes protoitálicas que significam "encarar com cautela".[62] Não compreendemos plenamente o planeta e seus desígnios. Ele não pertence à estrutura da mutualidade que Heidegger, Tagore e outros delinearam. Nem sempre conseguimos prever sua "raiva"; por isso, precisamos encará-lo com cautela. O planeta pode, como demonstrado pelos incêndios australianos de 2019, nos reduzir às nossas vidas criaturais, em que competimos com outras espécies (como os camelos na Austrália, com os quais disputamos água) pela pura sobrevivência. Zelar por algo que é ao mesmo tempo milagroso (porque tem vida complexa) e perigoso – nem sempre a ser abraçado em mutualidade –: esse é o espírito de que Glikson fala, embora em registro nostálgico e preventivo. Nostálgico porque os seres humanos parecem ter se esquecido de que o planeta tem algo que Rudolf Otto descreveu, em *O sagrado*, como "*mysterium tremendum*" – algo "urgente, ativo, cativante e vivo". Capaz de expressar uma "ira" que não tem nada de moral – não pune os seres humanos por nenhuma coisa que possam ter feito de errado –, ele pode nos reduzir à percep-

---

61   Andrew Y. Glikson & Colin Groves, *Climate, Fire and Human Evolution: The Deep Time Dimensions of the Anthropocene*. London: Springer, 2016, p. 194.
62   "Reverence", in *Oxford English Dictionary*, disponível online; "vereor", in Michiel de Vaan (org.), *Etymological Dictionary of Latin*. Leiden: Brill, 2010, disponível online.

ção de uma existência criatural abjeta, de tão avassaladora que sua presença pode ser.[63]

A biodiversidade evoca nos estudantes humanos do fenômeno certa ideia de milagre, pois não havia nada de inevitável no advento da vida complexa neste planeta. O sistema Terra produziu uma atmosfera delicada – nossa atmosfera "moderna" – que permitiu que a vida animal e vegetal complexa florescesse. Essa atmosfera persiste há cerca de 400 milhões de anos. Dependemos dela, mas ela *não foi feita nos tendo em vista*. Teoricamente, ela estaria lá mesmo que os humanos não tivessem aparecido. Quando os seres humanos surgiram como um animal, nossa vida animal era cheia de medo – uma das fontes (poderíamos dizer, imitando William James) de uma série de experiências religiosas antigas. Mais importante ainda, havia o medo de outros animais e espíritos, reverência para com os não humanos e os não vivos. As antigas religiões da África, das Américas e da Australásia não sugerem a ideia de que o mundo teria sido criado apenas para os seres humanos, nem mesmo principalmente para eles. O medo foi crucial para a sobrevivência da espécie, pois regulava as relações interespécie. Depois vieram o Holoceno e a civilização humana. As religiões axiais fizeram que nos sentíssemos centrais para o milagre da criação. Os séculos XVII e XVIII – um período em que os europeus se apoderaram das terras de outros povos e se encontravam cada vez mais nadando em luxo – por vezes tornavam os pensadores europeus excessivamente confiantes quanto ao lugar e às perspectivas da humanidade. Em seu *Segundo tratado*, Locke anunciou – em grande parte tendo o novo mundo em mente – que terra era para os humanos tão abundante quanto a água:

> Nem esta *apropriação* de qualquer parcela de *terra*, mediante melhoramento[,] importava em dano a qualquer outra pessoa, desde que ainda havia de lado bastante e de boa qualidade, e mais do que os que ainda não possuíam um trecho pudessem usar. [...]. Ninguém

---

[63] Ver a discussão desenvolvida em Rudolf Otto, *The Idea of the Holy: An Inquiry into the Nonrational Factor in the Idea of the Divine and Its Relation to the Rational*, trad. John W. Harvey. Mansfield Center: Martino, 2010, caps. 4-5, pp. 20-21, 24 (publicado pela primeira vez em inglês em 1923 a partir de *Das Heilige* [1917]). Sou grato a David Lamberth e Charles Hallisey por terem me encorajado a lê-lo. Otto traduz *"tremendum mysterium"* como *"awful mystery"* [terrível mistério] (p. 25) [ed. bras.: Rudolf Otto, *O sagrado: Aspectos irracionais na noção do divino e sua relação com o racional* [1917], trad. Walter O. Schlupp. Petrópolis: Vozes, 2007].

se julgaria prejudicado porque outro homem bebesse, embora fosse longo o trago, se dispusesse de um rio inteiro da mesma água para matar a sede; e o caso da terra e da água, quando há bastante para ambos, é perfeitamente o mesmo.[64]

Grotius em seu *Mare Liberum* (*Mar livre*) [1609] declarou que os oceanos não são apenas propriedade comum de todos os seres humanos mas também inesgotáveis na quantidade de alimento que continham para nós: "Pois é geralmente aceito que, se um grande número de pessoas caça ou pesca em algum pedaço de terra arborizada ou em algum riacho, a floresta ou o riacho provavelmente ficaria [exaurido de] animais selvagens ou peixes, uma objeção que não é aplicável ao mar".[65] Era 1735, quando Lineu, um erudito europeu, chegou a nos catalogar, a própria espécie, sob a rubrica de "Homem sábio", *Homo sapiens*, com uma pequena nota ao lado, como que dirigida a si mesmo, dizendo: *nosce ti ipsum* (conhece-te a ti mesmo). Ele o incluiu na décima revisão de seu *Systema naturae* [1758].[66] E mais tarde, no mesmo século, Kant proclamou com confiança que a lã nas costas das ovelhas era feita para os humanos.[67] Por fim, veio a modernidade industrial e capitalista seguida da intensa globalização e democratização do consumo das últimas quatro décadas. Fomos gradualmente esquecendo a cultura da reverência na qual se baseavam todas as religiões antigas indígenas e até camponesas.[68]

---

64 John Locke, "Segundo tratado sobre o governo: ensaio relativo à verdadeira origem, extensão e objeto do governo civil" [1690], trad. E. Jacy Monteiro, in John Locke, *Locke*. São Paulo: Abril Cultural, 1973, p. 53 (Os pensadores, 18).

65 Hugo Grotius, *Mare liberum*, org. e notas Robert Feenstra. Leiden: Brill, 2009, p. 121 (publicado originalmente em latim em 1609). Ver também a discussão desenvolvida em Davor Vidas, "Oceans in the Anthropocene: and Rules of the Holocene", in Nina Möllers, Christian Schwägerl & Helmuth Trischler (orgs.), *Welcome to the Anthropocene: The Earth in Our Hands*. Münich: Deutsches Museum, 2015, pp. 56–59.

66 Jeffrey H. Schwartz, "What Constitutes Homo sapiens? Morphology versus Received Wisdom". *Journal of Anthropological Sciences*, n. 94, 2016; Bernard Wood & Mark Collard, "The Meaning of Homo". *Ludus vitalis*, n. 15, v. 9, 2001.

67 Ver o capítulo 6 para a referência a Kant. Sobre as origens dos pensamentos "cornucopianos" na Europa, ver Fredrik Albritton Jonsson, "The Origins of Cornucopianism: A Preliminary Genealogy". *Critical Historical Studies*, n. 1, v. 1, 2014.

68 Ver a discussão sobre "Multiculturalismo" em Eduardo Viveiros de Castro, *Metafísicas canibais: Elementos para uma antropologia pós-estrutural*,

Glikson tem razão de falar em reverência pelo planeta em tom nostálgico, pois tornar-se moderno – seja na Europa, seja em suas colônias – significou fundamentalmente superar o medo em muitos sentidos diferentes (incluindo o medo de opressores estrangeiros ou domésticos). Os leitores hão de se lembrar de que Horkheimer e Adorno abriram sua *Dialética do esclarecimento* com a seguinte observação: "No sentido mais amplo do progresso do pensamento, o esclarecimento tem perseguido sempre o objetivo de livrar os homens do medo e de investi-los na posição de senhores".[69] Através de ondas de modernização dos séculos XIX e XX, dados a combinação de energia elétrica e tecnologia e o aumento do número de cidades e seus habitantes, os seres humanos superaram seu medo de – e sua reverência por – outras formas de vida e daquilo que consideravam parte do caráter dado de seu mundo.

Ser moderno, então, significava reter um senso aristotélico de maravilhamento e curiosidade perante o mundo e o universo, mas perder todo o senso de medo como valor (em oposição ao medo como instinto ou impulso) – exceto o medo político do cidadão em relação à lei e ao Estado, como diria Hobbes. Se isso é verdade, então há uma tarefa diante do historiador do Antropoceno. É verdade que os seres humanos modernos, tanto como condição quanto como consequência de seu florescimento, perderam o medo de outras espécies. Nossa vida naquilo que denominamos civilização humana depende fundamentalmente de não termos de temer a maioria das outras formas de vida à medida que tocamos nossos afazeres cotidianos. Essa é uma condição básica da vida moderna. Mas como é que viemos a perder esse medo? Pergunto porque isso não aconteceu em toda parte ao mesmo tempo. Cresci na Calcutá dos anos 1950, onde o medo dos animais selvagens – principalmente raposas, cobras, morcegos e rãs de todos os tipos – era tão real quanto o medo de fantasmas e espíritos. Mais tarde, à medida que a energia elétrica e as pessoas foram chegando, liberando áreas para construir mais casas, essas criaturas desapareceram. A diversidade de aves avistadas na cidade diminuiu. O processo segue em curso na Índia. Como revela o trabalho de Annu Jalais entre os aldeões da zona do

---

trad. Oiara Bonilla, Isabela Sanches & Célia Euvaldo. São Paulo: Ubu/n-1, 2018, pp. 55-70, e o capítulo sobre "Animism Restored" [Animismo Restaurado], in Philippe Descola, *Beyond Nature and Culture* [2005], trad. Janet Lloyd. Chicago: University of Chicago Press, 2013.

[69] Theodore Adorno & Max Horkheimer, *Dialética do esclarecimento*, trad. Guido de Almeida. Rio de Janeiro: Jorge Zahar, 2006, p. 17.

delta do Sundarbans, no sul de Bengala, ainda existem áreas na Índia e no Bangladesh onde os animais (neste caso, o tigre) continuam a ser temidos e por vezes até adorados.[70]

Eis aqui, portanto, um projeto de provincializar a Europa. Como escrever a história da perda de medo dos seres humanos modernos – não como um instinto, mas como um valor, um processo que, sem dúvida, começa na Europa? Os fundadores do pensamento político moderno (europeu) do século XVII assumiram que o medo humano em relação aos animais selvagens era, por definição, parte da ordem "natural". A proteção da vida e da propriedade humanas em seus textos significava, portanto, proteção contra as práticas predatórias de outros seres humanos, e não de animais selvagens.[71] A discussão que Hobbes faz sobre os "direitos sobre os animais não racionais" em seu *Do cidadão* [1642] assumia, por exemplo, que as habitações humanas já estavam livres do medo dos animais selvagens. Essa era uma condição para ser político:

> no estado de natureza é lícito a qualquer um, em virtude daquela guerra que é de todos contra todos, sujeitar e até matar seres humanos, tantas vezes quantas pareça conduzir ao bem de quem sujeita e mata, muito mais lícito será assim agir contra seres brutos – isto é, cada qual à sua discrição, reduzir à servidão aqueles que pela arte possam ser domados e adequados ao uso, e perseguir e destruir os demais em guerra perpétua, como perigosos e nocivos. Portanto, nosso *domínio* sobre as bestas origina-se no *direito de natureza*, não no *direito divino positivo*.[72]

---

70 Annu Jalais, *Forest of Tigers: People, Politics, and the Environment in the Sundarbans*. New Delhi: Routledge, 2010, e Vijaya Raghavan, *Feeding a Thousand Souls: Women, Ritual, and Ecology in India – An Exploration of the Kōlam*. New York: Oxford University Press, 2019, caps. 9-10. Ironicamente, é preciso notar, o medo de animais selvagens está voltando hoje a certas partes das grandes cidades indianas à medida que macacos, leopardos, elefantes e até mesmo rinocerontes, privados de seus hábitats por causa das crises ambientais e da expansão dos assentamentos humanos, são obrigados a adentrar estes últimos em busca de alimentos e água.

71 Referindo-se à distinção entre selvagem e domesticado, Descola observa: "é improvável que [essa] [...] distinção tivesse qualquer significado no período anterior à revolução neolítica – isto é, durante a maior parte da história humana". Philippe Descola, *Beyond Nature and Culture*, op. cit., p. 35.

72 Thomas Hobbes, *Do Cidadão*, trad. Renato Janine Ribeiro. São Paulo: Martins Fontes, 2002, pp. 140-41.

Ele acrescenta que essa "condição [em estado de natureza] seria muito dura para os homens, esta em que as bestas poderiam devorá-los sem injúria, enquanto eles não poderiam destruí-las. Portanto, assim como procede do direito de natureza que uma besta possa matar um homem, também é do mesmo direito que um homem pode matar uma besta".[73] Para Hobbes, então, os "animais selvagens" já faziam parte do estado original dos seres humanos, e não de sua condição quando construíram o Estado.

O planeta agora nos lembra de que, embora valiosa, essa busca por superar o sentimento de reverência pelo mundo que nos rodeia também significou uma perda na esfera dos valores. E uma perda crítica em alguns aspectos. Ao construir uma nova tradição de pensamento político que não gire em torno simplesmente da dominação humana da terra, precisaríamos encontrar formas de combinar elementos de maravilhamento e reverência em nossa relação com os lugares que habitamos. Apesar de essa tarefa ter de ser realizada de maneira coletiva e histórica através do espaço existente do político, sem garantias de sucesso, Hobbes nos dá ao menos um ponto de partida retórico. Mas só encontramos esse ponto de partida se o lermos a contrapelo. No *Leviatã*, Hobbes glosa para seus leitores duas palavras latinas, *prudência* e *sapiência*. Ele escreve: "Assim como muita experiência é *prudência*, também muita ciência é *sapiência*. Pois, embora comumente só tenhamos o nome de sabedoria para as duas, os latinos sempre distinguiram *prudência* de *sapiência*, atribuindo a primeira à experiência e a segunda à ciência". Hobbes valorizava a "ciência" acima da experiência. A prudência ou experiência é "útil", diz ele, mas a ciência é "infalível". Ele é categórico: "A *razão* é o *passo*; o aumento da ciência, o caminho, e o benefício da humanidade, o *fim*".[74] Na ausência de ciência, poderia haver a orientação da experiência e do "juízo natural", pois a pior ofensa aos olhos de Hobbes era aderir dogmaticamente aos textos, a ofensa do pedantismo: "Mas, em qualquer assunto em que o homem não tenha uma infalível ciência pela qual se guiar, é sinal de loucura, e geralmente desprezado com o nome de pedantismo, abandonar o próprio juízo natural para se deixar conduzir por

---

[73] Ibid., p. 141.
[74] Id., *O Leviatã: Ou matéria, forma e poder de uma República eclesiástica e civil*, trad. João Paulo Monteiro & Maria Beatriz Nizza da Silva. São Paulo: Martins Fontes, 2003, p. 45.

sentenças gerais lidas em autores e sujeitas a muitas exceções".[75] Mas a experiência era inferior à ciência. Ela não carregava a "infalibilidade" da ciência e, pior, não era garantia alguma contra as ambiguidades da linguagem; por esse motivo, ela não fornecia nenhuma base para a ordem. Hobbes, portanto, sempre preferia a ciência, *Sapientia*, como algo de valor mais elevado em sua filosofia de ordem política, à pura *Prudência* ou experiência.

> A luz dos espíritos humanos", ele escreve no *Leviatã*, "são as palavras perspícuas, mas primeiro limpas por meio de exatas definições e purgadas de toda a ambiguidade. [...] Pelo contrário, as metáforas e as palavras ambíguas e destituídas de sentido são como *ignes fatui* [fogo-fátuo]; e raciocinar com elas é perambular entre inúmeros absurdos, e o seu fim é a disputa, a sedição ou o desacato".[76]

Ele define a *prudência* como "uma *suposição* do *futuro*, tirada da *experiência* dos tempos *passados*" – mas as conjecturas do futuro aqui são fracas pois "baseadas apenas na experiência".[77]

É improvável que alguém hoje pense ser possível expurgar as palavras de suas ambiguidades inerentes ou basear uma ordem política em um tal expurgo imaginário. Tampouco a ciência carregaria as certezas que ela já representou para Hobbes. Suas pretensões de superioridade sobre a experiência também não deixariam de ser contestadas, porque é precisamente a "experiência" – vicária e direta – do impacto de nossa ciência e tecnologia na biosfera que nos atesta sua falibilidade e reforça a profunda ambivalência que há bastante tempo muitos seres humanos sentem a respeito de seus poderes. No entanto, por outro lado, quem negaria que a ciência e a tecnologia foram fundamentais para o florescimento humano, tanto no volume de pessoas como na qualidade de vida que um grande número de seres humanos desfruta hoje? Para o bem ou para o mal – talvez para o bem *e* para mau –, habitamos um mundo que mantém nossos cérebros estimulados muito mais do que era possível em qualquer outro período da história humana, graças precisamente às nossas invenções técnicas. E esse mesmo florescimento do período da "grande aceleração" da economia e do volume populacional humano também criou nossa atual percepção de crise planetária.

---

75   Ibid., cap. V, parte 1, p. 46.
76   Ibid., p. 45.
77   Ibid., cap. III, parte 1, p. 28.

A discussão de Hobbes nos deixa com uma questão: será que os seres humanos conseguem aprender com a experiência do Antropoceno de modo a renovarem o pensamento político moderno sem assumir – contra Tagore e outros – que seriam especiais na história da vida complexa ou que seriam centrais para o esquema mais amplo das coisas ou que seriam mesmo capazes de visualizar o todo? Pode o *Homo sapiens* aprender a ser *Homo prudens*, quaisquer que sejam as batalhas políticas que nos dividem? Vale esclarecer que um projeto que procura compreender a perda da reverência dos humanos pelo mundo em que se encontravam não é um projeto de renúncia à coragem moral de que os seres humanos sempre necessitaram em suas lutas contra várias formas de dominação e exploração, incluindo aquelas que foram possibilitadas pelo uso perdulário dos combustíveis fósseis pelos seres humanos modernos. Com efeito, esse tipo de coragem moral pode muito bem coexistir com o espírito de reverência cuja perda Glikson lamenta. De muitas maneiras, alguém como Mahatma Gandhi soube incorporar em sua figura esses dois valores.[78] Aprender a ser *Homo prudens* é não abrir mão da coragem moral. Pelo contrário: significa ter a coragem moral, a coragem de uma Rachel Carson, por exemplo – a coragem de aprender com a experiência humana e questionar as visões dominantes do ser humano.

As visões dominantes do ser humano não podem mais ser separadas do intenso crescimento do capitalismo global, extrativista e consumista, que revelou e expôs os seres humanos à fria indiferença daquilo que venho denominando o planetário. Os seres humanos agora se encontram também em uma crise de gestão temporal, pois o calendário planetário (de que fala o IPCC) e o calendário do globo (que a ONU tenta

---

[78] Em uma poderosa discussão recente sobre a ética gandhiana, Ajay Skaria explicou o que Gandhi queria dizer por "destemor" ao conduzir seu povo na luta por liberdade do jugo colonial. "*Abhay*, a palavra guzerate que ele [Gandhi] traduz tanto como coragem quanto como intrepidez, é um termo crucial no vocabulário de Gandhi", escreve Skaria. A questão não era criar uma ordem de domínio humano. "Significa um tipo diferente de coragem – não física, mas moral. Coragem moral implica, acima de tudo, questionar a si mesmo, refletir sobre em que medida suas ações estão corretas ou equivocadas […] Ser internamente dividido é desenvolver uma consciência, tornar-se capaz de travar um diálogo interminável consigo mesmo sobre o que é certo e errado, a começar pelo certo e errado das próprias ações. Ajay Skaria, "Gandhi and the Cowardice of Hindutva", *The Wire* [Índia], 2 out. 2019, disponível online.

administrar) nem sempre podem ser sincronizados. Sugeri também que esse é, de fato, um desafio profundamente fenomenológico para os seres humanos, pois alguns dos problemas que enfrentamos estão para além de nossa escala. Nossos eus encarnados e nossas instituições não evoluíram para lidar com problemas que poderiam abranger escalas temporais geológicas. Evoluímos pressupondo que o trabalho do tempo profundo era algo simplesmente dado e, ao longo dos últimos duzentos e tantos anos, nos tornamos "modernos" ao passar a pensar no mundo que nos rodeia como algo que existe "para nós". Houve e ainda há grupos de humanos que não partilham desse pressuposto, mas eles perderam para os "modernos" a batalha pelo mundo. A suposição de que o mundo está aí principalmente para fornecer um pano de fundo para o drama da história humana se desenrolar sofreu um choque bruto (ilustrado dramaticamente pelos trágicos e avassaladores incêndios australianos de 2019 e 2020). Hoje sabemos cada vez mais que o planeta não foi feito tendo os seres humanos em vista. À medida que somos obrigados a nos haver com o planeta por meio de questões como as mudanças climáticas, a extinção de espécies, o aumento do nível do mar, a acidificação dos mares, os eventos climáticos extremos, as seguranças hídrica e alimentar, e assim por diante, ouvimos basicamente dois tipos de convocação. Ambas derivam de um reconhecimento do atual impasse humano. A primeira é o apelo para que se amplie o domínio humano sobre o planeta, tornando-o um planeta "inteligente" ao garantir que, mesmo lá onde houve certa vez "natureza" (pelo cálculo humano), prevaleçam apenas a tecnologia e a justiça humana.[79] Isso significa continuar e intensificar o trabalho do global e tentar incorporar o planetário devolvendo-o à sua alçada. O outro apelo – por enquanto, utópico, mas a meu ver absolutamente crucial e vocalizado por muitos autores citados neste livro – é para que se trabalhe em prol de um planeta que já não pertence à ordem humana dominante que os impérios europeus, os nacionalismos pós-coloniais

---

[79] Essa não é apenas a posição de quem é a favor de alternativas de geoengenharia; ela é defendida mais amplamente. É possível encontrar essa posição, por exemplo, em textos sobre direito e bem-estar animal escritos antes de o aquecimento global passar a ser visto como uma questão crítica e incontornável. Ver a discussão feita por Nussbaum – com base na teoria aristotélica de maravilhamento – da questão da justiça animal em Martha C. Nussbaum, *Frontiers of Justice: Disability, Nationality, and Species Membership*. Cambridge: Harvard University Press, 2006, pp. 348-52.

e modernizadores e a globalização capitalista e consumista criaram ao longo dos últimos quinhentos anos, com uma aceleração acentuada no ritmo dos acontecimentos após a década de 1950. Independentemente da forma pela qual os seres humanos continuam a lidar com essa situação – muito provavelmente por meio de diferentes misturas de ambas as opções, em diferentes níveis de organização –, eles terão de se balizar por duas entidades conceituais conectadas, mas diferentes, o globo e o planeta, com o primeiro permanecendo uma construção humanocêntrica e o segundo descentrando o humano em nossas narrativas do mundo.

Em seu livro bem pensado *Learning to Die in the Anthropocene* [Aprendendo a morrer no Antropoceno], Roy Scranton propôs que nos preparássemos para a morte desta civilização consumista e capitalista.[80] A morte desta civilização não significa, contudo, a morte de todas as possíveis ideias de civilização. Qualquer visão justa de um futuro humano civilizado, parece-me, teria de abraçar três princípios: (a) seria preciso proteger todas as vidas humanas e viabilizar e assegurar o florescimento de cada uma delas; (b) seria preciso proteger a biodiversidade – que, afinal, garante um planeta habitável; e (c) seria preciso iniciar e conduzir processos de afastamento da atual ordem de domínio humano da terra. Em outras palavras, a ideia humanocêntrica de sustentabilidade terá de dialogar com a ideia planetocêntrica de habitabilidade. Pois, se estiver correta minha proposição de que a intensificação do global nos fez encontrar o planeta, isso significa que a idade do *puramente* global criada por impérios europeus e pelo capitalismo, idade que os teóricos ponderaram e os historiadores passaram a documentar e analisar desde a década de 1990, essa idade chegou agora a um fim. Vivemos no limiar entre o global e o planetário.

---

80 Roy Scranton, *Learning to Die in the Anthropocene: Reflections on the End of a Civilization*. San Francisco: City Light Books, 2015.

Pós-escrito
O global revela o planetário: uma conversa com Bruno Latour

[BRUNO LATOUR] *Quero perguntar a você sobre como devemos nos orientar em meio aos conflitos planetários. Na verdade, de acordo com você, há muitas noções diferentes do planeta, diferentes maneiras de sentir ou tornar-se consciente da dimensão planetária da política. Então, gostaria de perguntar-lhe em primeiro lugar sobre os pontos de vista associados à atual revolução conservadora – e, sempre que mencionamos esse termo, a figura de Heidegger entra em cena alguns minutos depois. Como você definiria esse tipo de Terra, que poderia ser chamada de Terra Velha ou Terra Reacionária, pois, assim, estaremos em uma posição melhor para situar as outras, diante daquilo que você denomina "emergência do planetário"?*

[DIPESH CHAKRABARTY] Heuristicamente, para simplificar a questão, se eu começar com a história do trabalho[1] e do capitalismo e

---

[1] Dipesh Chakrabarty se vale aqui de uma distinção proposta por Hannah Arendt em *A condição humana* [1958], entre *labor* e *work*. A autora reconhece o caráter "inusitado" da diferenciação, que "não tem precedentes na tradição do pensamento político, nem nas teorias modernas do trabalho" – daí o ruído diante do léxico marxiano, evocado adiante –, mas insiste que "todas as línguas europeias, antigas e modernas, contêm duas palavras etimologicamente distintas para designar o que hoje, para nós, é a mesma atividade, e conservam ambas mesmo diante do seu uso como sinônimas": no grego, há *ponein* e *ergazesthai*; no latim, *laborare* e *facere* ou *fabricari*; no francês, *travailler* e *ouvrer*; no alemão, entre *arbeiten* e *werken*. No português, entretanto, a distinção entre *trabalho* e *labor* é mais difícil de ser sustentada nesses termos. Se nossa palavra *labor* evidentemente corresponde ao *labor* estadunidense (ou *labour* inglês), é nossa palavra *trabalho*, no entanto, que tem ligação com o *tripalium* latino, que estaria no mesmo polo que *labor* na distinção arendtiana. Por outro lado, na física clássica, newtoniana, referenciada adiante, nosso conceito de "trabalho" é

depois conectar a Terra e o planeta, você verá que, na maioria das línguas europeias, labor, etimologicamente, tem a ver com labuta. É no fundo o trabalho braçal, cansativo, de um corpo físico. Pode ser um cavalo. Pode ser uma criança. A palavra alemã *arbeiten* está etimologicamente relacionada à palavra indo-europeia do "órfão" (que dá duro). Quando Karl Marx analisa o capitalismo, a equação crítica que ele faz é entre a máquina e o homem, e até mesmo os animais. No primeiro livro d'*O capital*, ele descreve como algumas das máquinas pesadas estavam incorporando os movimentos das patas de um cavalo e, em seguida, incorporando movimentos de braços humanos e de outras partes do corpo.[2] É por isso que Marx diz, citando Goethe, que a máquina está roubando o corpo do trabalhador. A palavra *work* [trabalho], no entanto, está etimologicamente ligada à palavra grega para energia. Essa é a definição seiscentista, newtoniana, de "trabalho": dispêndio de energia. Penso que o capitalismo começa sua história com o trabalho como labuta. Mas ele descobre, com o desenvolvimento da tecnologia, que ele não precisa de labor corporal para conseguir realizar trabalho. Ele pode usar uma cachoeira. Pode usar o vento. Pode usar uma máquina, uma inteligência artificial. É a esfera do trabalho [*work*] que se expande sob o capitalismo. Nas últimas décadas, com o uso de IA [inteligência artificial], podemos ver que o futuro do trabalho como labor/labuta é incerto. Isso está ensejando debates acerca de uma renda básica universal. O que você vai fazer com as pessoas que não têm emprego remunerado? Só algumas pessoas terão um labor que é um trabalho remunerado. À medida que o trabalho [*work*] se expande, o alcance do capital se alarga, e nossa demanda sobre a biosfera aumenta. Isso afeta diretamente a biosfera e afeta a terra profunda por causa da mobilização de recursos.

[BL] *A extração de coisas.*

---

representado pelo símbolo *W* justamente por causa do *work* inglês. Por isso, na tradução, optamos por valorizar uma compreensão mais contextual da distinção desenvolvida, em vez de tentar nos apoiar no rigor de par terminológico fixo. Até porque os próprios autores (Bruno Latour incluso) em alguns momentos usam os dois termos de maneira intercambiável, cientes de estarem dialogando com interlocutores para os quais esta não é uma distinção consolidada. [N. T.]

2 Ver Karl Marx, "Maquinaria e grande indústria", in Karl Marx, *O capital: Crítica da economia política*, livro 1: *O processo de produção do capital* [1867], org. Friedrich Engels, coord. e rev. Paul Singer, trad. Regis Barbosa e Flávio R. Kothe. São Paulo: Ubu, 2025, cap. 13, pp. 354-455.

[DC] Isso. O capitalismo extrativista torna-se cada vez mais dependente da biosfera. Quanto mais o capitalismo adentra a terra profunda através da esfera do trabalho [*work*], mais ele encontra aquilo que denomino planeta.

[BL] *Biosfera é um termo bom aqui?*

[DC] A biosfera faz parte da zona crítica. O capitalismo está, portanto, demandando mais da zona crítica e mais da terra profunda.

[BL] *Então, é o trabalho que nos permite descobrir o planeta? Ou é sua fabulosa extensão por meio do capitalismo?*

[DC] No fundo, é a redução da importância do labor e a importância crescente do trabalho. É isso que torna Marx um tanto obsoleto, porque todas as suas noções de valor, trabalho abstrato [*abstract labor/abstrakte Arbeit*], trabalho vivo [*living labor/lebendige Arbeit*] baseiam-se na presença dos seres humanos, ao passo que trabalho [*work/Werk*] não requer a presença humana na mesma medida. Posso fazer uma montanha realizar o trabalho [*work*] por mim. Esse é efetivamente o princípio da alavancagem. À medida que o capitalismo se expande, ele gera uma crise aqui. A crise é aquilo que na sociologia muitas vezes denominamos o problema do futuro do trabalho [*work*]. Quando eles indagam qual será o futuro do trabalho [*work*], eles estão se referindo ao futuro do labor, da labuta remunerada. Mas o capitalismo se expande, criando essa crise, e efetivamente aumenta o papel geomorfológico dos seres humanos. Isto é, a forma pela qual transformamos a superfície do planeta. O fato de que no Antropoceno dizem que os seres humanos são os maiores agentes de deslocamento de terra.

[BL] *Espere! Você está indo rápido demais. Ainda não vimos o Antropoceno; por enquanto, só temos um sujeito labutando no campo.*

[DC] E ficando redundante.

[BL] *Ainda não existe "planeta".*

[DC] Então, começamos com a Terra heideggeriana e começamos com a descoberta setecentista da química do solo e da noção de sustentabilidade. É aqui que começa um nível do capitalismo. O que se está introduzindo é a história daquilo que chamamos de tecnologia.

[BL] *Produção, basicamente.*

[DC] Mas essa é a história daquilo que Carl Schmitt chama, na tradução em inglês, de *"unencumbered technology"* [tecnologia desimpedida][3]

---

3   A expressão utilizada por Schmitt em alemão é *"entfesselten Technik"*. [N. T.]

naquele livro que você me indicou.⁴ Incrível, não é? Ele vê o navio como uma tecnologia desimpedida porque a vida em um navio depende completamente da tecnologia na embarcação. Essa tecnologia, em seus termos, é desimpedida porque não está embutida na sociedade da mesma forma que a tecnologia em terra. Mas a tecnologia vai ficando ainda mais desimpedida e, quanto mais desimpedida ela fica, mais você pode expandir a esfera do trabalho.

[BL] *Até você descobrir que a biosfera tem um limite.*
[DC] Sim, mas, ao mesmo tempo, isso permite que você depare com a terra profunda, que faz parte daquilo que estou chamando de planeta. O trabalho nesse nível pode levar a mais terremotos. Considere o seguinte: o uso de combustíveis fósseis acarreta a emissão de dióxido de carbono. Para encontrar combustíveis fósseis, você precisa cavar fundo e depende de tecnologia e maquinário sofisticados. O aquecimento da superfície do planeta contribui para a ocorrência de eventos geofísicos como terremotos e tsunâmis. Há um livro chamado *Waking the Giant* [Despertando o gigante], do geólogo Bill McGuire. Seu subtítulo é *How a Changing Climate Triggers Earthquakes, Tsunamis, and Volcanoes* [Como um clima em transformação desencadeia terremotos, tsunâmis e vulcões].⁵

[BL] *Essa seria a passagem para o global?*
[DC] É aqui que o planetário entra no global.
[BL] *OK. Porque você diz que o global revela o planetário.*
[DC] O global expõe o planetário.
[BL] *Vamos colocar algumas datas aqui?*
[DC] Eu diria que a "terra" em termos heideggerianos é mais antiga.
[BL] *Na faixa dos primórdios.*
[DC] Sim. O global, a partir do século XV. Eu diria que o planeta começa com a fixação de nitrogênio, a síntese de Haber-Bosch, no início do século XX, porque aí você está de fato entrando em processos planetários. Claro, a terra vem do planetário. O global vem de um processo histórico que inclui a expansão europeia e o desenvolvimento de uma tecnologia capaz de transformar a esfera na qual vivemos em um globo para nós.

---

4 Carl Schmitt, *Dialogues on Power and Space* [1954], org. Andreas Kalyvas & Federico Finchelstein, trad. Samuel Garrett Zeitlin. Cambridge: Polity Press, 2015.

5 Bill McGuire, *Waking the Giant: How a Changing Climate Triggers Earthquakes, Tsunamis, and Volcanoes.* New York: Oxford University Press, 2012.

[BL] *É. Sem o global, não teríamos descoberto o planetário. E o planetário, por sua vez, abarca retrospectivamente bilhões de anos.*

[DC] Exatamente. É aí que o panorama histórico se abre.

[BL] *Então, o planeta antecede o global.*

[DC] Certo.

[BL] *Só que ele chega muito tarde, é claro.*

[DC] Sim. Tomamos conhecimento de sua presença tardiamente.

[BL] *OK.*

[DC] O que eu pretendia dizer aqui é o seguinte. Tenho duas fotos – não as trouxe comigo, mas elas são muito reveladoras. Justapus um par de fotos [ver, neste volume, p. 26] de uma criança em meu bairro, um menino de 4 anos – na primeira, ele contorna uma retroescavadeira sem se dar conta dela; na segunda, no minuto seguinte, ele está sentado em um tanque de areia manuseando tratores e retroescavadeiras de brinquedo, deslocando areia. Uso essas imagens para mostrar que o Antropoceno, ou a agência de deslocamento de terra da humanidade, foi naturalizado a tal ponto que um garotinho está crescendo usando essa maquinaria de brinquedo pensando que é isso que os humanos fazem. Nesse sentido, um papel planetário dos seres humanos pode de fato aparecer na vida de um indivíduo, em sua biografia. O menino é filho de um colega meu. Um dia entrei na casa deles e reparei nesses brinquedos. E exclamei a meu colega: "São brinquedos do Antropoceno!". Então meu colega, o pai do menino, ficou interessado no assunto e me enviou essas fotos.

[BL] *Mas, espere, quando esse menino está brincando, é muito positivo. Hoje talvez cheguemos a uma situação em que você tem as mesmas retroescavadeiras e tratores de brinquedo, mas pais ecologicamente conscientes podem querer dar um tabefe nas crianças e dizer: "Não brinque com essas coisas horrorosas!".*

[DC] Porque não os chamávamos de brinquedos do Antropoceno. Chamávamos de brinquedos de construção, de desenvolvimento.

[BL] *Quando é que a palavra designa ou passa de desenvolvimento para Antropoceno? Quando é que a grande aceleração, em vez de ser positiva, se torna horripilante?*

[DC] Eu diria que ela começa – a consciência (sem querer ser hegeliano aqui) –, quer dizer, para falar sobre o início de uma consciência não é bem o termo correto, mas certamente entre Rachel Carson e

Limites do crescimento, então entre 1962 e 1972.[6] É nessa década que acontece certa mudança. A mudança não atinge a Ásia. A China efetivamente lança o projeto das Quatro Modernizações em 1978. A Índia se liberaliza em 1991 e pensa estar se modernizando. A mudança ocorre principalmente no Ocidente, mas eu diria que é aí que há dúvidas reais. O tipo de batalha que Rachel Carson teve de travar contra as autoridades por não ser considerada propriamente uma cientista.

[BL] *Então, o planetário surge como a sensação de que há um choque entre o global – basicamente, a modernização – e o planeta. Há uma grande diferenciação em termos de história, em cada nação é diferente.*

[DC] Mais diferenciado do que a globalização, porque a história do desenvolvimento corre junto com a do imperialismo. Os impérios dizem que estão desenvolvendo [seu país]. As etapas do crescimento de Rostow na década de 1950, mais especificamente 1958. Cresci na Índia pensando que estávamos organizando o desenvolvimento/a modernização. Nossa ambição era nos modernizar. Se você voltar à década de 1950, a defesa popular de tecnologias como grandes barragens se dava na chave de colocar comida na mesa das pessoas.

[BL] *Então, a Revolução Verde?*

[DC] Bem, isso é mais tarde, 1968 ou 1969, mas, mesmo na década de 1950, as barragens, por exemplo. A justificativa das barragens era alimentar as pessoas. A partir da década de 1930, especialistas populacionais estavam discutindo se haveria comida suficiente para todos, perguntando-se se a capacidade de sustentação da Terra dava conta. Uma das coisas interessantes que vejo é que a narrativa da modernização traz consigo certo tipo de ética secular – uma forma secular e não religiosa de cuidar dos pobres. A retórica de que isso vai, no final das contas, garantir a alimentação das pessoas está presente tanto nos escritos de autores de direita como de esquerda.

[BL] *Então aqui há um começo ao menos de um tipo de planeta, ainda não é "o planetário" – reservamos "o planetário" para o Antropoceno?*

---

6   Rachel Carson, *Primavera silenciosa*, trad. Claudia Sant'Anna Martins. São Paulo: Gaia, 2010; Donella H. Meadows et al., *The Limits to Growth: A Report for the Club of Rome's Project on the Predicament of Mankind* [1972]. New York: Universe Books, 1972 [ed. bras.: *Limites do crescimento: Um relatório para o Projeto do Clube de Roma sobre o Dilema da Humanidade*, trad. Inês M. F. Litto. São Paulo: Perspectiva, 1973].

[DC] Isso.

[BL] *Já existe a sensação de um planeta aqui, mas é um planeta como pano de fundo e como um recurso.*

[DC] Certo.

[BL] *E a pergunta é: "que tamanho tem o recurso?".*

[DC] E é assim que surge a questão do limite. A questão da finitude, portanto.

[BL] *Ainda está em desenvolvimento. Ainda é o global. Então, o global tem um planeta.*

[DC] O global convive com a sombra do próprio planeta.

[BL] *Então, de repente, nas décadas de 1970 e 1980, na parte ocidental, o planeta é sentido tanto como um recurso quanto como algo negativo ou enigmático.*

[DC] Ele estava se revelando para James Lovelock e colegas na década de 1960, mas não tínhamos conhecimento dele.

[BL] *Mas a conexão com Gaia, de acordo com você, não é tão forte quanto a conexão com a Ciência do Sistema Terra [CST].*

[DC] É nisso que Gaia se transforma.

[BL] *Então, há um conflito entre os dois. Mas quero voltar a uma das outras características das diferentes definições do planetário, que é a questão da agência, porque, afinal, foi daí que começou seu interesse pela questão climática. Claramente, o agente [da] história que impulsionou o global foi a indústria.*

[DC] E, para Marx, o trabalho.

[BL] *E, claro, foi isso que proporcionou a possibilidade do socialismo. Desculpe-me, esta é uma questão a que você já teve de responder muitas vezes: qual é o novo agente da história agora com o planetário? Quem é o agente? É um agente reconhecível da história do socialismo? É um tipo completamente novo de humano?*

[DC] Meu entendimento da situação é o seguinte. A partir da década de 1970, algo começou a acontecer com a figura do "agente" – cada ser humano como agente autônomo –, que havia sido tão popular no Ocidente democratizante, pós-imperial, da década de 1960. As sociedades ocidentais complexas estavam cada vez mais lidando com a questão da agência mediante sua compartimentalização em diferentes esferas da vida. Se você estivesse envolvido em algo que poderia ser tratado por meio do direito, em que você seria responsabilizado ou culpabilizado por algo, então boa parte do direito ainda utilizaria uma noção lockiana de pessoa. Você seria visto como uma pessoa dotada de autonomia, uma pessoa imputável. Se você tivesse um diagnóstico de insanidade mental, seria poupado. Por outro lado, quando os médicos descobriram que uma úlcera era causada por bactérias, e não por estresse – que foi o que ocorreu no final dos anos 1970 e meados dos anos 1980 –, um médico, ao atendê-lo, não o trataria como uma pessoa lockiana. O médico, na verdade, diria...

[BL] *Você teve uma infecção...*
[DC] Você tem um microbioma; há outros seres vivos dentro de você. De certa forma, este é o mundo que você [BL] e outros destrincharam, que é um mundo de conectividade e daquilo que vocês denominam formas distribuídas de agência. O mundo de que você e outros falaram, esse mundo estava se tornando cada vez mais visível, mas as instituições políticas, as instituições jurídicas, continuavam como antes.

[BL] *Como sujeitos lockianos.*
[DC] Como se esse conhecimento não tivesse nenhuma relevância política. Penso ser esse o problema que estamos enfrentando agora em uma escala muito maior.

[BL] *Então, não temos mais sujeitos lockianos em nenhum lugar?*
[DC] Mas precisamos fingir que ainda somos sujeitos lockianos. É assim que votamos. É assim que as nações dialogam entre si. Na ONU, cada nação tem uma personalidade jurídica, política. Quando dizemos que as grandes nações são responsáveis ou quando dizemos que o capitalismo é responsável por emissões de gases de efeito estufa, falamos no capitalismo como se ele tivesse uma personalidade moral/jurídica.

[BL] *Então, há uma desconexão entre os agentes reconhecidos do passado e os novos agentes do planeta?*
[DC] Bem, há uma desconexão real – e ainda não temos pontes políticas para remediar a divisão.

[BL] *Então o agente da história não é um humano, e sim "terreais".*
[DC] São terreais, são mais do que humanos, e o pensamento político não buscou construir nenhum elo entre os humanos e esses complexos mais amplos dos quais nós também fazemos parte. Ainda não sabemos como reconhecer politicamente esse agente que é mais do que humano e necessariamente inclui o humano.

[BL] *Você se sentiria confortável com o adjetivo* terrestre?
[DC] Sim.

[BL] *Não um sujeito lockiano, mas um sujeito terrestre, um adjetivo que não especifica se ele é humano ou não humano.*
[DC] Exatamente. Mas para encará-los como sujeitos.

[BL] *Eles não estão lá.*

[DC] Eles não estão lá, e você precisa ressignificar a palavra *sujeito*.

[BL] *Talvez possamos agora repassar as diferentes coisas envolvidas nesse argumento sobre agência. A terra – a terra primordial que foi objeto de obsessão de Husserl, Heidegger e, de alguma forma, de Schmitt e muitos outros alemães –, qual teria sido o agente humano lá? Qual teria sido a construção política – o agente da história?*

[DC] Heidegger, se você só recuperar algumas frases – não me lembro em qual ensaio[7] – em que ele está comparando, em que ele desenvolve sua distinção entre dois modos de se relacionar com a terra: exigir da terra, desafiá-la – a palavra alemã é *herausfordern* –, e deixar algo à mercê da terra. Ele diz que, quando um camponês semeia uma semente, ele deixa a semeadura à mercê da terra, mas que, quando uso fertilizantes artificias, trabalho a terra. É como se eu estivesse desafiando a terra, exigindo algo dela, como que apontando uma arma na cabeça de alguém para roubá-lo. Heidegger claramente favorece a posição de se deixar à mercê da terra.

[BL] *O que não está muito longe do agente que vive no planetário, depois de muitas reviravoltas hegelianas.*

[DC] Sim, o agente que descobre que está à mercê dela de qualquer maneira.

[BL] *Então, esse é seu argumento para quando você é acusado de ter abandonado o agente emancipatório revolucionário da história; e, quando você está falando tanto do novo planetário, quer dizer, isso significa que você meio que [...]?*

[DC] O problema sobre o qual me vejo matutando é o seguinte – preciso reconstituí-lo para poder pensar suas implicações. Quando você diz que "jamais fomos modernos", você tem razão em seus termos, na forma pela qual você define a constituição moderna. Nesse sentido, você tem razão. Mas, quando chega ao final do livro, você termina dizendo que quer preservar duas coisas da constituição dos modernos. Uma delas é a proliferação de híbridos que os humanos produziram e essa capacidade de proliferar híbridos. Em outras palavras, mesmo quando você está finalizando aquele livro – e você está dizendo que jamais fomos modernos nos seus termos, o que penso ser correto –, você não está dizendo que não devemos ter aparelhos de ressonância

---

7 Chakrabarty parece se referir a Martin Heidegger, "A questão da técnica" [1953], trad. Marco Aurélio Werle, *Scientiae Studia*, v. 5, n. 3, São Paulo, set. 2007, pp. 375-98. [N. T.]

magnética, que não devemos ter quimioterapia, você não está dizendo isso. Então, é por isso que, em minha leitura, vou interpretar que tem coisa nesse desejo de reter esse elemento da constituição.

[BL] *Mas há algo de terreal em sua definição do planetário.*
[DC] Sim, permita-me terminar este ponto que já chegarei lá. Então, eis o paradoxo do pensamento político-humano – vou tentar formulá-lo em uma frase –: o pensamento político do século XVII se funda no pressuposto de que o papel do Estado é garantir segurança à vida e à propriedade, mas, ao buscarmos fazer que uma quantidade cada vez maior de pessoas tenha vidas seguras e mais longevas, acabamos por tornar a vida mais incerta. A busca por essa segurança produziu uma zona, uma zona muito incerta, para os seres humanos. Ao mesmo tempo, o compromisso no nível da vida individual está embutido nos objetivos de todas as nossas instituições. Se minha esposa tem câncer, se tenho câncer, vamos ao hospital. Estamos todos comprometidos com o princípio de estender a vida de todo indivíduo, e, como eu disse, porque o pensamento político moderno adotou desde o início o indivíduo como foco, o indivíduo como detentor de vida e de direitos e como recipiente de políticas de bem-estar, esse foco no indivíduo significou que havia uma indiferença à quantidade total de seres humanos. Independentemente de quantos seres humanos haja, diremos que todos precisam ter os mesmos direitos. Então, basicamente, há uma indiferença para com a biosfera embutida no próprio pensamento político.

[BL] *Essa era a maneira lógica de pensar até que o global...*
[DC] Até que o globo topou com o planeta.
[BL] *Porque, quando a maioria das pessoas estava promovendo a ideia de modernização para todos, todos a abandonaram.*
[DC] Essa é a revolução conservadora. Então, eis o dilema: acho muito difícil construirmos agora uma nova ideia de política que não parta da mesma premissa da segurança da vida. Porque penso que todos estamos comprometidos com ela.

[BL] *Queremos ser protegidos, defendidos e assegurados.*
[DC] Exatamente. E mesmo no entendimento heideggeriano do que seja *heimlich*, do que seja "lar", sempre constataremos que estar em casa também tem a ver com se sentir seguro. Mas, ao mesmo tempo, o problema é que o arranjo atual, que pensávamos que garantiria nossa segurança, na verdade torna as coisas inseguras para nós. Então, como juntar o pensamento político com o tipo de reflexão que você, Jane Bennett e outros, os chamados novos materialistas, fizeram?

Essa é a tarefa que está posta. Acho que ainda não sabemos – e é aqui que considero interessante ler sua introdução ao catálogo [do *Reset Modernity!*], porque você também está deixando essa resposta em aberto. Você está dizendo: não consigo definir sua zona crítica para vocês. Cabe a vocês descobri-la.

[BL] *Você deve ter alguma ideia do que poderia significar não ser mais um humano lockiano, mas um humano terreal ou terrestre ainda interessado em proteção por algum tipo de entidade que talvez não queiramos chamar de Estado. Ainda não sabemos.*

[DC] Quanto à forma do humano-que-será, não sabemos. Também temos de supor que, para cada acordo amplo ao qual os seres humanos chegarem, haverá tantas interpretações desse acordo que ele vai se desfazer assim que for firmado – que é o argumento de Schmitt sobre o pluriverso. Não tenho como apresentar uma descrição dos futuros que os seres humanos virão a habitar, mas posso, sim, dizer que considero que os arranjos socioeconômico-tecnológicos de que dispomos hoje não têm como se sustentar indefinidamente. O capitalismo tardio tornou-se antipolítico porque ele não dá conta de oferecer proteção para todos e, portanto, tem de haver algum tipo de reconhecimento dos processos planetários da CST. Agora voltamos a Gaia, à zona crítica e à questão de reconhecer essas variáveis.

[BL] *Uma forma de fazer a pergunta novamente é indagar qual dessas visões planetárias traz a possibilidade da política. Essa é, naturalmente, uma das questões com as quais você trabalhou bastante, que é que o global tinha uma forma poderosa de atribuir agência política e direção, chamada desenvolvimento – ou capitalismo, ou o comunismo –, mas que também não deixava de fornecer uma orientação. Sabíamos o que fazer politicamente e o que significava nos indignar, construir plataformas políticas e lutar por elas. A terra, a terra primordial de que falávamos no início, rapidamente tornou-se reacionária porque ela não era organizada como uma resistência ao capitalismo, mas como uma espécie de sonho de fugir dele. Então, agora, de repente, o global revela o planetário; há coisas que claramente não são políticas. A CST – que é um planeta, é apenas um entre muitos planetas, e nós os estudamos comparados com o resto do cosmos, o que significa que você não pode fazer muito, politicamente, com ela.*

[DC] Mas penso que do planetário se segue o político, porque já existe por aí uma construção conservadora, de direita, da política planetária.

[BL] *Sim, claro. Desculpe. Eu me esqueci disso. Não é reacionário no sentido da terra, da terra primordial. É reacionário no sentido, na direção, hipermodernista, de seguir no global até chegar ao planeta.*

[DC] De certa forma, essa pergunta que você está fazendo – qual seria a forma da política – não é uma pergunta que está sendo formulada no nada; ela está sendo feita, na verdade, em um mundo em que há pessoas poderosas com dinheiro e instituições poderosas. Há, por exemplo, o físico de Harvard David Keith, que escreveu um livro defendendo a geoengenharia e que recebeu um financiamento considerável da Fundação Gates para desenvolver a tecnologia que nos permitiria injetar aerossóis de sulfato na estratosfera. Mas, como apontou um geólogo, se você espalhar aerossóis de sulfato – e é preciso espalhá-los durante cem anos para conseguir alguma margem de respiro –, durante esses cem anos o céu ficará permanentemente branco por causa da dispersão de luz!

[BL] *Então, em sua definição, isso é apenas o global.*

[DC] É uma extensão de Gaia.

[BL] *Que engole o planetário sob os mesmos termos. E não atribui nenhuma agência política exceto para as pessoas. Ele não repolitiza muito a situação.*

[DC] Não, de fato. Por outro lado, precisa haver uma luta. Mas o que estou dizendo é que, de muitas maneiras, porque o dinheiro/capital já está produzindo uma política do planeta em termos de estender essa lógica...

[BL] *A política em termos de distribuição de poder. Mas, em termos de ter agência – de ser empoderado, fazer algo da própria existência –, não.*

[DC] Não. De forma alguma. De forma alguma. Mas penso que a parte negativa da atual política progressista é querer combater tudo isso. Há, ainda, duas coisas adicionais interessantes – coisas que ainda não discutimos. Pense no momento em que as notícias sobre as mudanças climáticas se tornaram notícias para os políticos, e não exclusivamente para cientistas, por exemplo, em 1988, quando o cientista climático da Nasa James Hansen depôs perante o Comitê do Senado dos Estados Unidos sobre o aquecimento global induzido pelo homem e, logo depois, no mesmo ano, quando a ONU criou o IPCC [Painel Intergovernamental sobre Mudanças Climáticas]. Por que criaram o IPCC? Foi criado na esteira do sucesso do Protocolo de Montreal. Então, o que aconteceu é que assumimos – essa não é a parte política da história –, depois da Segunda Guerra Mundial, que a ONU era a forma adequada...

[BL] *Certo, business as usual.*

[DC] – ... para lidar com toda a política global, e a ONU também assumiu que o calendário para trabalhar na política global é infinito.

[BL] *Então, quando você diz global, quer dizer a política global absorvendo o planetário à medida que, na época, ele chegava?*

[DC] É, mas o que estou dizendo é que o pressuposto da ONU, por exemplo, no caso da questão Israel-Palestina, é que não existe calendário finito na política. Mas, quando a crise climática estourou, houve um choque de dois tipos de calendário, porque os cientistas estavam produzindo um calendário finito, dizendo basicamente que, se não for feito X até tal data, as consequências serão Y. Mesmo a cifra do aumento de 2°C na temperatura, como você sabe, foi politicamente negociada de um calendário finito. O problema climático era um problema para o qual no fundo não existia nenhum modelo de governança. A Organização das Nações Unidas não era uma instituição de governança pensada para lidar com problemas globais. Ela nos deu um modelo de governança para problemas globais. O problema climático foi o segundo problema planetário que abordamos no interior dos parâmetros dos processos da ONU (o primeiro foi o do buraco na camada de ozônio).

[BL] *Então, para você, quando surgiu o planetário, mesmo dentro do formato da ONU, como a questão impossível de ser resolvida? É só por causa da ineficiência?*

[DC] Ele surge muito gradualmente e aparece muito claramente no Acordo Climático de Paris, em 2015, quando se assume que, mesmo que todos cumpram suas metas, não seríamos capazes de evitar uma perigosa mudança climática, a menos que produzíssemos tecnologia para extrair do ar os gases do efeito de estufa – tecnologia que ainda não existe. Você começa a perceber que todas as nações estão tentando agir como se ainda estivessem no mesmo calendário global. Posso negociar [algum] tempo aqui e algum tempo ali. Isso no fundo revela que há uma profunda crise de governança. A crise climática trouxe à tona o planeta, mas não temos uma forma planetária de governança. A geoengenharia e todas essas coisas estão ocupando o lugar dessa política. Na prática, já há quem defenda montar formas de resistência não globais, mas, sim, locais, heterogêneas e multifárias, a ações baseadas no argumento do "bom Antropoceno".

[BL] *Na característica de seu planetário, precisamos levar em conta o ritmo da história. Então, a terra primordial é, por defi-*

nição, sempre a mesma, o mesmo povoado, o mesmo sino de igreja, não há história. O ritmo do global conhecemos bem: ele precisava avançar e tínhamos essa expressão que hoje soa estranha, "aceleração da história"...

[DC] E você, inclusive, traz Fernand Braudel aqui – Braudel é fascinante porque ele não tem absolutamente nenhuma fé no indivíduo como agente da história. Em *Escritos sobre a história*, ele chega a dizer que o indivíduo "é, muito frequentemente, uma abstração".[8] Existem todas essas coisas grandes, mas as coisas grandes são todas muito estáveis. Só que elas não são.

[BL] *Então, a aceleração da história é para a geologia, mas não para...*

[DC] Exatamente. É assim que aparentemente ele pensava. E isso não importava para os seres humanos. Outro dia me ocorreu que daria para pegar todos os aforismos de Wittgenstein em *Da certeza* e lê-los como sua forma de pensar sobre o que é que os seres humanos dão por certo. Uma questão que ele coloca, se você se lembra, é a seguinte: se você vê um edifício, você indaga a idade dele, mas, se você vê uma montanha, nunca lhe ocorre perguntar quantos anos ela tem. Por quê?

[BL] *É estranho.*

[DC] E isso é porque a montanha faz parte daquilo que consideramos dado no mundo. Mas hoje, lendo sobre as geleiras e a crise climática no sul da Ásia, você percebe que o Himalaia é uma cordilheira jovem. O carvão australiano está próximo da superfície porque as montanhas estão todas velhas e erodidas. Nossas "certezas" estão agora sendo abaladas pelo que denomino a percolação de uma consciência geológica em nosso sentido da história. Esse é o deslocamento tectônico que está acontecendo na história.

[BL] *Mas temos trabalhado muito nisso e a pergunta que estou tentando fazer, para além disso, é qual delas está sobrepujando as outras?*

[DC] O global e o planeta?

[BL] *Bem, claramente o global, se seguirmos seu argumento sobre a geoengenharia representar o global tentando absorver o planetário.*

---

8 Fernand Braudel, *Escritos sobre a história* [1969], trad. J. Guinsburg & Tereza Cristina Silveira da Mota. São Paulo: Perspectiva, 2019, p. 23.

[DC] A energia solar igualmente. É a mesma coisa. É uma tentativa de absorver o planetário no global.

[BL] *E aí há outras versões, que eu chamaria mais de linha Gaia, que vão dizer que não temos como – que o planetário sempre esteve lá e ele é único. Ele tem uma singularidade, de modo que a CST é a mesma em todo lugar.*

[DC] Gaia é nossa. Ela é única.

[BL] *Gaia é singular. Mergulhamos cada vez mais em sua singularidade.*

[DC] Isso é muito interessante. Você está opondo Gaia à astrobiologia e à busca por exoplanetas. O pressuposto na astrobiologia é que não somos singulares. Que um dia haverá uma série. E cada Gaia será singularmente bizarra. Os planetas serão semelhantes, mas, se houver vida em outro planeta, sua Gaia será singularmente bizarra.

[BL] *O argumento de Timothy Lenton e Sébastien Dutreuil é que procurar vida em outros planetas é uma coisa, mas querer procurar Gaia já é um absurdo. É outra maneira de fazer a pergunta sobre a normatividade, porque, se começarmos a sentir isso e estivermos interessados na historicidade, aprenderemos uma nova historicidade que o global não tinha. Essa historicidade também pede para nos dar uma espécie de normatividade. Não é mais como era quando supostamente éramos naturais, porque, quando supostamente éramos naturais [...]*

[DC] Aceito a descrição, é por isso que, ao discutir Gaia e CST, efetivamente digo que a CST é assombrada por uma intuição poética, o momento Gaia. Talvez essa seja a razão pela qual você e Lenton trazem Gaia de volta. O ponto sobre sua singularidade é precisamente o ponto sobre sua poesia.

[BL] *Não é natureza.*

[DC] É toda essa poesia. Não é um objeto da ciência que se repete. Nesse sentido, é uma questão de singularidade. O problema é quando os seres humanos ficamos sabendo disso, e não há dúvida de que há um senso de milagre ao tomar conhecimento disso – quer dizer, perceber que este planeta suportou, por um oitavo de sua vida, essa explosão repentina de formas de vida, há algo de milagroso nisso. Acho que é por isso que a questão remonta às suas conferências Diante de Gaia. É muito difícil separar esse momento de sentir um milagre de alguma noção do religioso. Faço uma distinção entre maravilhamento e *reverência*. Encontrei um geólogo que diz que os seres humanos perderam um senso de reverência pelo planeta. A raiz latina da palavra reverência sugere que ela significa respeito com medo, uma espécie de sentimento de que isso é muito maior do que eu. Tenho lido Rudolf Otto sobre essa questão.

[BL] *Voltamos a uma ideia muito antiga da natureza como algo aterrorizante.*

[DC] Cresci em Calcutá – essa assim chamada cidade moderna, os britânicos a haviam construído, mas ela já tinha 250 anos quando nasci. Em minha infância, eu ainda tinha medo de animais selvagens na cidade – raposas, cobras. À medida que fui crescendo, as raposas se foram, as cobras se foram, as rãs esquisitas – todas elas se foram, e as crianças de hoje não têm medo de animais selvagens. Abri a *Dialética do esclarecimento*, de Adorno e Horkheimer, e a primeira frase do livro já diz que um dos principais objetivos do esclarecimento era ajudar os humanos a superarem o medo.[9] Fiquei muito interessado em entender quando é que essa superação do medo foi incorporada ao pensamento político. Eu estava lendo o *Do cidadão*, de Hobbes, que é de 1642, e percebi que Hobbes incluía os animais selvagens no estado de natureza. Para o historiador, há aqui, portanto, uma tarefa. Concordo que a modernidade tem esse eixo da superação de medos de todos os tipos. Podemos retomá-lo de maneira nostálgica; mas, como historiadores, também podemos escrever a história de como viemos a superar diferentes tipos de medo, porque isso não foi algo que aconteceu em todo o mundo ao mesmo tempo. Cresci em um lugar onde o medo ainda era muito parte de minha vida. Algo daquela reverência precisa ser recuperada para suplementar nosso senso muito aristotélico de maravilhamento diante do milagre da biodiversidade.

---

9   Theodor W. Adorno & Max Horkheimer, *Dialética do esclarecimento*, trad. Guido Antônio de Almeida. Rio de Janeiro: Zahar, 1985.

Agradecimentos

As dívidas que acumulei escrevendo este livro são demasiadas para enumerar. Menciono algumas e peço encarecidamente perdão àqueles cuja generosidade não está formalmente registrada aqui. Alguns não são nem nomeáveis! Como faço para nomear o senhor de Düsseldorf que, depois de acompanhar uma palestra minha, me abordou no banheiro e recomendou, sem se introduzir, que eu lesse Eugene Thacker e foi embora! Eu o li e sou imensamente grato, mas desconheço o nome de meu benfeitor. Charles Bonner, que eu não conhecia, mas que me escreveu uma carta à moda antiga em 2009, depois de ler meu ensaio "O clima da história", apresentou-me a obra de Reiner Schürmann, que, para meu constrangimento, eu não havia lido antes. Há muitos outros exemplos do tipo que consigo ou não lembrar.

No entanto, refletindo sobre a questão de estar em dívida, a primeira que tenho ao escrever este livro é com alguns amigos australianos – a falecida Meredith Borthwick, Stephen Henningham, John Hannoush, Roger Stuart, Robin Jeffrey (que já foi um honorário australiano), Katherine Gibson, Sally Hone, Julie Stephens, Marina Bollinger e Fiona Nicoll – que, durante minha época de doutoramento e depois dela, me transmitiram seu amor por sua terra, sua luz, o *bush*, a praia e o mar que rodeia sua nação continental. As tempestades de fogo que, em 2003, destruíram partes consideráveis de Canberra e das pradarias em seu entorno motivaram meus interesses no fenômeno da mudança climática. À medida que eu finalizava este livro, a Austrália estava em chamas novamente. Mas, desta vez, parecia que o continente inteiro estava pegando fogo. Comecei e terminei o trabalho neste livro atravessado por um sentimento de luto, mas não antes que meu envolvimento com a literatura científica sobre a mudança climática e a Ciência do Sistema Terra tivesse desafiado profundamente minha visão humanista dos seres humanos e seus passados. *O clima da história em uma era planetária* é uma resposta a esse desafio. Mas este livro não existiria sem o amor por uma terra não familiar que herdei como imigrante.

As dívidas que tenho com alguns amigos cujo trabalho teve influência intelectual direta neste livro precisam ser reconhecidas de imediato. Jan Zalasiewicz, talentoso cientista da Terra que preside o Grupo de

Trabalho do Antropoceno em Londres, ofereceu incansavelmente seu tempo e suas orientações sempre que precisei. Bruno Latour, um dos intelectuais mais imaginativos e desafiadores de nosso tempo, permaneceu interessado e envolvido no projeto desde o início. François Hartog, eminente historiador e filósofo do tempo histórico, tornou-se outro amigo precioso ao longo do desenrolar deste projeto. O profundo interesse de meu colega Bill Brown pela materialidade e suas explorações dela foram uma fonte de inspiração e de sustento para este projeto – talvez mais do que ele imagina. É com prazer que também me recordo das muitas conversas que tive com Clive Hamilton, bem como da correspondência que trocamos quando ele estava trabalhando no seu livro *Defiant Earth* [Terra desafiante]. Ewa Domańska permaneceu envolvida com o projeto do início ao fim, oferecendo em igual medida conselhos, encorajamentos, comentários, críticas e sugestões. Completei o primeiro rascunho deste livro, especialmente do último capítulo, em setembro de 2019, quando era professor visitante na École Normale Supérieure, de Paris, a convite de Frédéric Worms. Aquele acabou sendo um mês mágico, sobretudo em virtude do calor espontâneo com que Marc Mézard, diretor da École, e Annie Cohen-Solal, sua esposa e proeminente biógrafa de Sartre, receberam a mim e Rochona de braços abertos em sua vida social e intelectual, e das muitas conversas estimulantes que pude ter com eles e com outros na École e em Paris, especialmente com Frédéric Worms, Pierre Charbonnier, Christophe Bonneuil, Christophe Bouton, Hannes Bajohr (em Berlim) e, é claro, com Hartog e Latour. Registro uma palavra especial de agradecimento também a Annabelle Milleville e suas habilidades de organização, sem as quais nossa estadia na capital francesa simplesmente não teria sido a experiência transformadora que acabou sendo. Também sou profundamente grato ao cientista da Terra Andrew Glikson, de Canberra, por ter compartilhado comigo seus pensamentos e escritos sobre o Antropoceno.

Mais perto de casa, não poderia deixar de reconhecer, com grande alegria, a forma como os talentosos e atenciosos colegas envolvidos naquele maravilhoso periódico das humanidades, a *Critical Inquiry*, nutriram e respaldaram este projeto desde o início. Seus comentários e críticas e o incentivo proporcionado pelos trabalhos deles forneceram o melhor e mais estimulante ambiente que eu poderia desejar. Dirijo meus mais profundos agradecimentos (em nenhuma ordem particular) a Bill Brown, Tom Mitchell, Laurent Berlant, Hank Scotch, Jay Williams, Françoise Meltzer, Richard Neer, Frances Ferguson,

Daniel Morgan, Patrick Jagoda, Haun Saussy, Orit Bashkin, Elizabeth Helsinger e Heather Keenleyside. Os colegas do Chicago Center for Contemporary Theory – especialmente Lisa Wedeen, William Mazzarella, Bill Sewell, o falecido Moishe Postone, Jennifer Pitts, Shannon Dawdy, Jo Masco, Kaushik Sunder Rajan e outros – também deram muito apoio ao projeto. Dois de meus colegas mais ocupados, James Chandler e David Nirenberg, reservaram tempo para ler e comentar os rascunhos dos capítulos. E havia, além disso, meu querido "grupo do clima" na universidade – Fredrik Albritton Jonsson, Emily Osborn, Benjamin Morgan e Julia Adeney Thomas (da Universidade de Notre Dame) – que organizava com regularidade leituras e seminários sobre o tema, com apoio do Neubauer Collegium da instituição. Fredrik tem sido meu camarada de armas no departamento de história e para além dele. Meu prazer em reconhecer quanto devo a esses indivíduos é profundo, mas minha dívida é ainda maior. A esses amigos e a meus dois reitores e dois diretores departamentais, a meus fantásticos colegas e equipe dos dois departamentos aos quais pertenço – História e Línguas e Civilizações do Sul da Ásia – um grande "obrigado" pelo apoio e pela colegialidade ao longo do último quarto de século.

Os amigos da Universidade Nacional Australiana – Assa Doron, Kirin Narayan, Kenneth George, Meera Ashar, Margaret Jolly, Shameem Black, Chiragh Kasbekar, Will Steffen, Libby Robin, Tom Griffiths, Kuntala Lahiri-Dutt, Fiona Jenkins, Iain McCalman e Debjani Ganguly, antes destes dois últimos a deixarem – e da Universidade de Tecnologia de Sydney – Devleena Ghosh, James Goodman, Tom Morton, Jonathan Marshall, Linda Connor, Stuart Rosenwarne, Ilaria Vanni – proporcionaram nada menos do que um segundo lar, longe de casa, para este projeto. Não tenho como expressar adequadamente a gratidão que sinto por eles pelas muitas conversas que tivemos durante algumas décadas. Agradeço também às autoridades e aos funcionários dessas instituições pelo apoio assíduo.

É também um prazer reconhecer outros indivíduos e instituições que acolheram este projeto e influenciaram seu desenvolvimento. Uma bolsa de estudos de 2007 a 2008 da Wissenschaftskolleg zu Berlin me ajudou a encontrar alguns grandes parceiros de diálogo, especialmente Eva Illouz, Michel Chouli, Andrea Büchler, Kristopher König, Axel Meyer e James Mullet. A partir de 2008, Bernd Scherer me introduziu em vários eventos ligados ao Antropoceno na Haus der Kulturen der Welt, em Berlim. Partes deste trabalho foram apresentadas como a conferência anual de 2013 no Institut für die Wissenschaften vom

Menschen, de Viena, a convite dos falecidos Krzysztof Michalski e Klaus Nellen. Gary Tomlinson e colegas da Universidade Yale me convidaram para participar das Tanner Lectures in Human Values (2014-15), em que Michael Warner, Wai Chee Dimock, Daniel Lord Smail e o próprio Gary foram fantásticos interlocutores. Em 2015, Thomas Lekan, da Universidade da Carolina do Sul, me convidou para ser *provostial fellow* durante uma semana e, com Robert Emmett, do Rachel Carson Center, em Munique, organizou uma oficina generativa sobre meu primeiro ensaio: "O clima da história". Em 2016, uma visita ao College of the Atlantic, a convite de Netta van Vliet e Sarah Hall, resultou na conversa mais instrutiva, mobilizadora e duradoura sobre clima, ciência da terra e humanidades. Em 2017, Ethan Kleinberg me convidou para dar a palestra anual da revista *History and Theory*, comunicação que se tornou a base do capítulo 7. Também incluo aqui materiais que apresentei como parte das palestras Mandel de 2017 que dei na Universidade Brandeis a convite de Ramie Targoff. Elisabeth Décultot me convidou para dar a palestra inaugural de Halle na Universidade de Halle, em 2018, e as conversas que tive lá com ela, Christian Helmreich, Daniel Cyranka e outros continuam memoráveis. Também me beneficiei das discussões que se seguiram à minha palestra anual de 2018 no Collegium of Advanced Studies da Universidade de Helsinque. Algumas seções do último capítulo foram apresentadas como minha palestra William James de 2019 na Harvard Divinity School. Espero que Charles Hallisey, Janet Gyatso e David Lamberth percebam como o que aprendi com eles naquela visita foi incorporado neste livro. Em 2018, um convite de Hortense Spillers para falar em uma conferência sobre estudos africanos e afro-americanos me ensinou muito sobre a relação entre raça e o mundo antropocênico em que cada vez mais habitamos.

Também me beneficiei muito dos convites que recebi para apresentar este trabalho em várias outras instituições: o Center for Policy Research e a Universidade Jawaharlal Nehru, em Délhi; o Mahindra Center for the Humanities na Universidade Harvard; a Universidade Ludwig-Maximilians-University, em Munique; a Universidade de Leiden; a Queen's University, no Canadá; a Universidade de Toronto; o Info-Clio, na Suíça; a Universidade de Breslávia, na Polônia; a Universidade Rice, em Houston; a Tate Modern, em Londres; a Bangladesh History Association; a Universidade de Sydney; a Universidade Presidency, em Calcutá; a Universidade de Calcutá; o Museu Düsseldorf, na Alemanha; o "Anthropocene Campus", oferecido pelo Centro Interuniversitário de História das Ciências e da Tecnologia na Universidade

Nova de Lisboa, em Portugal; a Universidade Mahatma Gandhi, em Kottayam, Índia; o programa de humanidades na Universidade de Pensilvânia; a Reed College, no Oregon; a Universidade da Califórnia em Berkeley e em Los Angeles; a Universidade Stanford; o Festival Literário Kolkata, em Calcutá; e os organizadores das Samar Sen e Pranabesh Sen Memorial Lectures em Calcutá.

    É também um prazer reconhecer alguns bons e velhos amigos que dialogaram com este trabalho em diversas etapas de seu desenvolvimento. Homi K. Bhabha, Sanjay Seth, Rajyasree Pandey, Saurabh Dube, Ajay Skaria, Sheldon Pollock, Arjun Appadurai, Amitav Ghosh, Partha Chatterjee, Gautam Bhadra e Shahid Amin permaneceram parceiros de treino, lendo, debatendo e discutindo comigo muitos aspectos de meus diversos projetos. Sabyasachi Bhattacharya e Soumya Chakravarti, dois físicos cuja amizade parece antiga e forte como um carvalho, atuaram como minha ponte com as ciências físicas. Muitos de meus alunos, antigos e atuais, apoiaram calorosamente este trabalho mediante suas conversas dentro e fora da sala de aula. Preciso, no entanto, fazer uma menção especial a Nazmul Sultan, que me conduziu a uma excelente literatura sobre Arendt e com quem tive muitas discussões sobre o estado atual da teoria nas humanidades e nas ciências sociais. Sou grato pelo estímulo e pelos comentários que recebi de muitos outros colegas, entre os quais os seguintes me vêm à mente imediatamente: Navroz Dubash, Liz Chatterjee, Emma Rothschild, Joyce Chaplin, Stephen Greenblatt, Sheila Jasanoff, Sverker Sörlin, Neil Brenner, Stephen Muecke, Norman Wirzba, Awadhendra Saran, Sebastian Conrad, Andreas Eckert, Uma Das Gupta, Henning Trüper, Kunal e Shubhra Chakrabarti, Daniel e Ellen Eisenberg, Prathama Banerjee, Dominic Boyer, Cymene Howe, Timothy Morton, Eric Santner, Robert Pippin, Raghuram Rajan, Dilip Gaonkar, Chandi Prasad Nanda, Judit Carrera, Peter Wagner, Thomas Blom Hansen, Aniket De, Barnhard Malkmus, Raghabendra Chattopadhyay, Bo Stråth, Rita Brara, Sunil Amrith, Eva Horn, Helge Jordheim, Franz Mauelshagen, Shruti Kapila, Faisal Devji, Miranda Johnson, Arvind Elangovan, Arnab Dey, Dwaipayan Sen, Minal Pathak e Sumit e Tanika Sarkar. Foi um prazer conhecer Samuel Garrett Zeitlin, que acabou sendo um excelente guia para ler Schmitt. Ian Baucom sempre teve um profundo e generoso interesse neste projeto. Lamento que o livro novo dele, *History 4° Celsius: Search for a Method in the Age of the Anthropocene* [História 4° Celsius: Busca por um método na Era do Antropoceno] (Duke University Press, 2020), que traz uma poderosa crítica a meu trabalho, e os recentes escritos de Achille Mbembe sobre a planetaridade tenham chegado tarde demais às minhas mãos para que eu fizesse uso deles. Recordo também com gratidão e tristeza três amigos que tinham interesse neste livro, mas não viveram para vê-lo publicado: Christopher Bayly, Don Willard e Raghab Bandyopadhyay. Gerard Siarny, um amigo de longa data, além de assistente de pesquisa nos últimos anos, sempre ajudou com minha pesquisa, prosa, apresentação e argumento. Muito, muito obrigado, Gerard.

Alan Thomas, meu editor e amigo, foi um modelo exemplar de paciência e compreensão, permitindo que este projeto tivesse tempo para tomar sua devida forma. Ao mesmo tempo, seus sábios conselhos editoriais me salvaram de muitos erros. Sou profundamente grato a ele e aos colegas da University of Chicago Press, especialmente Randolph Petilos, por seu interesse neste trabalho e pelo apoio que recebi deles. Agradeço também aos dois leitores anônimos da editora que leram um primeiro manuscrito do livro e ofereceram comentários úteis sobre ele.

Passo agora a algumas palavras profundamente pessoais de agradecimento: para Rochona, que enfrentou bravamente um câncer, entre 2018 e 2019, e me ajudou a gerenciar meu trabalho e minha vida; para Kaveri, que teve o próprio câncer para combater, e Arko, pelo interesse deles neste livro e no combate às mudanças climáticas; para Roopa Majumdar, Boria Majumdar, Sharmistha Gooptu Majumdar, Aisha Gooptu-Majumdar e Shyamapada Ray, cuja presença dá vivacidade à minha vida quando estou em minha amada e impossível cidade de Calcutá; para Partha Sen Gupta, Utpalendu Gupta, Ashoka Chatterjee, Subir Chakrabarti, Neptune Srimal, Aditi Mody, Payal Chawla, Debiprakash e Tandra Basu, Rita Chattopadhyay, Raja e Chaitali Dasgupta, Anil Acharya, Semanti e Tridibesh Ghosh, Durba Bandyopadhyay, Shahduzzaman, Chinmoy Guha, Sanjib Mukhopadhyay, Sabbir Azam e Ahmed Kamal, por todo o incentivo e amizade; para Saptarshi Ghatak, que me fez companhia musical de Calcutá, à distância, enquanto eu me recuperava de um acidente feio de carro durante os meses de novembro e dezembro em 2019; para Barbara Willard, Lisa Wedeen e Don Reneau, Neeraj e Meenakshi Jolly, Mohan e Lalitha Gundeti, Bill Brown e Diana Young, James e Elizabeth Chandler, Muzaffar e Rizwana Alam, e nossos muitos alunos de doutorado, por sua presença em nossa vida cotidiana; para Khurshid e Peter Roeper, Siddhartha e Chandana De e Gautam e Ruplekha Biswas, que são minha família bengali ampliada em Canberra.

Meus agradecimentos finais vão para aqueles cujos escritos me ensinaram a apreciar a rica e precária natureza da vida. Com eles e com aqueles aqui mencionados ou inadvertidamente esquecidos, tenho a alegria de ter compartilhado esta terra, meus mundos, um globo e um planeta.

———

Sou grato a vários editores e editoras pela permissão de incorporar neste livro as ideias que testei pela primeira vez em artigos publicados em suas revistas e publicações:

- Uma seção da introdução incorpora materiais publicados em "Museums between Globalization and the Anthropocene". *Museum International*, n. 71, 2019.
- O capítulo 1 é uma versão ampliada, atualizada e revisada de "The Climate of History: Four Theses". *Critical Inquiry*, n. 2, v. 35, inverno 2009.
- O capítulo 2 é uma versão revisada de "Climate and Capital: On Conjoined Histories". *Critical Inquiry*, n. 1, v. 41, 2014.
- O capítulo 3 foi publicado originalmente como "The Planet: An Emergent Humanist Category?". *Critical Inquiry*, n. 1, v. 46, 2019.
- O capítulo 4 baseia-se em meu ensaio "Planetary Crisis and the Difficulty of Being Modern". *Millennium: Journal of International Studies*, n. 3, v. 46, 2018.
- O capítulo 5 foi publicado originalmente como "The Dalit Body: A Reading for the Anthropocene", in Martha Nussbaum & Zoya Hasan (orgs.), *The Empire of Disgust: Stigma and the Law*. New Delhi: Oxford University Press, 2018.
- A primeira versão do capítulo 6 foi publicada como "Humanities in a Warming World: The Crisis of an Enduring Kantian Fable". *New Literary History*, n. 2-3, v. 47, 2016.
- O capítulo 7 foi publicado originalmente como "Anthropocene Time". *History and Theory*, n. 1, v. 57, mar. 2018.
- Algumas seções do capítulo 8 baseiam-se em meu "The Human Condition in the Anthropocene", in Mark Matheson (org.), *The Tanner Lectures on Human Values*, v. 35. Salt Lake City: University of Utah Press, 2016, pp. 137-88, e "The Planet: An Emergent Matter of Spiritual Concern?". *Harvard Divinity Bulletin*, n. 3-4, v. 47, 2019.
- O pós-escrito foi publicado originalmente em Bruno Latour & Peter Weibel (orgs.), *Critical Zones: The Science and Politics of Landing on Earth*. Cambridge: MIT Press, 2020.

CHICAGO, 26 DE MAIO DE 2020

Índice onomástico

Adorno, Theodor W. 78–81, 308, 332
Agarwal, Anita 36, 94–96, 156–57, 245–47
Agostinho, Santo 21, 150–51, 255, 266
Althusser, Louis 49, 74
Angus, Ian 124, 126, 241, 249–50
Archer, David 45, 47, 83–84, 88–89, 104–05, 108, 110, 242, 244, 250–51, 265
Arendt, Hannah 20–23, 28, 39, 118–19, 123, 132, 164, 199, 220, 304, 317
Aristóteles 210
Arrhenius, Svante 44–45
Arrighi, Giovanni 46, 69

Balibar, Étienne 49, 74
Baucom, Ian 33
Bayly, C. A. 44
Bedford, Ian 49
Benjamin, Walter 21, 117, 122, 132, 283
Bennett, Jane 29, 148, 150, 162–63, 165, 171, 326
Bergthaller, Hannes 11, 29
Berlant, Lauren 59
Bhabha, Homi K. 35, 170, 179
Birmingham, Peg 23
Bjornerud, Marcia 297, 299
Bonneuil, Christophe 60, 272–75

Braudel, Ferdinand 52–53, 55, 330
Bright, Charles 65, 76, 78
Broecker, Wally [Wallace] 88, 138–42, 145, 265, 267–71, 299–300
Brooke, John L. 213–14, 254
Buffon, Comte de (Georges-Louis Leclerc) 266, 295–96
Bush, George H. W. 45

Carson, Rachel 35, 55, 211, 312, 321–22
Catton, William, Jr. 217
Césaire, Aimé 171
Clark, Brett 28, 79, 93, 276, 279–80, 292
Clark, Nigel 28, 79, 93, 276, 279–80, 292
Collingwood, R. G. 48–51, 74
Connolly, William 140–42, 162
Croce, Benedetto 49–51
Crosby, Alfred, Jr. 54–55
Crutzen, Paul J. 58–59, 61, 64–65, 71–72, 102, 241–43, 262

Darwin, Charles 66, 201, 266
Davies, Jeremy 11, 18, 29, 55
Davis, Mike 18, 59, 60, 62–63, 159
Derrida, Jacques 67, 75, 174, 235, 278–79

Descola, Philippe 81, 165, 168, 170–71, 204, 308–09
Dilthey, Wilhelm 73
Dumont, Louis 196, 198
Dunbar, Robin 287, 301
Durkheim, Émile 105
Dutreuil, Sébastien 88, 331

Espinosa, Baruch (Bento de) 9, 74

Fanon, Franz 35, 181, 195, 198
Flannery, Tim 47, 62, 70, 209
Foster, John Bellamy 28, 79, 93, 135, 241
Foucault, Michel 67, 76, 245
Fressoz, Jean-Baptiste 48, 60, 221, 272–75

Gadamer, Hans Georg 53, 57, 73–74, 114, 132, 192
Gandhi, Mahatma 98, 116, 167, 181–82, 191–92, 197, 302, 312
Gardiner, Stephen 24, 92, 257
Geyer, Michael 65, 76, 78, 253
Ghosh, Amitav 98–99
Glikson, Andrew 269, 271–72, 299, 305, 308, 312
Griffiths, Bede 292, 295
Grinspoon, David 251–52
Groves, Colin 269, 271–72, 299, 305
Guha, Ranajit 12, 35, 159, 189

Haff, Peter 14–16, 101, 269
Hägglund, Martin 290–92, 295
Haldane, J. B. S. 295

Hall, Stuart 35, 127, 217
Hamilton, Clive 27, 124, 228, 252, 261
Hansen, James 33–34, 45, 47, 61, 88–89, 91, 99–100, 124, 328
Harari, Yuval Noah 215–16
Haraway, Donna 29, 162, 248
Hartog, François 28, 112, 157, 246
Hegel, G. F. W. 9, 50, 57, 117, 195, 304
Heidegger, Martin 21, 112–15, 117, 122–23, 132, 136, 142, 150, 282, 284, 300, 304–05, 317, 325
Heise, Ursula 74–76, 78–79, 109, 246
Hobbes, Thomas 118–19, 168, 308–12, 332
Horkheimer, Max 308, 332
Horn, Eva 11, 29
Hornborg, Alf 247–48, 250
Husserl, Edmund 278–80, 284, 325

Jasanoff, Sheila 244, 276
Jaspers, Karl 38, 132, 284, 302–04
Johnson, Harriet 78, 80–81, 102
Jonas, Hans 133, 212, 216

Kant, Immanuel 21, 38–39, 57, 116, 148, 184, 210–11, 220–28, 231, 234, 273–74, 282, 304, 307
Keith, David 22, 27, 297–99, 328
Kelly, Duncan 20, 28, 47, 122–23, 143, 150
Kierkegaard, Søren 282, 292–93, 295, 304
Koselleck, Reinhart 174, 255–57

Langmuir, Charles H. 138–42, 145, 265, 267–68, 270–71
Larkin, Peter Anthony 136, 137
Latour, Bruno 12, 27, 29, 39, 56, 62, 81, 88, 115, 117, 126–27, 132, 145–46, 148, 150, 162–63, 165–66, 168–71, 179, 211, 214, 232–36, 258, 269, 274, 300, 317–18
LeCain, Timothy J. 75
Leibniz, Gottfried Wilhelm 116
Lenton, Tim 88, 125–27, 131–32, 139, 144–46, 208, 331
Lewis, Simon L. 11, 217, 260–61, 273, 287
Locke, John 32, 306–07
Lovell, Bryan 82–83
Lovelock, James 88, 107, 108, 115, 124, 128–33, 267, 323
Lyell, Sir Charles 59

Macpherson, C. B. 32
Malabou, Catherine 19, 20, 118
Malm, Andreas 69, 165, 247–48, 250
Markell, Patchen 20, 22–23
Marx, Karl 49, 57, 68, 117, 135, 198, 212, 304, 318–19, 323
Maslin, Mark A. 11, 47, 62, 63, 260–61, 287
McGuire, Bill 320
McKibben, Bill 56
McNeill, John R. 13, 102, 123, 230, 242–43, 250
McNeill, William 252–53
Meadows, Dennis 36, 321
Meadows, Donella 36, 321
Mitchell, Timothy 63, 69, 257
Moore, Jason 79, 248–50

Morrison, Kathleen D. 32, 50, 259
Morton, Timothy 131, 278

Narain, Sunita 36, 93–96, 156–57, 245–47
Nehru, Jawaharlal 32, 171–81
Nixon, Rob 36
Nussbaum, Martha 167, 184–87, 209, 285, 313

Osborn, Fairfield 135

Pettit, Philip 203–04
Pomeranz, Kenneth 69, 250

Ramachandran, Ayesha 129–30
Reznick, David 259, 271, 277
Roberts, David 50–51
Ruthven, Kenneth 10

Sachs, Jeffrey 60, 67–68
Sagan, Carl 128, 183, 186–87, 206–07
Said, Edward 34
Schmitt, Carl 15–16, 20, 28, 111, 117, 119–22, 132, 144, 146, 319, 325, 327
Schrag, Daniel 252
Scott, James C. 34
Scranton, Roy 314
Sen, Amartya 57, 167, 181, 228–30
Sha Zukang 94
Shiva, Vandana 35
Singer, Peter 71, 209, 217, 318

Smail, Daniel Lord 19, 54, 64, 66, 215
Spengler, Oswald 132, 303
Spivak, Gayatri Chakravorty 35, 110–11, 117
Stálin, Josef 52–53
Stamos, David N. 77
Steffen, Will 56, 59–60, 102, 125, 218, 241–43
Stengers, Isabelle 29
Stoermer, Eugene F. 58–59, 61, 71–72, 241–42
Sunstein, Cass 86, 91–92

Tagore, Rabindranath 106, 116, 181–82, 192, 205–07, 229, 283, 285–90, 304–05, 312
Taylor, Charles 107, 292
Thacker, Eugene 117, 283, 296
Thomas, Julia Adeney 33, 56, 99, 118–19, 199, 208–09, 211, 309
Thompson, E. P., 12, 73–74, 284

Vanderheiden, Steve 201–02, 212
Vatter, Miguel 20–21, 23
Vemula, Rohith 183–84, 186–88, 200–01, 204–07, 283
Vico, Giambattista 48–51
Villa, Dana 21, 123

Warde, Paul 134–36, 241
Watson, Andrew 126, 131–32
Weisman, Alan 43–44, 76
Williams, Bernard 16, 29–30, 147, 208, 265, 279
Williams, Mark 16, 29–30, 147, 208, 265, 279

Wilson, Edward O 60–62, 64–65, 67–68, 72, 74, 221, 297–98, 300
Wittgenstein, Ludwig 280, 330
Wolfe, Cary 210, 283, 298
Wood, Gillen D'Arcy 33, 307
Worster, Donald 135–36

York, Richard 28, 79, 93

Zalasiewicz, Jan 11–12, 16–17, 29, 38, 60, 103, 127, 138, 150, 166–67, 208, 219–20, 239, 240, 250–51, 258, 261–65, 269, 278–79, 296
Žižek, Slavoj 108–10

Sobre o autor

DIPESH CHAKRABARTY nasceu em 1948, em Calcutá, na Índia. É bacharel em Física pelo Presidency College, da Universidade de Calcutá, pós-graduado em Administração pelo Instituto Indiano de Administração em Calcutá e doutor em História pela Universidade Nacional da Austrália, em Canberra. Reconhecido por sua influência nos estudos pós-coloniais e na crítica ao eurocentrismo, Chakrabarty é um dos fundadores dos editoriais *Subaltern Studies*, *Postcolonial Studies*, além de editor consultor do periódico *Critical Inquiry* e membro do conselho editorial do *American Historical Review* e do *Public Culture*. Foi eleito membro da Academia Americana de Artes e Ciências em 2004 e membro honorário da Academia Australiana de Humanidades em 2006. Em 2010, foi condecorado com o título de doutor *honoris causa* pela Universidade de Londres e, em 2011, pela Universidade de Antuérpia, na Bélgica, e em 2022 pela École Normale Supérieure, em Paris. No mesmo ano, recebeu o prêmio Distinguished Alumnus do Instituto Indiano de Administração. Em 2014, recebeu o prêmio Toynbee em reconhecimento a suas contribuições para a história global. Em 2019, foi novamente premiado com o Tagore Memorial Prize, concedido pelo governo de Bengala Ocidental, na Índia. Chakrabarty atuou também como membro do Conselho de Especialistas em Arte Não Ocidental do Humboldt Forum, em Berlim, e integrou, de 2012 a 2015, o Conselho Científico Consultivo do Center for Global Cooperation Research, em Bonn e Essen. Entre 2018 e 2022, foi associado da Faculdade de Artes e Ciências Sociais da Universidade de Tecnologia de Sydney. Em 2023, foi eleito pesquisador correspondente da British Academy. Além disso, foi professor e pesquisador convidado em instituições como o Instituto de Estudos Avançados em Berlim, a Universidade da Califórnia em Berkeley, a Universidade Jawaharlal Nehru em Nova Deli e a Universidade de Princeton. É professor honorário da École Normale Supérieure de Paris desde 2021 e professor emérito Lawrence A. Kimpton nos departamentos de História e de Língua e Civilizações Sul-Asiáticas da Universidade de Chicago. Em 2024 recebeu o 46º European Essay Prize por este livro.

Obras selecionadas

Rethinking Working-Class History: Bengal 1890–1940. New Jersey: Princeton University Press, 1989.
Provincializing Europe: Postcolonial Thought and Historical Difference. New Jersey: Princeton University Press, 2000.
Habitations of Modernity: Essays in the Wake of Subaltern Studies. Chicago: University of Chicago Press, 2002.
The Calling of History: Sir Jadunath Sarkar and His Empire of Truth. Chicago: University of Chicago Press, 2015.
The Crisis of Civilization. Delhi: University of Chicago Press, 2018.
The Climate of History in a Planetary Age. Chicago: University of Chicago Press, 2021.
One Planet, Many Worlds: The Climate Parallax. Waltham, Mass.: University of Brandeis Press, 2023.

Título original: *The Climate of History in a Planetary Age*
© Ubu Editora, 2025
© The University of Chicago, 2021
Todos os direitos reservados. Licenciado por The University of Chicago Press, Chicago, Illinois, U. S. A.

imagem da capa © Bernhard Lang
"AV_Solar_Plants_010", Solar Power Plants Series, 2018

preparação Bárbara Borges
revisão Cláudia Cantarin
design de capa Elaine Ramos
composição Laura Haffner
produção gráfica Marina Ambrasas

EQUIPE UBU
direção Florencia Ferrari
direção de arte Elaine Ramos; Júlia Paccola e Nikolas Suguiyama (assistentes)
coordenação Isabela Sanches
coordenação de produção Livia Campos
editorial Bibiana Leme, Gabriela Ripper Naigeborin e Maria Fernanda Chaves
comercial Luciana Mazolini e Anna Fournier
comunicação / circuito ubu Maria Chiaretti, Walmir Lacerda e Seham Furlan
design de comunicação Marco Christini
gestão circuito ubu / site Cinthya Moreira, Vic Freitas e Vivian T.

UBU EDITORA
Largo do Arouche 161 sobreloja 2
01219 011 São Paulo SP
ubueditora.com.br
professor@ubueditora.com.br
/ubueditora

PONTIFÍCIA UNIVERSIDADE CATÓLICA DO RIO DE JANEIRO (PUC-RIO)
reitor Pe. Anderson Antonio Pedroso, S.J.
conselho editorial Alexandre Montaury, Felipe Gomberg, Gabriel Chalita, Gisele Cittadino, Pe. Ricardo Torri de Araújo, S.J., Rosiska Darcy de Oliveira e Welles Morgado.
diretor editorial Felipe Gomberg
editoras Livia Salles e Tatiana Helich

EDITORA PUC-RIO
Rua Marquês de São Vicente, 225
7º andar do prédio Kennedy
Campus Gávea/PUC-Rio
22451-900 Rio de Janeiro RJ
+55 21 3736 1838
editora.puc-rio.br
edpucrio@puc-rio.br
/editorapucrio

Dados Internacionais de Catalogação na Publicação (CIP)
Elaborado por Vagner Rodolfo da Silva – CRB-8/9410

C435c Chakrabarty, Dipesh [1948–]
  O global e o planetário: a história na era da crise climática,
  Dipesh Chakrabarty; traduzido por Artur Renzo.
  Título original: *The Climate of History in a Planetary Age*.
  São Paulo/Rio de Janeiro: Ubu Editora/Editora PUC-Rio,
  2025. 352 p.
  ISBN 978 85 7126 162 4 (UBU)
  ISBN 978 85 8006 347 9 (PUC-RIO)

  1. Ciências sociais. 2. Ecologia. 3. Pós-Colonialismo.
  4. Geografia. 5. História. 6. Antropologia. 7. Antropoceno
  I. Renzo, Artur. II. Título.

2025-2744   CDD 300 CDU 3

Índice para catálogo sistemático:
1. Ciências sociais 300
2. Ciências sociais 3

fontes Tiempos e MD Nichrome
papel Pólen bold 70 g/m²
impressão Margraf